J. Tichý · G. Gautschi

Piezoelektrische Meßtechnik

Physikalische Grundlagen,
Kraft-, Druck- und Beschleunigungsaufnehmer,
Verstärker

Mit 145 Abbildungen

Springer-Verlag
Berlin · Heidelberg · New York 1980

Dr. Jan Tichý
Professor an der Kantonsschule und
Sekundarlehramtsschule St. Gallen,
Universitätsdozent für Angewandte Physik
an der Universität Innsbruck

Dipl.-Ing. ETH Gustav H. Gautschi
Kistler Instrumente AG, Winterthur

CIP-Kurztitelaufnahme der Deutschen Bibliothek

Tichý, Jan:
Piezoelektrische Meßtechnik: physikal. Grundlagen, Kraft-, Druck- und Beschleunigungsaufnehmer, Verstärker
J. Tichý; G. Gautschi. – Berlin, Heidelberg, New York : Springer, 1980.

ISBN 978-3-642-52202-4   ISBN 978-3-642-52201-7 (eBook)
DOI 10.1007/978-3-642-52201-7

Das Werk ist urheberrechtlich geschützt. Die dadurch begründeten Rechte, insbesondere die der Übersetzung, des Nachdrucks, der Entnahme von Abbildungen, der Funksendung, der Wiedergabe auf photomechanischem oder ähnlichem Wege und der Speicherung in Datenverarbeitungsanlagen, bleiben, auch bei nur auszugsweiser Verwertung, vorbehalten.

Bei Vervielfältigungen für gewerbliche Zwecke ist gemäß § 54 UrhG eine Vergütung an den Verlag zu zahlen, deren Höhe mit dem Verlag zu vereinbaren ist.

© Springer-Verlag Berlin, Heidelberg 1980
Softcover reprint of the hardcover 1st edition 1980

Die Wiedergabe von Gebrauchsnamen, Handelsnamen, Warenbezeichnungen usw. in diesem Buch berechtigt auch ohne besondere Kennzeichnung nicht zu der Annahme, daß solche Namen im Sinne der Warenzeichen- und Markenschutz-Gesetzgebung als frei zu betrachten wären und daher von jedermann benutzt werden dürften.

Gesamtherstellung: Passavia Druckerei GmbH, Passau
2362/3020-543210

Vorwort

Während wir diese Zeilen niederschreiben, vollenden sich hundert Jahre seit der Entdeckung des piezoelektrischen Effektes. Seine technischen Anwendungen ließen zwar ziemlich lange auf sich warten, sind jedoch heute kaum aus unserem Leben wegzudenken. Die piezoelektrischen Resonatoren steuern die Frequenzen von Sendern sowie den Gang von Quarzuhren, dienen als Frequenzfilter und erzeugen Ultraschallwellen. Etwas im Schatten derartiger Anwendungen machte man sich den piezoelektrischen Effekt ebenfalls zum Messen von Kräften, Drücken und Beschleunigungen zunutze. Dieses an und für sich nächstliegende Anwendungsgebiet der Piezoelektrizität wurde auch in der Literatur nur bescheiden berücksichtigt. Eine gebührende Aufmerksamkeit wurde ihm eigentlich nur in zwei Monographien über die Piezoelektrizität [S 3, P 3] zuteil, wobei die erste einzig Aufnehmer mit Quarzelementen behandelt und die zweite, der Sprache wegen, nur einem beschränkten Leserkreis zugänglich bleibt. Ausschließlich mit der piezoelektrischen Meßtechnik beschäftigt sich das Buch von W. Gohlke [G 8]. Seit dem leicht ergänzten Nachdruck sind jedoch immerhin schon zwanzig Jahre vergangen, und die Auflage ist längst vergriffen. Die inzwischen in der deutschen wie auch in anderen Sprachen in Handbüchern der allgemeinen Meßtechnik erschienenen Darstellungen oder Firmenschriften über spezielle Teilgebiete konnten die Lücke nicht schließen.

Aus dieser Lage heraus reifte unser Entschluß, in enger Zusammenarbeit eines Physikers und eines Ingenieurs ein neues Buch vorzubereiten, das dem Leser ein ausgewogenes Bild der physikalischen Grundlagen sowie des technischen Aufbaus von piezoelektrischen Aufnehmern vermittelt. Er schien uns um so begründeter, als die Entwicklung der Ladungsverstärker in den letzten zwanzig Jahren der piezoelektrischen Meßtechnik zu einem breiten Durchbruch sowohl in labormäßigen als auch in industriellen Anwendungen verholfen hatte.

Den die ersten sechs Kapitel beinhaltenden physikalischen Teil verfaßte J. Tichý. Unserer Vorstellung nach soll er nicht nur die Eigenschaften piezoelektrischer Aufnehmerelemente erklären, sondern darüber hinaus auch das Studium wissenschaftlicher Arbeiten, die sich mit der Piezoelektrizität und verwandten Problemen befassen, erleichtern. Dieser Absicht tragen insbesondere die Abschnitte über kovariante und kontravariante Koordinaten, das reziproke Gitter, den Verzerrungszustand, den pyroelektrischen Effekt, die Ferroelektrizität und nichtlineare Effekte Rechnung. Die sonst im Vordergrund stehende und für technische Anwendungen unerläßliche thermodynamische Betrachtungsweise ergänzen wir durch ein stark vereinfachtes mikrophysikalisches Modell, das dem Leser den Begriff der „weichen Schwingung" verständlich machen soll. Einem möglichen Einwand, dem Quarz zu viel, den übrigen Materialien und im besonderen den Keramiken und dünnen Schichten zu wenig Platz eingeräumt zu haben, möchten wir entgegenhalten, daß für anspruchsvolle Messungen Aufnehmer vorwiegend mit Quarzelementen hergestellt werden und somit Quarz weiterhin seine führende Rolle in der piezoelektrischen Meßtechnik behält.

Den zweiten, mit dem siebten Kapitel beginnenden technischen Teil verfaßte G. H. Gautschi. Da es bis heute in der Praxis an einer einheitlichen Benutzung von klar definierten meßtechnischen Begriffen mangelt, erschien es uns sinnvoll, einleitend eine für unsere Bedürfnisse angepaßte Auswahl ihrer Definitionen zusammenzustellen. Nach der Erläuterung der allgemeinen Grundlagen werden der Aufbau, die Eigenschaften und die Arbeitsweise der nach Meßgrößen geordneten Aufnehmer dargestellt. Dies soll dem Benutzer ermöglichen, deren meßtechnisches Verhalten richtig zu verstehen und für ein gegebenes Meßproblem den geeignetsten Aufnehmer zu wählen. Auf technologische Herstellungsprobleme gehen wir nicht ein, da wir nicht beabsichtigten, ein Arbeitsbuch der Fabrikation von piezoelektrischen Aufnehmern zu schreiben.

Das umfangreiche letzte Kapitel ist den Ladungsverstärkern gewidmet. Ihr Prinzip wurde 1949 von W. P. Kistler patentiert, und es war eigentlich schon längst fällig, das dadurch erschlossene und für die piezoelektrische Meßtechnik unentbehrliche Gebiet zusammenfassend zu behandeln. Wir schätzen es deshalb außerordentlich, daß wir für diese Aufgabe während des Schreibens unseres Buches El.-Ing. HTL Franz Meier zur Mitarbeit gewinnen konnten. Dank seiner langjährigen Erfahrung auf diesem Spezialgebiet war er in der Lage, den ursprünglichen Entwurf des Kapitels wesentlich zu erweitern und zu vertiefen. Für seinen wertvollen Beitrag sind wir Herrn F. Meier ganz besonders dankbar.

Für J. Tichý war die Arbeit an diesem Buch von einer dankbaren Erinnerung an seinen – leider nicht mehr lebenden – hoch geschätzten und geliebten Lehrer Univ.-Prof. Dr. V. Petržilka beseelt. Dies um so mehr, da sie beide Ende der fünfziger Jahre gemeinsam mit vier weiteren unvergeßlichen Kollegen an einer Monographie über Piezoelektrizität [P 3] zusammengearbeitet hatten. Das sichere Bewußtsein einer untrennbaren Zusammengehörigkeit mit den treuesten in seiner Heimat verbliebenen Freunden blieb für ihn auch im Exil beim Schreiben dieses Buches die stärkste Unterstützung.

Bis ein Buch zu seiner Vollendung gelangt, bedarf es weit mehr als nur der Arbeit von Autoren. Für die kritische Durchsicht des Manuskriptes sowie viele wertvolle Anregungen und Hinweise danken wir besonders herzlich den Herren Dr. H. Arend, Dr. H. U. Baumgartner, Dr. E. Bertagnolli, Prof. Dipl.-Phys. R. Burgstaller, Dr. J. Golder, Dr. P. Günter, Univ.-Doz. Dr. P. Hájíček, Univ.-Doz. Dr. E. Kittinger, Univ.-Prof. Dr. J. Kolb, Masch.-Ing. K. H. Martini und Masch.-Ing. HTL P. Wolfer. Ebenso möchten wir auch den Firmen AVL-Gesellschaft für Verbrennungskraftmaschinen und Meßtechnik m. b. H. in Graz, Brüel & Kjær in Naerum, Endevco Corp. in Pasadena, Environmental Equipments Ltd. in Wokingham, Kistler Instrumente AG in Winterthur, SEI Salford Electrical Works Ltd. in Manchester, Sundstrand Data Control Inc. in Redmond, VEB RFT Meßelektronik „Otto Schön" in Dresden und Vibrometer AG in Fribourg für die verschiedenen, großzügig zur Verfügung gestellten Unterlagen unsere aufrichtige Dankbarkeit bezeugen. Dem Springer-Verlag sind wir für die Unterstützung unseres Vorhabens, eine angenehme und verständnisvolle Zusammenarbeit sowie unermüdliche Bereitschaft, unseren Problemen entgegenzukommen, außerordentlich dankbar. Darüber hinaus zollen wir unseren großen gemeinsamen Dank allen, die uns während der Entstehungszeit dieses Buches mit Rat, Hilfe und Verständnis unterstützten, insbesondere Frau J. Gautschi, welche auch wesentlich zum Erstellen des Manuskriptes beigetragen hat. Sämtliche kritischen Bemerkungen, Hinweise auf Fehler und Verbesserungsvorschläge nehmen wir immer gern und dankbar entgegen.

St. Gallen und Zürich, Oktober 1979   J. Tichý   G. H. Gautschi

Inhaltsverzeichnis

	Symbolverzeichnis	XIV
1	**Einleitung**	1
2	**Grundlagen der Piezoelektrizität**	4
2.1	Der direkte und der reziproke piezoelektrische Effekt	4
2.2	Die Entdeckung der Piezoelektrizität	5
2.3	Entwicklung der technischen Anwendung der Piezoelektrizität	5
2.4	Entwicklung der Theorie des piezoelektrischen Effektes	7
3	**Grundlagen der phänomenologischen Kristallphysik**	8
3.1	Die Struktur der Kristalle	8
3.1.1	Die Symmetrieeigenschaften des Translationsgitters	9
3.1.2	Bravais-Gitter	11
3.1.3	Raumgruppen	13
3.1.4	Symmetrieklassen	13
3.2	Einführung in die Tensorrechnung	13
3.2.1	Skalare und Vektoren	15
3.2.2	Die Beziehungen zwischen den Vektorkoordinaten in zwei verschiedenen Grundsystemen mit gemeinsamem Koordinatenursprung	15
3.2.3	Die kovarianten und kontravarianten Basisvektoren (Koordinaten)	18
3.2.4	Die Metrik-Koeffizienten	20
3.2.5	Anschauliche Bedeutung der kontravarianten und kovarianten Koordinaten	21
3.3	Einige Anwendungen der Tensorrechnung in der Kristallphysik	22
3.3.1	Das reziproke Gitter und die Millerschen Indizes	22
3.3.2	Das kartesische Koordinatensystem	26
3.3.3	Dielektrische Permittivität als Beispiel eines Tensors zweiter Stufe	27

3.3.4	Tensoren p-ter Stufe	30
3.3.5	Symmetrischer und antisymmetrischer Tensor zweiter Stufe	30
3.3.6	Die Hauptachsentransformation von symmetrischen Tensoren zweiter Stufe	31
4	**Elastische Eigenschaften der Kristalle**	**33**
4.1	Der Verzerrungszustand	33
4.2	Der Spannungszustand	40
4.3	Das Hookesche Gesetz	44
4.4	Transformationsgleichungen für elastische Konstanten	48
4.5	Der Youngsche Modul und die Poissonsche Zahl	49
4.6	Thermodynamik der Deformation	50
5	**Grundlagen der Thermodynamik der piezoelektrischen Kristalle**	**54**
5.1	Dielektrische Eigenschaften	54
5.2	Innere Energie des elastischen Dielektrikums	55
5.3	Lineare Zustandsgleichungen	56
5.4	Materialkonstanten	59
5.5	Beziehungen zwischen den Materialkonstanten	63
5.6	Die piezoelektrischen Konstanten	67
5.7	Die vier Arten des piezoelektrischen Effektes	70
5.8	Der piezoelektrische Effekt und die Kristallsymmetrie	71
5.9	Transformationsgleichungen für piezoelektrische Konstanten	73
5.10	Der pyroelektrische Effekt	74
5.11	Der hydrostatische piezoelektrische Effekt	77
5.12	Ferroelektrizität	77
5.12.1	Besondere Eigenschaften der Ferroelektrika	78
5.12.2	Thermodynamische Theorie	80
5.12.3	Mikrophysikalisches Modell zur Erklärung der Ferroelektrizität	86
5.12.4	Antiferroelektrizität	91
5.13	Ferroika	92
5.14	Nichtlineare Effekte	94
5.14.1	Der elektrooptische Effekt	96
5.14.2	Die Elektrostriktion	97
5.14.3	Der elektroelastische Effekt	98
5.14.4	Elastische Konstanten dritter Ordnung	99
6	**Piezoelektrische Materialien**	**100**
6.1	Allgemeine Anforderungen an piezoelektrische Materialien für Aufnehmer	100
6.2	Quarz	101

Inhaltsverzeichnis XI

6.2.1	Wahl des Koordinatensystems	102
6.2.2	Physikalische Eigenschaften	104
6.2.3	Synthetische Quarzkristalle	106
6.2.4	Zwillingsbildung	107
6.2.5	Unterdrückung der sekundären Zwillingsbildung	112
6.2.6	Temperaturabhängigkeit der piezoelektrischen Konstanten	114
6.2.7	Nichtlineare elektromechanische Eigenschaften des α-Quarzes	115
6.2.8	Piezoelektrische Eigenschaften des β-Quarzes	116
6.3	Turmalin	117
6.4	Einige andere piezoelektrische Einkristalle	120
6.5	Piezoelektrische Texturen	122
6.5.1	Piezoelektrische Keramiken	122
6.5.2	Piezoelektrizität in dünnen Schichten von Polymeren	127
7	**Grundbegriffe der piezoelektrischen Meßtechnik**	**128**
7.1	Wahl der Begriffe und Definitionen	128
7.2	Definition eines Aufnehmers	129
7.3	Meßtechnische Eigenschaften der Aufnehmer	130
7.3.1	Statische Eigenschaften	130
7.3.1.1	Eigenschaften, die sich auf die Meßgröße beziehen	130
7.3.1.2	Eigenschaften der Beziehung zwischen Meßgröße und Ausgangssignal	131
7.3.1.3	Einflüsse der Temperatur auf die Beziehung zwischen Meßgröße und Ausgangssignal	135
7.3.1.4	Einflüsse von Beschleunigung, Vibration und Schock auf die Beziehung zwischen Meßgröße und Ausgangssignal	139
7.3.2	Dynamische Eigenschaften	140
7.3.3	Elektrische Eigenschaften	143
7.3.4	Einflüsse der Aufnehmermontage	144
7.3.5	Lebensdauer des Aufnehmers	144
7.3.6	Übersprechen	145
8	**Piezoelektrische Aufnehmer**	**146**
8.1	Einführung	146
8.2	Grundsätzliches zur Kraftmessung	147
8.3	Prinzipieller Aufbau der Aufnehmer	148
8.4	Allgemeine Übersicht über den praktischen Aufbau der Aufnehmer	154
8.5	Bauteile der Aufnehmer	156
8.5.1	Aufnehmerelemente	156

8.5.1.1	Quarz	157
8.5.1.2	Turmalin	158
8.5.1.3	Piezoelektrische Keramiken	158
8.5.2	Elektroden	158
8.5.3	Isolationsmaterialien	159
8.5.4	Vorspannelemente	159
8.5.5	Aufnehmergehäuse	160
8.5.6	Stecker	160
9	**Aufnehmer für Kräfte und Momente**	**162**
9.1	Allgemeines	162
9.2	Aufnehmer für Kräfte	162
9.3	Mehrkomponenten-Kraftaufnehmer	169
9.4	Aufnehmer für Momente	170
9.5	Meßtechnische Besonderheiten von Ein- und Mehrkomponenten-Kraftmeßsystemen	171
9.6	Einbau von Kraftaufnehmern	174
9.7	Sechskomponenten-Kraftmessung	175
9.8	Grundlagen der Kalibrierung von Kraftaufnehmern	181
10	**Druckaufnehmer**	**184**
10.1	Allgemeines	184
10.2	Aufbau piezoelektrischer Druckaufnehmer	185
10.3	Niederdruck-Aufnehmer	187
10.4	Druckaufnehmer für allgemeine Anwendungen	188
10.5	Hochdruck-Aufnehmer	189
10.6	Druckaufnehmer mit Beschleunigungskompensation	190
10.7	Druckaufnehmer für hohe Temperaturen	193
10.8	Druckaufnehmer für plastische Massen	194
10.9	Grundlagen der Kalibrierung von Druckaufnehmern	195
11	**Beschleunigungsaufnehmer**	**197**
11.1	Allgemeines	197
11.2	Grundlegende Eigenschaften von Beschleunigungsaufnehmern	197
11.3	Bauformen piezoelektrischer Beschleunigungsaufnehmer	205
11.4	Besondere Eigenschaften von Beschleunigungsaufnehmern mit Aufnehmerelementen aus Turmalin oder piezoelektrischen Keramiken	207
11.5	Hochempfindliche Beschleunigungsaufnehmer	209
11.6	Beschleunigungsaufnehmer für allgemeine Anwendungen	210
11.7	Beschleunigungsaufnehmer für Schockmessungen	212

Inhaltsverzeichnis XIII

11.8	Beschleunigungsaufnehmer für hohe Temperaturen	214
11.9	Grundlagen der Kalibrierung von Beschleunigungsaufnehmern	215

12 Verstärker für piezoelektrische Aufnehmer ... 218

12.1	Elektrische Grundlagen	218
12.1.1	Elektrische Ladung	218
12.1.2	Entladung eines Kondensators, Zeitkonstante, Isolationswiderstand	218
12.1.3	Untere Grenzfrequenz eines *RC*-Gliedes	220
12.1.4	Meßnullpunkt	222
12.2	Der ideale Elektrometerverstärker	222
12.3	Der reale Elektrometerverstärker	224
12.4	Der ideale Ladungsverstärker	225
12.5	Der reale Ladungsverstärker	228
12.5.1	Empfindlichkeitseinstellung, Maßstab und Meßbereich	228
12.5.2	Untere Grenzfrequenz des Ladungsverstärkers	230
12.5.3	Rückstellung und Nullpunktswahl beim Ladungsverstärker	231
12.5.4	Obere Grenzfrequenz	232
12.5.5	Quasistatisches Messen, Stabilität und Drift	233
12.5.5.1	Zeitkonstante des Gegenkopplungskreises	233
12.5.5.2	Dielektrische Nachwirkung im Gegenkopplungskondensator	233
12.5.5.3	Eingangsleckstrom	234
12.5.5.4	Nullpunktsstabilität	235
12.5.5.5	Leckströme über die Isolationswiderstände im Eingangskreis infolge Offsetspannungen	235
12.5.5.6	Ausgangsspannung bei schlechter Eingangsisolation und kurzer Zeitkonstante	236
12.5.5.7	„Operate"-Sprung	237
12.5.5.8	Ladungsausgleich nach Manipulationen am Meßkreis	238
12.5.5.9	„Teildefekte" des MOS-FET am Verstärkereingang	238
12.5.6	Kabeleinfluß	238
12.5.7	Eigenschaften der heute gebräuchlichen Eingangsstufen	239
12.5.8	Kapazitive Kopplung für Messungen bei hohen Temperaturen	239
12.5.9	Schutz des MOS-FET-Eingangs vor Überspannung	240
12.5.10	Kalibrierung von Ladungsverstärkern	241
12.6	Kabel und Stecker	243

Literaturverzeichnis ... 245

Sachverzeichnis ... 251

Symbolverzeichnis

Symbol	Bedeutung	Einheit
A	Proportionalitätsfaktor	
	Amplitude	m
	Fläche, Oberfläche	m²
$A = (a^i_j)$	Transformationsmatrix	
$A = (a_{ij})$	Transformationsmatrix einer orthogonalen Transformation	
a	Dicke	m
	Beschleunigung	ms⁻²
a, b, c	Kristallachsen	
	Gitterkonstanten	m
$\boldsymbol{a}_1, \boldsymbol{a}_2, \boldsymbol{a}_3$	Translationsvektoren	
a_{ij}	Richtungskosinus	
b	Breite	m
C	Symbol für ein basiszentriertes Bravais Gitter	
	Curie-Weiß-Konstante	Fm⁻¹K
	Federkonstante	Nm⁻¹
	Kapazität	F
C_{kl}	Greenscher Deformationstensor	1
c	spezifische Wärmekapazität	Jkg⁻¹K⁻¹
c_{kl}	Cauchyscher Deformationstensor	1
$c_{ijkl}, c_{\lambda\mu}$	Elastizitätsmodul	Nm⁻²
$\boldsymbol{D}$	elektrische Flußdichte	Cm⁻²
d	Abstand der Gitterebenen, Gitterkonstante	m
d_h	Koeffizient des hydrostatischen piezoelektrischen Effektes	CN⁻¹
$d_{i\lambda}$	piezoelektrischer Koeffizient	CN⁻¹
E	Youngscher Elastizitätsmodul	Nm⁻²
$\boldsymbol{E}$	elektrische Feldstärke	Vm⁻¹
$\boldsymbol{E}_l$	elektrische Feldstärke des lokalen Feldes	Vm⁻¹
e	Basis natürlicher Logarithmen (e = 2,718282...)	
e	Elementarladung ($e = 1{,}6021917 \cdot 10^{-19}$ C)	
$\boldsymbol{e}_1, \boldsymbol{e}_2, \boldsymbol{e}_3$	Basisvektoren, Einheitsvektoren	
$\boldsymbol{e}^i$	kontravariante Basisvektoren	
$\boldsymbol{e}_i$	kovariante Basisvektoren	

Symbolverzeichnis

Symbol	Bedeutung	Einheit
$e_{i\lambda}$	piezoelektrischer Modul	Cm^{-2}
F	freie Energie pro Volumeneinheit (Helmholtz Energie)	Jm^{-3}
$\boldsymbol{F}$	Kraft	N
F_{ij}	Tensorkoordinaten des Deformationsgradienten	1
f	Frequenz	Hz
$\boldsymbol{f}$	Massenkraftdichte	Nkg^{-1}
G	Schubmodul	Nm^{-2}
G	Gibbssches Potential pro Volumeneinheit	Jm^{-3}
$\tilde{G}$	elastisches Gibbssches Potential pro Volumeneinheit	Jm^{-3}
$\tilde{\tilde{G}}$	elektrisches Gibbssches Potential pro Volumeneinheit	Jm^{-3}
g	Fallbeschleunigung (Normwert $g_n = 9{,}80655\,ms^{-2}$, meistens nur als g bezeichnet)	ms^{-2}
g^{ij}	kontravariante Metrikkoeffizienten	
g_{ij}	kovariante Metrikkoeffizienten	
$g_{i\lambda}$	piezoelektrischer Koeffizient	$m^2 C^{-1}$
$g_{i\lambda\mu}$	elektroelastischer Koeffizient	$Cm^2 N^{-2}$
H	Enthalpie pro Volumeneinheit	Jm^{-3}
$\tilde{H}$	elastische Enthalpie pro Volumeneinheit	Jm^{-3}
$\tilde{\tilde{H}}$	elektrische Enthalpie pro Volumeneinheit	Jm^{-3}
$\boldsymbol{H}$	magnetische Feldstärke	Am^{-1}
(hkl) $(h_1 h_2 h_3)$	Millersche Indizes	
$\boldsymbol{h}$	Fahrstrahl	
$h_{i\lambda}$	piezoelektrischer Modul	NC^{-1}
I	Symbol für ein innenzentriertes Bravais Gitter	
I	elektrischer Strom	A
J	Funktionaldeterminante	
$\boldsymbol{J}$	magnetische Polarisation	Vsm^{-2}
K	Wellenzahl	m^{-1}
$\boldsymbol{K}$	Wellenvektor	m^{-1}
k	Federkonstante	Nm^{-1}
$\boldsymbol{k}$	Volumenkraftdichte	Nm^{-3}
l	Länge	m
M	Moment	Nm
m	Symbol für eine Spiegelebene (miroir)	
m	Masse	kg
N	Anzahl der Elementarzellen pro Volumeneinheit	m^{-3}
$\boldsymbol{N}$	Einheitsvektor in der Referenzkonfiguration	
n	Zähligkeit einer Drehachse	
n_1, n_2, n_3	ganze Zahlen	
$\boldsymbol{n}$	Einheitsvektor in der aktuellen Konfiguration, Normalenvektor	

Symbol	Bedeutung	Einheit
O	Koordinatenursprung	
P	Punkt, Symbol für ein primitives Bravais Gitter	
$\boldsymbol{P}$	elektrische Polarisation	Cm^{-2}
P_s	spontane Polarisation	Cm^{-2}
p	Druck	Pa
	elektrisches Dipolmoment	Cm
p_i	pyroelektrischer Koeffizient	$Cm^{-2}K^{-1}$
Q	Punkt	
	elektrische Ladung	C
q_i	pyroelektrischer Modul	$C^{-1}m^2$
$q_{ij\lambda}$	Elektrostriktionskoeffizient	$V^{-2}m^2$
R	Symbol für ein rhomboedrisches Bravais Gitter	
	elektrischer Widerstand	Ω
r	Radius	m
$\boldsymbol{r}$	Ortsvektor	
$r_{\lambda k}$	elektrooptische Konstante	mV^{-1}
s	Weg	m
S_{ij}, S_λ	infinitesimaler Deformationstensor	1
$s_{ijkl}, s_{\lambda\mu}$	Elastizitätskoeffizient	m^2N^{-1}
$s_{ijklmn}, s_{\lambda\mu\nu}$	Elastizitätskoeffizient dritter Ordnung	$N^{-2}m^4$
T	Drehmoment (Kräftepaar)	Nm
$\boldsymbol{T}$	Gittertranslation	
T_{ij}, T_λ	Spannungstensor (Cauchyscher Spannungstensor)	Nm^{-2}
t	Zeit	s
$\boldsymbol{t}$	Flächenkraftdichte, Spannungsvektor	Nm^{-2}
U	elektrische Spannung	V
	innere Energie pro Volumeneinheit	Jm^{-3}
u	Verschiebung	m
$\boldsymbol{u}$	Verschiebungsvektor	m
V	Volumen, Volumen in der Referenzkonfiguration	m^3
V_{kl}	Lagrangescher Deformationstensor	1
v	Volumen in der aktuellen Konfiguration	m^3
	Geschwindigkeit	ms^{-1}
	Verstärkungsfaktor	1
W	Arbeit	J
w	Energiedichte	Jm^{-3}
X_1, X_2, X_3	Koordinatenachsen, materielle oder Lagrangesche Koordinaten	
X	Ortsvektor in der Referenzkonfiguration	
x_1, x_2, x_3	Koordinatenachsen, räumliche oder Eulersche Koordinaten (Ortskoordinaten)	
x, y, z	kartesische Koordinatenachsen	
$\boldsymbol{x}$	Ortsvektor in der aktuellen Konfiguration	

Symbol	Bedeutung	Einheit
α	Polarisierbarkeit	
	Dämpfungskonstante	kgs^{-1}
α, β, γ	von den Translationsvektoren eingeschlossene Winkel, Gitterkonstanten	
$\alpha_{ij}, \alpha_\lambda$	thermischer Ausdehnungskoeffizient	K^{-1}
β_{ij}	Impermittivitätstensor	mF^{-1}
γ	Proportionalitätsfaktor	
$\gamma_{ij}, \gamma_\lambda$	thermischer Spannungsmodul	1
Δ	logarithmisches Dekrement	
Δ^c bzw. Δ^s	Determinante der Elastizitätsmoduln bzw. -koeffizienten	
$\Delta^c_{\lambda\mu}$ bzw. $\Delta^s_{\lambda\mu}$	Unterdeterminante des Elementes $c_{\lambda\mu}$ bzw. $s_{\lambda\mu}$	
δ	Abklingkonstante	s^{-1}
δ^j_i, δ_{ij}	Kronecker-Symbol	
ε	Permittivität	Fm^{-1}
ε_0	elektrische Feldkonstante ($\varepsilon_0 = 8{,}854186 \cdot 10^{-12}\,Fm^{-1}$)	Fm^{-1}
ε_{ij}	Permittivitätstensor	Fm^{-1}
$\varepsilon_{ij}/\varepsilon_0$	Permittivitätszahl	1
ε_{ijk}	elektrooptischer Koeffizient	CV^{-2}
η_{ij}	magnetoelektrischer Koeffizient	$m^{-1}s$
Θ	Winkel	
Θ	Temperatur	K, °C
Θ_0 bzw. Θ'_0	parelektrische bzw. ferroelektrische Curie-Weiß-Temperatur (nur in (5.74) und (5.75))	K, °C
Θ_0	durch (5.80) definierte Temperatur, für die $1/\chi = 0$	K, °C
Θ_C	Curie-Temperatur	K, °C
ϑ	Winkel	
	Dämpfungszahl	
$\varkappa_{ij}$	magnetische Suszeptibilität	1
λ	Zahlenfaktor	1
	Wellenlänge	m
μ	reduzierte Masse	kg
μ_0	magnetische Feldkonstante ($\mu_0 = 1{,}256637 \cdot 10^{-6}\,VsA^{-1}m^{-1}$)	$VsA^{-1}m^{-1}$
ν	Poissonsche Zahl	1
ξ, η, ζ	Drehwinkel um die x_1, x_2, x_3-Achse	
Π	hydrostatischer Druck	Nm^{-2}
$\Pi_{\lambda\mu}$	piezooptische Konstante	$N^{-1}m^2$
π	Ludolfsche Zahl ($\pi = 3{,}1415926\ldots$)	
π_i	pyroelektrischer Koeffizient	$Vm^{-1}K^{-1}$
π_{ij}	piezomagnetischer Koeffizient	$A^{-1}m$
ϱ	Massendichte	kgm^{-3}
	Ladungsdichte	Cm^{-3}
ϱ_i	pyroelektrischer Modul	$V^{-1}m$

Symbol	Bedeutung	Einheit
Σ	Entropie	JK^{-1}
σ	Entropiedichte	$Jm^{-3}K^{-1}$
σ	Normalspannung	Nm^{-2}
$\sigma_{ij}, \sigma_\lambda$	thermischer Ausdehnungsmodul	$N^{-1}m^2$
τ	Schubspannung	Nm^{-2}
τ	Zeitkonstante	s
τ_{ij}, τ_λ	thermischer Spannungskoeffizient	$Nm^{-2}K^{-1}$
φ	Phasenwinkel	
χ	elektrische Suszeptibilität	1
χ_{ij}	Suszeptibilitätstensor	1
ω	Kreisfrequenz	s^{-1}

1 Einleitung

Max Planck umriß das Messen in der Physik in seiner Rede über „die physikalische Gesetzlichkeit" am 14.2.1926 trefflich so: „Das Wesen der physikalischen Gesetzlichkeit und der Inhalt der physikalischen Gesetze läßt sich nicht durch reines Nachdenken erschließen. Es gibt hierfür keinen anderen Weg als den, sich vor allem an die Natur zu wenden, in ihr möglichst zahlreiche und vielseitige Erfahrungen zu sammeln, dieselben miteinander in Vergleich zu bringen und zu möglichst einfachen und weittragenden Sätzen zu verallgemeinern. Da der Inhalt einer Erfahrung um so reicher ist, je genauer die Messungen sind, die ihr zugrunde liegen, so versteht sich von selbst, daß der Fortschritt aller physikalischen Erkenntnis auf das engste verknüpft ist mit der Verfeinerung der physikalischen Instrumente und mit der Technik des Messens."

Eine Messung bedeutet allgemein die experimentelle Bestimmung der Quantität der zu messenden physikalischen Größe durch einen Vergleich mit ihrer Maßeinheit. Die meisten Messungen erfolgen jedoch indirekt, indem sie unter Ausnutzung bekannter physikalischer Gesetze mit Hilfe geeigneter Meßgeräte auf eine Zahlangabe in analoger oder digitaler Form reduziert werden. Außerordentlich häufig wird dabei die primär gemessene Größe durch einen Meßwertaufnehmer in eine andersartige Ausgangsgröße, die man nach Bedarf einfach verstärken und registrieren kann, umgewandelt. Dazu ist besonders eine elektrische Ausgangsgröße geeignet. Man spricht dann von einer elektrischen Meßmethode.

Beim elektrischen Messen mechanischer Größen erzeugt oder steuert eine mechanische Eingangsgröße ein elektrisches Signal, das als Ausgangsgröße die gemessene Größe angibt. Die Zuordnung der Zahlangabe zur gemessenen Größe erfolgt dabei in zwei Schritten. Zuerst wird die mechanische Größe in ein elektrisches Signal umgewandelt, und nachher wird das elektrische Signal verstärkt und registriert.

Obwohl schon im 19. Jahrhundert in Laboratorien mittels elektrischer Methoden Messungen sehr kurzer oder schneller Vorgänge gelangen, gewann das elektrische Messen mechanischer Größen erst gegen Mitte unseres Jahrhunderts an Bedeutung. Ausschlaggebend war dabei die rasch einsetzende Entwicklung in der elektrischen Verstärkertechnik, vorerst mit Elektronenröhren, dann mit Halbleiterelementen. Heute ist das elektrische Messen mechanischer Größen zu einer absoluten Notwendigkeit sowohl in der Forschung wie auch in zunehmendem Maße in der Industrie (Prozeßsteuerungen usw.) geworden. Die durch moderne elektronische Rechner gebotenen Möglichkeiten können in der Technik eigentlich nur dann ausgenutzt werden, wenn geeignete, elektrische Meßinstrumente zum Erfassen der mechanischen Größen zur Verfügung stehen.

Als mechanische Meßgrößen kommen bei elektrischen Meßmethoden vor allem in Betracht: Weg, Dehnung, Drehwinkel, Geschwindigkeit, Beschleunigung, Kraft, Drehmoment und Druck. Für das Umwandeln der mechanischen Meßgrößen in elektrische Ausgangsgrößen können dabei z.B. folgende, durch entsprechende mechanische Wirkung verursachte, physikalische Effekte ausgenutzt werden: Widerstandsänderung, Kapazitätsänderung, Induktionsänderung und Polarisationsänderung (piezoelektrischer Effekt).

Eine vollständige Übersicht über heute gebräuchliche Systeme geben [G7, G11, N4, N8, P5, P9, R5, R6, S7]. Da sich das vorliegende Buch auf die piezoelektrische Meßtechnik beschränkt, sei im folgenden auf ihre Vor- und Nachteile im Vergleich mit den wichtigsten anderen elektrischen Meßmethoden der mechanischen Größen hingewiesen.

Piezoelektrisch werden praktisch Kräfte, Drehmomente, Drücke, Beschleunigungen und — verhältnismäßig selten — auch Dehnungen gemessen. Unser Vergleich wird deshalb nur mit solchen Verfahren gezogen, die sich ebenfalls für dieselben Meßgrößen eignen. Wir vergleichen also die piezoelektrischen Aufnehmer mit piezoresistiven, induktiven, kapazitiven und potentiometrischen Aufnehmern sowie mit Dehnmeßstreifen-Aufnehmern.

Grundsätzlich unterscheidet man aktive und passive Aufnehmersysteme. Als aktive Systeme bezeichnen wir solche, die prinzipiell keine Hilfsenergiequellen benötigen. Das elektrische Ausgangssignal entsteht direkt im Aufnehmerelement selbst. Bei piezoelektrischen Aufnehmern wird das Ausgangssignal durch die unter der mechanischen Beanspruchung eines piezoelektrischen Kristallelementes entstehende elektrische Polarisation erzeugt. Deshalb zählt man piezoelektrische Aufnehmer (wie auch z.B. Thermoelemente) zu den aktiven Systemen. Sämtliche anderen genannten Aufnehmer bezeichnet man als passive Systeme.

Das Aufnehmerelement ändert unter der Einwirkung der Meßgröße gewisse seiner Eigenschaften (z.B. den elektrischen Widerstand, die Kapazität, die Induktivität usw.). Diese passive Änderung kann nur festgestellt werden, indem von außen eine Hilfsenergie in Form einer elektrischen Spannung oder eines elektrischen Stromes zugeführt wird.

Die Hauptvorteile piezoelektrischer Aufnehmer lassen sich wie folgt zusammenfassen: a) hohe Steifheit (Meßwege typisch einige Mikrometer), b) hohe Eigenfrequenz (bis über 500 kHz), c) extrem weiter Meßbereich (Verhältnis Spanne zu Ansprechschwelle bis über 10^8), d) hohe Stabilität, e) hohe Linearität der Abhängigkeit des Meßsignals von der Meßgröße, f) weiter Betriebstemperaturbereich, g) Unempfindlichkeit gegenüber Strahlung sowie magnetischen und elektrischen Feldern.

Als Nachteil ist einzig die Einschränkung zu nennen, daß mit piezoelektrischen Aufnehmern echt statische Messungen über längere Zeit grundsätzlich nicht möglich sind. Dazu wären unendlich große Isolationswiderstände sowie absolut leckstromfreie Verstärker notwendig. Da dies praktisch unerreichbar ist, kann die vom piezoelektrischen Aufnehmer abgegebene Ladung nicht beliebig lange gespeichert werden.

Diesen Nachteil haben die passiven Systeme nicht. Die durch die Meßgröße

# 1 Einleitung

verursachte Änderung der elektrischen Eigenschaften bleibt prinzipiell über beliebig lange Zeit erhalten und kann deshalb auch beliebig lange mittels der immer notwendigen Hilfsenergie festgestellt werden.

Trotzdem hat sich das Anwendungsgebiet der piezoelektrischen Aufnehmer in den letzten 20 Jahren außerordentlich rasch ausgeweitet, da in vielen Fällen die Einschränkung der statischen Meßmöglichkeit kein Hindernis darstellt oder durch geeignete Techniken umgangen werden kann. Daher findet man heute piezoelektrische Aufnehmer nicht nur dort, wo dynamische Vorgänge gemessen werden, sondern auch in vielen quasistatischen Anwendungen.

Wie im Kapitel 12 gezeigt wird, ist dem aus den Anfängen der piezoelektrischen Meßtechnik stammenden Vorurteil, man könne nur kurze Vorgänge piezoelektrisch erfassen, durch den heutigen Stand der Aufnehmer- und Verstärkertechnik die Basis entzogen. Diese Erweiterung in das Gebiet des quasistatischen Messens hat, zusammen mit den oben aufgezählten Vorteilen piezoelektrischer Aufnehmer, eine Lösung vieler verschiedener Meßprobleme erst ermöglicht.

2 Grundlagen der Piezoelektrizität

Dieses Kapitel bringt nur eine qualitative Beschreibung des piezoelektrischen Effektes sowie eine kurze Übersicht über seine praktischen Anwendungen. Ausführlicher werden wir uns mit dem piezoelektrischen Effekt erst aufgrund der Erkenntnisse aus den Kapiteln 3 und 4 im Kapitel 5 beschäftigen.

2.1 Der direkte und der reziproke piezoelektrische Effekt

Unter der Piezoelektrizität versteht man eine lineare elektromechanische Wechselwirkung zwischen dem mechanischen und elektrischen Zustand in Kristallen, die kein Symmetriezentrum besitzen. Vom direkten piezoelektrischen Effekt spricht man, wenn eine mechanische Deformation eines piezoelektrischen Körpers von einer zu ihr proportionalen Änderung der elektrischen Polarisation begleitet wird. Der reziproke piezoelektrische Effekt bedeutet das Auftreten innerer mechanischer Spannungen, die zum wirkenden äußeren elektrischen Feld proportional sind.

Den piezoelektrischen Effekt kann man sich an einer senkrecht zur kristallographischen x-Achse herausgeschnittenen Quarzplatte (X-Quarzplatte) gut veranschaulichen (Bild 2.1). Die wirkende Kraft F deformiert die Quarzplatte und bewirkt infolge des direkten piezoelektrischen Effektes ihre elektrische Polarisation P. Beim reziproken piezoelektrischen Effekt erzeugt das äußere elektrische Feld E zwischen den Elektroden die mechanische Spannung, welche die Quarzplatte deformiert.

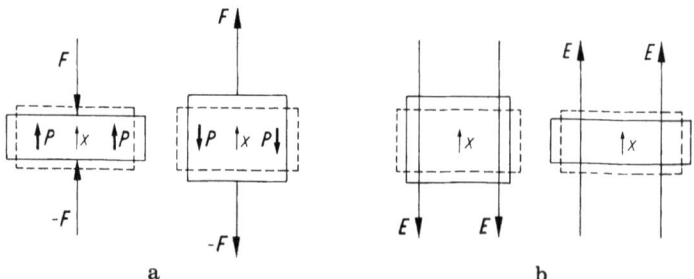

Bild 2.1. Schema des piezoelektrischen Effektes in einer X-Quarzplatte (Rechtsquarz). **a** Direkter piezoelektrischer Effekt, **b** Reziproker piezoelektrischer Effekt

Zwischen dem direkten und reziproken piezoelektrischen Effekt besteht ein enger Zusammenhang. Die Gleichheit der piezoelektrischen Konstanten, welche die beiden Effekte beschreiben, werden wir erst im Kapitel 5 beweisen. An dieser Stelle sei nur die „Vorzeichenregel" erwähnt: Die durch den direkten piezoelektrischen Effekt erzeugte elektrische Polarisation hat eine solche Richtung, daß die durch sie infolge des reziproken piezoelektrischen Effektes sekundär erzeugte mechanische Spannung gegen die primäre, den direkten piezoelektrischen Effekt auslösende Deformation, wirkt. Ebenso gilt umgekehrt: Die durch den reziproken piezoelektrischen Effekt verursachte Deformation muß aufgrund des direkten piezoelektrischen Effektes sekundär der primären elektrischen Polarisation entgegenwirken.

2.2 Die Entdeckung der Piezoelektrizität

Die Piezoelektrizität wurde von den Brüdern Pierre und Jacques Curie im Jahre 1880 entdeckt [C11]. Dies geschah nicht ganz zufällig. Schon vorher war der pyroelektrische Effekt bekannt. In Indien und auf Ceylon hatte man seit Urzeiten beobachtet, daß Turmalinkristalle, die man in Glutasche wirft, die Ascheteilchen zuerst anziehen und nachher abstoßen. Diese Erfahrung brachten Kaufleute am Anfang des 18. Jahrhunderts mit den Turmalinkristallen nach Europa. Der Effekt veranlaßte 1747 Linné, Turmalin als „lapis electricus" zu bezeichnen. Im folgenden Jahrhundert bemühten sich einige Forscher (z. B. [B9, H4]), auch einen Zusammenhang zwischen der mechanischen Druckwirkung und der Elektrizität zu finden. Becquerel war sich dabei sogar bewußt, daß man einen solchen Effekt vor allem bei Kristallen erwarten könnte. Die Vorgänger der Gebrüder Curie berichten jedoch nur über ziemlich fragwürdige Ergebnisse. Der vermutete piezoelektrische Effekt wurde oft bei Kristallen, bei welchen er aus Symmetriegründen überhaupt nicht auftreten kann, und sogar bei Nichtkristallen, beobachtet. Die damaligen Versuchsanordnungen führten nämlich im wesentlichen zum Auftreten der sogenannten Reibungselektrizität.

Pierre und Jacques Curie entdeckten den direkten piezoelektrischen Effekt zuerst an Turmalinkristallen. Sie stellten fest, daß der in bestimmten Richtungen angelegte Druck an gegenüberliegenden Kristallflächen ungleichnamige elektrische Oberflächenladungen, die dem wirkenden Druck proportional sind, hervorruft. Den Effekt bezeichneten sie als Polarelektrizität. Später fanden sie denselben Effekt an Quarz und an weiteren Kristallen, die kein Symmetriezentrum besitzen. Der reziproke piezoelektrische Effekt wurde zuerst durch Lippmann [L7] aufgrund thermodynamischer Überlegungen vorausgesagt und unmittelbar danach durch die Gebrüder Curie auch experimentell gefunden. Die heute übliche Bezeichnung „piezoelektrischer Effekt" wurde von Hankel [H3] vorgeschlagen.

2.3 Entwicklung der technischen Anwendung der Piezoelektrizität

Über das erste Drittel ihrer nun hundertjährigen Geschichte hinaus fand jedoch die Piezoelektrizität keine technische Anwendung. Erst Langevin [L3] benützte eine piezoelektrisch erregte Quarzplatte als Sender und später auch als Empfänger von Ultraschallwellen für die Messung der Meerestiefe sowie zur Suche nach Objekten unter der Wasseroberfläche. Er eröffnete durch diese Echomethode für die Piezoelektrizität ein umfangreiches Anwendungsgebiet — die Ultraschalltechnik [B10, M8, P3]. Aus der Ausbreitung von sehr kurzen Wellen, deren Wellenlänge mit Molekulardimensionen vergleichbar ist, kann man darüber hinaus auf mikrophysikalische Prozesse schließen [M9, M10, M19].

Die Untersuchung der Möglichkeiten unterseeischer Nachrichtenübermittlung mit Ultraschallwellen gab Anlaß zum Studium piezoelektrischer Resonanzerscheinungen. Cady [C1] und Pierce [P6] erkannten die Vorteile piezoelektrischer Resonatoren. Anderen Elementen gegenüber sind sie durch einen sehr kleinen mechanischen Verlustfaktor und deshalb durch eine geringe Bandbreite ausgezeichnet. Überdies kann man aus bestimmten Kristallschnitten piezoelektrische Resonatoren mit einem sehr kleinen Temperaturkoeffizienten der Resonanzfrequenz herstellen. So wurde die Hochfrequenz- und Nachrichtentechnik das wichtigste Anwendungsgebiet der Piezoelektrizität. Die piezoelektrischen Resonatoren werden als frequenzbestimmende Elemente in Oszillatoren und Frequenzfiltern verwendet. Sie steuern heute nicht nur sämtliche Radiosender, sondern in letzter Zeit in zunehmendem Maße auch Uhren (Quarzuhren) [C2, H8, M7, P3, P7, S3].

Allen Anwendungen der Piezoelektrizität in der Hochfrequenztechnik und Ultraschalltechnik ist gemeinsam, daß die piezoelektrischen Elemente aufgrund des reziproken piezoelektrischen Effektes zu Resonanzschwingungen erregt werden. Parallel zu diesen beiden Anwendungsgebieten begann sich noch ein drittes Anwendungsgebiet der Piezoelektrizität zu entwickeln — das piezoelektrische Messen mechanischer Größen, vor allem von Kräften, Drücken und Beschleunigungen. Es wird kurz als piezoelektrische Meßtechnik bezeichnet. Grundsätzlich benützt man dabei den direkten piezoelektrischen Effekt. Die Resonanzschwin-

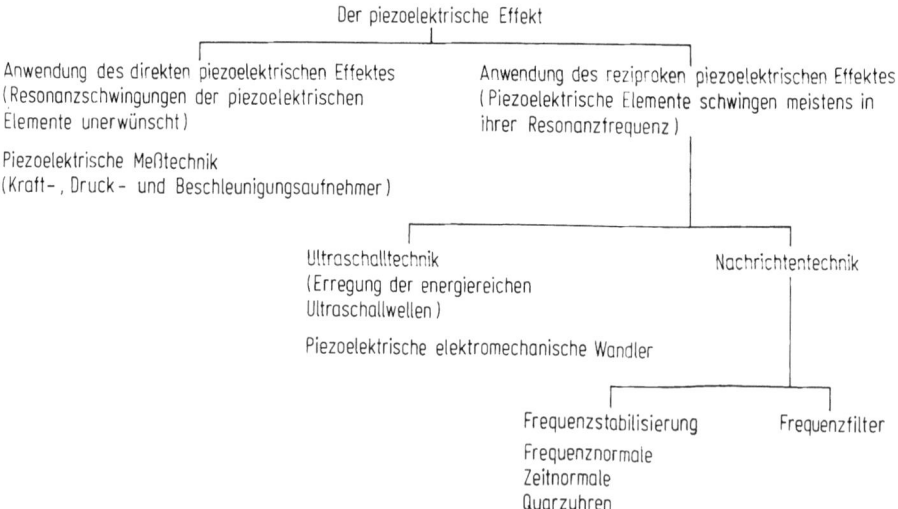

Bild 2.2. Technische Anwendungen der Piezoelektrizität

gungen des piezoelektrischen Elementes sind in der piezoelektrischen Meßtechnik im allgemeinen unerwünscht. Nur ausnahmsweise wird z. B. der Druck aufgrund der Resonanzfrequenzänderung eines piezoelektrischen Resonators gemessen.

Die Pionierarbeiten auf diesem Gebiete leisteten Galitzin [G 2], Karcher [K 2], Keys [K 5], Thomson [T 4] und Wood [W 3].

Eine zusammenfassende Übersicht über die technischen Anwendungen der Piezoelektrizität gibt Bild 2.2.

2.4 Entwicklung der Theorie des piezoelektrischen Effektes

An das Studium des piezoelektrischen Effekts kann man entweder vom makrophysikalischen, d.h. phänomenologischen, oder vom mikrophysikalischen, d.h. atomistischen Standpunkt aus herantreten. Die beiden Standpunkte entsprechen gleichzeitig zwei wichtigen Entwicklungsphasen der Festkörperphysik.

Der phänomenologische Standpunkt führt zu einer thermodynamischen Beschreibung der Effekte in den Kristallen, wobei die Symmetrie der Kristalle sowie der Einwirkungen eine entscheidende Rolle spielt. Man kann zwar sagen, daß diese Entwicklungsphase der Festkörperphysik durch das berühmte Lehrbuch der Kristallphysik von Voigt [V4] im Jahre 1910 schon grundsätzlich abgeschlossen wurde, doch ist die gute Kenntnis der thermodynamischen Theorie eine grundlegende Voraussetzung für die Lösung jedes kristallphysikalischen Problems. Die Weiterentwicklung der thermodynamischen Theorie ist für einen Physiker vielleicht nicht so reizvoll wie die Ausarbeitung der mikrophysikalischen Modelle, sie hat jedoch eine ganz besondere Bedeutung für sämtliche technischen Anwendungen.

Die Grundlagen einer thermodynamischen Theorie des elastischen Dielektrikums wurden erst in der zweiten Hälfte unseres Jahrhunderts durch die Arbeiten von Toupin [T11], Eringen [E3], Hájíček [H1], Grindlay [G12, G13] und anderen [B24, T6, T13] gelegt, und die experimentelle sowie theoretische Untersuchung der nichtlinearen Effekte in Dielektrika ist noch heute ein aktuelles Problem (s. z. B. [G1, T7, W2]).

Den ersten Versuch, eine atomare Theorie der Piezoelektrizität aufzustellen, kann man Lord Kelvin [K3] zuschreiben. Schrödinger [S2] versuchte, aufgrund der Debyeschen Theorie der elektrischen Polarisation die Größenordnung der piezoelektrischen Konstanten von Quarz und Turmalin abzuschätzen. Aber erst Born [B18] fand eine prinzipielle Lösung im Rahmen seiner dynamischen Theorie des Kristallgitters.

Die atomistische Theorie stellt sich die Aufgabe, die piezoelektrischen ebenso wie die anderen physikalischen Eigenschaften der Materie von den quantenmechanischen Grundlagen aus zu verstehen und zu berechnen. Dazu muß man nicht nur die Eigenschaften der Atome und ihre Ruhelagen kennen, sondern auch ihre Bewegungen berücksichtigen. Die dynamische Gittertheorie behandelt das ganze Kristallgitter als ein einziges quantenmechanisches System.

3 Grundlagen der phänomenologischen Kristallphysik

Dieses Kapitel bietet eine sehr kurze Einführung in die Grundlagen der Kristallphysik bzw. Festkörperphysik. Es ist von einem makroskopischen Standpunkt aus geschrieben. Besonderer Nachdruck wird dabei auf die Grundlagen der Tensorrechnung gelegt. Dies erweist sich als nötig, da die Kristalleigenschaften anisotrop, d. h. richtungsabhängig sind. In der piezoelektrischen Meßtechnik benützt man nämlich nicht nur piezoelektrische Elemente, die senkrecht oder parallel zu den Kristallachsen herausgeschnitten sind, sondern auch Elemente, die in bezug auf die Kristallachsen so orientiert sind, daß sie bestimmte physikalische Eigenschaften besitzen. Die Tensorrechnung ermöglicht dabei eine einfache Berechnung der physikalischen Eigenschaften eines piezoelektrischen Elementes für seine vorgegebene Orientierung oder umgekehrt die Bestimmung der Orientierung des Kristallelementes mit geforderten physikalischen Eigenschaften.

3.1 Die Struktur der Kristalle

Ein Idealkristall baut sich durch die unendliche, regelmäßige Wiederholung identischer mikrophysikalischer Struktureinheiten im dreidimensionalen Raum auf. Die sich wiederholende Struktureinheit besteht aus einem oder mehreren Bausteinen. Bausteine können Atome, Moleküle oder Ionen sein. Wir werden jedoch im folgenden nur über Atome sprechen und darunter nach Bedarf auch Moleküle oder Ionen verstehen. Die aus solchen Bausteinen bestehende Struktureinheit bezeichnet man als Basis der Kristallstruktur.

Die Wiederholung der Basis im Raum beschreibt man durch die Angabe von drei nichtkomplanaren, fundamentalen Translationsvektoren a_1, a_2, a_3. Sie haben die Eigenschaft, daß von jedem Punkt r aus betrachtet die Anordnung der Atome in jeder Hinsicht gleich aussieht wie vom Punkt

$$r' = r + n_1 a_1 + n_2 a + n_3 a_3, \qquad (3.1)$$

wobei n_1, n_2, n_3 beliebige ganze Zahlen sind $(n_1, n_2, n_3 \in \mathbb{Z})$. Die Menge aller Punkte, die durch (3.1) festgelegt ist, heißt Translationsgitter. Es ist eine regelmäßige periodische Anordnung von Gitterpunkten im Raum. Das Translationsgitter und die Basis bilden die Kristallstruktur (Bild 3.1).

Das Parallelepiped, das durch die Translationsvektoren a_1, a_2, a_3 aufgespannt wird, bildet eine Elementarzelle. Das Translationsgitter und die Translations-

3.1 Die Struktur der Kristalle

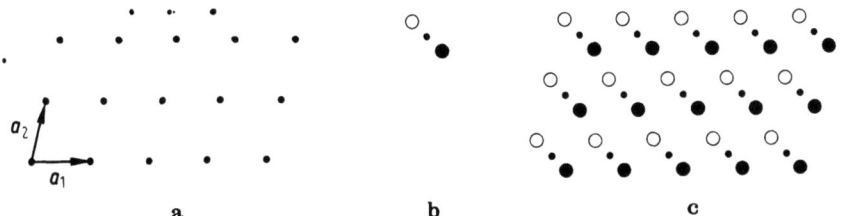

Bild 3.1. Zweidimensionales Beispiel für die Zusammensetzung einer Kristallstruktur **c** aus einem Translationsgitter **a** und einer Basis **b**

vektoren heißen primitiv, wenn für alle Punkte r und r', von denen aus die Anordnung der Bausteine des Kristalls gleich aussieht, stets (3.1) erfüllt ist, falls die ganzen Zahlen n_1, n_2, n_3 passend gewählt sind. Damit ist garantiert, daß keine Elementarzelle mit kleinerem Volumen existiert, die das Translationsgitter des Kristalls bilden könnte. Die Elementarzelle mit dem kleinstmöglichen Volumen heißt primitive Elementarzelle (Bild 3.2).

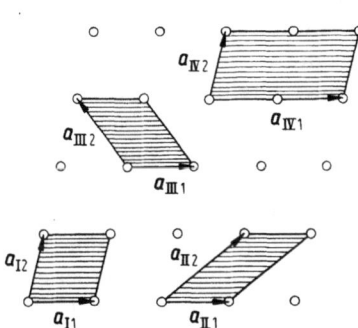

Bild 3.2. Beispiel für die Wahl einer Elementarzelle in einem zweidimensionalen Translationsgitter. I, II, III sind primitive Elementarzellen und haben die gleiche Fläche. IV ist keine primitive Elementarzelle. Das Parallelogramm hat die doppelte Fläche einer primitiven Elementarzelle

Die Anzahl der Atome in einer primitiven Elementarzelle ist gleich der Anzahl der Atome in der Basis. Jede von allen acht Ecken der dreidimensionalen primitiven Elementarzelle ist nämlich ein Gitterpunkt, zu dem eine Basis gehört. Ein solcher Gitterpunkt muß jedoch auf die acht primitiven Elementarzellen, die sich in ihm berühren, aufgeteilt werden, so daß die primitive Elementarzelle eine Dichte von einem Gitterpunkt und einer Basis pro Zelle aufweist.

3.1.1 Die Symmetrieeigenschaften des Translationsgitters

Durch eine Gittertranslation

$$T = n_1 a_1 + n_2 a_2 + n_3 a_3; \quad n_1, n_2, n_3 \in \mathbb{Z} \tag{3.2}$$

wird eine Kristallstruktur mit sich selbst zur Deckung gebracht. Eine solche Operation wird als Symmetrieoperation bezeichnet. Der Translationsvektor T stellt eine Verschiebung der Kristallstruktur parallel zu sich selbst um einen Identitätsbetrag (Identitätsperiode) dar. Zwei beliebige Gitterpunkte können immer durch einen Translationsvektor T verbunden werden.

Nebst der Translation (3.2) kann eine Kristallstruktur noch gegenüber zusätzlichen Symmetrieoperationen invariant sein. Die Gesamtheit aller Symmetrieoperationen, durch die eine Kristallstruktur in sich selbst übergeführt wird, bestimmt ihre Symmetrie. Die Symmetrie einer Kristallstruktur ergibt sich aus den Symmetrien des Translationsgitters und der Basis, die sie bilden [B29].

Untersuchen wir zuerst den Aufbau eines Translationsgitters ungeachtet des Aufbaus der Basis. In einem Translationsgitter ist immer jede Richtung der ihr entgegengesetzten gleichwertig. Die Vertauschung aller Richtungen mit den entgegengesetzten nennt man Inversion. Jedes Translationsgitter ist also zentrosymmetrisch. Wenn wir zusätzlich zu einem Translationsgitter auch die Basis betrachten, dann kann natürlich die Zentrosymmetrie bei einer Kristallstruktur verlorengehen.

Neben der Invarianz gegenüber der Translation und der Inversion kann ein Translationsgitter noch folgende Symmetrieelemente besitzen: Drehachsen, Symmetrieebenen und Drehspiegelachsen.

Für die Symmetrieelemente benützt man heute vorwiegend die nach Hermann [H10] und Mauguin [M11] benannte Symbolik, welche sich gegenüber der älteren Schönfliesschen Bezeichnungsweise als die zweckmäßigere durchgesetzt hat. Die Hermann-Mauguinschen Symbole enthalten eine vollständige Aussage über die Anzahl und die Wirkungsweise der Symmetrieelemente.

Ist ein Translationsgitter invariant gegenüber einer Drehung um eine Drehachse durch einen Gitterpunkt, so zeigt es Drehsymmetrie. Die Drehachse wird auch Symmetrieachse genannt. Man bezeichnet sie nach Hermann und Mauguin mit einer Ziffer, die ihre Zähligkeit bedeutet. Bei einer Drehung um 360° um eine n-zählige Achse wird das Translationsgitter n-mal zur Deckung mit sich selbst gebracht. Es gibt 2-, 3-, 4- und 6-zählige Symmetrieachsen, die wir der Reihe nach mit 2, 3, 4 und 6 bezeichnen. Natürlich besitzt jedes Translationsgitter immer eine 1-zählige Achse 1. Man kann kein Translationsgitter finden, das gegenüber einer anderen Drehung invariant bleibt. Es kommen also keine 5-, 7- und mehrzähligen Symmetrieachsen vor.

Symmetrieebenen, welche ein Translationsgitter in spiegelbildlich gleiche Teile zerlegen, werden mit m (miroir, frz.: Spiegel) bezeichnet. Sie bedingen die Spiegelsymmetrie.

Wenn ein Translationsgitter weder durch eine Drehung allein noch durch eine Spiegelung allein in sich übergeht, wohl aber, wenn beide Operationen nacheinander ausgeführt werden, dann besitzt es eine Drehspiegelachse. Sie wird mit einem Strich über der Ziffer, welche die Zähligkeit der Drehspiegelachse angibt, bezeichnet. Die Drehspiegelung kann aus einer Drehung und einer Spiegelung an einer zur Drehachse senkrechten Ebene zusammengesetzt werden.

Wird z. B. eine n-zählige Drehachse ($n = 1, 2, 3, 4, 6$) mit einer senkrecht auf ihr stehenden Symmetrieebene kombiniert, so wird dies n/m geschrieben. Man liest das Symbol „n über m".

Unter einer Gitterpunktgruppe versteht man die Gesamtheit der Symmetrieoperationen, die, wenn sie um einen Gitterpunkt als Zentrum angewendet werden, das Translationsgitter invariant lassen. Sie bestimmt die Symmetrie des Translationsgitters.

3.1.2 Bravais-Gitter

Es ergeben sich insgesamt 14 Variationsmöglichkeiten, die Gitterpunkte gesetzmäßig zu dreidimensionalen Elementarzellen zusammenzustellen, die sich durch ihre Symmetrieeigenschaften unterscheiden und ein Translationsgitter bilden. Sie werden als Bravais-Gitter bezeichnet und sind in der Tabelle 3.1 dargestellt. Die dargestellten Elementarepipede sind die gebräuchlichen Elementarzellen. Sie sind nicht immer primitiv. Manchmal ist nämlich der Zusammenhang zwischen einer nicht primitiven Elementarzelle und den Symmetrieeigenschaften des Translationsgitters offensichtlicher als dieser Zusammenhang bei einer primitiven Elementarzelle.

Bei einem primitiven Bravais-Gitter sind nur die Eckpunkte der Elementarepipede durch Gitterpunkte besetzt. Sie werden mit dem Gittersymbol P bezeichnet. Sind die Mittelpunkte der zwei Basisflächen einer nicht primitiven Elementarzelle ebenfalls durch Gitterpunkte besetzt, bezeichnet man ein solches Bravais-Gitter als basiszentriert (C). Bei einem flächenzentrierten Bravais-Gitter (F) sind alle Flächenmittelpunkte der Elementarzelle mit je einem Gitterpunkt besetzt, und bei einem innen- oder raumzentrierten Bravais-Gitter (I) befindet sich ein Gitterpunkt im Mittelpunkt der Elementarzelle. Im rhomboedrischen System wird gewöhnlich ein Rhomboeder als Elementarzelle gewählt (R).

Die Kanten einer Elementarzelle sind die Translationsvektoren a_1, a_2, a_3. Sie werden von Kristallographen gewöhnlich mit a, b, c bezeichnet und Kristallachsen genannt. Ihre Längen a, b, c, sowie die Winkel α, β, γ, welche sie einschließen ($\alpha = \sphericalangle(b, c)$, $\beta = \sphericalangle(c, a)$, $\gamma = \sphericalangle(a, b)$), sind die Gitterkonstanten des Kristalls (Bild 3.3).

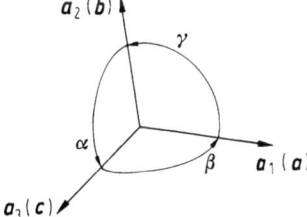

Bild 3.3. Die Längen der Kanten einer Elementarzelle und die Winkel, welche die Kanten einschließen, sind die Gitterkonstanten des Kristalls

Die vierzehn Bravais-Gitter werden gemäß der Form der gebräuchlichen Elementarzelle und der Symmetrie des Translationsgitters in sieben kristallographische Gitter- oder Kristallsysteme eingeteilt (Tabelle 3.1). Das allgemeinste System ist das trikline. Zu den übrigen Systemen gelangt man, wenn die drei Translationsvektoren (Kristallachsen) a_1, a_2, a_3 ausgezeichnete Winkel, vornehmlich rechte, miteinander bilden, oder wenn zwei oder alle drei Translationsvektoren gleich lang sind. Einige Autoren (z. B. [B26]) bezeichnen das trigonale und hexagonale System gemeinsam als das hexagonale System und unterscheiden nur sechs Systeme.

3 Grundlagen der phänomenologischen Kristallphysik

Tabelle 3.1. Die vierzehn Bravais-Gitter im dreidimensionalen Raum

Kristallsystem Einschränkungen bezüglich der Achsen und Winkel der gebräuchlichen Einheitszelle	Gittersymbol			
	P primitiv	C basiszentriert	I innen- oder raumzentriert	F flächenzentriert
triklin $a \neq b \neq c$ $\alpha \neq \beta \neq \gamma$	☒			
monoklin $a \neq b \neq c$ $\alpha = \gamma = 90° \neq \beta$	☒	☒		
rhombisch $a \neq b \neq c$ $\alpha = \beta = \gamma = 90°$	☒	☒	☒	☒
hexagonal $a = b \neq c$ $\alpha = \beta = 90°\ \gamma = 120°$	☒			
trigonal (rhomboedrisch) $a = b = c$ $\alpha = \beta = \gamma < 120°$ $\alpha \neq 90°$	☒			
tetragonal $a = b \neq c$ $\alpha = \beta = \gamma = 90°$	☒		☒	
kubisch $a = b = c$ $\alpha = \beta = \gamma = 90°$	☒		☒	☒

3.1.3 Raumgruppen

Die Kristallstruktur entsteht, indem zu jedem Gitterpunkt des Translationsgitters eine Basis hinzugefügt wird. Bei der Betrachtung der atomaren Struktur der Kristalle ergeben sich 230 mögliche Atomanordnungen, die als Raumgruppen bezeichnet werden. Außer den uns bereits bekannten Symmetrieelementen (Translation, Symmetriezentrum, Drehachsen, Spiegelebenen und Drehspiegelachsen) treten bei der Beschreibung der Symmetrieeigenschaften der Raumgruppen noch zusätzliche Symmetrieelemente auf: Die Schraubenachsen und die Gleitspiegelebenen [J2].

Eine Schraubenachse stellt ein Symmetrieelement einer kombinierten Deckoperation dar. Diese entsteht durch die Verknüpfung einer Drehung um eine 2-, 3-, 4- oder 6-zählige Drehachse mit gleichzeitiger Translation in der Richtung der Schraubenachse. Dabei gibt es rechts- und linksdrehende Schraubungen (z.B. Rechts- und Linksquarz). Die Gleitspiegelung besteht aus einer Translation und einer gleichzeitigen Spiegelung.

Besitzt die Basis die Symmetrie des Translationsgitters, so ist die Symmetrie der Kristallstruktur dieselbe, wie die des Translationsgitters. Wenn die Symmetrie der Basis geringer ist als die des Translationsgitters, so kann – muß aber nicht! – auch die Kristallstruktur eine geringere Symmetrie als das Translationsgitter besitzen. Ein anschauliches Beispiel dafür gibt ein zweidimensionales zentrosymmetrisches Translationsgitter mit einer Basis ohne Zentrosymmetrie, bestehend aus zwei verschiedenen Atomen (Bild 3.1c).

3.1.4 Symmetrieklassen

Die Symmetrie einer Kristallstruktur bedingt auch die Symmetrie der Kristalleigenschaften und kommt zudem in der äußeren Kristallform zum Ausdruck. Über Translation und Gleitoperationen kann man jedoch nur in einer unendlichen Kristallstruktur sprechen. Bei den makroskopischen Kristallen sind sie nicht beobachtbar, und die Schraubenachsen und Gleitspiegelebenen gehen in die entsprechenden translationsfreien Symmetrieelemente über. Art, Anzahl und Kombination der in einem Kristall äußerlich auftretenden Symmetrieelemente bestimmen die Kristallklasse, zu welcher der Kristall gehört (Tabelle 3.2).

3.2 Einführung in die Tensorrechnung

Die bereits beschriebene Struktur der Kristalle ist für die Anisotropie ihrer physikalischen Eigenschaften verantwortlich. Die Kristalle unterscheiden sich von isotropen Körpern dadurch, daß in Kristallen nicht mehr alle Richtungen einander gleichwertig sind. Die Kristallsymmetrie bewirkt die Äquivalenz nur noch gewisser Richtungen, nämlich all derer, die durch die Symmetrieoperationen des Kristalls ineinander übergeführt werden.

Kristalleigenschaften prüft man durch gezielte physikalische Einwirkungen auf Kristalle. Sie rufen bestimmte Zustandsänderungen der Kristalle hervor. Für unsere Zwecke genügt es, wenn wir uns nur auf diejenigen Effekte beschränken, die

Tabelle 3.2. Symmetrieklassen

Nr.	Bezeichnung nach Groth	Symbol nach Schönflies	Symbol nach Hermann-Mauguin	Symmetrieelemente	Kristallsystem
1 × △	triklin-pedial	C_1	1		triklin
2	triklin-pinakoidal	C_i	$\bar{1}$	Z	
3 × △	monoklin-sphenoidisch	C_2	2	$1C_2$	monoklin
4 × △	monoklin-domatisch	C_s	m	1SE	
5	monoklin-prismatisch	C_{2h}	2/m	$1SE, 1C_2, Z$	
6 ×	rhombisch-bisphenoidisch	D_2	222	$3C_2$	rhombisch
7 × △	rhombisch-pyramidal	C_{2v}	mm2	$2SE, 1C_2$	
8	rhombisch-bipyramidal	D_{2h}	mmm	$3SE, 3C_2, Z$	
9 × △	hexagonal-pyramidal	C_6	6	$1C_6$	hexagonal
10	hexagonal-bipyramidal	C_{6h}	6/m	$1SE, 1C_6, Z$	
11 ×	hexagonal-trapezoedrisch	D_6	622	$1C_6, 6C_2$	
12 × △	dihexagonal-pyramidal	D_{6v}	6mm	$3+3SE, 1C_6$	
13	dihexagonal-bipyramidal	D_{6h}	6/mmm	$1+3+3SE, 1C_6, 6C_2, Z$	
14 × △	trigonal-pyramidal	C_3	3	$1C_3$	trigonal
15	rhomboedrisch	C_{3i}	$\bar{3}$	$1S_6, Z$	(rhomboedrisch)
16 ×	trigonal-trapezoedrisch	D_3	32	$1C_3, 3C_2$	
17 × △	ditrigonal-pyramidal	C_{3v}	3m	$3SE, 1C_3$	
18	ditrigonal-skalenoedrisch	D_{3d}	$\bar{3}$m	$3SE, 1S_6, 3C_2, Z$	
19 ×	trigonal-bipyramidal	C_{3h}	$\bar{6}$	$1SE, 1C_3$	
20 ×	ditrigonal-bipyramidal	D_{3h}	$\bar{6}2m$	$1+3SE, 1C_3, 3C_2$	
21 × △	tetragonal-pyramidal	C_4	4	$1C_4$	tetragonal
22 ×	tetragonal-bisphenoidisch	S_4	$\bar{4}$	$1S_4$	
23	tetragonal-bipyramidal	C_{4h}	4/m	$1SE, 1C_4, Z$	
24 ×	tetragonal-trapezoedrisch	D_4	422	$1C_4, 4C_2$	
25 × △	ditetragonal-pyramidal	C_{4v}	4mm	$2+2SE, 1C_4$	
26 ×	tetragonal-skalenoedrisch	D_{2d}	$\bar{4}2m$	$2SE, 1S_4, 2C_2$	
27	ditetragonal-bipyramidal	D_{4h}	4/mmm	$1+2+2SE, 1C_4, 4C_2, Z$	
28 ×	kubisch-tetraedrisch-pentagondodekaedrisch	T	23	$4C_3, 3C_2$	kubisch
29	kubisch-disdodekaedrisch	T_h	m3	$3SE, 4S_6, 3C_2, Z$	
30	kubisch-pentagonikositetraedrisch	O	432	$3C_4, 4C_3, 6C_2$	
31 ×	kubisch-hexakistetraedrisch	T_d	$\bar{4}3m$	$6SE, 4C_3, 3S_2$	
32	kubisch-hexakisoktaedrisch	O_h	m3m	$3+6SE, 3C_4, 4S_6, 6C_2, Z$	

× = piezoelektrische Symmetrieklasse, △ = pyroelektrische Symmetrieklasse, Z = Symmetriezentrum, C_p = p-zählige Drehachse, S_p = p-zählige Inversionsachse, SE = Symmetrieebene.

man als hinreichend stetige Zusammenhänge betrachten kann. Die hervorgerufene Zustandsänderung kann man dann in Form einer Potenzreihe nach der Einwirkung entwickeln. Die Koeffizienten in der Potenzreihe nennt man Materialkonstanten. Sie beschreiben das Verhalten des Kristalls unter der gegebenen Einwirkung bezüglich der untersuchten Zustandsänderung. Die Beziehung zwischen der Zustandsänderung und der Einwirkung wird als Zustandsgleichung bezeichnet.

3.2 Einführung in die Tensorrechnung

Die Beschreibung eines bestimmten Effektes in einem Kristall durch eine entsprechende Zustandsgleichung muß selbstverständlich unabhängig davon gelten, in welchem Koordinatensystem man den betreffenden Vorgang zufällig oder aus Zweckmäßigkeitsgründen beschreibt. Daher müssen sich beim Übergang von einem Koordinatensystem zum anderen die Zustandsgrößen und Materialkonstanten so transformieren, daß die Gültigkeit der Gleichung erhalten bleibt. Die mathematischen Größen, welche einer solchen Anforderung entsprechen, sind Tensoren. Man unterscheidet Tensoren verschiedener Stufen.

3.2.1 Skalare und Vektoren

Allgemein bekannt sind Tensoren nullter und erster Stufe. Tensoren nullter Stufe sind Skalare. Sie werden nur durch eine Maßzahl und eine Maßeinheit gekennzeichnet. Beispiele für skalare Größen sind: Temperatur, Dichte, Entropie, elektrisches Potential usw. Die Invarianz solcher Größen gegenüber einer Koordinatentransformation ist offensichtlich.

Tensoren erster Stufe sind Vektoren. Sie können graphisch durch einen Pfeil dargestellt werden. Dabei gibt die Länge des Pfeils den Absolutbetrag (Maßzahl) in entsprechenden Maßeinheiten an, die Richtung des Vektors ist die des Pfeils. Im dreidimensionalen Raum, auf den wir uns beschränken, kann man ein Koordinatensystem wählen und den Vektor durch seine drei Koordinaten (die bei den Komponenten des Vektors auftretenden Zahlenfaktoren) angeben. Ein Vektor ist so durch das geordnete Tripel, das sich natürlich auf ein bestimmtes Koordinatensystem bezieht, eindeutig festgelegt. Die Zahl der skalaren Bestimmungsstücke eines Vektors stimmt mit der Dimension des Raumes überein. Beispiele für vektorielle Größen sind: Kraft, elektrische Feldstärke, elektrische Flußdichte, pyroelektrischer Koeffizient usw.

Wir werden noch andere physikalische Größen, deren Bestimmung mehr als drei skalare Bestimmungsstücke verlangt, kennenlernen. Es handelt sich um Tensoren zweiter und höherer Stufe. Zuerst wollen wir jedoch das Transformationsverhalten der Vektoren beim Übergang von einem zu einem anderen Koordinatensystem näher untersuchen. Wir beschränken uns dabei auf Koordinatensysteme, die einen gemeinsamen Koordinatenursprung besitzen (d. h. auf die für die Kristallphysik besonders wichtige homogene affine Transformation der Koordinaten) und lassen die Verschiebung (Translation) des Koordinatensystems außer acht. Dagegen wollen wir uns, um das Studium eingehender Arbeiten zu erleichtern und die Bedeutung des reziproken Gitters zu erklären, zum Unterschied von Darstellungen der Grundlagen der Tensorrechnung in einigen Lehrbüchern der Kristallphysik [N9, W4], wenigstens oberflächlich mit schiefwinkligen Koordinatensystemen beschäftigen. Erst später werden wir uns auf rechtwinklige Koordinaten konzentrieren. Die Kenntnis der grundlegenden Rechenregeln für Skalare und Vektoren setzen wir voraus.

3.2.2 Die Beziehungen zwischen den Vektorkoordinaten in zwei verschiedenen Grundsystemen mit gemeinsamem Koordinatenursprung

Wir wählen zwei allgemein schiefwinklige Koordinatensysteme mit einem gemeinsamen Koordinatenursprung O, auf die wir die Beschreibung des Kristallzustandes und seiner Materialeigenschaften beziehen wollen. Wir bestimmen sie je durch drei linear unabhängige (d. h. nicht komplanare), sonst aber beliebige Basisvektoren (Grundvektoren), die wir mit e_1, e_2, e_3 bzw. mit e'_1, e'_2, e'_3 bezeichnen. Sie definieren die Basis des entsprechenden Koordinatensystems und brauchen allgemein keine Einheitsvektoren zu sein. Tragen wir von O aus alle Vektoren der Form λe_i mit nichtnegativen bzw. nichtpositiven Zahlen λ ab, so erhalten wir die i-te positive bzw. negative Halbachse unseres ungestrichenen Koordinatensystems. Sinngemäß erhalten wir auch die Koordinatenachsen des gestrichenen Koordinatensystems.

Beschreiben wir nun die Lage eines bestimmten Punktes P im Kristall in bezug auf die Basis e_1, e_2, e_3. Seine Lage ist durch den Ortsvektor $\overline{OP} = x$ bestimmt, den man eindeutig in folgender Form in seine Komponenten zerlegen kann:

$$x = x^1 e_1 + x^2 e_2 + x^3 e_3. \tag{3.3''}$$

Die reellen Zahlen x^1, x^2, x^3 heißen die Koordinaten des Punktes P bezüglich des Koordinatensystems (O, e_1, e_2, e_3). Für einen Leser, der mit den Grundlagen der Tensorrechnung gar nicht vertraut ist, sei dabei bemerkt, daß die hier auftretenden unteren und oberen Indizes (die oberen Indizes sind keine Exponenten!) einer typischen Schreibweise der Tensorrechnung entsprechen (s. z. B. [T1]). Unter Zuhilfenahme des allgemein bekannten Symbols für die Summenbildung schreibt man

$$x = \sum_{i=1}^{3} x^i e_i. \tag{3.3'}$$

Diese Schreibweise kann noch weiter vereinfacht werden, wenn man gemäß der sogenannten Einsteinschen Summationsregel ein für allemal die Summation über einen Index, der zweimal in einem Term auftritt, von 1 bis 3 verabredet. Unsere Gleichung lautet dann

$$x = x^i e_i. \tag{3.3}$$

Wählen wir im Kristall noch einen weiteren Punkt Q. Der Pfeil mit dem Anfangspunkt P und dem Endpunkt Q repräsentiert den Vektor $\overline{PQ}$. Seine Koordinaten sind gleich den Differenzen der Koordinaten von Q und P, hängen also im Gegensatz zu den Koordinaten der Punkte nicht von der Wahl des Koordinatenursprungs O ab. Beim Übergang vom Koordinatensystem (O, e_1, e_2, e_3) zum Koordinatensystem (O, e'_1, e'_2, e'_3) muß es natürlich möglich sein, gemäß (3.3) sowohl jeden Basisvektor der Basis e_1, e_2, e_3 durch die Basisvektoren e'_1, e'_2, e'_3 als auch umgekehrt jeden Basisvektor der Basis e'_1, e'_2, e'_3 durch die Basisvektoren e_1, e_2, e_3 auszudrücken. Es gilt

$$e_j = a_j^i e'_i \tag{3.4}$$

und

$$e'_i = a'^k_i e_k. \tag{3.5}$$

Die Transformationskoeffizienten a_j^i und a'^k_i sind dabei geeignete reelle Zahlen. Sie sind die Elemente der sogenannten Transformationsmatrix, die wir mit

$$A = \begin{pmatrix} a_1^1 & a_2^1 & a_3^1 \\ a_1^2 & a_2^2 & a_3^2 \\ a_1^3 & a_2^3 & a_3^3 \end{pmatrix} \tag{3.6}$$

3.2 Einführung in die Tensorrechnung

bzw. mit

$$A' = \begin{pmatrix} a'^1_1 & a'^1_2 & a'^1_3 \\ a'^2_1 & a'^2_2 & a'^2_3 \\ a'^3_1 & a'^3_2 & a'^3_3 \end{pmatrix} \tag{3.7}$$

bezeichnen. Die Stellung der a^i_j bzw. a'^k_i innerhalb der Transformationsmatrix A bzw. A' ist hinsichtlich der Zeile durch den oberen Index und hinsichtlich der Spalte durch den unteren Index bestimmt. Die a^i_j sind natürlich von a'^k_i abhängig und umgekehrt.

Da die Determinante der Transformationsmatrix niemals Null werden kann, können wir alle Koordinatensysteme in zwei Klassen — rechtshändige und linkshändige Koordinatensysteme — einteilen, indem wir zwei Koordinatensysteme genau dann zu derselben Klasse zählen, wenn sie durch eine Transformationsmatrix mit positiver Transformationsdeterminante ineinander überführt werden können. Wir sagen dann, sie haben dieselbe Orientierung oder dieselbe Händigkeit. Im dreidimensionalen Raum ist es üblich, die Koordinatenachsen eines rechtshändigen Koordinatensystems so anzuordnen, daß die erste, zweite und dritte positive Koordinatenhalbachse (x_1, x_2, x_3 bzw. x, y, z) zueinander dieselbe Lage einnehmen, wie die senkrecht zueinander abgespreizten Daumen, Zeigefinger und Mittelfinger der rechten Hand. Das rechtshändige Koordinatensystem wird auch dadurch charakterisiert, daß sich eine Rechtsschraube bei einer solchen Drehung, die die erste positive Halbachse auf kürzestem Weg in die zweite positive Halbachse überführt, in Richtung der dritten positiven Halbachse fortbewegt (Bild 3.4).

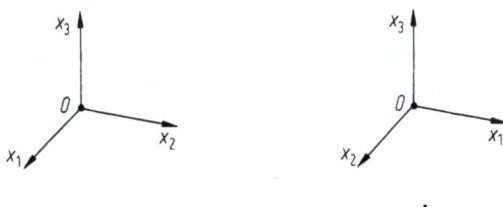

Bild 3.4. Rechtshändiges a und linkshändiges b Koordinatensystem

Um einen Zusammenhang zwischen den Transformationskoeffizienten a^i_j und a'^k_i zu gewinnen, setzen wir (3.5) in (3.4) ein. Wir erhalten

$$e_j = a^i_j a'^k_i e_k. \tag{3.8}$$

Da die Basisvektoren linear unabhängig sind, müssen die Koeffizienten in (3.8) bei denselben Basisvektoren links und rechts übereinstimmen. Diese Bedingung läßt sich folgendermaßen formulieren:

$$a^i_j a'^k_i = \delta^k_j, \tag{3.9}$$

wobei δ^k_j das sogenannte Kronecker-Symbol darstellt. Es besitzt definitionsgemäß für $j = k$ den Wert 1 und für $j \neq k$ den Wert 0:

$$\delta^k_j = \begin{cases} 1, & \text{wenn } j = k \\ 0, & \text{wenn } j \neq k. \end{cases} \tag{3.10}$$

Die Transformationsmatrizen A und A' sind also invers zueinander.

Wie transformieren sich die Koordinaten des Punktes P beim Übergang vom ungestrichenen zum gestrichenen Koordinatensystem? Wenn wir von (3.4) in (3.3) einsetzen, bekommen wir

$$\boldsymbol{x} = x^j \boldsymbol{e}_j = x^j a^i_j \boldsymbol{e}'_i = a^i_j x^j \boldsymbol{e}'_i = x'^i \boldsymbol{e}'_i. \qquad (3.11)$$

Das gesuchte Transformationsgesetz lautet also

$$x'^i = a^i_j x^j. \qquad (3.12)$$

Analog gelangen wir auch zum Transformationsgesetz für den umgekehrten Übergang:

$$x^k = a'^k_i x'^i. \qquad (3.13)$$

Die durch die Transformationsgesetze (3.12) und (3.13) bestimmte Koordinatentransformation stellt eine homogene affine Transformation der Koordinaten dar.

3.2.3 Die kovarianten und kontravarianten Basisvektoren (Koordinaten)

Ein Vergleich von (3.13) mit (3.4) und von (3.12) mit (3.5) zeigt folgendes: Wenn sich die Basisvektoren mit der Matrix A transformieren, so transformieren sich die Koordinaten mit der inversen Matrix A'. Die inverse Matrix wird auch als kontragrediente Matrix bezeichnet. Wir sagen: Die Basisvektoren und die Koordinaten transformieren sich kontragredient zueinander.

Größen, die sich wie die Basisvektoren $\boldsymbol{e}_i$ transformieren, nennt man kovariant, Größen mit dem Transformationsverhalten der Koordinaten x^i nennt man kontravariant. In diesem Sinne bezeichnen wir die Basisvektoren $\boldsymbol{e}_i$ als kovariante Basisvektoren und die Koordinaten x^i als kontravariante Koordinaten. Die Bezeichnung kovariant bzw. kontravariant kommt gleichzeitig formal zum Ausdruck durch die unteren bzw. oberen Indizes.

Die kontravarianten Koordinaten x^i des Ortsvektors $\boldsymbol{x}$ kann man leicht vektoriell berechnen. Man multipliziert dazu (3.3) nacheinander skalar mit $\boldsymbol{e}_2 \times \boldsymbol{e}_3$, $\boldsymbol{e}_3 \times \boldsymbol{e}_1$ und $\boldsymbol{e}_1 \times \boldsymbol{e}_2$. Hierbei treten auf der rechten Seite drei Spatprodukte (gemischte Produkte) auf, von denen immer nur eines von Null verschieden ist. Unter Zuhilfenahme des üblichen Symbols für das Spatprodukt ergeben sich folgende Gleichungen:

$$\begin{aligned}\boldsymbol{x} \cdot (\boldsymbol{e}_2 \times \boldsymbol{e}_3) &= x^1 \left[\boldsymbol{e}_1 \boldsymbol{e}_2 \boldsymbol{e}_3\right]; \\ \boldsymbol{x} \cdot (\boldsymbol{e}_3 \times \boldsymbol{e}_1) &= x^2 \left[\boldsymbol{e}_1 \boldsymbol{e}_2 \boldsymbol{e}_3\right]; \\ \boldsymbol{x} \cdot (\boldsymbol{e}_1 \times \boldsymbol{e}_2) &= x^3 \left[\boldsymbol{e}_1 \boldsymbol{e}_2 \boldsymbol{e}_3\right]\end{aligned} \qquad (3.14)$$

und weiter

$$x^1 = \boldsymbol{x} \cdot \frac{\boldsymbol{e}_2 \times \boldsymbol{e}_3}{\left[\boldsymbol{e}_1 \boldsymbol{e}_2 \boldsymbol{e}_3\right]}; \quad x^2 = \boldsymbol{x} \cdot \frac{\boldsymbol{e}_3 \times \boldsymbol{e}_1}{\left[\boldsymbol{e}_1 \boldsymbol{e}_2 \boldsymbol{e}_3\right]}; \quad x^3 = \boldsymbol{x} \cdot \frac{\boldsymbol{e}_1 \times \boldsymbol{e}_2}{\left[\boldsymbol{e}_1 \boldsymbol{e}_2 \boldsymbol{e}_3\right]}, \qquad (3.15')$$

oder kurz zusammengefaßt

$$x^k = \boldsymbol{x} \cdot \frac{\boldsymbol{e}_l \times \boldsymbol{e}_m}{\left[\boldsymbol{e}_1 \boldsymbol{e}_2 \boldsymbol{e}_3\right]}; \quad (k, l, m) \stackrel{\text{zyklisch}}{=} (1, 2, 3). \qquad (3.15)$$

3.2 Einführung in die Tensorrechnung

Dabei sind — wie durch die Schreibweise angedeutet ist — hinsichtlich der Indizes k, l, m nur die zyklischen Vertauschungen der Reihenfolge 1, 2, 3; 2, 3, 1; 3, 1, 2 zugelassen.

Die berechneten kontravarianten Koordinaten x^k setzen wir in (3.3) ein:

$$x = \left(x \cdot \frac{e_2 \times e_3}{[e_1 e_2 e_3]}\right) e_1 + \left(x \cdot \frac{e_3 \times e_1}{[e_1 e_2 e_3]}\right) e_2 + \left(x \cdot \frac{e_1 \times e_2}{[e_1 e_2 e_3]}\right) e_3. \quad (3.16)$$

Sollten die Basisvektoren e_1, e_2, e_3 in einem Sonderfall die Einheitsvektoren sein, die ein kartesisches (orthonormales) Koordinatensystem aufspannen, so würde sich (3.16) folgendermaßen vereinfachen:

$$x = (x \cdot e_1) e_1 + (x \cdot e_2) e_2 + (x \cdot e_3) e_3 = (x \cdot e_i) e_i. \quad (3.17)$$

Dies ist die aus den Grundlagen der Vektorrechnung gut bekannte Beziehung, nach der man einen Ortsvektor x in einem gegebenen kartesischen Koordinatensystem in seine Komponenten zerlegen kann.

Die Analogie in der Darstellungsweise (3.16) des Ortsvektors x in bezug auf schiefwinklige Koordinatenachsen und dessen Darstellungsweise (3.17) im kartesischen Koordinatensystem wird noch auffallender, wenn wir neben der kovarianten Basis e_1, e_2, e_3 eine zweite, kontravariante Basis e^1, e^2, e^3, deren Basisvektoren durch einen oberen (kontravarianten) Index gekennzeichnet werden, einführen. Wir definieren ihre Basisvektoren durch folgende Gleichungen:

$$e^1 = \frac{e_2 \times e_3}{[e_1 e_2 e_3]}; \quad e^2 = \frac{e_3 \times e_1}{[e_1 e_2 e_3]}; \quad e^3 = \frac{e_1 \times e_2}{[e_1 e_2 e_3]} \quad (3.18)$$

bzw.

$$e^k = \frac{e_l \times e_m}{[e_1 e_2 e_3]}; \quad (k, l, m) \stackrel{\text{zyklisch}}{=} (1, 2, 3). \quad (3.18)$$

Damit geht (3.16) über in

$$x = (x \cdot e^1) e_1 + (x \cdot e^2) e_2 + (x \cdot e^3) e_3 = (x \cdot e^i) e_i. \quad (3.19)$$

Es ist nun naheliegend, die Koordinaten des Ortsvektors x in bezug auf die kontravariante Basis e^1, e^2, e^3 als seine kovarianten Koordinaten x_1, x_2, x_3 zu bezeichnen und zu schreiben

$$x = x_i e^i. \quad (3.20)$$

Während (3.3) die Zerlegung des Ortsvektors x in seine kontravarianten Koordinaten ermöglicht, gilt (3.20) für seine Zerlegung in kovariante Koordinaten. Diese legen den Vektor x genauso eindeutig fest wie seine kontravarianten Koordinaten x^i. Man kann schreiben

$$x = (x \cdot e^i) e_i = x^i e_i = (x \cdot e_i) e^i = x_i e^i. \quad (3.21)$$

Es sei noch besonders darauf hingewiesen, daß bei Zerlegung eines Vektors in bezug auf die kovariante Basis seine kontravarianten Koordinaten und bei dessen Zerlegung in bezug auf die kontravariante Basis seine kovarianten Koordinaten auftreten.

Die Berechnung der kovarianten Koordinaten erfolgt sinngemäß der Ableitung von (3.15). Man bekommt

$$x_k = \boldsymbol{x} \cdot \frac{\boldsymbol{e}^l \times \boldsymbol{e}^m}{[\boldsymbol{e}^1 \boldsymbol{e}^2 \boldsymbol{e}^3]} \; ; \; (k, l, m) \stackrel{\text{zyklisch}}{=} (1, 2, 3). \tag{3.22}$$

Wenn die kovarianten Basisvektoren linear unabhängig sind, so gilt dies ebenfalls für die kontravarianten Basisvektoren. Die Basisvektoren beider Vektorsysteme sind so gerichtet, daß jeweils zwei Basisvektoren des einen Vektorsystems auf einem Basisvektor des anderen Vektorsystems senkrecht stehen, d.h. die Basisvektoren des einen Vektorsystems stehen senkrecht auf den Koordinatenebenen des anderen Vektorsystems. Dies folgt unmittelbar aus (3.18). Wir können allgemein schreiben

$$\boldsymbol{e}^i \cdot \boldsymbol{e}_j = \delta^i_j. \tag{3.23}$$

Beide Vektorsysteme werden als kontragrediente oder reziproke (duale) Systeme bezeichnet. Aus (3.23) folgen die zu (3.18) reziproken Beziehungen

$$\boldsymbol{e}_k = \frac{\boldsymbol{e}^l \times \boldsymbol{e}^m}{[\boldsymbol{e}^1 \boldsymbol{e}^2 \boldsymbol{e}^3]} \; ; \; (k, l, m) \stackrel{\text{zyklisch}}{=} (1, 2, 3). \tag{3.24}$$

Überdies müssen die durch die Basisvektoren $\boldsymbol{e}_1, \boldsymbol{e}_2, \boldsymbol{e}_3$ und $\boldsymbol{e}^1, \boldsymbol{e}^2, \boldsymbol{e}^3$ aufgespannten Parallelepipede zueinander reziproke Volumen besitzen:

$$[\boldsymbol{e}_1 \boldsymbol{e}_2 \boldsymbol{e}_3][\boldsymbol{e}^1 \boldsymbol{e}^2 \boldsymbol{e}^3] = 1. \tag{3.25}$$

Beide Vektorsysteme sind deshalb entweder rechts- oder linkshändig. Wenn die Basisvektoren eines Vektorsystems Einheitsvektoren sind, so sind die Basisvektoren des reziproken Systems nur dann ebenfalls Einheitsvektoren, wenn beide Vektorsysteme orthogonal sind. Wenn die Basisvektoren eines Vektorsystems zwar Einheitsvektoren sind, das System selbst jedoch nicht orthogonal ist, so sind die Basisvektoren des zu ihm reziproken Vektorsystems keine Einheitsvektoren. Zu einem Bezugssystem gehört jeweils eine kovariante Basis (ein kovariantes Grundsystem) und eine kontravariante Basis (ein kontravariantes Grundsystem).

Die kontravarianten bzw. kovarianten Koordinaten eines Ortsvektors $\boldsymbol{x}$ sind laut (3.21)

$$x^i = \boldsymbol{x} \cdot \boldsymbol{e}^i \tag{3.26}$$

bzw.

$$x_i = \boldsymbol{x} \cdot \boldsymbol{e}_i. \tag{3.27}$$

3.2.4 Die Metrik-Koeffizienten

Der Zusammenhang zwischen den zueinander reziproken (kontragredienten) Vektorsystemen ist durch (3.18) bzw. (3.24) eindeutig bestimmt. Man kann ihn jedoch auch aus (3.4) bzw. (3.5) ermitteln. In einer angepaßten Schreibweise lauten sie

$$\boldsymbol{e}^i = g^{ij} \boldsymbol{e}_j \tag{3.28}$$

bzw.

$$\boldsymbol{e}_j = g_{jk} \boldsymbol{e}^k. \tag{3.29}$$

3.2 Einführung in die Tensorrechnung

Der Übergang vom kovarianten zum kontravarianten Vektorsystem wird durch Heben (Heraufziehen), der umgekehrte Übergang durch Senken (Herunterziehen) eines Indexes gekennzeichnet.

Die Transformationskoeffizienten g^{ij} bzw. g_{jk} werden als die kontravarianten bzw. kovarianten Metrik-Koeffizienten bezeichnet. Durch die skalare Multiplikation von (3.28) bzw. (3.29) nacheinander mit e^m bzw. e_m erhält man unter Berücksichtigung von (3.23) folgende Zusammenhänge:

$$g^{ij} = e^i \cdot e^j \quad \text{bzw.} \quad g_{jk} = e_j \cdot e_k. \tag{3.30}$$

Man erkennt, daß für die Metrik-Koeffizienten die Symetriebeziehungen

$$g^{ij} = g^{ji} \quad \text{bzw.} \quad g_{jk} = g_{kj} \tag{3.31}$$

gelten. Es treten also nur je sechs unabhängige Koeffizienten g^{ij} bzw. g_{jk} auf. Der Zusammenhang zwischen kontragredienten Metrik-Koeffizienten folgt aus (3.9):

$$g^{ij} g_{jk} = \delta^i_k. \tag{3.32}$$

Zur Begründung der Benennung der Metrik-Koeffizienten ist folgendes zu bemerken: Mit ihrer Hilfe lassen sich in bezug auf die zugehörige Basis die Längen der Basisvektoren und die zwischen den Basisvektoren auftretenden Winkel angeben. Für die Längen der kovarianten bzw. kontravarianten Basisvektoren folgen unmittelbar aus (3.30) die Beziehungen

$$|e_i| = \sqrt{g_{ii}} \quad \text{bzw.} \quad |e^i| = \sqrt{g^{ii}}. \tag{3.33}$$

Die Winkel zwischen den kovarianten bzw. kontravarianten Basisvektoren e_k und e_l bzw. e^k und e^l bekommen wir durch die aus den Grundlagen der Vektorrechnung bekannte Beziehung für den Kosinus des von zwei Vektoren eingeschlossenen Winkels unter Berücksichtigung von (3.30) und (3.33):

$$\cos(e_k, e_l) = \frac{e_k \cdot e_l}{|e_k||e_l|} = \frac{g_{kl}}{\sqrt{g_{kk}g_{ll}}} \quad \text{bzw.} \quad \cos(e^k, e^l) = \frac{e^k \cdot e^l}{|e^k||e^l|} = \frac{g^{kl}}{\sqrt{g^{kk}g^{ll}}}. \tag{3.34}$$

Die Größen g_{kl} bzw. g^{kl} bestimmen also die Maßverhältnisse und die gegenseitige Lage der Basisvektoren, d.h. die Metrik der Basis. Sie werden daher als metrische Fundamentalgrößen bezeichnet.

3.2.5 Anschauliche Bedeutung der kontravarianten und kovarianten Koordinaten

Die kontravarianten sowie die kovarianten Koordinaten eines Vektors besitzen in bezug auf ein allgemeines Koordinatensystem keine geometrische Bedeutung. Eine solche ergibt sich erst, wenn sämtliche kovarianten Basisvektoren Einheitsvektoren sind:

$$|e_i| = 1; \quad i = 1, 2, 3. \tag{3.35}$$

Die kontravariante Koordinate x^i ist dann gleich dem Betrag der zugehörigen Vektorkomponente des Vektors x in der Richtung des kovarianten Basisvektors e_i. Anderseits stellt in diesem Fall die kovariante Koordinate x_i die orthogonale Projektion des Vektors x auf den Basisvektor e_i dar. Man sieht es anschaulich anhand eines im Bild 3.5 dargestellten Sonderfalls. Der Vektor x liegt in der

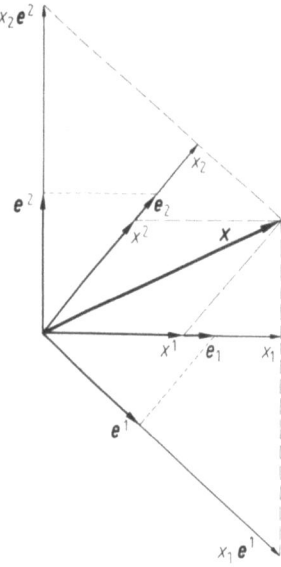

Bild 3.5. Geometrische Bedeutung der kovarianten und kontravarianten Koordinaten des Vektors x in einem Sonderfall. Die kovarianten Basisvektoren e_1, e_2, e_3 sind Einheitsvektoren. Der Basisvektor e_3 steht senkrecht sowohl auf e_1 als auch auf e_2 und ist im Bild nicht eingezeichnet. Der Vektor x liegt in der Ebene der kovarianten Basisvektoren e_1 und e_2 sowie der kontravarianten Basisvektoren e^1 und e^2

Ebene der Basisvektoren e_1 und e_2 sowie e^1 und e^2, wobei e_1, e_2, e_3 Einheitsvektoren sind und e_3 senkrecht auf e_1 und e_2 steht.

Es erweist sich als zweckmäßig, die Koordinatendarstellung der Vektoren weder ausschließlich auf die kovariante noch ausschließlich auf die kontravariante Basis zu beziehen, sondern von Fall zu Fall die eine oder die andere Basis zu benutzen.

Im Falle eines kartesischen Koordinatensystems, dessen Basisvektoren Einheitsvektoren sind, fallen kovariante und kontravariante Koordinaten zusammen.

3.3 Einige Anwendungen der Tensorrechnung in der Kristallphysik

Wir wollen nun am Beispiel des reziproken Gitters, der Einführung der Millerschen Indizes und der Beschreibung der dielektrischen Eigenschaften die Nützlichkeit der Tensorrechnung für die Kristallphysik zeigen.

3.3.1 Das reziproke Gitter und die Millerschen Indizes

Es ist naheliegend, die drei fundamentalen Translationsvektoren a_1, a_2, a_3, die das Parallelepiped der Elementarzelle eines Kristallgitters aufspannen, als kovariante Basis eines Koordinatensystems mit dem Koordinatenursprung O in einem willkürlich bestimmten Gitterpunkt zu wählen. Die Lage — den Ortsvektor r — eines beliebigen Gitterpunktes kann man in bezug auf diese Basis (O, a_1, a_2, a_3) durch seine ganzzahligen kontravarianten Koordinaten angeben. Gemäß (3.2) kann man nämlich schreiben

$$r = n^i a_i. \tag{3.36}$$

3.3 Einige Anwendungen der Tensorrechnung in der Kristallphysik

Ebensogut wie man ein Kristallgitter als eine regelmäßige geometrische Anordnung von Gitterpunkten beschreiben kann, kann man es auch als ein System von Gitterebenen, die die Gitterpunkte bilden, ansehen. Die Gitterebenen, die zueinander parallel sind und voneinander identische Abstände haben, sind dabei vollkommen gleichwertig. Ein solches System von gleichwertigen Gitterebenen bezeichnet man als eine Netzebenenschar. Physikalisch sind die Ebenen einer Netzebenenschar durch gleiche Besetzung mit Atomen ausgezeichnet.

Jede Netzebenenschar kann man durch ein geordnetes Tripel dreier teilerfremder ganzer Zahlen angeben. Diese Zahlen werden in runde Klammern gesetzt, und man nennt sie Millersche Indizes. Wir bezeichnen sie vorläufig mit $(h_1\ h_2\ h_3)$. Sie haben eine einfache geometrische Bedeutung. Eine Gitterebene, die die Netzebenenschar $(h_1\ h_2\ h_3)$ repräsentiert, schneidet auf den durch die kovarianten Basisvektoren $\boldsymbol{a}_1$, $\boldsymbol{a}_2$, $\boldsymbol{a}_3$ aufgespannten Koordinatenachsen die Abschnitte $\boldsymbol{a}_1/h_1$, $\boldsymbol{a}_2/h_2$, $\boldsymbol{a}_3/h_3$ ab.

Das Tripel $(h_1\ h_2\ h_3)$ bestimmt jedoch darüber hinaus in unserem Koordinatensystem die kovarianten Koordinaten des Vektors

$$\boldsymbol{h} = h_i \boldsymbol{a}^i, \tag{3.37}$$

der zu unserer Netzebenenschar senkrecht steht. Die kontravarianten Basisvektoren $\boldsymbol{a}^i$ definieren ein zu der kovarianten Basis $\boldsymbol{a}_i$ kontragredientes Vektorsystem, das man allgemein als das reziproke Gitter bezeichnet.

Unsere Behauptung ist leicht zu beweisen. Die Vektoren $\boldsymbol{a}_2/h_2 - \boldsymbol{a}_3/h_3$, $\boldsymbol{a}_3/h_3 - \boldsymbol{a}_1/h_1$, $\boldsymbol{a}_1/h_1 - \boldsymbol{a}_2/h_2$ liegen sicher in der Gitterebene $(h_1\ h_2\ h_3)$. Die zu ihr senkrechte Richtung kann man durch das Vektorprodukt zweier von ihnen ausdrücken. Benützen wir dazu die ersten zwei. Der Vektor

$$\left(\frac{\boldsymbol{a}_2}{h_2} - \frac{\boldsymbol{a}_3}{h_3}\right) \times \left(\frac{\boldsymbol{a}_3}{h_3} - \frac{\boldsymbol{a}_1}{h_1}\right) = \frac{\boldsymbol{a}_2 \times \boldsymbol{a}_3}{h_2 h_3} + \frac{\boldsymbol{a}_3 \times \boldsymbol{a}_1}{h_3 h_1} + \frac{\boldsymbol{a}_1 \times \boldsymbol{a}_2}{h_1 h_2} =$$
$$= \frac{1}{h_1 h_2 h_3}(h_1 \boldsymbol{a}_2 \times \boldsymbol{a}_3 + h_2 \boldsymbol{a}_3 \times \boldsymbol{a}_1 + h_3 \boldsymbol{a}_1 \times \boldsymbol{a}_2) \tag{3.38}$$

bestimmt so die zu der Gitterebene $(h_1\ h_2\ h_3)$ senkrechte Richtung, und unter Berücksichtigung von (3.18) für die kontravarianten Basisvektoren sehen wir, daß auch der Vektor $\boldsymbol{h}$ die Richtung der Normale unserer Gitterebene angibt. Es sei dabei ausdrücklich betont, daß der Term $h_1 h_2 h_3$ in (3.38) ein Produkt ist und nicht mit der Bezeichnung der Ebene durch Millersche Indizes – die stets in runden Klammern geschrieben werden – verwechselt werden darf.

Erinnern wir uns weiter an die Hessesche Normalform der Gleichung einer Ebene in vektorieller Schreibweise. Wenn $\boldsymbol{r}$ der Ortsvektor eines beliebigen Gitterpunktes der Gitterebene $(h_1\ h_2\ h_3)$ ist, so bestimmt seine Projektion auf die Richtung der Normale zur Gitterebene ihren Abstand vom Koordinatenursprung:

$$d = \boldsymbol{r} \cdot \frac{\boldsymbol{h}}{|\boldsymbol{h}|}. \tag{3.39}$$

Das gilt natürlich speziell auch für die Ortsvektoren $\boldsymbol{a}_1/h_1$, $\boldsymbol{a}_2/h_2$, $\boldsymbol{a}_3/h_3$ der Schnittpunkte der Gitterebene $(h_1\ h_2\ h_3)$ mit den Koordinatenachsen der kovarianten Basis.

Wenn wir für h aus (3.37) einsetzen und (3.23) berücksichtigen, sehen wir, daß der Abstand d der Gitterebene $(h_1 h_2 h_3)$ vom Koordinatenursprung dem Kehrwert des Betrages des Vektors h gleich ist,

$$d = \frac{1}{|h|}. \tag{3.40}$$

Die kontravarianten Koordinaten eines Gitterpunktes unserer Gitterebene $(h_1 h_2 h_3)$ seien n^i. Der durch sie laut (3.36) bestimmte Ortsvektor r muß dann (3.39) befriedigen. Es muß unter Berücksichtigung von (3.37), (3.40) und (3.23) gelten:

$$r \cdot h = n^i a_i \cdot h_j a^j = n^i h_i = 1. \tag{3.41}$$

In der Gitterebene $(h_1 h_2 h_3)$ liegen also alle Gitterpunkte, welche (3.41) erfüllen.

Die zu unserer Gitterebene parallelen gleichwertigen Gitterebenen schneiden die Koordinatenachsen a_i derart, daß Achsenabschnitte $(a_i/h_i) p$ entstehen, wobei $p \in \mathbb{Z}$. Jeder Gitterebene unserer Netzebenenschar entspricht eine ganze Zahl p. Für die ihr angehörenden Gitterpunkte gilt

$$n^i h_i = p. \tag{3.42}$$

Der Abstand dieser Gitterebene vom Koordinatenursprung ist $p/|h|$. Zwei benachbarte Gitterebenen unterscheiden sich dadurch, daß sich das kleinste gemeinsame Vielfache der reziproken Werte der Achsenabschnitte um 1 unterscheidet. So ergibt sich, daß (3.40) auch den Abstand der benachbarten Gitterebenen einer Netzebenenschar bestimmt.

Der Vektor h wird als Fahrstrahl des reziproken Translationsgitters bezeichnet. Seine auf die reziproke (kontravariante) Basis bezogenen Koordinaten h_i heißen, wie wir schon erwähnt haben, Millersche Indizes. Sie werden in Arbeiten, die auf eine tensorielle Schreibweise verzichten, allgemein mit $(h\ k\ l)$ oder $(u\ v\ w)$ bezeichnet. Die negativen Vorzeichen werden über die Zahlen geschrieben. Beispiele für die Bezeichnung einiger Gitterebenen mit den Millerschen Indizes sind in den Bildern 3.6 und 3.7 zu finden. Für kristallographisch gleichwertige Flächen, z. B.

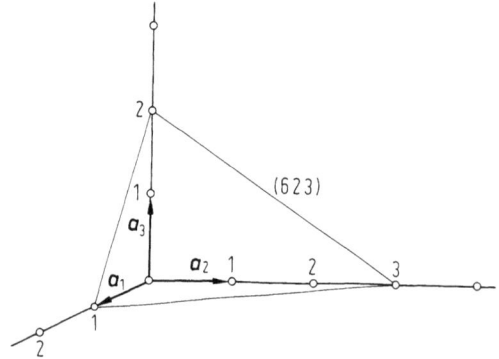

Bild 3.6. Eine Gitterebene der Netzebenenschar mit den Millerschen Indizes (623). Die Längen der Achsenabschnitte, in welchen die dargestellte Ebene die Kristallachsen a_1, a_2, a_3 schneidet, sind a_1, $3a_2$, $2a_3$. In Einheiten der Gitterkonstanten ausgedrückt betragen sie 1, 3, 2. Bildet man ihre Kehrwerte 1, $1/3$, $1/2$ und sucht die drei kleinsten ganzen Zahlen aus, die im gleichen Verhältnis wie die drei Kehrwerte stehen, so erhält man die Millerschen Indizes der dargestellten Gitterebene

3.3 Einige Anwendungen der Tensorrechnung in der Kristallphysik

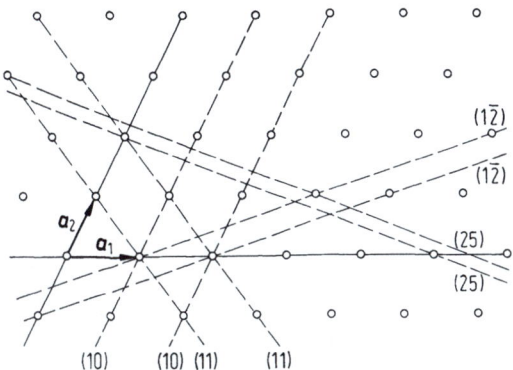

Bild 3.7. Beispiele für die Bezeichnung einiger Gitterebenen im zweidimensionalen Gitter

für die Würfeloberflächen eines kubischen Kristalls (100), (010), (001), ($\bar{1}$00), (0$\bar{1}$0), (00$\bar{1}$), die aus Symmetriegründen gleichwertig sind, ist es üblich, die Millerschen Indizes einer dieser Netzebenenscharen, und zwar einer solchen mit positiven Indizes, herauszugreifen und diesen Netzebenentyp durch ein Tripel der Millerschen Indizes in einer geschweiften Klammer zu kennzeichnen. Die Gruppe der Würfeloberflächen wird demnach mit {100} bezeichnet.

Im hexagonalen Kristallsystem kann man ein Koordinatensystem mit vier Koordinatenachsen (drei gleichwertigen, die sich unter einem Winkel von 120° schneiden und einer zu ihnen senkrechten Achse, die länger oder kürzer sein kann) wählen. Damit erhält man vier Flächenindizes $(hkil)$ wobei $i = -(h + k)$, wie sich geometrisch leicht ableiten läßt.

Die Millerschen Indizes kennzeichnen nicht nur eine Netzebenenschar, sondern sie ermöglichen es auch, aus (3.40) unmittelbar den Abstand zweier benachbarter Gitterebenen dieser Netzebenenschar zu berechnen. Ein einfaches Beispiel soll dies besonders deutlich zeigen.

Die Elementarzelle im kubischen Translationsgitter ist ein Würfel mit der Kantenlänge a. Die kovarianten Basisvektoren haben die gleiche Länge a und stehen zueinander senkrecht. Die kontravarianten Basisvektoren fallen in gleiche Richtungen, sie weisen jedoch den Betrag $1/a$ auf. Für den Fahrstrahl $\boldsymbol{h}$ erhalten wir

$$\boldsymbol{h} = h_i \boldsymbol{a}^i = \frac{1}{a} h_i \boldsymbol{a}_i = \frac{1}{a}(h\boldsymbol{a}_1 + k\boldsymbol{a}_2 + l\boldsymbol{a}_3), \tag{3.43}$$

und der Abstand zweier benachbarter Gitterebenen in der Netzebenenschar (hkl) im kubischen Kristall beträgt

$$d = \frac{a}{\sqrt{h^2 + k^2 + l^2}}. \tag{3.44}$$

Die Kenntnis dieses Abstandes — der Gitterkonstante — ermöglicht uns weiter aus der Laueschen bzw. Braggschen Gleichung die Röntgenreflexionen der entsprechenden Netzebenenschar zu berechnen.

Das reziproke Gitter ist nicht nur für Kristallographen, sondern auch für Festkörperphysiker von großer Bedeutung. Die letzteren wählen jedoch im reziproken

Gitter — im sogenannten Fourier-Raum — sehr oft eine Einheitszelle, deren Kanten das 2π-fache unserer kontravarianten Basisvektoren $\boldsymbol{a}^i$ sind. Der Faktor 2π vereinfacht die Verwendung des reziproken Gitters zur Lösung von Wellenproblemen in Kristallen einschließlich der Theorie der Energiebänder [H9, K8].

3.3.2 Das kartesische Koordinatensystem

Durch die Basisvektoren, die eine Elementarzelle im Translationsgitter aufspannen, wird allgemein ein schiefwinkliges Koordinatensystem definiert. Bei Beschreibung der Kristalleigenschaften (z. B. der elastischen, dielektrischen oder pyroelektrischen Eigenschaften) durch entsprechende Materialkonstanten ist es aber üblich, sich auf ein kartesisches Koordinatensystem zu beziehen. Ein Koordinatensystem ist kartesisch (orthonormal), wenn sämtliche Basisvektoren Einheitsvektoren sind und zueinander senkrecht stehen. Dann gilt gemäß (3.30) für die Metrik-Koeffizienten

$$g^{ij} = \delta^{ij} \quad \text{bzw.} \quad g_{jk} = \delta_{jk}. \tag{3.45}$$

Transformationen, die ein kartesisches Koordinatensystem wieder in ein solches überführen, nennt man orthogonale Transformationen.

Die Anwendung der kartesischen Koordinatensysteme und der orthogonalen Transformationen führt zu besonders einfachen und übersichtlichen Beziehungen,

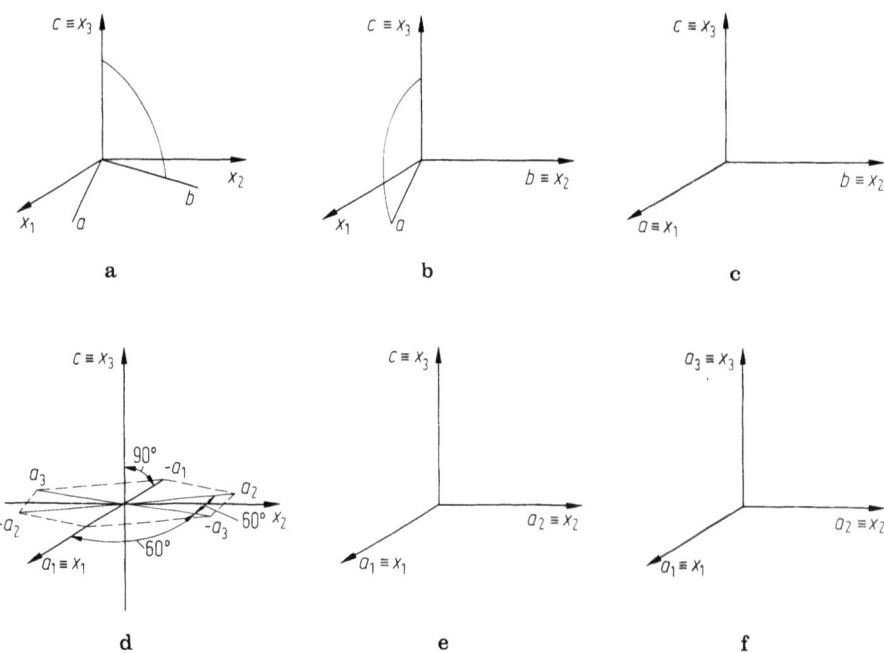

Bild 3.8. Zuordnung der orthogonalen Achsen x_1, x_2, x_3 zu den kristallographischen Achsen a, b, c in einzelnen Kristallsystemen: **a** triklin, **b** monoklin, **c** rhombisch, **d** rhomboedrisch und hexagonal, **e** tetragonal, **f** kubisch

die den großen Vorteil haben, daß dabei die kovarianten und kontravarianten Koordinaten zusammenfallen. Ihre Unterscheidung durch eine besondere Stellung der Indizes wird hinfällig, und man begnügt sich nur mit der Bezeichnung der Koordinaten durch die „üblichen" unteren Indizes.

Die kartesischen Koordinatenachsen werden allgemein mit x bzw. x_1, y bzw. x_2, z bzw. x_3 bezeichnet. Wir bevorzugen ihre Unterscheidung durch Indizes, da sie die Anwendung der Summationsregel erlauben. Die Zuordnung der kartesischen Achsen zu den Kristallachsen a, b, c bzw. a_1, a_2, a_3 in einzelnen Symmetrieklassen wird durch die Norm „IRE Standards on Piezoelectric Crystals 1949"[12] geregelt und ergibt sich aus dem Bild 3.8.

Im triklinen Kristallsystem wählt man die Kristallachse c als Achse x_3, und die Achse x_2 wählt man so, daß sie in der Ebene der Achsen b und c liegt. Im monoklinen Kristallsystem fallen die Richtungen der Achsen c und x_3 sowie b und x_2 zusammen. Im tetragonalen, trigonalen und hexagonalen Kristallsystem stimmen die Achsenrichtungen von x_3 und c sowie von x_1 und a überein. Und schließlich haben im orthorhombischen und kubischen Kristallsystem der Reihe nach die Achsen x_1, x_2, x_3 mit den Achsen a, b, c die gleichen Richtungen.

Bisher haben wir uns mit Skalaren und Vektoren, d. h. mit Tensoren nullter und erster Stufe befaßt. In einem kartesischen Koordinatensystem wollen wir nunmehr das Verhalten der Materialkonstanten gegenüber einer Drehung des Koordinatensystems untersuchen und so zur Definition von Tensoren höherer Stufe gelangen.

3.3.3 Dielektrische Permittivität als Beispiel eines Tensors zweiter Stufe

Die Permittivität ε eines Dielektrikums bestimmt die lineare Zuordnung der elektrischen Flußdichte D zur elektrischen Feldstärke E. In einem isotropen Dielektrikum kann man einfach schreiben

$$D = \varepsilon E. \tag{3.46}$$

Die Koordinatendarstellung des Vektors D bzw. E bezüglich eines bestimmten kartesischen Koordinatensystems (O, x_1, x_2, x_3) lautet $D = (D_1, D_2, D_3)$ bzw. $E = (E_1, E_2, E_3)$, und (3.46) kann durch drei Gleichungen ersetzt werden, nämlich

$$D_i = \varepsilon E_i; \quad i = 1, 2, 3. \tag{3.47}$$

In einem anisotropen Dielektrikum (in einem Kristall) muß man jedoch den skalaren Faktor ε durch einen affinen Operator ersetzen, da die Vektoren D und E allgemein nicht die gleiche Richtung haben (nicht kollinear sind). Die lineare Vektorfunktion, die die Permittivität des Dielektrikums dann bestimmt, kann man durch drei lineare Gleichungen zwischen den Vektorkoordinaten ausdrücken:

$$D_i = \varepsilon_{ik} E_k. \tag{3.48}$$

Man sagt, daß eine derartige lineare Zuordnung zwischen den Vektoren der elektrischen Feldstärke E und der elektrischen Flußdichte D durch den Tensor der dielektrischen Permittivität vermittelt wird. In jedem festen Koordinatensystem wird der Tensor der Permittivität durch die Matrix seiner Koordinaten gegeben, die man in folgender Form schreiben kann:

$$\begin{pmatrix} \varepsilon_{11} & \varepsilon_{12} & \varepsilon_{13} \\ \varepsilon_{21} & \varepsilon_{22} & \varepsilon_{23} \\ \varepsilon_{31} & \varepsilon_{32} & \varepsilon_{33} \end{pmatrix}. \tag{3.49}$$

Beim Übergang zu einem neuen Koordinatensystem müssen sich die Koordinaten des Tensors der Permittivität so transformieren, daß die durch sie vermittelte lineare Zuordnung zwischen der elektrischen Feldstärke und der elektrischen Flußdichte gegenüber einer solchen Koordinatentransformation invariant bleibt, da die Permittivität des Kristalls, die diese Zuordnung bestimmt, seine Materialeigenschaft ist und deshalb unabhängig von der Wahl des Koordinatensystems sein muß.

Betrachten wir also zwei kartesische Koordinatensysteme mit den Koordinatenachsen x_1, x_2, x_3 und x'_1, x'_2, x'_3, die einen gemeinsamen Koordinatenursprung O haben. Die Bezeichnung der Richtungskosinusse der Koordinatenachsen eines Koordinatensystems in bezug auf das andere Koordinatensystem entnehmen wir dem Schema

$$\begin{array}{c|ccc} & x_1 & x_2 & x_3 \\ \hline x'_1 & a_{11} & a_{12} & a_{13} \\ x'_2 & a_{21} & a_{22} & a_{23} \\ x'_3 & a_{31} & a_{32} & a_{33} \end{array} \tag{3.50}$$

oder dem Bild 3.9.

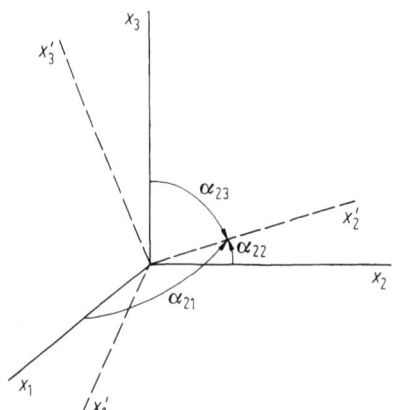

Bild 3.9. Bezeichnung der Richtungskosinusse der Koordinatenachse x'_2 in bezug auf das Koordinatensystem (O, x_1, x_2, x_3): $a_{21} = \cos \alpha_{21}, a_{22} = \cos \alpha_{22}$, $a_{23} = \cos \alpha_{23}$, wobei $\alpha_{21} = \measuredangle (x'_2 x_1), \alpha_{22} = \measuredangle (x'_2 x_2)$, $\alpha_{23} = \measuredangle (x'_2 x_3)$

Die Koordinaten der elektrischen Feldstärke E in einem Kristall in bezug auf das ungestrichene Koordinatensystem (O, x_1, x_2, x_3) seien E_1, E_2, E_3. Die Koordinaten desselben Vektors in bezug auf das gestrichene Koordinatensystem (O, x'_1, x'_2, x'_3) seien E'_1, E'_2, E'_3. Die Transformationsgleichungen für die Koordi-

3.3 Einige Anwendungen der Tensorrechnung in der Kristallphysik

naten der elektrischen Feldstärke beim Übergang vom Koordinatensystem (O, x_1, x_2, x_3) zum Koordinatensystem (O, x'_1, x'_2, x'_3) lauten

$$E'_i = a_{ij} E_j. \tag{3.51}$$

Für den inversen Übergang gilt

$$E_i = a'_{ij} E'_j = a_{ji} E'_j. \tag{3.52}$$

Diese Gleichungen ergeben sich entweder aus dem Bild 3.9 und (3.50) oder sie folgen aus (3.12) bzw. (3.13) unter Berüchsichtigung der Tatsache, daß sich die Vektorkoordinaten wie Koordinaten eines Punktes transformieren lassen und daß es sich nun um eine orthogonale Transformation handelt. Für eine solche genügt die Bezeichnung der Vektorkoordinaten und Transformationskoeffizienten durch die unten stehenden Indizes.

Die Transformationsmatrix (3.6) hat also folgende Form:

$$A = (a_{ij}) = \begin{pmatrix} a_{11} & a_{12} & a_{13} \\ a_{21} & a_{22} & a_{23} \\ a_{31} & a_{32} & a_{33} \end{pmatrix}. \tag{3.53}$$

Die Transformationskoeffizienten erfüllen die Orthogonalitätsrelationen

$$a_{im} a_{jm} = \delta_{ij} \quad \text{bzw.} \quad a_{mi} a_{mj} = \delta_{ij} \tag{3.54}$$

und die aus den Transformationskoeffizienten gebildete Determinante kann also nur die Werte ± 1 annehmen.

Wie man leicht zeigen kann, ist bei einer reinen Drehung die Determinante positiv, während bei einer reinen Spiegelung das Minuszeichen auftritt.

Die Transformationsmatrix für die inverse Transformation — die inverse Matrix (a'_{ij}) — ist gleich der transponierten Matrix der Matrix (a_{ij}), so daß zwischen den Koeffizienten der beiden Transformationsmatrizen folgende Orthogonalitätsrelationen gelten:

$$a'_{ji} = a_{ij}, \tag{3.55}$$

die wir in (3.52) bereits berücksichtigt haben.

Beim Übergang vom ungestrichenen zum gestrichenen Koordinatensystem laut der Transformationsmatrix (3.53) treten in unserer Schreibweise (3.51) die Summationsindizes nebeneinander in unmittelbarer Nachbarschaft auf. Beim inversen Übergang vom gestrichenen zum ungestrichenen Koordinatensystem gemäß derselben Transformationsmatrix sind dagegen die Summationsindizes in (3.52) voneinander durch den freien Index getrennt.

Unsere nächste Aufgabe ist, die Transformationsgleichung für die Koordinaten eines Tensors zweiter Stufe anhand des Beispiels der Permittivität zu formulieren. Die Zuordnung der Vektoren $\boldsymbol{D}$ und $\boldsymbol{E}$ kann man im ungestrichenen und im gestrichenen Koordinatensystem folgendermaßen beschreiben:

$$D_k = \varepsilon_{kl} E_l \tag{3.56}$$

und

$$D'_i = \varepsilon'_{ij} E'_j. \tag{3.57}$$

Die Transformationsrelationen

$$D'_i = a_{ik} D_k \qquad (3.58)$$

bzw.

$$E_l = a_{jl} E'_j \qquad (3.59)$$

ermöglichen uns die Zuordnung von D'_i zu E'_j mit Hilfe der Permittivität im ungestrichenen Koordinatensystem auszudrücken. Aus der Anwendung der Gleichungen in der Reihenfolge (3.58), (3.56) und (3.59) ergibt sich

$$D'_i = a_{ik} D_k = a_{ik} \varepsilon_{kl} E_l = a_{ik} \varepsilon_{kl} a_{jl} E'_j = a_{ik} a_{jl} \varepsilon_{kl} E'_j. \qquad (3.60)$$

Aus dem Vergleich mit (3.57) folgt die gesuchte Transformationsrelation für die Koordinaten des Tensors zweiter Stufe:

$$\varepsilon'_{ij} = a_{ik} a_{jl} \varepsilon_{kl}. \qquad (3.61)$$

Sinngemäß gelangt man zur Beziehung für die inverse Transformation:

$$\varepsilon_{ij} = a_{ki} a_{lj} \varepsilon'_{kl}. \qquad (3.62)$$

Die Koordinaten des Permittivitätstensors kann man dabei durch Koordinaten eines beliebigen Tensors zweiter Stufe ersetzen.

Es gibt neun allgemein unabhängige Tensorkoordinaten, die in bezug auf ein kartesisches Koordinatensystem einen Tensor zweiter Stufe bestimmen. Sie hängen von der Wahl des Bezugssystems ab und transformieren sich beim Übergang zu einem neuen kartesischen Bezugssystem mit einem gemeinsamen Koordinatenursprung nach (3.61) bzw. (3.62) so, daß die physikalische Größe, die sie beschreiben, gegenüber der Koordinatentransformation invariant bleibt.

Man kann eine solche Beschreibung auch auf physikalische Größen erweitern, die durch eine noch größere Anzahl von Koordinaten gegeben sind, und Tensoren höherer als zweiter Stufe einführen.

3.3.4 Tensoren p-ter Stufe

Die Anzahl der Bestimmungsstücke für einen Tensor p-ter Stufe im n-dimensionalen Raum ist n^p; speziell im dreidimensionalen Raum 3^p. Das Transformationsgesetz für die Tensorkoordinaten eines Tensors p-ter Stufe beim Übergang von unserem ungestrichenen zu unserem gestrichenen Koordinatensystem lautet

$$\underbrace{T'_{bc\ldots i}}_{p} = \underbrace{a_{bk} a_{cl} \ldots a_{ir}}_{p} \underbrace{T_{kl\ldots r}}_{p} \qquad (3.63)$$

und für eine inverse Transformation

$$T_{bc\ldots i} = a_{kb} a_{lc} \ldots a_{ri} T'_{kl\ldots r}. \qquad (3.64)$$

3.3.5 Symmetrischer und antisymmetrischer Tensor zweiter Stufe

Ein wichtiger Spezialfall unter den Tensoren zweiter Stufe ist ein symmetrischer Tensor zweiter Stufe, der durch die Symmetrieeigenschaft

$$T_{ij} = T_{ji} \qquad (3.65)$$

definiert ist. Daraus folgt, daß ein symmetrischer Tensor zweiter Stufe nur sechs unabhängige Koordinaten besitzt. Eine solche Eigenschaft $\varepsilon_{ij} = \varepsilon_{ji}$ besitzt der Permittivitätstensor. Sie ergibt sich unmittelbar aus der Forderung, wonach die Energiedichte im Dielektrikum eine Zustandsfunktion ist.

Wenn die Tensorkoordinaten die Bedingung

$$T_{ij} = -T_{ji} \tag{3.66}$$

erfüllen, so handelt es sich um einen antisymmetrischen Tensor zweiter Stufe. Die Anzahl seiner unabhängigen Koordinaten verringert sich auf drei.

Es ist wichtig zu betonen, daß die Symmetrie bzw. Antisymmetrie eine invariante Eigenschaft gegenüber der Wahl des Bezugssystems ist.

3.3.6 Die Hauptachsentransformation von symmetrischen Tensoren zweiter Stufe

Durch eine geeignete Wahl des kartesischen Koordinatensystems kann man die Anzahl der unabhängigen Tensorkoordinaten eines beliebigen symmetrischen Tensors zweiter Stufe auf drei reduzieren. Man bezeichnet sie als Hauptkoordinaten. Sie stehen in der Diagonale der Tensormatrix, außerhalb der Diagonale stehen lauter Nullen. Das entsprechende Bezugssystem heißt Hauptachsensystem. Es ist durch drei zusätzliche Parameter, welche die Symmetrie der Kristalleigenschaften berücksichtigen, festgelegt, so daß auch in diesem Fall ein symmetrischer Tensor zweiter Stufe durch sechs unabhängige Bestimmungsstücke gegeben ist.

Es ist natürlich vorteilhaft, das Hauptachsensystem als Bezugssystem zu wählen. Wir wollen uns daher folgender Aufgabe zuwenden. Ein symmetrischer Tensor zweiter Stufe sei in bezug auf ein bestimmtes, aber sonst beliebiges kartesisches Koordinatensystem (O, x_1, x_2, x_3) durch seine Koordinaten T_{kl} bestimmt. Wir sollen für diesen Tensor das Hauptachsensystem finden und in dem gefundenen Hauptachsensystem seine Koordinaten T'_{ij} berechnen.

Der Übergang vom Koordinatensystem (O, x_1, x_2, x_3) zum Hauptachsensystem stellt sicher eine orthogonale Transformation dar. Für eine solche gilt gemäß (3.61)

$$T'_{ij} = a_{ik} a_{jl} T_{kl}, \tag{3.67}$$

wobei die Richtungskosinusse noch unbekannt sind. Man multipliziert nun (3.67) mit a_{im} und berücksichtigt dabei die Orthogonalitätsrelationen (3.54):

$$a_{im} T'_{ij} = a_{im} a_{ik} a_{jl} T_{kl} = a_{jl} T_{ml}. \tag{3.68}$$

Da T'_{ij} in bezug auf das Hauptachsensystem nur Diagonalkoordinaten sein dürfen, kann beim Summationsindex i nur der Wert j auftreten. So bekommt man

$$a_{jm} T'_{jj} = a_{jl} T_{ml}. \tag{3.69}$$

Verwendet man schließlich die Identität $a_{jm} = a_{jl} \delta_{lm}$, so lassen sich sämtliche Terme von (3.69) auf eine Seite bringen:

$$a_{jl} \{ T_{ml} - \delta_{lm} T'_{jj} \} = 0. \tag{3.70}$$

Setzt man den freien Index m nacheinander gleich 1, 2, 3, so erhält man bei zunächst beliebigem Index j ein lineares homogenes Gleichungssystem von drei Gleichungen:

$$\begin{aligned}
a_{j1}(T_{11} - T_{jj}) + a_{j2} T_{12} \quad\quad + a_{j3} T_{13} \quad\quad &= 0 \\
a_{j1} T_{12} \quad\quad + a_{j2}(T_{22} - T_{jj}) + a_{j3} T_{23} \quad\quad &= 0 \\
a_{j1} T_{13} \quad\quad + a_{j2} T_{23} \quad\quad + a_{j3}(T_{33} - T_{jj}) &= 0.
\end{aligned} \quad (3.71)$$

Es besitzt nur dann eine nichttriviale Lösung, wenn die zugehörige Koeffizientendeterminante verschwindet:

$$\begin{vmatrix} T_{11} - T_{jj} & T_{12} & T_{13} \\ T_{12} & T_{22} - T_{jj} & T_{23} \\ T_{13} & T_{23} & T_{33} - T_{jj} \end{vmatrix} = 0. \quad (3.72)$$

Diese Bedingung stellt eine Gleichung dritten Grades für T_{jj} dar. Die Lösungsmenge sind die Diagonalkoordinaten des symmetrischen Tensors in bezug auf das Hauptachsensystem. Dabei sei noch erwähnt, daß es sich infolge der Symmetrie des Tensors stets nur um reelle Wurzeln von (3.72) handelt.

Hat man die Elemente der Lösungsmenge von (3.72) berechnet und setzt man diese in das Gleichungssystem (3.71) ein, so kann man schließlich noch die Transformationskoeffizienten a_{jk}, d.h. die Hauptrichtungen der entsprechenden orthogonalen Transformation (3.67) ermitteln. Der noch freie Proportionalitätsfaktor wird dabei durch die Orthogonalitätsrelation

$$(a_{j1})^2 + (a_{j2})^2 + (a_{j3})^2 = 1 \quad (3.73)$$

bestimmt.

4 Elastische Eigenschaften der Kristalle

Die Kenntnis der phänomenologischen Beschreibungsweise des Verzerrungs- und Spannungszustandes sowie des elastischen Verhaltens eines piezoelektrischen Kristalls ist die Voraussetzung für die Formulierung der Zustandsgleichungen, die den piezoelektrischen Effekt als lineare Wechselwirkung zwischen dem mechanischen und dem elektrischen Zustand des Kristalls beschreiben. Dieses Kapitel kann dabei natürlich keineswegs eine systematische Einführung in die Kontinuumsmechanik darstellen. Dazu ist sein Umfang zu bescheiden. Wir wollen grundsätzlich unser Augenmerk nur auf diejenigen Begriffe und Beziehungen richten, die wir für unsere folgenden Ausführungen über die Eigenschaften der piezoelektrischen Elemente brauchen. Andererseits sind wir jedoch bestrebt, eine Darstellungsweise zu wählen, welche dem Leser das Studium der Fachliteratur erleichtert, die er in einer reichlichen Auswahl finden kann (z. B. [B7, E4, M19, T6, T7, T12, T13]).

Es gehört nicht zum Ziel dieses Kapitels, die elastischen Eigenschaften der Kristalle aufgrund ihrer atomistischen Struktur zu erklären. Wir betrachten die Materie als Kontinuum. Das Kontinuum, ein Modell, besteht aus einzelnen materiellen Punkten. Der Körper, dessen elastische Eigenschaften wir untersuchen wollen, ist eine zusammenhängende kompakte Menge solcher materiellen Punkte. Den Rand dieser Punktmenge nennt man Oberfläche des Körpers. Häufig ist es zweckmäßig, sich einen Körper nur als ein materielles Element aus dem Kontinuum herausgeschnitten zu denken, wobei seine Oberfläche das Kontinuum in den betrachteten Körper und seine Umgebung zerlegt.

4.1 Der Verzerrungszustand

Jeden materiellen Punkt des Kontinuums können wir eindeutig bezeichnen. Zur Beschreibung von Lage und Bewegung der materiellen Punkte benützen wir ein kartesisches Koordinatensystem (O, X_1, X_2, X_3). Dadurch vermeiden wir die vorwiegend mathematischen Schwierigkeiten, welche sich aus der Anwendung eines allgemeineren Koordinatensystems ergeben. Sollte die Anwendung der nichtkartesischen Koordinaten doch unumgänglich sein, muß der Leser ein ausführlicheres Lehrbuch der Kontinuumsmechanik (z. B. [B7, E4, T12, T13]) zur Hand nehmen.

Im Vordergrund unserer nächsten Überlegung wird die Bewegung eines elastischen Körpers unter der Einwirkung eines bestimmten Kräftesystems stehen. Dabei bewegen sich seine materiellen Punkte; deshalb ist es unsere erste Aufgabe, ihre Bewegung zu untersuchen. Wie wir später sehen werden, besteht eine allgemeine Bewegung aus einer Starrkörperbewegung, die wir weiter in eine Translation und Rotation zerlegen können, und einer Verzerrung.

Die Lage eines bestimmten materiellen Punktes zu einer gewählten Anfangszeit (Referenzzeit), die wir einfachheitshalber gleich Null setzen (für $t = 0$), beschreiben wir mit dem Ortsvektor X. Dadurch erhält jeder materielle Punkt des betrachteten Körpers einen ihn identifizierenden „Namen". Die Konfiguration des Körpers zur Anfangszeit heißt Referenzkonfiguration. Im folgenden werden wir einen in der Referenzkonfiguration durch den Ortsvektor X gekennzeichneten materiellen Punkt kurz den materiellen Punkt X nennen. Das Volumen des Raumbereiches, in dem sich der Körper in seiner Referenzkonfiguration befindet, bezeichnen wir mit V.

Durch die Bewegung des Körpers nimmt der materielle Punkt X in der Zeit t allgemein eine neue Lage ein, die wir in unserem Koordinatensystem durch den Ortsvektor x beschreiben. Kurz werden wir über den Ort x des materiellen Punktes X sprechen.

Eine stetige und eindeutige Zuordnung von Ortsvektoren x zu den materiellen Punkten X beschreibt die Konfiguration des Körpers zur Zeit t:

$$x = x(X, t). \qquad (4.1)$$

Wir bezeichnen sie als aktuelle Konfiguration.

Zur Vereinfachung der Schreibweise identifizieren wir das Funktionssymbol auf der rechten Seite dieser Beziehung mit dem Symbol der auf der linken Seite stehenden abhängigen Größe. In der aktuellen Konfiguration nimmt der Körper den Raumbereich mit dem Volumen v ein. Geometrisch gesehen wird durch (4.1) jedem Punkt X; $X \in V$, ein Punkt x; $x \in v$, eineindeutig zugeordnet oder, anders gesagt, es werden die Punkte des Raumbereiches V auf die Punkte des Raumbereiches v abgebildet (Bild 4.1).

Die vorausgesetzte Stetigkeit bedeutet, daß „benachbarte" materielle Punkte sich stets an „benachbarten" Orten befinden. Dies bedeutet anschaulich, daß ein Auseinanderreißen des Materials − ein Bruch − ausgeschlossen wird. Die Ein-

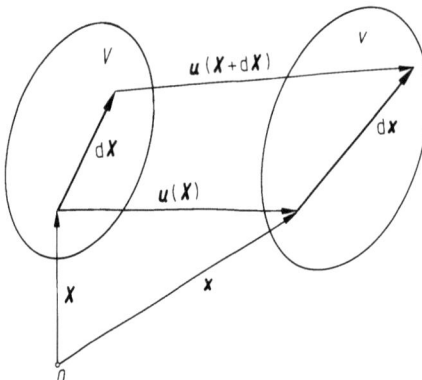

Bild 4.1. Bewegung eines materiellen Linienelementes aus seiner Referenzkonfiguration in seine aktuelle Konfiguration

4.1 Der Verzerrungszustand

eindeutigkeit bedeutet, daß ein materieller Punkt nicht gleichzeitig an mehreren Orten sein kann und daß an einem Ort nicht gleichzeitig mehrere materielle Punkte sein können. Dadurch ist die Umkehrung von (4.1) möglich:

$$X = X(x, t). \tag{4.2}$$

Diese Gleichung gibt den materiellen Punkt X an, der sich zur Zeit t am Ort x befindet.

Die vektorielle Schreibweise ersetzen wir weiterhin durch die Koordinatenschreibweise (Indexschreibweise):

$$x_i = x_i(X_k, t) \tag{4.1'}$$

bzw.

$$X_i = X_i(x_k, t). \tag{4.2'}$$

Die X_i nennt man materielle oder Lagrangesche Koordinaten, die x_i heißen räumliche oder Eulersche Koordinaten. Man bezeichnet x_i auch als Ortskoordinaten.

Die Bewegung des Körpers ist eine stetige zeitliche Aufeinanderfolge von seinen Konfigurationen. (4.1) und (4.2) bzw. (4.1') und (4.2') stellen also stetige Funktionen der Zeit t dar. Im folgenden wird allerdings mit kleinen Ausnahmen die Zeit keine Rolle spielen. Wir werden sie also in den Formeln nicht mehr angeben, selbst wenn eine explizite Abhängigkeit von der Zeit besteht. Unter der aktuellen Konfiguration werden wir weiterhin den untersuchten verformten Zustand des Körpers verstehen. Vom mathematischen Standpunkt setzen wir die stetige Differenzierbarkeit von (4.1) bzw. (4.1') und (4.2) bzw. (4.2') nach allen Variablen bis zu der jeweils benötigten Differentiationsordnung voraus.

Die Funktionaldeterminante der Transformation (4.1') bezeichnen wir mit J:

$$J = \frac{\partial(x_1, x_2, x_3)}{\partial(X_1, X_2, X_3)} = \begin{vmatrix} \dfrac{\partial x_1}{\partial X_1} & \dfrac{\partial x_1}{\partial X_2} & \dfrac{\partial x_1}{\partial X_3} \\ \dfrac{\partial x_2}{\partial X_1} & \dfrac{\partial x_2}{\partial X_2} & \dfrac{\partial x_2}{\partial X_3} \\ \dfrac{\partial x_3}{\partial X_1} & \dfrac{\partial x_3}{\partial X_2} & \dfrac{\partial x_3}{\partial X_3} \end{vmatrix}. \tag{4.3}$$

Die Determinante J ist stets positiv. Wegen der Umkehrbarkeit der Transformation existiert auch die Determinante der Transformation (4.2'):

$$\frac{1}{J} = \frac{\partial(X_1, X_2, X_3)}{\partial(x_1, x_2, x_3)}. \tag{4.4}$$

Durch die partielle Differentiation von (4.1') nach den materiellen Koordinaten bekommen wir

$$dx_i = \frac{\partial x_i}{\partial X_k} dX_k = F_{ik} dX_k. \tag{4.5}$$

Die

$$F_{ik} = \frac{\partial x_i}{\partial X_k} \tag{4.6}$$

sind die Tensorkoordinaten des Deformationsgradienten. Der Deformationsgradient transformiert das Linienelement

$$dX = e_k dX_k, \qquad (4.7)$$

das zwei infinitesimal benachbarte materielle Punkte X und $X + dX$ in der Referenzkonfiguration verbindet, in das Linienelement

$$dx = e_l dx_l, \qquad (4.8)$$

das dieselben materiellen Punkte in der aktuellen Konfiguration an Orten x und $x + dx$ verbindet. e_l sind die Einheitsvektoren, die unser kartesisches Koordinatensystem festlegen. Die Verschiebung des materiellen Punktes X beschreiben wir mit dem Verschiebungsvektor u. Es gilt

$$u_i = x_i - X_i. \qquad (4.9)$$

Aus der partiellen Ableitung von (4.9) nach den materiellen Koordinaten ergeben sich die Tensorkoordinaten des Verschiebungsgradienten, der auch Verformungstensor genannt wird (z. B. [L8, S. 42]):

$$\frac{\partial u_i}{\partial X_k} = \frac{\partial x_i}{\partial X_k} - \delta_{ik} = F_{ik} - \delta_{ik}. \qquad (4.10)$$

Mit der Deformation eines Körpers ist auch allgemein eine Änderung seines Volumens verbunden. Um diese festzustellen, betrachten wir einen infinitesimalen materiellen Quader, der in der Referenzkonfiguration durch Vektoren dA, dB, dC aufgespannt ist (Bild 4.2). Die Richtungen der Vektoren stimmen mit den Richtungen der Koordinatenachsen überein, so daß

$$dA = e_1 dX_1, \quad dB = e_2 dX_2, \quad dC = e_3 dX_3. \qquad (4.11)$$

Der Quader hat in der Referenzkonfiguration das Volumen

$$dV = dX_1 dX_2 dX_3. \qquad (4.12)$$

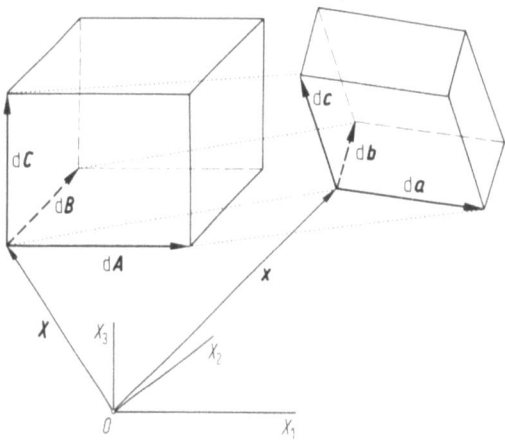

Bild 4.2. Deformation eines infinitesimalen materiellen Quaders

4.1 Der Verzerrungszustand

Die Vektoren $d\mathbf{A}, d\mathbf{B}, d\mathbf{C}$ gehen im deformierten Zustand in die Vektoren $d\mathbf{a}, d\mathbf{b}, d\mathbf{c}$ über. Aus (4.5) und (4.8) bekommen wir

$$d\mathbf{a} = \frac{\partial x_i}{\partial X_1} dX_1 \mathbf{e}_i, \quad d\mathbf{b} = \frac{\partial x_i}{\partial X_2} dX_2 \mathbf{e}_i, \quad d\mathbf{c} = \frac{\partial x_i}{\partial X_3} dX_3 \mathbf{e}_i. \tag{4.13}$$

Unser materieller Quader hat im deformierten Zustand das Volumen dv, das gleich dem Spatprodukt $(d\mathbf{a} \times d\mathbf{b}) \cdot d\mathbf{c}$ ist. Unter Berücksichtigung von (4.3) gilt

$$dv = J\,dV. \tag{4.14}$$

Das Ergebnis ist unabhängig von der Form des Volumenelementes.

Die Bewegung des materiellen Linienelementes $d\mathbf{X}$ aus seiner Referenzkonfiguration in seine aktuelle Konfiguration $d\mathbf{x}$ kann man allgemein in eine Translation, in eine Rotation und in eine Verzerrung zerlegen (Bild 4.3). Seine Translation und Rotation darf man als eine Starrkörperbewegung betrachten. Eine solche ist dadurch gekennzeichnet, daß sich der Abstand der materiellen Punkte $\mathbf{X}$ und $\mathbf{X} + d\mathbf{X}$ nicht ändert. Uns interessiert jedoch vorab die Verzerrung. Ein quantitatives Maß für sie ergibt sich aus der Abstandsänderung der betrachteten infinitesimal benachbarten materiellen Punkte $\mathbf{X}$ und $\mathbf{X} + d\mathbf{X}$.

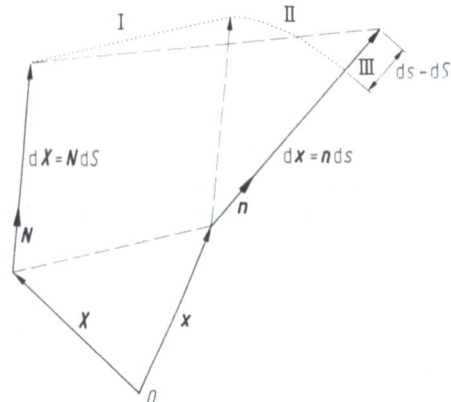

Bild 4.3. Die Bewegung des materiellen Linienelementes $d\mathbf{X}$ aus seiner Referenzkonfiguration in seine aktuelle Konfiguration $d\mathbf{x}$ kann man in eine Translation (I), in eine Rotation (II) und in eine Verzerrung (III) zerlegen

Den Abstand der beiden materiellen Punkte in der Referenzkonfiguration bezeichnen wir mit dS. Es gilt

$$dS^2 = |d\mathbf{X}|^2 = dX_k dX_k. \tag{4.15}$$

Das Quadrat ihres Abstandes ds in der aktuellen Konfiguration ist

$$ds^2 = |d\mathbf{x}|^2 = dx_k dx_k. \tag{4.16}$$

Unter der Berücksichtigung von (4.5) kann man weiter schreiben

$$ds^2 = \frac{\partial x_i}{\partial X_k} \frac{\partial x_i}{\partial X_l} dX_k dX_l = C_{kl} dX_k dX_l. \tag{4.17}$$

Mit

$$C_{kl} = \frac{\partial x_i}{\partial X_k}\frac{\partial x_i}{\partial X_l} \qquad (4.18)$$

bezeichnet man die Koordinaten des Greenschen Deformationstensors ([E4, S. 11]). Man sieht, daß er symmetrisch ist. (Analog gelangt man zur Definition des Cauchyschen Deformationstensors durch die Beziehung $c_{kl} = (\partial X_i/\partial x_k)(\partial X_i/\partial x_l)$).

Aus (4.17) und (4.15) folgt

$$ds^2 - dS^2 = C_{kl}dX_k dX_l - dX_k dX_k = (C_{kl} - \delta_{kl})dX_k dX_l = 2V_{kl}dX_k dX_l. \qquad (4.19)$$

Durch die Beziehung

$$V_{kl} = \frac{1}{2}(C_{kl} - \delta_{kl}) \qquad (4.20)$$

sind dabei die Koordinaten des Lagrangeschen Deformationstensors definiert. Er wird auch als der Greensche Verzerrungstensor bezeichnet [B7]. Offenkundig ist er ebenfalls symmetrisch. (In der räumlichen Beschreibungsweise entspricht ihm der Eulersche Deformationstensor.)

Für viele Zwecke ist es vorteilhaft, die Koordinaten des Lagrangeschen Deformationstensors mit Hilfe der Verschiebungsgradienten aufgrund von (4.10) auszudrücken:

$$V_{kl} = \frac{1}{2}\left\{\left(\frac{\partial u_i}{\partial X_k} + \delta_{ik}\right)\left(\frac{\partial u_i}{\partial X_l} + \delta_{il}\right) - \delta_{kl}\right\} = \frac{1}{2}\left(\frac{\partial u_k}{\partial X_l} + \frac{\partial u_l}{\partial X_k}\right) + \frac{1}{2}\frac{\partial u_i}{\partial X_k}\frac{\partial u_i}{\partial X_l}. \qquad (4.21)$$

Statt der Differenz der Quadrate der Längen des materiellen Linienelementes dX in der aktuellen Konfiguration und in der Referenzkonfiguration berechnen wir nun noch ihr Verhältnis ds/dS. Dazu bezeichnen wir den Einheitsvektor in der Richtung des materiellen Linienelementes in der Referenzkonfiguration mit N und den Einheitsvektor in der Richtung desselben materiellen Linienelementes in der aktuellen Konfiguration mit n und schreiben

$$dX = NdS = N_k e_k dS = e_k dX_k \qquad (4.22)$$

bzw.

$$dx = nds. \qquad (4.23)$$

Wenn wir in (4.17) laut (4.22) $dX_k = N_k dS$ bzw. $dX_l = N_l dS$ einsetzen und das Verhältnis ds/dS bilden, bekommen wir

$$\frac{ds}{dS} = \sqrt{C_{kl}N_k N_l}. \qquad (4.24)$$

Aus einer speziellen Wahl der Lage des betrachteten materiellen Linienelementes in der Referenzkonfiguration ergibt sich sofort eine anschauliche Bedeutung der diagonalen Koordinaten V_{11}, V_{22} und V_{33} des Lagrangeschen Deformationstensors. Setzen wir zuerst $N_1 = 1$, $N_2 = N_3 = 0$. Für die relative Längenänderung eines solchen materiellen Linienelementes gilt

$$\frac{ds - dS}{dS} = \frac{ds}{dS} - 1 = \sqrt{C_{11}} - 1 = \sqrt{2V_{11} + 1} - 1 \qquad (4.25)$$

4.1 Der Verzerrungszustand

und weiter
$$2V_{11} = \left(1 + \frac{\mathrm{d}s - \mathrm{d}S}{\mathrm{d}S}\right)^2 - 1 = \left(\frac{\mathrm{d}s}{\mathrm{d}S}\right)^2 - 1. \qquad (4.26)$$

Entsprechende Gleichungen kann man leicht auch für V_{22} und V_{33} herleiten.

Um ebenso die Bedeutung von V_{23} anschaulich zu machen, betrachten wir in der Referenzkonfiguration zwei zueinander senkrecht stehende, materielle Linienelemente $e_2 \mathrm{d}X_2$ und $e_3 \mathrm{d}X_3$ (Bild 4.4) und untersuchen ihren Winkel Θ in der aktuellen Konfiguration.

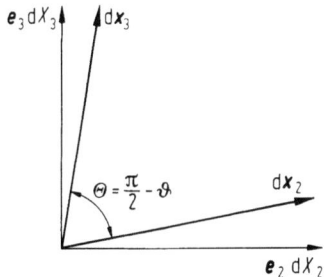

Bild 4.4. Zwei in der Referenzkonfiguration zueinander senkrecht stehende, materielle Linienelemente bilden in der aktuellen Konfiguration den Winkel Θ

Laut (4.5) ist die aktuelle Konfiguration der beiden betrachteten Linienelemente $\mathrm{d}\boldsymbol{x}_2 = \boldsymbol{e}_k(\partial x_k/\partial X_2)\mathrm{d}X_2$ und $\mathrm{d}\boldsymbol{x}_3 = \boldsymbol{e}_k(\partial x_k/\partial X_3)\mathrm{d}X_3$. Aus der aus den Grundlagen der Vektorrechnung bekannten Formel für den Winkel Θ zwischen zwei Vektoren folgt

$$\cos \Theta = \frac{\dfrac{\partial x_k}{\partial X_2}\dfrac{\partial x_k}{\partial X_3}\mathrm{d}X_2\mathrm{d}X_3}{\left|\boldsymbol{e}_k\dfrac{\partial x_k}{\partial X_2}\mathrm{d}X_2\right|\left|\boldsymbol{e}_l\dfrac{\partial x_l}{\partial X_3}\mathrm{d}X_3\right|} \qquad (4.27)$$

und weiter unter der Anwendung von (4.17), (4.18) und (4.20)

$$\cos \Theta = \frac{C_{23}}{\sqrt{C_{22}C_{33}}} = \frac{2V_{23}}{\sqrt{(2V_{22}+1)(2V_{33}+1)}}. \qquad (4.28)$$

Sinngemäß kann man Beziehungen ableiten, in welchen V_{31} und V_{12} auftreten. Die nichtdiagonalen Elemente des Lagrangeschen Deformationstensors hängen demnach mit den Winkeln zusammen, die in der aktuellen Konfiguration diejenigen materiellen Linienelemente miteinander bilden, welche in der Referenzkonfiguration parallel zu den kartesischen Koordinatenachsen waren.

In der klassischen linearen Elastizitätstheorie, die für viele Anwendungen eine hinreichende Annäherung bietet, bleiben die Verschiebungsgradienten (4.10) betragsmäßig sehr klein gegenüber 1:

$$\left|\frac{\partial u_i}{\partial X_k}\right| \ll 1. \qquad (4.29)$$

Dies berechtigt uns, ihre Quadrate und Produkte zu vernachlässigen. Dadurch geht (4.21) in die Definition der Koordinaten des symmetrischen infinitesimalen Deformationstensors

$$S_{kl} = \frac{1}{2}\left(\frac{\partial u_k}{\partial X_l} + \frac{\partial u_l}{\partial X_k}\right) \tag{4.30}$$

über.

Man spricht von einer kinematischen oder geometrischen Linearisierung. Die Koordinaten S_{kl} des infinitesimalen Deformationstensors werden wir im folgenden als Maß für die lokale Deformation des Körpers in der unmittelbaren Umgebung des materiellen Punktes X am Ort x in der aktuellen Konfiguration benützen und kurz als Koordinaten des Deformationstensors oder nur als Deformationskoordinaten bezeichnen. Eine wichtige Konsequenz der geometrischen Linearisierung ist übrigens die Tatsache, daß die partiellen Ableitungen nach den materiellen Koordinaten X_i durch die partiellen Ableitungen nach den räumlichen Koordinaten x_i ersetzt werden dürfen. Im Gültigkeitsbereich der linearen Elastizitätstheorie vereinfachen sich auch die Beziehungen (4.26) und (4.28). Die erste geht in

$$S_{11} = \frac{ds - dS}{dS} \tag{4.31}$$

über. Die Diagonalelemente des Deformationstensors werden mit den entsprechenden Dehnungen identisch.

Um zu einer anschaulichen geometrischen Interpretation der vereinfachten Beziehung (4.28) zu gelangen, bezeichnen wir die durch die Deformation verursachte Änderung des rechten Winkels mit

$$\vartheta = \frac{\pi}{2} - \Theta. \tag{4.32}$$

Für eine infinitesimale Deformation gilt

$$\cos \Theta = \sin\left(\frac{\pi}{2} - \Theta\right) = \sin \vartheta \approx \vartheta, \tag{4.33}$$

und statt (4.28) kann man schreiben

$$S_{23} = \frac{\vartheta}{2}. \tag{4.34}$$

Die nichtdiagonalen Elemente des Deformationstensors, die man als Scherungen oder Gleitungen bezeichnet, geben die halben Winkeländerungen an, die die Linienelemente durch die Deformation erfahren, welche in der Referenzkonfiguration in den Richtungen der entsprechenden Koordinatenachsen gerichtet sind und demzufolge rechte Winkel bilden.

4.2 Der Spannungszustand

Die auf einen beliebigen Körper wirkenden Kräfte lassen sich in Volumen- und Oberflächenkräfte unterteilen. Als Volumenkräfte bezeichnet man weitreichende Wechselwirkungen und man nennt sie deshalb auch Fernkräfte. Ihre Wirkung ist

4.2 Der Spannungszustand

über das ganze Volumen des Körpers verteilt. Das bekannteste Beispiel für eine Volumenkraft ist die Gewichtskraft. Die Oberflächenkräfte haben eine sehr kurze Reichweite. Sie beschreiben die Wechselwirkung des Körpers mit seiner Umgebung, welche durch die Oberfläche des Körpers vermittelt wird oder die Wechselwirkung zweier Körperteile in ihrer Kontaktfläche. Man bezeichnet sie als Nah- oder auch Flächenkräfte.

Wenn wir die Volumenkraftdichte mit k und die Oberflächenkraftdichte mit t bezeichnen, so kann man die auf einen Körper wirkende Gesamtkraft F folgendermaßen ausdrücken:

$$F = \int_V k \, dV + \int_A t \, dA. \tag{4.35}$$

Die Integration bezieht sich bei der Volumenkraft auf das gesamte Volumen V und bei der Oberflächenkraft auf die gesamte Oberfläche A des Körpers.

Die Volumenkraftdichte k ist in vielen Fällen der Massendichte ϱ proportional. Daher ist es oft zweckmäßig, sie durch die Massenkraftdichte f zu ersetzen. Es gilt

$$k = \varrho f. \tag{4.36}$$

Die Oberflächenkraftdichte t wird als Spannungsvektor oder kurz Spannung bezeichnet. Sie ist demnach eine Kraft pro Flächeneinheit. Der Spannungsvektor ist nicht nur vom Ort und von der Zeit abhängig, sondern auch von der Normalenrichtung des Flächenelementes, auf das er wirkt. Da es unendlich viele Möglichkeiten für die Wahl der Normalenrichtung eines Flächenelementes in einem bestimmten Punkt P des Körpers gibt, kann die Angabe eines einzigen Spannungsvektors nicht ausreichen, um den Spannungszustand des Körpers in P zu beschreiben.

Nun betrachten wir einen im Bild 4.5 dargestellten tetraederförmigen Körper $OABC$. Seine drei Seitenflächen $\triangle OBC$, $\triangle OCA$ und $\triangle OAB$ mit Flächeninhalten

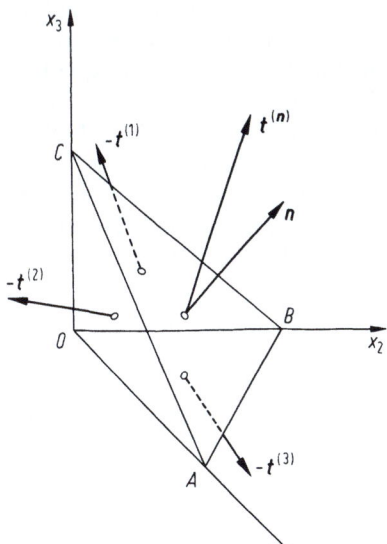

Bild 4.5. Das Tetraeder $OABC$ unter der Wirkung der Oberflächenkräfte t, $-t^{(1)}$, $-t^{(2)}$, $-t^{(3)}$ im Gleichgewichtszustand

ΔA_1, ΔA_2 und ΔA_3 stehen senkrecht zu den Koordinatenachsen x_1, x_2 und x_3. Ihre Normalrichtungen sind durch die Einheitsvektoren $-e_1$, $-e_2$ und $-e_3$ bestimmt. Die äußere Normale der Grundfläche $\triangle ABC$ mit dem Flächeninhalt ΔA_0 hat die Richtung des Einheitsvektors

$$n = n_1 e_1 + n_2 e_2 + n_3 e_3 = n_k e_k. \tag{4.37}$$

Aus einer einfachen geometrischen Überlegung ergibt sich folgende Beziehung zwischen den Flächeninhalten:

$$\Delta A_i = \Delta A_0 n_i. \tag{4.38}$$

Im Gleichgewichtszustand ist die auf das Tetraeder wirkende Gesamtkraft gleich Null und aus (4.35) folgt

$$k \Delta V + t \Delta A_0 = t^{(1)} \Delta A_1 + t^{(2)} \Delta A_2 + t^{(3)} \Delta A_3, \tag{4.39}$$

wobei ΔV das Volumen des Tetraeders ist. Wir dividieren die Gleichung durch ΔA_0 und lassen das Tetraeder unter der Beibehaltung seiner Gestalt auf einen Punkt schrumpfen, so daß $\Delta V/\Delta A \to 0$. Aus diesem Grenzübergang ergibt sich unter Berücksichtigung von (4.38)

$$t = t^{(1)} n_1 + t^{(2)} n_2 + t^{(3)} n_3 = t^{(k)} n_k. \tag{4.40}$$

Die Koordinatendarstellung dieser Beziehung kann man in der folgenden Form schreiben:

$$t_i = T_{ik} n_k. \tag{4.41}$$

Da n_k Koordinaten des Normalenvektors n und t_i Koordinaten des Spannungsvektors t sind, müssen T_{ik} Koordinaten eines Tensors zweiter Stufe sein. Er wird als Spannungstensor oder auch Cauchyscher Spannungstensor bezeichnet. Allgemein ist er orts- und zeitabhängig.

Unsere nächste Aufgabe ist es, die Gleichgewichtsbedingungen zu formulieren sowie die Symmetrie des Spannungstensors zu beweisen. Wir betrachten einen beliebigen Punkt P im Kontinuum. Im Punkt P wählen wir den Koordinatenursprung $O \equiv P$. Er sei gleichzeitig der Mittelpunkt eines Elementarquaders, dessen Kanten parallel zu den Koordinatenachsen sind. Die Kantenlängen bezeichnen wir mit dx_1, dx_2 und dx_3 (Bild 4.6). Der Spannungszustand im Punkt P (im Mittelpunkt des Elementarquaders) sei durch Spannungstensorkoordinaten bestimmt. Da wir auch einen nicht homogenen Spannungszustand berücksichtigen wollen, nehmen wir an, daß sich die mittleren Spannungen in den Flächen des Elementarquaders bereits um den ersten Term der Taylorschen Entwicklung gegenüber dem in P herrschenden Spannungszustand unterscheiden. So wirken auf die Flächen des Elementarquaders, die senkrecht zu der x_1-Achse stehen, in der Richtung der x_1-Achse die Kräfte

$$-\left(T_{11} - \frac{\partial T_{11}}{\partial x_1} \frac{1}{2} dx_1\right) dx_2 dx_3 \quad \text{und} \quad \left(T_{11} + \frac{\partial T_{11}}{\partial x_1} \frac{1}{2} dx_1\right) dx_2 dx_3. \tag{4.42}$$

Ihre Resultante ist

$$\frac{\partial T_{11}}{\partial x_1} dx_1 dx_2 dx_3. \tag{4.43}$$

4.2 Der Spannungszustand

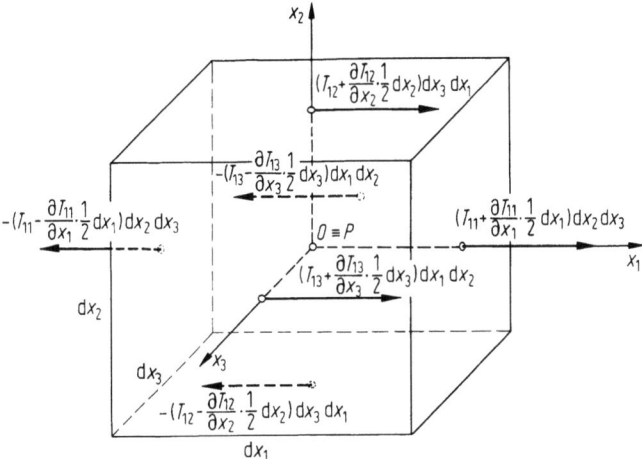

Bild 4.6. Die auf den Elementarquader in der Richtung der x_1-Achse wirkenden Oberflächenkräfte

Sinngemäß berechnen wir die Summe der Kräfte, die ebenfalls in der Richtung der x_1-Achse auf die senkrecht zur x_2-Achse bzw. x_3-Achse stehenden Flächen des Elementarquaders wirken. Wir bekommen

$$-\left(T_{12} - \frac{\partial T_{12}}{\partial x_2}\frac{1}{2}dx_2\right)dx_3 dx_1 + \left(T_{12} + \frac{\partial T_{12}}{\partial x_2}\frac{1}{2}dx_2\right)dx_3 dx_1 =$$
$$= \frac{\partial T_{12}}{\partial x_2} dx_1 dx_2 dx_3 \tag{4.44}$$

und

$$-\left(T_{13} - \frac{\partial T_{13}}{\partial x_3}\frac{1}{2}dx_3\right)dx_1 dx_2 + \left(T_{13} + \frac{\partial T_{13}}{\partial x_3}\frac{1}{2}dx_3\right)dx_1 dx_2 =$$
$$= \frac{\partial T_{13}}{\partial x_3} dx_1 dx_2 dx_3. \tag{4.45}$$

Die auf den Elementarquader in der Richtung der x_1-Achse wirkende resultierende Kraft setzt sich laut (4.35) aus der Summe der bereits berechneten Flächenkräfte und aus der entsprechenden Komponente der Volumenkraft

$$k_1 dV = k_1 dx_1 dx_2 dx_3 = \varrho f_1 dx_1 dx_2 dx_3 \tag{4.46}$$

zusammen. ϱ bedeutet dabei wie in (4.36) die Dichte des Kontinuums.

Wenn sich das gesamte Kontinuum im statischen Gleichgewicht befindet, so daß keine Beschleunigungen auftreten, bekommt man nach dem Kürzen durch $dx_1 dx_2 dx_3$ und nach der Wiederholung des Rechenverfahrens für die Richtungen der x_2- bzw. x_3-Achse folgende Gleichgewichtsbedingung des räumlichen Spannungszustandes:

$$\frac{\partial T_{ik}}{\partial x_k} + \varrho f_i = 0. \tag{4.47}$$

Der Term $\partial T_{ik}/\partial x_k$ ist offenbar die i-Koordinate eines Vektors, den man die Divergenz des Spannungstensors nennt.

Der Gleichgewichtszustand erfordert aber nicht nur die Gültigkeit von (4.47), sondern auch noch das Verschwinden des aus allen Kräften resultierenden Drehmomentes. Das muß im einzelnen für die Drehmomente der auf den Elementarquader wirkenden Flächenkräfte in bezug auf alle drei Koordinatenachsen gelten. Wir setzen zuerst das resultierende Drehmoment in bezug auf die x_1-Achse gleich Null. Nach kurzer Zwischenrechnung bekommen wir

$$T_{32} - T_{23} = 0. \qquad (4.48)$$

Da auch ähnliche Bedingungen für das Verschwinden der Drehmomente in bezug auf die x_2- und x_3-Achse gelten, können wir feststellen, daß der Cauchysche Spannungstensor symmetrisch sein muß. Es gilt

$$T_{ij} = T_{ji}. \qquad (4.49)$$

Die Indizes der Spannungstensorkoordinaten lassen sich also vertauschen. Die Matrixdarstellung des Spannungstensors

$$\begin{pmatrix} T_{11} & T_{12} & T_{13} \\ T_{12} & T_{22} & T_{23} \\ T_{13} & T_{23} & T_{33} \end{pmatrix} \qquad (4.50)$$

enthält daher nur sechs voneinander unabhängige Tensorkoordinaten. Sie beschreiben vollständig den Spannungszustand des Kontinuums im betrachteten Punkt. In der Diagonale stehen die Normalspannungen T_{11}, T_{22}, T_{33}, symmetrisch zu ihr die Schubspannungen T_{23}, T_{31}, T_{12}.

Wegen der Symmetrie des Spannungstensors T_{ij} gibt es in jedem Punkt des Kontinuums stets ein bestimmtes Koordinatensystem, in dem sich T_{ij} auf die Hauptachsenform transformieren läßt. Es wird als Hauptachsensystem bezeichnet. Die zu seinen Koordinatenachsen senkrechten Flächenelemente sind im betrachteten Punkt des Kontinuums schubspannungsfrei. Im Hauptachsensystem genügen zur vollständigen Beschreibung des Spannungszustandes dann nur drei Normalspannungen, die man Hauptspannungen nennt. Man kann leicht feststellen, daß zwei der Hauptspannungen extrem sein müssen.

Wenn in einem Punkt des Kontinuums ein spannungsfreies Flächenelement vorliegt, bezeichnen wir einen solchen Sonderfall als einen ebenen Spannungszustand. Die Ebene des spannungsfreien Elementes heißt spannungsfreie Ebene. Die Verhältnisse des ebenen Spannungszustandes lassen sich sehr anschaulich mit Hilfe des Mohrschen Spannungskreises darstellen (z. B. [N9, S. 43]).

4.3 Das Hookesche Gesetz

Wir wollen nun zur Aufstellung von Materialgleichungen übergehen. Sie verknüpfen die in einem Festkörper auftretenden Spannungen mit seiner Bewegung, oder, spezieller ausgedrückt, mit seiner Deformation. Verschiedene Materialien werden nämlich unter derselben Spannung unterschiedlich deformiert. Die Mate-

4.3 Das Hookesche Gesetz

rialgleichungen bringen also die Materialeigenschaften der Kristalle zum Ausdruck. Sie stellen eine Verallgemeinerung der von Gasen bekannten Zustandsgleichungen auf allgemeinere Materialklassen, in unserem Fall auf Kristalle, dar und werden dementsprechend Zustandsgleichungen genannt.

Als ein Modell für das mechanische Verhalten des piezoelektrischen Elementes dient uns das elastische Material. Seine grundlegende Eigenschaft ist, daß der Cauchysche Spannungstensor in einem beliebigen Materialpunkt nur eine Funktion des gleichzeitigen Deformationsgradienten in demselben Materialpunkt ist. Eine reine Starrkörperbewegung darf keine Spannungen erzeugen. Die Zeitunabhängigkeit der Materialeigenschaften wird vorausgesetzt. Im elastischen Material sind also die Spannungen unabhängig von der Verzerrungsgeschwindigkeit und auch von seiner Vorbehandlung. Das Fließen des elastischen Materials und seine plastische Deformation lassen wir außer acht. Verschwinden die Spannungen, so verschwinden auch die Deformationen. Die Spannungen sollen den schnellsten Veränderungen der Deformationen trägheitslos folgen. Zudem setzen wir die Homogenität des Materials voraus. Die elastischen Eigenschaften sind an allen Punkten des elastischen Materials gleich.

Für genügend kleine Deformationsgradienten sind die Spannungstensorkoordinaten lineare Funktionen der Deformationstensorkoordinaten, und wir gelangen durch eine solche geometrische und physikalische Linearisierung zur Verallgemeinerung des wohlbekannten Hookeschen Gesetzes für anisotrope Körper. Man kann schreiben

$$T_{ij} = c_{ijkl} S_{kl}. \tag{4.51}$$

Die die Materialeigenschaften beschreibenden Koeffizienten c_{ijkl} heißen Elastizitätsmoduln. Das Transformationsverhalten der Materialkonstanten c_{ijkl} bei einer Drehung des Koordinatensystems ist durch die Forderung einer koordinateninvarianten Formulierung von (4.51) eindeutig festgelegt. Die Stufe des Materialtensors ist gleich der Summe der Stufen des Deformationstensors und des Spannungstensors. Dementsprechend sind c_{ijkl} Koordinaten eines Tensors vierter Stufe. Aus der Symmetrie des Deformations- und Spannungstensors ergibt sich die Symmetrie der Elastizitätsmoduln c_{ijkl} bezüglich einer Vertauschung von i und j bzw. k und l

$$c_{ijkl} = c_{jikl} = c_{ijlk} = c_{jilk}. \tag{4.52}$$

Aus einer thermodynamischen Überlegung (s. Abschnitt 4.6) folgt zusätzlich noch die Symmetrie bezüglich einer Vertauschung von ij und kl, so daß

$$c_{ijkl} = c_{klij} \tag{4.53}$$

und der Tensor c_{ijkl} ein symmetrischer Tensor ist. Er besitzt deshalb höchstens 21 unabhängige Koordinaten. Dies ist der Fall bei Kristallen des triklinen Kristallsystems. Außer den Symmetrien gegen Vertauschung von Indizes müssen die elastischen Konstanten den Kristallsymmetrien, d.h. den Punktsymmetrien angepaßt sein. Dadurch wird die Zahl der unabhängigen Tensorkoordinaten weiter reduziert. Die elastischen Eigenschaften der kubischen Kristalle sind nur durch drei, diejenigen der isotropen festen Körper nur durch zwei elastische Materialkonstanten vollständig angegeben.

Umgekehrt ist es manchmal notwendig, die Deformationstensorkoordinaten S_{ij} als lineare Funktion der Spannungstensorkoordinaten T_{kl} auszudrücken. Die Voraussetzung für die Auflösung des linearen Gleichungssystems (4.51) (unter Berücksichtigung der Symmetrie der Spannungen, Deformationen und Elastizitätsmoduln handelt es sich um sechs lineare Gleichungen mit sechs gesuchten Deformationstensorkoordinaten) nach den Deformationstensorkoordinaten ist, daß die Determinante der Elastizitätsmoduln ungleich Null ist. Man bekommt

$$S_{ij} = s_{ijkl} T_{kl}. \tag{4.54}$$

Die Materialkonstanten s_{ijkl} nennt man Elastizitätskoeffizienten. Sie sind offensichtlich Koordinaten eines inversen oder reziproken Tensors zum Tensor der Elastizitätsmoduln, was im Zusammenhang

$$c_{ijkl} s_{klmn} = \frac{1}{2} (\delta_{im} \delta_{jn} + \delta_{in} \delta_{jm}) \tag{4.55}$$

zum Ausdruck kommt. Dabei tritt auf der rechten Seite von (4.55) der Einheitstensor vierter Stufe auf [T1]. Die Elastizitätskoeffizienten besitzen also dieselbe Symmetrie wie die Elastizitätsmoduln. Ist $c_{ijkl} = 0$, so ist auch das zugehörige $s_{ijkl} = 0$.

Aufgrund der Symmetrie des Spannungs- und Deformationstensors und der daraus folgenden Anzahl der unabhängigen Koordinaten der beiden Größen hat sich in der Literatur über die Piezoelektrizität und allgemein in der technischen Literatur statt der konsequenten Bezeichnung der Tensorkoordinaten durch Tensorindizes die Anwendung der kürzeren Matrixindizes durchgesetzt. Bei mechanischen Zustandsgrößen und mit ihnen zusammenhängenden Materialkonstanten ersetzen wir die symmetrischen Tensordoppelindizes durch Matrixeinzelindizes mit den Werten 1 bis 6, die wir mit griechischen Buchstaben bezeichnen. Die lateinischen Indizes durchlaufen weiterhin die Werte 1 bis 3. Die Zuordnung der Matrixeinzelindizes zu den Tensordoppelindizes ist gut aus Tabelle 4.1 ersichtlich. Die Schreibweise mit Tensorindizes bezeichnen wir kurz als Tensorschreibweise, diejenige mit Matrixindizes als Matrixschreibweise.

Tabelle 4.1. Zuordnung der Matrixeinzelindizes zu den Tensordoppelindizes

ij oder kl	11	22	33	23 32	31 13	12 21
λ oder μ	1	2	3	4	5	6

Die Matrixschreibweise ermöglicht es uns, den sechs unabhängigen Tensorspannungskoordinaten gerade sechs unterschiedliche Symbole zuzuordnen. Beachten wir die Tabelle 4.1, so gilt $T_{ij} = T_\lambda$ und dementsprechend

$$\begin{pmatrix} T_{11} & T_{12} & T_{13} \\ T_{12} & T_{22} & T_{23} \\ T_{13} & T_{23} & T_{33} \end{pmatrix} \triangleq \begin{pmatrix} T_1 & T_6 & T_5 \\ T_6 & T_2 & T_4 \\ T_5 & T_4 & T_3 \end{pmatrix}, \tag{4.56}$$

4.3 Das Hookesche Gesetz

wobei die in ihrer Lage übereinstimmenden Elemente der Matrizen einander gleich sind.

Beim Übergang von der Bezeichnung der Deformationstensorkoordinaten mit symmetrischen Tensordoppelindizes zu ihrer Bezeichnung mit Matrixeinzelindizes setzt man jedoch $2S_{ij} = (1 + \delta_{ij})S_\lambda$, und der Vergleich der beiden Matrizen lautet

$$\begin{pmatrix} S_{11} & S_{12} & S_{13} \\ S_{12} & S_{22} & S_{23} \\ S_{13} & S_{23} & S_{33} \end{pmatrix} \triangleq \begin{pmatrix} S_1 & \tfrac{1}{2}S_6 & \tfrac{1}{2}S_5 \\ \tfrac{1}{2}S_6 & S_2 & \tfrac{1}{2}S_4 \\ \tfrac{1}{2}S_5 & \tfrac{1}{2}S_4 & S_3 \end{pmatrix}. \quad (4.57)$$

Die Scherungen S_4, S_5 und S_6 bezeichnen so üblicherweise die doppelten Werte der entsprechenden Deformationstensorkoordinaten. Nach (4.34) sind sie den durch die Deformation verursachten Winkeländerungen der in der Referenzkonfiguration zu den kartesischen Koordinatenachsen parallelen Linienelementen gleich.

Der bereits eingeführten Matrixschreibweise der Spannungen und Deformationen muß auch die Schreibweise von (4.51) und (4.54) sowie der Elastizitätskonstanten angepaßt werden.

Für die gegenseitige Zuordnung der Schreibweise der Elastizitätsmoduln gilt

$$c_{ijkl} = c_{\lambda\mu}. \quad (4.58)$$

Die Definition der Elastizitätskoeffizienten $s_{\lambda\mu}$ wählt man in der Matrixschreibweise vorteilhaft so, daß sie unter Berücksichtigung der bereits schon definierten Bezeichnung der Deformationen mit S_λ eine möglichst einfache kompakte Schreibweise (in der keine zusätzlichen numerischen Faktoren auftreten) von (4.54) ermöglicht. Der Leser kann – besonders wenn er die durch die Einsteinsche Summationsvereinbarung vorgeschriebene Summation durchrechnet – leicht einsehen, daß dies durch folgende Definition gewährleistet ist:

$$4 s_{ijkl} = (1 + \delta_{ij})(1 + \delta_{kl}) s_{\lambda\mu}. \quad (4.59)$$

Die Beziehungen (4.51) und (4.54) in der Matrixschreibweise lauten

$$T_\lambda = c_{\lambda\mu} S_\mu \quad (4.51')$$

und

$$S_\lambda = s_{\lambda\mu} T_\mu. \quad (4.54')$$

Zwischen den Elastizitätsmoduln $c_{\lambda\mu}$ und Elastizitätskoeffizienten $s_{\lambda\mu}$ besteht dabei eine zu (4.55) analoge Beziehung

$$c_{\lambda\mu} s_{\mu\tau} = \delta_{\lambda\tau}. \quad (4.55')$$

Wenn wir mit Δ^c die Determinante der Matrix der Elastizitätsmoduln und mit $\Delta^c_{\lambda\mu}$ die Unterdeterminante ihres Elementes $c_{\lambda\mu}$ sowie mit Δ^s die Determinante der Matrix der Elastizitätskoeffizienten und mit $\Delta^s_{\lambda\mu}$ die Unterdeterminante ihres Elementes $s_{\lambda\mu}$ bezeichnen, so gelten für die Berechnung der Werte der Elastizitätskoeffizienten $s_{\lambda\mu}$ aus den Elastizitätsmoduln $c_{\lambda\mu}$ und umgekehrt die Beziehungen

$$s_{\lambda\mu} = \frac{(-1)^{\lambda+\mu} \Delta^c_{\lambda\mu}}{\Delta^c} \quad (4.60)$$

und
$$c_{\lambda\mu} = \frac{(-1)^{\lambda+\mu}\Delta^s_{\lambda\mu}}{\Delta^s}. \tag{4.61}$$

Die selbstverständliche Voraussetzung ist, daß $\Delta^c \neq 0$ bzw. $\Delta^s \neq 0$.

Unsere Definition der Elastizitätsmoduln $c_{\lambda\mu}$ und der Elastizitätskoeffizienten $s_{\lambda\mu}$ durch (4.58) und (4.59) folgt der Empfehlung in [12]. Es gibt jedoch Autoren (z. B. [W4]), die für den Übergang von der Tensor- zur Matrixschreibweise andere Beziehungen benützen. Daneben ist auch die Bezeichnung der Materialkonstanten in der Literatur durchaus nicht einheitlich. Deshalb sollte man immer sorgfältig prüfen, wie sie definiert sind, bevor man deren Werte benützt.

Abschließend kann sich der Leser begreiflicherweise die Frage stellen, inwiefern es eigentlich sinnvoll ist, parallel zueinander eine Tensor- und eine Matrixschreibweise zu entwickeln. Beide haben ihre Vor- und Nachteile. Die Tensorschreibweise betont den Tensorcharakter der Größen und ermöglicht eine besonders einfache Formulierung der Transformationsgleichungen für eine Drehung des Koordinatensystems. Sie erleichtert dadurch die Untersuchung der Symmetrieeigenschaften. Die Matrixschreibweise bringt dagegen die effektive Anzahl der unabhängigen Tensorkoordinaten, die sich aus der Tensorsymmetrie ergibt, deutlich zum Ausdruck. Sie ist kürzer und in gewissem Sinne übersichtlicher. Sie wird, wie wir bereits erwähnt haben, in der Literatur über Piezoelektrizität und in der technischen Literatur bevorzugt. Auch wir werden von ihr Gebrauch machen. Ihr Nachteil ist jedoch, daß sie den Tensorcharakter der Größen verwischt. Dies erschwert bei dieser Schreibweise die Formulierung der Transformationsgleichungen für die Drehung des Koordinatensystems.

4.4 Transformationsgleichungen für elastische Konstanten

Das idealisierte elastische Verhalten eines Kristalls kann man durch die numerischen Werte entweder seiner Elastizitätsmoduln c_{ijkl} bzw. $c_{\lambda\mu}$ oder seiner Elastizitätskoeffizienten s_{ijkl} bzw. $s_{\lambda\mu}$ vollständig beschreiben. Die numerischen Werte der Elastizitätskonstanten beziehen sich jedoch auf ein bestimmtes Koordinatensystem und hängen deshalb von seiner Wahl ab. Sie werden normalerweise in bezug auf ein kartesisches Koordinatensystem, dessen Achsen parallel zu wichtigen kristallographischen Richtungen liegen, angegeben und tabelliert. Wie man ein solches Koordinatensystem in den einzelnen Kristallsystemen wählt, damit die Beschreibung der Kristalleigenschaften möglichst einfach wird, haben wir bereits im Abschnitt 3.3.2 erklärt. Wir bezeichnen es als Kristallkoordinatensystem.

Manchmal ist es jedoch zweckmäßig, die Werte der Materialkonstanten in bezug auf ein anderes kartesisches, gegenüber dem Kristallkoordinatensystem gedrehtes Koordinatensystem, zu berechnen. Denken wir uns beispielsweise ein quaderförmiges Kristallelement, dessen Kanten im allgemeinen nicht parallel zu den Achsen des Kristallkoordinatensystems sind. Die Untersuchung seines Verhaltens wird vereinfacht, wenn wir zu einem Koordinatensystem übergehen, dessen Achsen parallel zu den Kanten des untersuchten Kristallelementes liegen. Das Kristallkoordinatensystem bezeichnen wir als ungestrichen, das mit dem Kristallelement verbundene, ebenfalls kartesische Koordinatensystem als gestrichen.

Beide mögen dabei einen gemeinsamen Koordinatenursprung haben. Der Übergang von einem zum anderen Koordinatensystem stellt eine orthogonale Koordinatentransformation dar. Für sie gilt das allgemeine Transformationsgesetz (3.63).

Die Transformationsgleichungen für die Elastizitätsmoduln und Elastizitätskoeffizienten lauten:

$$c'_{ijkl} = a_{im} a_{jn} a_{kp} a_{lq} c_{mnpq} \qquad (4.62)$$

und

$$s'_{ijkl} = a_{im} a_{jn} a_{kp} a_{lq} s_{mnpq}. \qquad (4.63)$$

Die ungestrichenen Elastizitätskonstanten beziehen sich dabei auf das ungestrichene Kristallkoordinatensystem, die gestrichenen Elastizitätskonstanten auf das gestrichene gedrehte Koordinatensystem des Kristallelementes.

Eine sehr nützliche Hilfe für das praktische Ausschreiben der Transformationsgleichungen in der Matrixschreibweise für eine allgemeine Drehung des kartesischen Koordinatensystems bieten recht übersichtliche Tabellen in der Arbeit von Hearmon [H6], die auch in [P3] wiedergegeben sind.

4.5 Der Youngsche Modul und die Poissonsche Zahl

Das elastische Verhalten der isotropen Körper beschreibt man durch den Elastizitätsmodul oder Youngschen Modul E, durch die Querdehnungszahl oder Poissonsche Zahl ν und durch den Schubmodul G. Mit diesen Materialkonstanten ist jeder Konstrukteur gut vertraut. Es ist auch allgemein bekannt, daß zwischen den genannten Materialkonstanten der Zusammenhang

$$E = 2(1 + \nu) G \qquad (4.64)$$

besteht, so daß nur zwei von ihnen unabhängig sind.

Wir wollen nun kurz untersuchen, inwiefern es auch bei Kristallen sinnvoll ist, über den Youngschen Modul und die Poissonsche Zahl zu sprechen. Der Anisotropie der Kristalle wegen ist es uns dabei klar, daß dies immer nur in bezug auf eine bzw. zwei vorgegebene Richtungen möglich ist.

Wählen wir die Richtung, in der wir in einem Kristall den Youngschen Modul E angeben wollen, als x'_1-Achse eines gegenüber dem Kristallkoordinatensystem gedrehten (gestrichenen) Koordinatensystems. Nehmen wir an, daß in bezug auf das gestrichene Koordinatensystem die einzige wirkende Spannungskomponente T'_1 ist, wobei $T'_2 = T'_3 = T'_4 = T'_5 = T'_6 = 0$. Die durch die Normalspannung T'_1 verursachte Dehnung S'_1 sei

$$S'_1 = s'_{11} T'_1. \qquad (4.65)$$

Analog zu isotropen Körpern definieren wir den Youngschen Modul E in der betrachteten Richtung durch das Verhältnis

$$E' = \frac{T'_1}{S'_1}, \qquad (4.66)$$

so daß

$$E' = \frac{1}{s'_{11}}. \qquad (4.67)$$

Um die elastischen Eigenschaften eines Kristalls zu veranschaulichen, ist es üblich, von einem Punkt aus die Radiusvektoren zu ziehen, wobei die Länge jedes Radiusvektors gleich dem Betrag des Youngschen Moduls E' (dem Kehrwert von s'_{11}) in der entsprechenden Richtung ist. Die Menge der Endpunkte solcher Radiusvektoren bildet die Elastizitätsfläche des betrachteten Kristalls. Beim Quarz ist sie ovalförmig. Den Wert des Youngschen Moduls in der entsprechenden Richtung berechnet man aus (4.67) und aus der Transformationsgleichung für s'_{11}.

Die Poissonsche Zahl v bei isotropen Körpern ist gleich dem negativen Produkt des Verhältnisses der Querdehnung zur wirkenden Normalspannung mit dem Youngschen Modul E. Bei Kristallen ist es dementsprechend notwendig, die Poissonsche Zahl v auf zwei Richtungen zu beziehen: auf die Richtung der Normalspannung und auf die Richtung der Querdehnung. Wenn wir die x'_1-Achse in die Richtung der Normalspannung wie beim Youngschen Modul und die x'_2-Achse in die Richtung der Querdehnung legen, so kann man die Poissonsche Zahl folgendermaßen definieren

$$v'_{12} = - \frac{1}{s'_{11}} \frac{S'_2}{T'_1}. \tag{4.68}$$

Unter der Berücksichtigung des Zusammenhanges

$$S'_2 = s'_{12} T'_1, \tag{4.69}$$

der sich aus (4.54') ergibt, bekommen wir

$$v'_{12} = - \frac{s'_{12}}{s'_{11}}. \tag{4.70}$$

Die Querdehnung in der Richtung der x'_3-Achse führt allgemein zu einem unterschiedlichen Wert

$$v'_{13} = - \frac{s'_{13}}{s'_{11}}. \tag{4.71}$$

4.6 Thermodynamik der Deformation

Wir haben bereits gesehen, wie man den Deformations- und Spannungszustand eines Körpers sowie seine elastischen Eigenschaften beschreiben kann. Nun wollen wir die mit der Deformation des Körpers verbundene Arbeit berechnen. Dazu betrachten wir den Körper als ein thermodynamisch abgeschlossenes System (konstante Masse). Alle nicht zu unserem System gehörenden Punkte bilden seine Umgebung. Ist die Begrenzung eines Systems nicht nur für Materieströme, sondern auch für alle anderen Energieströme undurchlässig, wird es als ein isoliertes System bezeichnet.

Ein System tauscht allgemein Energie mit seiner Umgebung aus. Speziell in den Oberflächen- und Volumenkräften äußert sich die Kraftwirkung der Umgebung auf das untersuchte System. Bei der Bewegung des Systems leisten die Oberflächen- und Volumenkräfte Arbeit, die eine Änderung der Energie des Systems bewirkt. Die mechanische Wechselwirkung des Systems mit seiner Umgebung ist jedoch

4.6 Thermodynamik der Deformation

nicht die einzige Möglichkeit des gegenseitigen Energieaustausches. Dazu kann z. B. auch die elektrische Wechselwirkung und der Wärmeaustausch beitragen. In diesem Kapitel wollen wir uns nur auf die mechanische und thermische Wechselwirkung beschränken. Erst im nächsten Kapitel werden wir unsere Überlegungen auch auf die elektrische Wechselwirkung ausdehnen.

In einem stationären Zustand sind die Eigenschaften eines Systems von der Zeit unabhängig. Über einen thermodynamischen Gleichgewichtszustand sprechen wir, wenn es ein spezielles Bezugssystem gibt, in dem sich alle materiellen Punkte im Körper in Ruhe befinden und wenn über keinen Teil der Körperoberfläche Wärme mit der Umgebung ausgetauscht wird. Die klassische Thermo-„Dynamik" beschäftigt sich nur mit solchen Gleichgewichtszuständen, und man könnte sie daher auch Thermo-„Statik" nennen. Wir wollen jedoch die traditionelle Bezeichnung verwenden. In einem System im thermodynamischen Gleichgewicht ist die Temperatur überall gleich.

Um das Verständnis nicht durch zu große Allgemeinheit der Erörterungen zu erschweren, beschränken wir unsere Betrachtungen im wesentlichen auf homogene Systeme, deren Eigenschaften ortsunabhängig sind. Der Gleichgewichtszustand des Systems ist durch eine bestimmte Anzahl von makroskopisch meßbaren Parametern, die wir als unabhängige Zustandsvariablen (Standard-Variablen) bezeichnen, eindeutig bestimmt. Zu jeder dieser Zustandsvariablen gehört eine Energieform, so daß die Gesamtzahl der voneinander unabhängigen Zustandsvariablen gleich der Gesamtzahl der voneinander unabhängigen Energieformen ist. Unter den Zustandsvariablen muß sich entweder die Temperatur Θ befinden, oder die anderen Parameter müssen die Temperatur des Systems eindeutig festlegen.

Der erste Hauptsatz der Thermodynamik führt bekanntlich zur Definition der inneren Energie U eines Systems. Sie hängt nur vom Zustand des Systems ab. Das Energieerhaltungsgesetz ist gleichbedeutend damit, daß jede Änderung dU der inneren Energie eines Systems nur dadurch realisiert werden kann, daß dem System Energie zugeführt oder entzogen wird. Dementsprechend kann man die Zunahme dU der inneren Energie eines Systems der Summe aus zugeführter Wärme $\delta\mathsf{Q}$ und zugeführter Arbeit $\delta\mathsf{W}$ gleichsetzen:

$$d\mathsf{U} = \delta\mathsf{Q} + \delta\mathsf{W}. \tag{4.72}$$

Man schreibt $\delta\mathsf{Q}$ und $\delta\mathsf{W}$, um auszudrücken, daß die Beträge der zugeführten Wärme und Arbeit zwar infinitesimal klein, aber doch keine Differentiale sind. Auf die rechte Seite von (4.72) darf man nämlich die Regeln der Differentialrechnung nicht anwenden, und das Zeichen δ ist kein linearer Operator. Dieselbe Änderung dU der inneren Energie ist mit verschiedensten Werten von $\delta\mathsf{Q}$ und $\delta\mathsf{W}$ zu realisieren.

Die innere Energie ist eine additive Zustandsgröße. Darunter versteht man, daß die innere Energie eines homogenen Gesamtsystems gleich der Summe der inneren Energien der Teilsysteme ist, in die man das Gesamtsystem unterteilt. Die innere Energie jedes Teilsystems ist dabei seiner Masse proportional. Eine solche Größe wird in der Thermodynamik als extensive Größe bezeichnet. Die auf die Volumeneinheit bezogene innere Energie bezeichnet man als Dichte der inneren Energie U.

Nach dem zweiten Hauptsatz der Thermodynamik kann man die bei der Temperatur Θ einem System reversibel zugeführte Wärme δQ folgendermaßen ausdrücken:

$$\delta Q = \Theta \, d\Sigma. \tag{4.73}$$

Die extensive Zustandsgröße Σ heißt Entropie. Die auf die Volumeneinheit bezogene Entropie – die Entropiedichte – bezeichnen wir mit σ. Die Temperatur ist eine intensive Zustandsgröße. Im thermodynamischen Gleichgewicht sind die Temperaturen aller Teilsysteme und des Gesamtsystems gleich.

Wir beziehen (4.72) auf die Volumeneinheit. Die auf die Volumeneinheit bezogene Arbeit bezeichnen wir mit W. Unter Berücksichtigung von (4.73) folgt

$$dU = \Theta \, d\sigma + \delta W. \tag{4.74}$$

Wenn die betrachtete Deformation des Körpers so klein ist, daß dies die geometrische Linearisierung berechtigt, ist die auf die Volumeneinheit bezogene Änderung der Deformationsenergie

$$\delta W = T_{ij} \delta S_{ij}. \tag{4.75}$$

Für reversible Prozesse und infinitesimale homogene Deformationen kann man also schreiben

$$dU = \Theta \, d\sigma + T_{ij} \delta S_{ij}. \tag{4.76}$$

Für adiabatische Zustandsänderungen ist $d\sigma = 0$ und

$$dU = T_{ij} dS_{ij}, \tag{4.77}$$

so daß

$$T_{ij} = \left(\frac{\partial U}{\partial S_{ij}} \right)_\sigma. \tag{4.78}$$

Der Index σ betont, daß die partielle Ableitung der inneren Energie bei konstanter Entropie zu verstehen ist.

Bei einer isothermen Zustandsänderung ist $\Theta = $ const und

$$T_{ij} dS_{ij} = d(U - \Theta \sigma). \tag{4.79}$$

Somit gilt

$$T_{ij} = \left(\frac{\partial (U - \Theta \sigma)}{\partial S_{ij}} \right)_\Theta = \left(\frac{\partial F}{\partial S_{ij}} \right)_\Theta. \tag{4.80}$$

Der Index Θ weist auf die konstant gehaltene Temperatur hin, und mit

$$F = U - \Theta \sigma \tag{4.81}$$

haben wir die Dichte der freien Energie bezeichnet, die manchmal auch Helmholtz-Energie genannt wird. Die Dichte der freien Energie F spielt bei isothermen Prozessen die gleiche Rolle wie die Dichte der inneren Energie U bei adiabatischen Prozessen. Die innere Energie sowie die freie Energie werden als thermodynamische Potentiale (thermodynamische Funktionen) bezeichnet. Durch eine andere Wahl der unabhängigen Variablen ist es möglich, noch weitere thermodynamische Potentiale zu definieren. Ein kurzer Überblick darüber folgt im nächsten Kapitel.

4.6 Thermodynamik der Deformation

Bei isothermen sowie bei adiabatischen Zustandsänderungen verhält sich δW gemäß (4.79) und (4.77) wie ein totales Differential, und daher sind wir berechtigt, zu schreiben

$$\delta W = \mathrm{d}W = T_{ij}\,\mathrm{d}S_{ij}, \qquad (4.82)$$

wobei W Deformationsenergiedichte genannt wird.

Nun können wir (4.74) bzw. (4.76) folgende Form geben:

$$\mathrm{d}U = \Theta\,\mathrm{d}\sigma + T_{ij}\,\mathrm{d}S_{ij}. \qquad (4.83)$$

Wenn noch die Tensordoppelindizes durch die Matrixeinzelindizes ersetzt werden, folgt

$$\mathrm{d}U = \Theta\,\mathrm{d}\sigma + T_{\lambda}\,\mathrm{d}S_{\lambda}. \qquad (4.83')$$

Diese Gleichung wird auch als Gibbssche Fundamentalform unseres Systems bezeichnet [F1]. Jede Änderung der inneren Energie des Systems ist allgemein gleich der Summe der Beiträge aller voneinander unabhängigen Energieformen, in denen das betrachtete System Energie mit seiner Umgebung austauschen kann. Nur diejenigen Energieformen sind dabei voneinander unabhängig, deren zugeordnete Variablen unabhängig sind. Jedes System besitzt somit ebenso viele voneinander unabhängige Energieformen, wie es unabhängige Variablen hat. Ihre Anzahl nennt man auch Anzahl der Freiheitsgrade des Systems.

Die physikalischen Größenpaare, die zusammen in einer Energieform auftreten, lassen sich in extensive und intensive Größen einteilen. Die extensiven Größen stehen bei der Beschreibung von Energieformen hinter dem Differentialzeichen, die intensiven Größen stehen als Faktor vor dem Differentialzeichen. Jede Energieform definiert ein Paar physikalischer Größen, von denen die eine extensiv und die andere intensiv ist.

5 Grundlagen der Thermodynamik der piezoelektrischen Kristalle

Unsere nächste Aufgabe ist es, die bisherigen makroskopischen Betrachtungen des mechanisch-thermodynamischen Verhaltens der Materie auf das elastische Dielektrikum mit piezoelektrischen Eigenschaften zu erweitern. Erst dieser Schritt ermöglicht es uns, zum eigentlichen Studium der elektromechanischen Eigenschaften der piezoelektrischen Elemente für Kraft-, Druck- und Beschleunigungsaufnehmer überzugehen.

5.1 Dielektrische Eigenschaften

Auch diesmal arbeiten wir mit makroskopischen Größen, die über „physikalisch unendlich kleine Volumenelemente" gemittelt sind, wobei wir die vom molekularen Bau der Stoffe herrührenden mikroskopischen Schwankungen außer acht lassen (s. z. B. [B8, B22]). In der piezoelektrischen Meßtechnik handelt es sich dabei im wesentlichen um so langsame Vorgänge, daß wir uns auf das Studium der zeitunabhängigen elektrischen Felder beschränken können. Wir setzen dementsprechend die Gültigkeit der Maxwellschen Gleichungen der Elektrostatik voraus. Die grundlegenden elektrischen Zustandsgrößen sind der Vektor der elektrischen Feldstärke E, der Vektor der elektrischen Flußdichte D und der Vektor der elektrischen Polarisation P, wobei

$$D = \varepsilon_0 E + P. \tag{5.1}$$

Die Materialeigenschaften beschreibt man mit den Koordinaten des Permittivitätstensors ε_{ij} bzw. des Suszeptibilitätstensors χ_{ij}. Es gilt

$$D_i = \varepsilon_{ij} E_j, \tag{5.2}$$

$$P_i = \chi_{ij} \varepsilon_0 E_j, \tag{5.3}$$

$$\varepsilon_{ij} = (1 + \chi_{ij}) \varepsilon_0. \tag{5.4}$$

Tabelliert werden normalerweise die dimensionslosen relativen Permittivitäten (Permittivitätszahlen) $\varepsilon_{ij}/\varepsilon_0$, die man früher als relative Dielektrizitätskonstanten bezeichnete. ε_0 bedeutet die elektrische Feldkonstante, die man früher Influenzkonstante oder Dielektrizitätskonstante des Vakuums nannte.

Manchmal ist es nötig, die Zusammenhänge (5.2) und (5.3) auf ihren rechten Seiten um höhere Potenzen von E_j zu erweitern oder den Permittivitäts- bzw.

Suszeptibilitätstensor als feldabhängig aufzufassen. Es kann sogar vorkommen, daß (5.2) und (5.3) als Folge der elektrischen Hysterese in ferroelektrischen Substanzen nicht einmal eindeutig sind (s. Abschnitt 5.12).

5.2 Innere Energie des elastischen Dielektrikums

Für eine infinitesimale Änderung der Energiedichte des elektrostatischen Feldes gilt
$$dw = \boldsymbol{E} \cdot d\boldsymbol{D} = E_i dD_i \tag{5.5}$$
und für die Energiedichte selbst
$$w = \frac{1}{2} \boldsymbol{E} \cdot \boldsymbol{D} = \frac{1}{2} E_i D_i. \tag{5.6}$$
In Verbindung mit (4.83') bekommt man für die infinitesimale Änderung der Dichte der inneren Energie im elastischen Dielektrikum
$$dU = \Theta d\sigma + E_i dD_i + T_\lambda dS_\lambda. \tag{5.7}$$
Die erhaltene Beziehung stellt die Grundlage für die Thermodynamik der elastischen Dielektrika dar.

Es sei jedoch gleich klargestellt, inwiefern ihre Gültigkeit begrenzt ist! Die bei der Deformation verrichtete Arbeit $T_\lambda dS_\lambda$ ist nämlich abgeleitet unter der Annahme, daß man die Dimensionsänderungen des betrachteten Dielektrikums und dadurch auch die Differenz zwischen der auf die Volumeneinheit des deformierten und nichtdeformierten Körpers bezogenen inneren Energie vernachlässigen kann. Die vernachlässigten Terme, die von Änderungen geometrischer Größen (von durch die Deformation des Dielektrikums bedingten Änderungen von Längen, Flächen, Volumina und Richtungen) herrühren und die als geometrische Nichtlinearitäten [H1, H2] bezeichnet werden, erreichen die Ordnung der durch die Materialeigenschaften bedingten nichtlinearen Effekte (z. B. der Elektrostriktion oder der Nichtlinearität des piezoelektrischen Effektes), und ihre Vernachlässigung ist in nichtlinearen Theorien nicht mehr allgemein berechtigt.

In einem Dielektrikum ist es ebenfalls notwendig, nebst den Nahkräften (Flächenkräften) auch die elektrostatischen Fernkräfte zu berücksichtigen. Damit meinen wir, daß z. B. die Bestimmung des elektrischen Feldes in einem Punkt des Dielektrikums die Kenntnis der Polarisation im ganzen Körper erfordert.

Schließlich sei noch kurz auf das Problem der Symmetrie der Kristalleigenschaften hingewiesen. Die Anzahl der unabhängigen Tensorkoordinaten, die eine bestimmte Materialeigenschaft eines Kristalls beschreiben, ist nach dem Neumannschen Prinzip durch die Symmetrie des Kristalls begrenzt. Unter der maßgebenden Kristallsymmetrie versteht man dabei die Symmetrie des Kristalls in seinem Referenzzustand, in dem er keiner äußeren Wirkung unterliegt. Der Kristall unter einer äußeren Wirkung besitzt dagegen allgemein eine niedrigere Symmetrie. Die Menge der Symmetrieelemente des Kristalls ist dann gleich der Schnittmenge der Menge der Symmetrieelemente des Kristalls, bevor er der äußeren Wirkung ausgesetzt ist, und der Menge der Symmetrieelemente der betrachteten äußeren Wirkung, bevor sie auf den Kristall wirkt.

Trotz der bereits angedeuteten Gültigkeitsgrenzen lassen sich aus (5.7) doch einige für die Praxis äußerst nützliche Beziehungen ableiten.

5.3 Lineare Zustandsgleichungen

Die Dichte der inneren Energie U ist ein thermodynamisches Potential hinsichtlich der unabhängigen Variablen σ, D_i und S_λ. Durch eine partielle Ableitung dieses Potentials nach einer entsprechenden unabhängigen Variablen unter der Voraussetzung, daß die übrigen unabhängigen Variablen konstant gehalten werden, kann man der Reihe nach die Größen Θ, E_i und T_λ berechnen. Es gilt

$$\Theta = \left(\frac{\partial U}{\partial \sigma}\right)_{D,S}, \tag{5.8}$$

$$E_i = \left(\frac{\partial U}{\partial D_i}\right)_{\sigma,S}, \tag{5.9}$$

$$T_\lambda = \left(\frac{\partial U}{\partial S_\lambda}\right)_{\sigma,D}. \tag{5.10}$$

Die bei den partiellen Ableitungen beigefügten Indizes weisen auf die konstant gehaltenen Zustandsgrößen hin.

Tabelle 5.1. Thermodynamische Potentiale und lineare Zustandsgleichungen

Unabhängige Zustandsgrößen	Name und Definition des thermodynamischen Potentials	Totales Differential des thermodynamischen Potentials
σ, D_k, S_μ	innere Energie U	$dU = \Theta d\sigma + E_k dD_k + T_\mu dS_\mu$
Θ, D_k, S_μ	freie Energie $F = U - \sigma\Theta$	$dF = -\sigma d\Theta + E_k dD_k + T_\mu dS_\mu$
σ, E_k, T_μ	Enthalpie $H = U - D_k E_k - S_\mu T_\mu$	$dH = \Theta d\sigma - D_k dE_k - S_\mu dT_\mu$
σ, D_k, T_μ	elastische Enthalpie $\bar{H} = U - S_\mu T_\mu$	$d\bar{H} = \Theta d\sigma + E_k dD_k - S_\mu dT_\mu$
σ, E_k, S_μ	elektrische Enthalpie $\tilde{H} = U - D_k E_k$	$d\tilde{H} = \Theta d\sigma - D_k dE_k + T_\mu dS_\mu$
Θ, E_k, T_μ	Gibbssches Potential $G = U - \sigma\Theta - D_k E_k - S_\mu T_\mu$	$dG = -\sigma d\Theta - D_k dE_k - S_\mu dT_\mu$
Θ, D_k, T_μ	elastisches Gibbssches Potential $\bar{G} = U - \sigma\Theta - S_\mu T_\mu$	$d\bar{G} = -\sigma d\Theta + E_k dD_k - S_\mu T_\mu$
Θ, E_k, S_μ	elektrisches Gibbssches Potential $\tilde{G} = U - \sigma\Theta - D_k E_k$	$d\tilde{G} = -\sigma d\Theta - D_k dE_k + T_\mu dS_\mu$

5.3 Lineare Zustandsgleichungen

Allgemein sind die konjugierten abhängigen Zustandsgrößen Θ, E_i und T_λ Funktionen sämtlicher unabhängigen Variablen, in unserem Fall also σ, D_i, S_λ. Bei vielen Kristallen kann man sich dabei mit hinreichender Genauigkeit auf lineare Funktionen beschränken und schreiben

$$\Delta\Theta = \left(\frac{\partial\Theta}{\partial\sigma}\right)_{D,S}\Delta\sigma + \left(\frac{\partial\Theta}{\partial D_k}\right)_{\sigma,S}D_k + \left(\frac{\partial\Theta}{\partial S_\mu}\right)_{\sigma,D}S_\mu, \tag{5.11}$$

$$E_i = \left(\frac{\partial E_i}{\partial\sigma}\right)_{D,S}\Delta\sigma + \left(\frac{\partial E_i}{\partial D_k}\right)_{\sigma,S}D_k + \left(\frac{\partial E_i}{\partial S_\mu}\right)_{\sigma,D}S_\mu, \tag{5.12}$$

$$T_\lambda = \left(\frac{\partial T_\lambda}{\partial\sigma}\right)_{D,S}\Delta\sigma + \left(\frac{\partial T_\lambda}{\partial D_k}\right)_{\sigma,S}D_k + \left(\frac{\partial T_\lambda}{\partial S_\mu}\right)_{\sigma,D}S_\mu. \tag{5.13}$$

Solche Beziehungen zwischen den abhängigen und unabhängigen Zustandsgrößen werden als lineare Zustandsgleichungen bezeichnet. Im Referenzzustand ist $D_k = 0$ und $S_\mu = 0$. Die Änderung der Entropiedichte gegenüber dem Referenzzustand bezeichnen wir mit $\Delta\sigma$, die Temperaturänderung mit $\Delta\Theta$. Die darin auftretenden partiellen Ableitungen der abhängigen nach den unabhängigen Zustandsvariablen stellen Materialkonstanten dar. Unter Berücksichtigung der Beziehungen (5.8) bis (5.10) kann man sie dabei offensichtlich auch als partielle Ableitungen zweiter Ordnung des entsprechenden thermodynamischen Potentials auffassen. Aus diesem Grunde werden die in den linearen Zustandsgleichungen auftretenden Materialkonstanten als solche zweiter Ordnung bezeichnet.

Lineare Zustandsgleichungen

$\Delta\Theta = \dfrac{\Theta}{\varrho c^{D,S}}\Delta\sigma - \Theta q_k^S D_k - \Theta\gamma_\mu^D S_\mu \quad E_i = -\Theta q_i^S\Delta\sigma + \beta_{ik}^{\sigma,S}D_k - h_{i\mu}^\sigma S_\mu \quad T_\lambda = -\Theta\gamma_\lambda^D\Delta\sigma - h_{k\lambda}^\sigma D_k + c_{\lambda\mu}^{\sigma,D}S_\mu$

$\Delta\sigma = \dfrac{\varrho c^{D,S}}{\Theta}\Delta\Theta + \pi_k^S D_k + \tau_\mu^D S_\mu \quad E_i = -\pi_i^S\Delta\Theta + \beta_{ik}^{\Theta,S}D_k - h_{i\mu}^\Theta S_\mu \quad T_\lambda = -\tau_\lambda^D\Delta\Theta - h_{k\lambda}^\Theta D_k + c_{\lambda\mu}^{\Theta,D}S_\mu$

$\Delta\Theta = \dfrac{\Theta}{\varrho c^{E,T}}\Delta\sigma - \Theta q_k^T E_k - \Theta\sigma_\mu^E T_\mu \quad D_i = \Theta q_i^T\Delta\sigma + \varepsilon_{ik}^{\sigma,T}E_k + \mathrm{d}_{i\mu}^\sigma T_\mu \quad S_\lambda = \Theta\sigma_\lambda^E\Delta\sigma + \mathrm{d}_{k\lambda}^\sigma E_k + s_{\lambda\mu}^{\sigma,E}T_\mu$

$\Delta\Theta = \dfrac{\Theta}{\varrho c^{D,T}}\Delta\sigma - \Theta q_k^T D_k - \Theta\sigma_\mu^D T_\mu \quad E_i = -\Theta q_i^T\Delta\sigma + \beta_{ik}^{\sigma,T}D_k - g_{i\mu}^\sigma T_\mu \quad S_\lambda = \Theta\sigma_\lambda^D\Delta\sigma + g_{k\lambda}^\sigma D_k + s_{\lambda\mu}^{\sigma,D}T_\mu$

$\Delta\Theta = \dfrac{\Theta}{\varrho c^{E,S}}\Delta\sigma - \Theta q_k^S E_k - \Theta\gamma_\mu^E S_\mu \quad D_i = \Theta q_i^S\Delta\sigma + \varepsilon_{ik}^{\sigma,S}E_k + e_{i\mu}^\sigma S_\mu \quad T_\lambda = -\Theta\gamma_\lambda^E\Delta\sigma - e_{k\lambda}^\sigma E_k + c_{\lambda\mu}^{\sigma,E}S_\mu$

$\Delta\sigma = \dfrac{\varrho c^{E,T}}{\Theta}\Delta\Theta + p_k^T E_k + \alpha_\mu^E T_\mu \quad D_i = p_i^T\Delta\Theta + \varepsilon_{ik}^{\Theta,T}E_k + \mathrm{d}_{i\mu}^\Theta T_\mu \quad S_\lambda = \alpha_\lambda^E\Delta\Theta + \mathrm{d}_{k\lambda}^\Theta E_k + s_{\lambda\mu}^{\Theta,E}T_\mu$

$\Delta\sigma = \dfrac{\varrho c^{D,T}}{\Theta}\Delta\Theta + \pi_k^T D_k + \alpha_\mu^D T_\mu \quad E_i = -\pi_i^T\Delta\Theta + \beta_{ik}^{\Theta,T}D_k - g_{i\mu}^\Theta T_\mu \quad S_\lambda = \alpha_\lambda^D\Delta\Theta + g_{k\lambda}^\Theta D_k + s_{\lambda\mu}^{\Theta,D}T_\mu$

$\Delta\sigma = \dfrac{\varrho c^{E,S}}{\Theta}\Delta\Theta + p_k^S E_k + \tau_\mu^E S_\mu \quad D_i = p_i^S\Delta\Theta + \varepsilon_{ik}^{\Theta,S}E_k + e_{i\mu}^\Theta S_\mu \quad T_\lambda = -\tau_\lambda^E\Delta\Theta - e_{k\lambda}^\Theta E_k + c_{\lambda\mu}^{\Theta,E}S_\mu$

58   5 Grundlagen der Thermodynamik der piezoelektrischen Kristalle

Manchmal ist eine andere Wahl der unabhängigen Zustandsgrößen vorteilhafter. Im Rahmen der bisher eingeführten und benützten Zustandsgrößen Θ, σ, E_i, D_i, T_λ, S_λ kann man offensichtlich die Wahl der unabhängigen Variablen auf acht verschiedene Arten treffen. Für jede Dreiergruppe der unabhängigen Zustandsgrößen kann man dabei ein entsprechendes thermodynamisches Potential definieren. Den Übergang von der Dichte der inneren Energie zu dem neuen thermodynamischen Potential, das ebenfalls weiterhin immer als Energiedichte

Tabelle 5.2. Materialkonstanten zweiter Ordnung

Material-eigenschaften	Material-konstante	Symbol und Definition	Potenzprodukt der SI-Basiseinheiten					SI-Einheit
			m^u u	kg^v v	s^x x	A^y y	K^z z	
thermische	spezifische Wärmekapazität	$c = \dfrac{\Theta \partial \sigma}{\varrho \partial \Theta}$	2	0	−2	0	−1	$Jkg^{-1}K^{-1}$
dielektrische	Permittivität	$\varepsilon_{ik} = \dfrac{\partial D_i}{\partial E_k}$	−3	−1	4	2	0	Fm^{-1}
	Impermittivität	$\beta_{ik} = \dfrac{\partial E_i}{\partial D_k}$	3	1	−4	−2	0	$F^{-1}m$
elastische	Elastizitäts-koeffizient	$s_{\lambda\mu} = \dfrac{\partial S_\lambda}{\partial T_\mu}$	1	−1	2	0	0	$N^{-1}m^2$
	Elastizitätsmodul	$c_{\lambda\mu} = \dfrac{\partial T_\lambda}{\partial S_\mu}$	−1	1	−2	0	0	Nm^{-2}
pyroelektrische	pyroelektrischer Koeffizient	$p_i = \dfrac{\partial D_i}{\partial \Theta} = \dfrac{\partial \sigma}{\partial E_i}$	−2	0	1	1	−1	$Cm^{-2}K^{-1}$
	pyroelektrischer Koeffizient	$\pi_i = -\dfrac{\partial E_i}{\partial \Theta} = \dfrac{\partial \sigma}{\partial D_i}$	1	1	−3	−1	−1	$Vm^{-1}K^{-1}$
	pyroelektrischer Modul	$q_i = -\dfrac{\partial E_i}{\Theta \partial \sigma} = -\dfrac{\partial \Theta}{\Theta \partial D_i}$	2	0	−1	−1	0	$C^{-1}m^2$
	pyroelektrischer Modul	$\varrho_i = \dfrac{\partial D_i}{\Theta \partial \sigma} = -\dfrac{\partial \Theta}{\Theta \partial E_i}$	−1	−1	3	1	0	$V^{-1}m$
piezoelektrische	piezoelektrischer Koeffizient	$d_{i\mu} = \dfrac{\partial D_i}{\partial T_\mu} = \dfrac{\partial S_\mu}{\partial E_i}$	−1	−1	3	1	0	CN^{-1}
	piezoelektrischer Koeffizient	$g_{i\mu} = -\dfrac{\partial E_i}{\partial T_\mu} = \dfrac{\partial S_\mu}{\partial D_i}$	2	0	−1	−1	0	$C^{-1}m^2$
	piezoelektrischer Modul	$h_{i\mu} = -\dfrac{\partial E_i}{\partial S_\mu} = \dfrac{\partial T_\mu}{\partial D_i}$	1	1	−3	−1	0	$C^{-1}N$
	piezoelektrischer Modul	$e_{i\mu} = \dfrac{\partial D_i}{\partial S_\mu} = -\dfrac{\partial T_\mu}{\partial E_i}$	−2	0	1	1	0	Cm^{-2}
thermoelastische	Ausdehnungs-koeffizient	$\alpha_\lambda = \dfrac{\partial S_\lambda}{\partial \Theta} = \dfrac{\partial \sigma}{\partial T_\lambda}$	0	0	0	0	−1	K^{-1}
	Spannungs-koeffizient	$\tau_\lambda = -\dfrac{\partial T_\lambda}{\partial \Theta} = \dfrac{\partial \sigma}{\partial S_\lambda}$	−1	1	−2	0	−1	$Nm^{-2}K^{-1}$
	Spannungsmodul	$\gamma_\lambda = -\dfrac{\partial T_\lambda}{\Theta \partial \sigma} = -\dfrac{\partial \Theta}{\Theta \partial S_\lambda}$	0	0	0	0	0	
	Ausdehnungs-modul	$\sigma_\lambda = \dfrac{\partial S_\lambda}{\Theta \partial \sigma} = -\dfrac{\partial \Theta}{\Theta \partial T_\lambda}$	1	−1	2	0	0	$N^{-1}m^2$

verstanden werden soll, ermöglicht uns die sogenannte Legendre-Transformation.

Eine gute Übersicht hierüber gibt die Tabelle 5.1. In ihrer ersten Spalte findet man die unabhängigen Zustandsgrößen. In der zweiten Spalte ist der Name des entsprechenden thermodynamischen Potentials und die Legendre-Transformation angegeben. In der dritten Spalte sind die Ausdrücke für die totalen Differentiale der thermodynamischen Potentiale zusammengestellt, und in der vierten bis sechsten Spalte stehen die entsprechenden linearen Zustandsgleichungen. Die Bedeutung der Materialkonstanten, die in diesen Zustandsgleichungen auftreten, ist weiter unten aus der Tabelle 5.2 ersichtlich und wird noch erläutert.

Grundsätzlich ist für unsere Zwecke der Zustand eines Kristalls in bezug auf seine thermischen, elektrischen und elastischen Eigenschaften durch die Angabe je einer thermischen, elektrischen und elastischen Zustandsgröße bestimmt. Die thermische Größe ist ein Skalar, die elektrische Größe ein Vektor und die elastische Größe ein symmetrischer Tensor zweiter Stufe. Dementsprechend sind zur eindeutigen Bestimmung des Zustandes zehn unabhängige Variablen (eine skalare thermische Größe, drei Vektorkoordinaten einer elektrischen Größe und sechs Tensorkoordinaten einer elastischen Größe) erforderlich.

Wir erläutern nun die Bedeutung der linearen Zustandsgleichungen anhand der Wahl der Dreiergruppe der unabhängigen Zustandsgrößen, die das Gibbssche thermodynamische Potential G definiert. Als unabhängige Variablen wählen wir also die Temperatur Θ, die Vektorkoordinaten der elektrischen Feldstärke E_k und die Tensorkoordinaten des Spannungstensors T_μ. Diese Wahl entspricht den üblichen experimentellen Bedingungen. Die linearen Zustandsgleichungen (siehe auch Tabelle 5.1) lauten

$$\Delta \sigma = \left(\frac{\partial \sigma}{\partial \Theta}\right)_{E,T} \Delta \Theta + \left(\frac{\partial \sigma}{\partial E_k}\right)_{\Theta,T} E_k + \left(\frac{\partial \sigma}{\partial T_\mu}\right)_{\Theta,E} T_\mu, \qquad (5.14)$$

$$D_i = \left(\frac{\partial D_i}{\partial \Theta}\right)_{E,T} \Delta \Theta + \left(\frac{\partial D_i}{\partial E_k}\right)_{\Theta,T} E_k + \left(\frac{\partial D_i}{\partial T_\mu}\right)_{\Theta,E} T_\mu, \qquad (5.15)$$

$$S_\lambda = \left(\frac{\partial S_\lambda}{\partial \Theta}\right)_{E,T} \Delta \Theta + \left(\frac{\partial S_\lambda}{\partial E_k}\right)_{\Theta,T} E_k + \left(\frac{\partial S_\lambda}{\partial T_\mu}\right)_{\Theta,E} T_\mu. \qquad (5.16)$$

5.4 Materialkonstanten

Wie wir schon im Zusammenhang mit den Zustandsgleichungen (5.11) bis (5.13) erwähnten, definieren die partiellen Ableitungen der abhängigen Variablen nach den unabhängigen Variablen die Materialkonstanten. Die Terme, die in der Hauptdiagonale von links oben nach rechts unten auf der rechten Seite des Gleichungssystems stehen, beschreiben die sogenannten Haupteffekte. Wir setzen

$$\left(\frac{\partial \sigma}{\partial \Theta}\right)_{E,T} = \frac{\varrho c^{E,T}}{\Theta} \qquad (5.17)$$

und bezeichnen $c^{E,T}$ als spezifische Wärmekapazität bei konstanter elektrischer Feldstärke sowie konstanter mechanischer Spannung. ϱ ist die Dichte des Kristalls. Weiter sind in Übereinstimmung mit unseren früheren Überlegungen

$$\left(\frac{\partial D_i}{\partial E_k}\right)_{\Theta,T} = \varepsilon_{ik}^{\Theta,T} \tag{5.18}$$

die Tensorkoordinaten der Permittivität bei konstanter Temperatur sowie konstanter mechanischer Spannung und

$$\left(\frac{\partial S_\lambda}{\partial T_\mu}\right)_{\Theta,E} = s_{\lambda\mu}^{\Theta,E} \tag{5.19}$$

die isothermen elastischen Koeffizienten im konstanten elektrischen Feld.

Die Materialkonstante

$$\left(\frac{\partial D_i}{\partial T_\mu}\right)_{\Theta,E} = d_{i\mu}^{\Theta} \tag{5.20}$$

bedeutet den piezoelektrischen Koeffizienten im direkten piezoelektrischen Effekt, die Materialkonstante

$$\left(\frac{\partial S_\lambda}{\partial E_k}\right)_{\Theta,T} = d_{k\lambda}^{\Theta} \tag{5.21}$$

den piezoelektrischen Koeffizienten im reziproken piezoelektrischen Effekt. Beide sind bei konstanter Temperatur definiert.

Man kann leicht herleiten, daß sie einander gleich sind. Dazu führt man eine Umbenennung der Indizes in (5.16) durch und schreibt (5.15) und (5.16) in folgender Form:

$$D_i = \left(\frac{\partial D_i}{\partial \Theta}\right)_{E,T} \Delta\Theta + \left(\frac{\partial D_i}{\partial E_k}\right)_{\Theta,T} E_k + \left(\frac{\partial D_i}{\partial T_\mu}\right)_{\Theta,E} T_\mu, \tag{5.15'}$$

$$S_\mu = \left(\frac{\partial S_\mu}{\partial \Theta}\right)_{E,T} \Delta\Theta + \left(\frac{\partial S_\mu}{\partial E_i}\right)_{\Theta,T} E_i + \left(\frac{\partial S_\mu}{\partial T_\lambda}\right)_{\Theta,E} T_\lambda. \tag{5.16'}$$

Wenn man nun D_i und S_μ als Ableitungen des Gibbsschen Potentials G ausdrückt

$$D_i = -\left(\frac{\partial G}{\partial E_i}\right)_{\Theta,T}, \tag{5.22}$$

$$S_\mu = -\left(\frac{\partial G}{\partial T_\mu}\right)_{\Theta,E} \tag{5.23}$$

und berücksichtigt, daß es sich dabei um ein totales Differential handelt, so gilt

$$d_{i\mu}^{(d)} = \left(\frac{\partial D_i}{\partial T_\mu}\right)_{\Theta,E} = -\left(\frac{\partial^2 G}{\partial E_i \partial T_\mu}\right)_\Theta = -\left(\frac{\partial^2 G}{\partial T_\mu \partial E_i}\right)_\Theta = \left(\frac{\partial S_\mu}{\partial E_i}\right)_{\Theta,T} = d_{i\mu}^{(r)}. \tag{5.24}$$

Die oberen Indizes (d) bzw. (r) stellen einen Hinweis auf den direkten bzw. reziproken piezoelektrischen Effekt dar. Da die piezoelektrischen Koeffizienten $d_{i\mu}^{(d)}$

5.4 Materialkonstanten

und $d_{i\mu}^{(r)}$ einander gleich sind, werden wir weiterhin auf ihre Unterscheidung durch obere Indizes (d) und (r) verzichten.

Auf ähnliche Weise kann man die entsprechenden Beziehungen für die letzten zwei Materialkonstanten in unserem Gleichungssystem (5.14) bis (5.16) ableiten. Der pyroelektrische Koeffizient bei konstanter mechanischer Spannung ist

$$p_i^T = \left(\frac{\partial \sigma}{\partial E_i}\right)_{\Theta, T} = \left(\frac{\partial D_i}{\partial \Theta}\right)_{E, T}, \qquad (5.25)$$

und der Ausdehnungskoeffizient im konstanten elektrischen Feld ist

$$\alpha_\lambda^E = \left(\frac{\partial \sigma}{\partial T_\lambda}\right)_{\Theta, T} = \left(\frac{\partial S_\lambda}{\partial \Theta}\right)_{E, T}. \qquad (5.26)$$

Unter Zuhilfenahme der bereits definierten Symbole für die Materialkonstanten lauten die Zustandsgleichungen (5.14) bis (5.16) folgendermaßen:

$$\Delta \sigma = \frac{\varrho c^{E,T}}{\Theta} \Delta \Theta + p_j^T E_j + \alpha_\mu^E T_\mu, \qquad (5.27)$$

$$D_i = p_i^T \Delta \Theta + \varepsilon_{ij}^{\Theta,T} E_j + d_{i\mu}^\Theta T_\mu, \qquad (5.28)$$

$$S_\lambda = \alpha_\lambda^E \Delta \Theta + d_{j\lambda}^\Theta E_j + s_{\lambda\mu}^{\Theta,E} T_\mu. \qquad (5.29)$$

Ebenso wie bei den partiellen Ableitungen müssen auch bei der experimentellen Bestimmung der einzelnen Materialkonstanten alle unabhängigen Variablen bis auf eine, nämlich diejenige, die in der Zustandsgleichung bei der entsprechenden Materialkonstante steht und nach der abgeleitet wird, konstant gehalten werden. Es werden also alle übrigen Koordinaten der die Materialkonstante definierenden unabhängigen Zustandsgröße und daneben die beiden übrigen Zustandsgrößen aus der Dreiergruppe der unabhängigen Zustandsgrößen konstant gehalten. Dies erfordert bei den Messungen die Einhaltung ganz bestimmter Bedingungen.

Wenn die mechanische Spannung konstant gehalten wird, so spricht man von einem mechanisch freien Zustand. Ein Zustand, in dem dagegen die Deformation konstant bleibt, heißt mechanisch geklemmter Zustand. Eine ähnliche Bezeichnung verwendet man gelegentlich auch für den elektrischen Zustand ([C2, S. 262]). Den Zustand, in dem man die elektrische Feldstärke konstant hält, nennt man elektrisch frei, denjenigen, in dem man die elektrische Flußdichte konstant hält, elektrisch geklemmt. Schließlich spricht man je nachdem, ob die Temperatur oder die Entropie konstant gehalten wird, von isothermen oder isentropen (adiabatischen) Zustandsänderungen.

Die Materialeigenschaften, die den Zusammenhang der unabhängigen Zustandsgrößen Θ, E_k, T_μ mit den abhängigen Zustandsgrößen σ, D_i, S_λ bestimmen, kann man allgemein durch eine Matrix von 10×10 Materialkonstanten beschreiben. Unter Berücksichtigung der Symmetrie der Materialkonstanten besteht diese Matrix im allgemeinsten Fall der Kristallsymmetrie aus 55 unabhängigen Materialkonstanten. Es sind dies: 1 thermische, 6 dielektrische, 21 elastische, 6 thermoelastische, 18 piezoelektrische und 3 pyroelektrische Konstanten. Es sei dabei nochmals ausdrücklich bemerkt, daß man jede von diesen Materialkonstanten als zweite partielle Ableitung eines thermodynamischen Potentials – in unserem Fall des Gibbsschen Potentials – deuten kann. Das thermodynamische Potential ergibt sich aus den Bedingungen, unter denen die Materialkonstanten definiert sind.

Eine andere Wahl der Dreiergruppe der unabhängigen Zustandsgrößen (und demzufolge auch der Dreiergruppe der abhängigen Zustandsgrößen) führt zur Definition von anderen Materialkonstanten. Zu jeder Wahl der Dreiergruppe der unabhängigen Zustandsgrößen, d. h. zu jedem thermodynamischen Potential, gehört also auch eine entsprechende 10 × 10-Matrix mit 55 unabhängigen Materialkonstanten. Die konkrete Beschreibung eines bestimmten Effektes durch eine Materialkonstante ist von der Wahl der unabhängigen Zustandsgrößen und der dieser Wahl entsprechenden Matrix der Materialkonstanten abhängig.

Im Rahmen unserer Überlegungen haben wir 8 thermodynamische Potentiale kennengelernt (Tabelle 5.1). Zur Beschreibung der Materialeigenschaften stehen uns dementsprechend also 8 Matrizen von je 55 unabhängigen Materialkonstanten zur Verfügung. Jede von diesen Matrizen beschreibt die Materialeigenschaften vollständig. Aus ihren Elementen kann man grundsätzlich die Elemente, d. h. die Materialkonstanten, in den übrigen Matrizen berechnen.

Bevor wir jedoch zeigen, wie man dabei vorgehen muß, wollen wir noch die Zusammenhänge, welche die einzelnen Materialkonstanten vermitteln, graphisch anschaulich darstellen. Dazu betrachten wir das Diagramm von Heckmann [H7] im Bild 5.1, das z. B. auch in [C2, S. 40] und [N9, S. 171] zu finden ist. In den Ecken des äußeren Dreiecks stehen die intensiven Zustandsgrößen, in den Ecken des inneren Dreiecks die extensiven Zustandsgrößen.

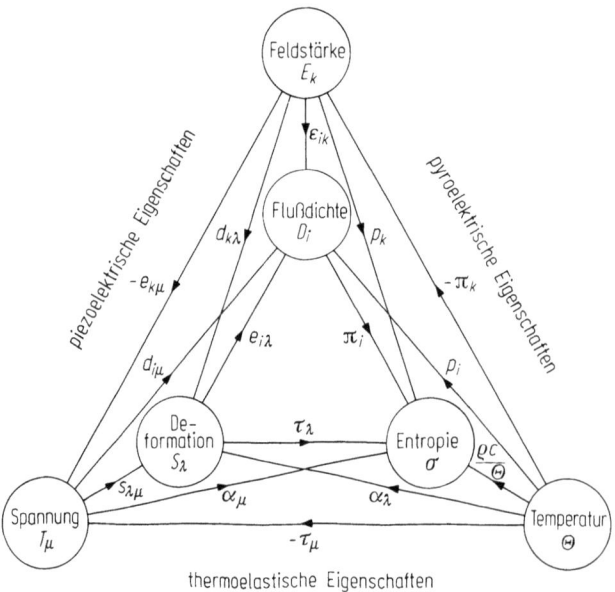

Bild 5.1. Diagramm von Heckmann [H 7]

Die im Diagramm dargestellten Pfeile geben die Richtung von der unabhängigen zu der abhängigen Zustandsgröße an. Somit ist die beim Pfeil notierte Materialkonstante als eine partielle Ableitung der Zustandsgröße, zu welcher der Pfeil hinzeigt, nach der Zustandsgröße, von welcher der Pfeil wegzeigt, zu verstehen (beim thermischen Effekt gilt dies für den Term $\varrho c/\Theta$).

Bei einer festgelegten Wahl der unabhängigen Zustandsgrößen (und des aus dieser Wahl sich ergebenden thermodynamischen Potentials) sind die Zusammenhänge der unabhängigen Zustandsgrößen mit den abhängigen Zustandsgrößen immer durch drei Haupteffekte sowie durch drei direkte und drei reziproke Kopplungseffekte bestimmt. Dies erklärten wir schon bei der Erläuterung des Gleichungssystems (5.14) bis (5.16), dies ergibt sich auch aus unserem Diagramm.

Die kurzen Verbindungslinien der gleichgelegenen Ecken des inneren und äußeren Dreiecks stellen die Haupteffekte dar. Die übrigen Verbindungslinien (jene der nicht gleichgelegenen Ecken) repräsentieren die Kopplungseffekte. Der Zusammenhang zwischen den thermischen und elastischen Zustandsgrößen wird als thermoelastischer, derjenige zwischen den elastischen und elektrischen Zustandsgrößen als piezoelektrischer und der zwischen den thermischen und elektrischen Zustandsgrößen als pyroelektrischer Effekt bezeichnet.

5.5 Beziehungen zwischen den Materialkonstanten

Wir kommen nun zu den Beziehungen zwischen den in der Tabelle 5.2 bzw. im Bild 5.1 definierten Materialkonstanten. Vorerst sei folgendes bemerkt. Bei den Kopplungseffekten lernten wir bereits die Tatsache kennen, daß man den direkten und reziproken Effekt durch die gleiche Materialkonstante beschreiben kann. Dies ergibt sich sofort aus der Definition der Materialkonstante durch die zweite Ableitung des entsprechenden thermodynamischen Potentials, wenn man berücksichtigt, daß die Reihenfolge der Ableitungen vertauschbar ist. Der direkte und reziproke Effekt werden dementsprechend durch die Zusammenhänge zwischen unterschiedlichen Paaren von Zustandsgrößen beschrieben. Die Gleichheit der Materialkonstanten, die den direkten und reziproken Effekt beschreiben, verringert also die Anzahl der unabhängigen Materialkonstanten bei einer getroffenen Wahl der Dreiergruppe der unabhängigen Zustandsgrößen. Sie stellt jedoch keine Beziehung zwischen den Materialkonstanten, die zu unterschiedlichen thermodynamischen Potentialen gehören, dar.

Anders ist es bei den Haupteffekten. Zu jedem Haupteffekt existiert ein inverser Effekt. Nehmen wir als Beispiel eines Haupteffektes die Abhängigkeit der elektrischen Flußdichte von der elektrischen Feldstärke. In der Koordinatenschreibweise lautet sie

$$D_i = \varepsilon_{ik} E_k; \qquad (5.30)$$

ε_{ik} sind dabei die Permittivitätstensorkoordinaten. Um den Effekt und auch die Materialkonstanten allgemein eindeutig zu definieren, müssen wir jedoch noch die thermischen und elastischen Bedingungen festlegen. Wir nehmen an, daß entweder die Temperatur Θ oder die Entropie σ wie auch die mechanische Spannung T_μ oder die mechanische Deformation S_μ konstant gehalten wird. Die konstant gehaltenen

Zustandsgrößen notieren wir in der Form der oberen Indizes bei den Materialkonstanten. So können allgemein in (5.30) vier unterschiedliche Permittivitäten auftreten, $\varepsilon_{ik}^{\Theta,T}$, $\varepsilon_{ik}^{\Theta,S}$, $\varepsilon_{ik}^{\sigma,T}$, $\varepsilon_{ik}^{\sigma,S}$, welche die Abhängigkeit D von E unter vier unterschiedlichen Bedingungen beschreiben. Wir werden später jedoch sehen, daß man die Permittivitäten bei konstanter mechanischer Spannung und konstanter mechanischer Deformation nur bei piezoelektrischen Kristallen und die isothermen und adiabatischen Permittivitäten nur bei pyroelektrischen Kristallen unterscheiden muß.

Wenn wir unter der Beibehaltung der thermischen und mechanischen Bedingungen das Gleichungssystem (5.30) nach E_k auflösen, bekommen wir die inverse Abhängigkeit

$$E_k = \beta_{jk} D_j. \tag{5.31}$$

Die β_{jk} sind die dielektrischen Materialkonstanten, deren Dimension gleich dem Kehrwert der Dimension der Permittivität ist. Natürlich sind sie auch Koordinaten eines symmetrischen Tensors zweiter Stufe. Es hat sich bisher für diesen Tensor keine einheitliche Benennung durchgesetzt. Man könnte ihn vielleicht am besten als Impermittivitätstensor bezeichnen. Es wird jedoch auch über den dielektrischen Impermeabilitätstensor [C2, S. 163], den dielektrischen Permeabilitätstensor [G13, S. 56] oder über den Vetivitätstensor (vetare bedeutet in Latein das Gegenteil von permittere) [V4, S. 441] gesprochen. Der Effekt (5.31) wird als der inverse Effekt zu dem Effekt (5.30) bezeichnet. Es ist offensichtlich, daß E und D ihre Rolle der unabhängigen und abhängigen Zustandsgröße beim Übergang von (5.30) zu (5.31) vertauscht haben. Die beiden Materialkonstanten ε_{ik} und β_{jk} gehören zu Matrizen der Materialkonstanten, die von zwei unterschiedlichen thermodynamischen Potentialen abgeleitet sind.

Aus dem Einsetzen von (5.31) in (5.30) folgt die gesuchte Beziehung zwischen den beiden Materialkonstanten

$$\varepsilon_{ik} \beta_{jk} = \delta_{ij}. \tag{5.32}$$

In dieser Gleichung müssen ε_{ik} und β_{jk} unter den gleichen thermischen ($\Theta = $ const oder $\sigma = $ const) und mechanischen ($T_\mu = $ const oder $S_\mu = $ const) Bedingungen definiert werden. Die Beziehung (5.32) vertritt also vier Gleichungen:

$$\varepsilon_{ik}^{\Theta,T} \beta_{jk}^{\Theta,T} = \delta_{ij}; \; \varepsilon_{ik}^{\Theta,S} \beta_{jk}^{\Theta,S} = \delta_{ij}; \; \varepsilon_{ik}^{\sigma,T} \beta_{jk}^{\sigma,T} = \delta_{ij}; \; \varepsilon_{ik}^{\sigma,S} \beta_{jk}^{\sigma,S} = \delta_{ij}. \tag{5.32'}$$

Dieser Tatsache wird in der Tabelle 5.3 durch die Beifügung der Symbole $\triangle$ und $*$ Rechnung getragen.

Schon früher haben wir den sinngemäßen Zusammenhang (4.55) zwischen den elastischen Koeffizienten $s_{\lambda\tau}$ und den Modulen $c_{\mu\tau}$ abgeleitet, welche die zueinander inversen elastischen Effekte bestimmen. Auch in diesem Fall ist anzugeben, ob die Materialkonstanten als isotherme ($\Theta = $ const) oder adiabatische ($\sigma = $ const) und als elektrisch frei ($E = $ const) oder elektrisch geklemmt ($D = $ const) zu verstehen sind, wobei diese Alternativen in der Tabelle 5.3 durch die Symbole $\triangle$ und $+$ ausgedrückt sind.

Beim thermischen Effekt ist der Zusammenhang zwischen den Materialkonstanten, welche die zueinander inversen Effekte beschreiben, besonders einfach. Die

5.5 Beziehungen zwischen den Materialkonstanten

skalare Abhängigkeit $\Delta \Theta$ von $\Delta \sigma$ beschreibt der Kehrwert des in (5.17) auftretenden Termes. Die elektrischen (E = const oder D = const) sowie die mechanischen (T_λ = const oder S_λ = const) Bedingungen müssen dabei gleich bleiben.

Wir erläutern nun das Vorgehen bei der Ermittlung der Beziehungen zwischen den Materialkonstanten, die von zwei unterschiedlichen thermodynamischen Potentialen abgeleitet sind, am Beispiel der Materialkonstanten, die sich auf das Gibbssche Potential G und die freie Energie F beziehen. Die zu dem Gibbsschen Potential zugehörenden Zustandsgleichungen haben wir bereits formuliert. Sie lauten

$$\Delta \sigma = \frac{\varrho c^{E,T}}{\Theta} \Delta \Theta + p_j^T E_j + \alpha_\mu^E T_\mu, \qquad (5.27')$$

$$D_i = p_i^T \Delta \Theta + \varepsilon_{ij}^{\Theta,T} E_j + d_{i\mu}^\Theta T_\mu, \qquad (5.28')$$

$$S_\lambda = \alpha_\lambda^E \Delta \Theta + d_{j\lambda}^\Theta E_j + s_{\lambda\mu}^{\Theta,E} T_\mu. \qquad (5.29')$$

Die Zustandsgleichungen, die sich aus der freien Energie ergeben, haben die Form

$$\Delta \sigma = \frac{\varrho c^{D,S}}{\Theta} \Delta \Theta + \pi_k^S D_k + \tau_v^D S_v, \qquad (5.33)$$

$$E_j = -\pi_j^S \Delta \Theta + \beta_{jk}^{\Theta,S} D_k - h_{jv}^\Theta S_v, \qquad (5.34)$$

$$T_\mu = -\tau_\mu^D \Delta \Theta - h_{k\mu}^\Theta D_k + c_{\mu v}^{\Theta,D} S_v. \qquad (5.35)$$

Wir setzen nun aus (5.34) und (5.35) in (5.27'), (5.28') und (5.29') ein und formen gleichzeitig zweckmäßig um:

$$\Delta \sigma = \left(\frac{\varrho c^{E,T}}{\Theta} - p_j^T \pi_j^S - \alpha_\mu^E \tau_\mu^D\right) \Delta \Theta + (p_j^T \beta_{jk}^{\Theta,S} - \alpha_\mu^E h_{k\mu}^\Theta) D_k +$$
$$+ (-p_j^T h_{jv}^\Theta + \alpha_\mu^E c_{\mu v}^{\Theta,D}) S_v, \qquad (5.36)$$

$$D_i = (p_i^T - \varepsilon_{ij}^{\Theta,T} \pi_j^S - d_{i\mu}^\Theta \tau_\mu^D) \Delta \Theta + (\varepsilon_{ij}^{\Theta,T} \beta_{jk}^{\Theta,S} - d_{i\mu}^\Theta h_{k\mu}^\Theta) D_k +$$
$$+ (-\varepsilon_{ij}^{\Theta,T} h_{jv}^\Theta + d_{i\mu}^\Theta c_{\mu v}^{\Theta,D}) S_v, \qquad (5.37)$$

$$S_\lambda = (\alpha_\lambda^E - d_{j\lambda}^\Theta \pi_j^S - s_{\lambda\mu}^{\Theta,E} \tau_\mu^D) \Delta \Theta + (d_{j\lambda}^\Theta \beta_{jk}^{\Theta,S} - s_{\lambda\mu}^{\Theta,E} h_{k\mu}^\Theta) D_k +$$
$$+ (-d_{j\lambda}^\Theta h_{jv}^\Theta + s_{\lambda\mu}^{\Theta,E} c_{\mu v}^{\Theta,D}) S_v. \qquad (5.38)$$

Aus dem Vergleich von (5.36) mit (5.33) folgen die Beziehungen

$$\frac{\varrho c^{D,S}}{\Theta} = \frac{\varrho c^{E,T}}{\Theta} - p_j^T \pi_j^S - \alpha_\mu^E \tau_\mu^D, \qquad (5.39)$$

$$\pi_k^S = p_j^T \beta_{jk}^{\Theta,S} - \alpha_\mu^E h_{k\mu}^\Theta, \qquad (5.40)$$

$$\tau_v^D = -p_j^T h_{jv}^\Theta + \alpha_\mu^E c_{\mu v}^{\Theta,D}. \qquad (5.41)$$

Da die Zustandsgrößen Θ, D_k und S_ν in (5.37) und (5.38) unabhängig sind, müssen ihre Koeffizienten in diesen Gleichungen verschwinden. Es ergeben sich somit weitere Beziehungen

$$p_i^T - \varepsilon_{ij}^{\Theta,T} \pi_j^S - d_{i\mu}^\Theta \tau_\mu^D = 0, \tag{5.42}$$

$$\varepsilon_{ij}^{\Theta,T} \beta_{jk}^{\Theta,S} - d_{i\mu}^\Theta h_{k\mu}^\Theta = \delta_{ik}, \tag{5.43}$$

$$-\varepsilon_{ij}^{\Theta,T} h_{j\nu}^\Theta + d_{i\mu}^\Theta c_{\mu\nu}^{\Theta,D} = 0, \tag{5.44}$$

$$\alpha_\lambda^E - d_{j\lambda}^\Theta \pi_j^S - s_{\lambda\mu}^{\Theta,E} \tau_\mu^D = 0, \tag{5.45}$$

$$d_{j\lambda}^\Theta \beta_{jk}^{\Theta,S} - s_{\lambda\mu}^{\Theta,E} h_{k\mu}^\Theta = 0, \tag{5.46}$$

$$-d_{j\lambda}^\Theta h_{j\nu}^\Theta + s_{\lambda\mu}^{\Theta,E} c_{\mu\nu}^{\Theta,D} = \delta_{\lambda\nu}. \tag{5.47}$$

Die Gleichungen (5.39) bis (5.47) ermöglichen uns, aus den Materialkonstanten, die sich auf das Gibbssche Potential beziehen, sämtliche Materialkonstanten, die von der freien Energie abgeleitet sind, zu berechnen und umgekehrt. In unserem gewählten Beispiel unterscheiden sich dabei die thermodynamischen Potentiale durch die Wahl von zwei unabhängigen Zustandsgrößen. Sinngemäß geht man bei der Ableitung solcher Beziehungen auch dann vor, wenn beim Übergang von einem zum anderen thermodynamischen Potential nur eine Zustandsgröße geändert wird.

Die Gleichungen, die man im letztgenannten Fall bekommt, sind in der Tabelle 5.3 zusammengestellt. Man kann sie in drei Gruppen unterteilen. Zu der ersten – in der Tabelle der obersten – Gruppe gehören die schon früher abgeleiteten Beziehungen (4.55) bzw. (5.32) zwischen den Materialkonstanten, welche die zueinander inversen Effekte beschreiben. Die triviale Beziehung für die thermischen Konstanten ist in der Tabelle nicht angegeben.

Die zweite Gruppe von Beziehungen drückt im Prinzip die Zusammensetzung von zwei Effekten aus. Damit meinen wir ausführlich folgendes: Nehmen wir z. B. den Pfeil $T_\mu \to D_i$. Er stellt den direkten piezoelektrischen Effekt dar, den man durch den piezoelektrischen Koeffizienten $d_{i\mu}$ beschreibt. Man kann jedoch in unserem Diagramm von T_μ zu D_i auch auf einem gebrochenen Weg – nämlich $T_\mu \to E_k \to D_i$ bzw. $T_\mu \to S_\nu \to D_i$ gelangen. Diese Wege stellen die Zusammensetzung von zwei Effekten dar: Des direkten piezoelektrischen Effektes ($-g_{k\mu}$) und der elektrischen Polarisation (ε_{ik}) bzw. der elastischen Deformation ($s_{\mu\nu}$) und des direkten piezoelektrischen Effektes ($e_{i\nu}$). In den Klammern sind dabei die Materialkonstanten angegeben, die die vorhergenannten Effekte beschreiben. Das Ergebnis findet man in der vierten Zeile der Tabelle 5.3. Ähnlich kann man auch die übrigen Beziehungen derselben Gruppe interpretieren.

Die dritte Gruppe bilden die Beziehungen zwischen den Materialkonstanten, welche die Zusammenhänge zwischen den gleichen Zustandsgrößen ausdrücken, die jedoch unter unterschiedlichen Bedingungen bestimmt sind.

5.6 Die piezoelektrischen Konstanten

Tabelle 5.3. Beziehungen zwischen Materialkonstanten zweiter Ordnung

$\triangle = \Theta$ oder σ $+ = E$ oder D $* = T$ oder S

$\varepsilon_{ik}^{\triangle *}\beta_{jk}^{\triangle *} = \delta_{ij}$	$s_{\lambda\nu}^{\triangle +}c_{\mu\nu}^{\triangle -} = \delta_{\lambda\mu}$
$p_i^* = \varrho c^{E*}q_i = \varepsilon_{ik}^{\Theta *}\pi_k^*$	$q_i^* = \dfrac{1}{\varrho c^{E*}} p_i^* = \varepsilon_{ik}^{\sigma *}q_k^*$
$\pi_i = \varrho c^{D*}q_i = \beta_{ik}^{\Theta *}p_k^*$	$q_i^* = \dfrac{1}{\varrho c^{D*}} \pi_i = \beta_{ik}^{\sigma *}\varrho_k^*$
$d_{i\mu}^{\triangle} = \varepsilon_{ik}^{\triangle T}g_{k\mu}^{\triangle} = e_{i\nu}^{\triangle}s_{\mu\nu}^{\triangle E}$	$e_{i\mu}^{\triangle} = \varepsilon_{ik}^{\triangle S}h_{k\mu}^{\triangle} = d_{i\nu}^{\triangle}c_{\mu\nu}^{\triangle E}$
$g_{i\mu}^{\triangle} = \beta_{ik}^{\triangle T}d_{k\mu}^{\triangle} = h_{i\nu}^{\triangle}s_{\mu\nu}^{\triangle D}$	$h_{i\mu}^{\triangle} = \beta_{ik}^{\triangle S}e_{k\mu}^{\triangle} = g_{i\nu}^{\triangle}c_{\mu\nu}^{\triangle D}$
$\alpha_\lambda^+ = \varrho c^{+T}\sigma_\lambda^+ = \tau_\nu^+ s_{\lambda\nu}^{\Theta +}$	$\sigma_\lambda^+ = \dfrac{1}{\varrho c^{+T}}\alpha_\lambda^+ = \gamma_\nu^+ s_{\lambda\nu}^{\sigma +}$
$\tau_\lambda^+ = \varrho c^{+S}\gamma_\lambda^+ = \alpha_\nu^+ c_{\lambda\nu}^{\Theta +}$	$\gamma_\lambda^+ = \dfrac{1}{\varrho c^{+S}}\tau_\lambda = \sigma_\nu^+ c_{\lambda\nu}^{\sigma +}$
$c^{+T} - c^{+S} = \dfrac{\Theta}{\varrho}\alpha_\nu^+\tau_\nu^+$	$\dfrac{1}{c^{+T}} - \dfrac{1}{c^{+S}} = -\Theta\varrho\gamma_\nu^+\sigma_\nu^+$
$c^{E*} - c^{D*} = \dfrac{\Theta}{\varrho}p_k^*\pi_k^*$	$\dfrac{1}{c^{E*}} - \dfrac{1}{c^{D*}} = -\Theta\varrho q_k^*\varrho_k^*$
$\varepsilon_{ik}^{\triangle T} - \varepsilon_{ik}^{\triangle S} = d_{i\nu}^{\triangle}e_{k\nu}^{\triangle}$	$\beta_{ik}^{\triangle T} - \beta_{ik}^{\triangle S} = -g_{i\nu}^{\triangle}h_{k\nu}^{\triangle}$
$\varepsilon_{ik}^{\Theta *} - \varepsilon_{ik}^{\sigma *} = \Theta\varrho_i^*p_k^*$	$\beta_{ik}^{\Theta *} - \beta_{ik}^{\sigma *} = -\Theta q_i^*\pi_k^*$
$s_{\lambda\mu}^{\Theta +} - s_{\lambda\mu}^{\sigma +} = \Theta\alpha_\lambda^+\sigma_\mu^+$	$c_{\lambda\mu}^{\Theta -} - c_{\lambda\mu}^{\sigma +} = -\Theta\tau_\lambda^+\gamma_\mu^+$
$s_{\lambda\mu}^{\triangle E} - s_{\lambda\mu}^{\triangle D} = d_{k\lambda}^{\triangle}g_{k\mu}^{\triangle}$	$c_{\lambda\mu}^{\triangle E} - c_{\lambda\mu}^{\triangle D} = -e_{k\lambda}^{\triangle}h_{k\mu}^{\triangle}$
$p_i^T - p_i^S = \tau_\nu^E d_{i\nu}^{\Theta} = \alpha_\nu^E e_{i\nu}^{\Theta}$	$\varrho_i^T - \varrho_i^S = \gamma_\nu^E d_{i\nu}^{\sigma} = \sigma_\nu^E e_{i\nu}^{\sigma}$
$\pi_i^T - \pi_i^S = \tau_\nu^D g_{i\nu}^{\Theta} = \alpha_\nu^D h_{i\nu}^{\Theta}$	$q_i^T - q_i^S = \gamma_\nu^D g_{i\nu}^{\sigma} = \sigma_\nu^D h_{i\nu}^{\sigma}$
$d_{i\mu}^{\Theta} - d_{i\mu}^{\sigma} = \Theta p_i^T\sigma_\mu^E = \Theta\varrho_i^T\alpha_\mu^E$	$e_{i\mu}^{\Theta} - e_{i\mu}^{\sigma} = \Theta p_i^{S,E}\gamma_\mu^E = \Theta\varrho_i^S\tau_\mu^E$
$g_{i\mu}^{\Theta} - g_{i\mu}^{\sigma} = \Theta\pi_i^T\sigma_\mu^D = \Theta q_i^T\alpha_\mu^D$	$h_{i\mu}^{\Theta} - h_{i\mu}^{\sigma} = \Theta\pi_i^S\gamma_\mu^D = \Theta q_i^S\tau_\mu^D$
$\alpha_\lambda^E - \alpha_\lambda^D = \pi_k^T d_{k\lambda}^{\Theta} = p_k^T g_{k\lambda}^{\Theta}$	$\sigma_\lambda^E - \sigma_\lambda^D = q_k^T d_{k\lambda}^{\sigma} = \varrho_k^T g_{k\lambda}^{\sigma}$
$\tau_\lambda^E - \tau_\lambda^D = \pi_k^S e_{k\lambda}^{\Theta} = p_k^S h_{k\lambda}^{\Theta}$	$\gamma_\lambda^E - \gamma_\lambda^D = q_k^S e_{k\lambda}^{\sigma} = \varrho_k^S h_{k\lambda}^{\sigma}$

5.6 Die piezoelektrischen Konstanten

Da der piezoelektrische Effekt eine grundlegende Bedeutung für die piezoelektrische Meßtechnik hat, wollen wir nun seine Beschreibung aus den bisherigen allgemeinen thermodynamischen Überlegungen herausgreifen und noch ausführlicher erklären. Dazu skizzieren wir nochmals einen Teil des Diagramms im Bild 5.1, der den piezoelektrischen Effekt als eine Wechselwirkung der mechanischen Zustandsgrößen T_μ bzw. S_μ und der elektrischen Zustandsgrößen E_k bzw. D_i darstellt. Wir nehmen an, daß entweder die Temperatur Θ oder die Entropie σ konstant gehalten wird und betrachten je nachdem die in den Zustandsgleichungen auftretenden Materialkonstanten als isotherm oder adiabatisch, ohne dies durch irgendeine Bezeichnung (z. B. durch die oben stehenden Indizes) auszudrücken.

Wenn wir auf diese Weise die thermischen Bedingungen ausklammern, so reduziert sich das System der 24 Zustandsgleichungen aus der Tabelle 5.1 nur auf acht, s. Bild 5.2 und (5.48) bis (5.55).

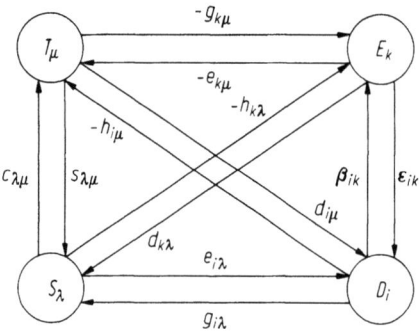

Bild 5.2. Lineare elektromechanische Zustandsgleichungen

$$D_i = \varepsilon_{ik} E_k + d_{i\mu} T_\mu, \quad (5.48)$$

$$E_k = \beta_{ik} D_i - g_{k\mu} T_\mu, \quad (5.50)$$

$$D_i = \varepsilon_{ik} E_k + e_{i\lambda} S_\lambda, \quad (5.52)$$

$$E_k = \beta_{ik} D_i - h_{k\lambda} S_\lambda, \quad (5.54)$$

$$S_\lambda = d_{k\lambda} E_k + s_{\lambda\mu} T_\mu, \quad (5.49)$$

$$S_\lambda = g_{i\lambda} D_i + s_{\lambda\mu} T_\mu, \quad (5.51)$$

$$T_\mu = -e_{k\mu} E_k + c_{\lambda\mu} S_\lambda, \quad (5.53)$$

$$T_\mu = -h_{i\mu} D_i + c_{\lambda\mu} S_\lambda. \quad (5.55)$$

Die Zustandsgleichungen in der linken Spalte beschreiben den direkten, diejenigen in der rechten Spalte den reziproken piezoelektrischen Effekt. Der piezoelektrische Effekt wird je nach der Wahl der unabhängigen Variablen, die sich nach den Versuchsbedingungen richtet, durch vier unterschiedliche Materialkonstanten beschrieben. Die Zusammenhänge, die diese piezoelektrischen Konstanten ausdrücken, sind im Bild 5.2 durch Pfeile, die je eine mechanische und elektrische Zustandsgröße miteinander verbinden, dargestellt. Die Pfeile sind von der unabhängigen zu der abhängigen Zustandsgröße gerichtet. Dementsprechend stellen die Pfeile, die von einer mechanischen zu einer elektrischen Zustandsgröße gerichtet sind, den direkten, diejenigen, welche von einer elektrischen zu einer mechanischen Zustandsgröße gerichtet sind, den reziproken piezoelektrischen Effekt dar.

Wenn das piezoelektrische Element mechanisch und elektrisch frei ist, so sind die unabhängigen Variablen E_k und T_μ, und man beschreibt den piezoelektrischen Effekt durch die piezoelektrischen Koeffizienten $d_{i\mu}$. Für uns ist dieser Fall deshalb wichtig, weil in der piezoelektrischen Meßtechnik oft vorausgesetzt wird, daß seine Bedingungen erfüllt sind. Wenn die elektrische Feldstärke konstant gehalten wird (elektrisch freier Zustand), so kann man für den direkten piezoelektrischen Effekt einfach schreiben

$$D_i = d_{i\mu} T_\mu. \quad (5.56)$$

Experimentell erreicht man den elektrisch freien Zustand am einfachsten durch kurzgeschlossene Abnahmeelektroden, d.h. wenn die Elektroden, an denen die Ladungen der piezoelektrischen Polarisation auftreten, durch einen Leiter miteinander verbunden sind oder wenn sich das piezoelektrische Element einfach in einem leitenden Medium befindet. Durch die Bewegung der freien Ladungen im Leiter werden die piezoelektrischen Polarisationsladungen kompensiert und die elektrische Feldstärke im piezoelektrischen Element bleibt gleich Null.

5.6 Die piezoelektrischen Konstanten

Problematischer ist die Realisierung des mechanisch freien Zustandes. Die Voraussetzung für (5.56) ist, daß das piezoelektrische Element durch mechanische Spannung unbehindert deformiert werden kann. Dies ist jedoch schwierig zu erreichen. Die Kraftübertragung auf das piezoelektrische Element wird nämlich normalerweise durch einen Metallstempel vermittelt. Der normalerweise isotrope Stempel wird dabei selbst deformiert und durch die Reibung in der Kontaktfläche zwischen dem piezoelektrischen Element und dem Stempel wird dem piezoelektrischen Element durch den Stempel eine Deformation eingeprägt. Die Gültigkeit von (5.56) könnte man unter diesen experimentellen Bedingungen nur durch die Annahme eines mehrachsigen Spannungszustandes, der zu der aufgrund der Wechselwirkung zwischen dem Stempel und dem piezoelektrischen Element auftretenden Deformation des piezoelektrischen Elementes führt, bewahrt werden. Unter Annahme eines solchen Spannungszustandes kann man nämlich das piezoelektrische Element als mechanisch frei betrachten. Aus dem reziproken piezoelektrischen Effekt ergeben sich die piezoelektrischen Koeffizienten, wenn wir die Abhängigkeit S_λ von E_k messen, wobei die mechanische Spannung konstant gehalten wird. Durch eine geeignete Halterung des piezoelektrischen Elementes kann erreicht werden, daß keine mechanischen Spannungen auftreten und das Element spannungsfrei bleibt.

Das zweite Paar der Zustandsgleichungen (die unabhängigen Variablen D_i, T_μ) gilt für ein mechanisch freies, elektrisch jedoch geklemmtes piezoelektrisches Element. Den piezoelektrischen Effekt beschreiben die piezoelektrischen Koeffizienten $g_{k\mu}$. Wenn wir sie aus der Abhängigkeit E_k von T_μ bestimmen wollen, müssen wir annehmen, daß die elektrische Flußdichte im piezoelektrischen Element konstant bleibt. Dementsprechend müssen auch die freien Ladungen in der Umgebung des piezoelektrischen Elementes konstant gehalten werden.

Im allgemeinen ist dies möglich, wenn sich in der Umgebung des piezoelektrischen Elementes keine Leiter befinden, wenn also das piezoelektrische Element keine Elektroden besitzt. Dann kann man annehmen, daß die piezoelektrischen Polarisationsladungen auf dessen Oberfläche ein depolarisierendes Feld erzeugen, so daß D im piezoelektrischen Element gleich Null bleibt. Unter gewissen Voraussetzungen, z. B. in einer X-Quarzplatte unter der Wirkung der mechanischen Spannung T_1, erreicht man einen solchen Zustand, wenn die Abnahmeelektroden voneinander isoliert sind. Wir sagen auch, daß unter solchen Bedingungen das piezoelektrische Element "offen" ist. Aufgrund des reziproken piezoelektrischen Effektes bestimmt man die piezoelektrischen Koeffizienten $g_{i\lambda}$ aus der Abhängigkeit der Deformation S_λ eines mechanisch freien piezoelektrischen Elementes von den freien elektrischen Ladungen auf dessen Oberfläche und dadurch von der Flußdichte D_i.

Das dritte Paar der Zustandsgleichungen (die unabhängigen Variablen E_k, S_λ) setzt ein mechanisch geklemmtes, elektrisch jedoch freies piezoelektrisches Element voraus. Die entsprechenden piezoelektrischen Konstanten sind die piezoelektrischen Moduln $e_{i\lambda}$. Die Realisierung des elektrisch freien Zustandes ist uns bereits bekannt, es bleibt also noch, die experimentellen Bedingungen für den mechanisch geklemmten Zustand zu erklären. Die piezoelektrischen Moduln ergeben sich aus dem reziproken piezoelektrischen Effekt, wenn die Abhängigkeit der mechanischen Spannung von der elektrischen Feldstärke gemessen und die

Deformation des piezoelektrischen Elementes konstant gehalten wird. Dies wird erreicht, wenn jede Deformation des piezoelektrischen Elementes durch eine unendlich starre Umgebung unterdrückt wird.

Im direkten piezoelektrischen Effekt bestimmt man $e_{i\lambda}$, indem man mit kurzgeschlossenen Elektroden die Flußdichte D_i in der Abhängigkeit von der Deformation S_λ mißt. Einen vorgegebenen Deformationszustand kann man praktisch annehmen, wenn sich durch ein piezoelektrisches Element eine Stoßwelle ausbreitet. Falls seine Elektroden kurzgeschlossen sind, ist der Zusammenhang des piezoelektrischen Signals mit der Deformation gerade durch den piezoelektrischen Modul $e_{i\lambda}$ bestimmt [G10].

Das vierte und letzte Paar der Zustandsgleichungen (die unabhängigen Variablen D_i, S_λ) ergibt sich aus der Kombination des mechanisch und elektrisch geklemmten Zustandes. Den piezoelektrischen Effekt beschreiben dabei die Moduln $h_{k\lambda}$.

5.7 Die vier Arten des piezoelektrischen Effektes

Jeder einzelne piezoelektrische Koeffizient $d_{i\mu}$ in (5.56) bestimmt den Zusammenhang einer bestimmten Spannungstensorkoordinate T_μ mit einer bestimmten Vektorkoordinate der elektrischen Flußdichte D_i. Je nach der Richtung, welche die piezoelektrische Polarisation in bezug auf die Spannungstensorkoordinate, die sie verursacht, besitzt, unterscheidet man vier Arten des piezoelektrischen Effektes. Sie sind schematisch im Bild 5.3 dargestellt. Die Koeffizienten d_{11}, d_{22} und d_{33} beschreiben den Longitudinaleffekt, den wir in der Tabelle 5.4 mit dem Symbol L

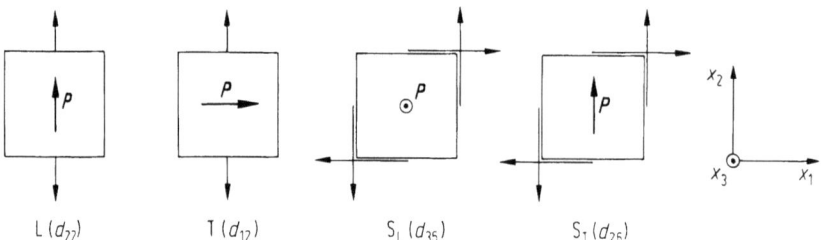

Bild 5.3. Beispiele von vier Arten des direkten piezoelektrischen Effektes. Es wird jeweils ein positiver Wert des piezoelektrischen Koeffizienten vorausgesetzt

Tabelle 5.4. Die vier Arten des piezoelektrischen Effektes

	T_1	T_2	T_3	T_4	T_5	T_6
D_1	d_{11} L	d_{12} T	d_{13} T	d_{14} S_L	d_{15} S_T	d_{16} S_T
D_2	d_{21} T	d_{22} L	d_{23} T	d_{24} S_T	d_{25} S_L	d_{26} S_T
D_3	d_{31} T	d_{32} T	d_{33} L	d_{34} S_T	d_{35} S_T	d_{36} S_L

bezeichnen. Die Normalspannung verursacht dabei eine zu der Normalspannung parallele Polarisation. Eine andere Art des piezoelektrischen Effektes beschreiben die Koeffizienten $d_{12}, d_{13}, d_{21}, d_{23}, d_{31}$ und d_{32}. Wir bezeichnen ihn als den Transversaleffekt (T). Die durch die Normalspannung verursachte Polarisation steht beim Transversaleffekt senkrecht zu der Normalspannung.

Die Koeffizienten d_{14}, d_{25} und d_{36} beschreiben den longitudinalen Schubeffekt (S_L). Die Polarisation steht dabei parallel zu der Schubspannungsachse, d.h. sie steht normal zu der Normalenrichtung der Bezugsfläche auf die die Schubspannung wirkt und zu der Richtung der betreffenden Schubspannung selbst. Die letzte Art des piezoelektrischen Effektes ist der transversale Schubeffekt (S_T). Die den transversalen Schubeffekt bestimmenden Koeffizienten sind $d_{15}, d_{16}, d_{24}, d_{26}, d_{34}, d_{35}$. Die Polarisation ist parallel zur Schubebene, d.h. sie steht senkrecht zur Schubachse.

5.8 Der piezoelektrische Effekt und die Kristallsymmetrie

Der piezoelektrische Effekt kann grundsätzlich nur in nichtzentrosymmetrischen Kristallklassen auftreten. Aus der Verknüpfung der Symmetrieelemente eines Kristalls mit einem Symmetriezentrum und der Symmetrieelemente einer mechanischen Einwirkung, zu denen auch ein Symmetriezentrum gehört (Spannungen und Deformationen sind zentrosymmetrische Einwirkungen), ergibt sich nämlich eine Symmetriegruppe ebenfalls mit einem Symmetriezentrum, die das Auftreten des piezoelektrischen Effektes ausschließt. Anders ausgedrückt: Ein zentrosymmetrischer Kristall bleibt auch nach seiner Deformation zentrosymmetrisch und kann deshalb keine polare Richtung besitzen.

Von den 32 Kristallklassen in Tabelle 3.2 sind 21 nichtzentrosymmetrisch. In der kubisch-pentagonikositetraedrischen Klasse 432 des kubischen Systems sind jedoch aus Symmetriegründen sämtliche piezoelektrischen Konstanten gleich Null und es bleiben also nur 20 „piezoelektrische" Kristallklassen.

Die Kristallklassen, die kein Symmetriezentrum haben, kann man noch in zwei Gruppen unterteilen. Zu der ersten Gruppe zählen wir zehn Klassen: 1, 2, 3, 4, 6, m, mm2, 3m, 4mm, 6mm mit den Symmetrieelementen, die in der Gruppe des polaren Vektors enthalten sind. Sie besitzen singuläre polare Richtungen, und die Kristalle, die zu diesen Kristallklassen gehören, nennt man polare Kristalle. Ein Beispiel für einen polaren Kristall ist Turmalin. Die zweite Gruppe bilden die elf folgenden Kristallklassen: 222, $\bar{4}$, 422, $\bar{4}$2m, 32, $\bar{6}$, 622, $\bar{6}$2, 23, $\bar{4}$3m, 432. In ihnen gibt es polare, aber keine singulären polaren Richtungen. Die gleichwertigen polaren Richtungen bilden eine Gesamtheit von polaren Vektoren, deren Summe gleich Null ist. Die zu solchen Kristallklassen gehörenden Kristalle werden als polar-neutrale Kristalle bezeichnet. Ein typisches Beispiel ist der α-Quarz mit drei gleichwertigen polaren Richtungen, welche mit den zweizähligen Symmetrieachsen zusammenfallen.

In polaren Kristallen entsteht die piezoelektrische Polarisation als Folge einer durch mechanische Wirkung bedingten Änderung der vorhandenen spontanen Polarisation. In polar-neutralen Kristallen gibt es „kompensierte" polare Richtungen. Durch die Deformation wird jedoch die Symmetrie des Kristalls so verändert, daß eine singulär-polare Richtung entsteht und der Kristall in dieser Richtung piezoelektrisch polarisiert wird (eine Ausnahme macht nur die schon erwähnte Klasse 432) [S8].

Der Einfluß der Symmetrie auf die Form des Tensors der piezoelektrischen Konstanten kann rein analytisch abgeleitet werden, indem man die Einschränkungen bestimmt, denen die Tensorkoordinaten infolge der Symmetrie unterworfen sind. Wir zeigen dies am Beispiel der piezoelektrischen Koeffizienten. Zuerst formulieren wir für sie die Transformationsgleichungen. Aus (3.63) bekommen wir

$$d'_{ikl} = a_{im} a_{kp} a_{lq} d_{mpq}. \qquad (5.57)$$

Wir benützen dabei, wie im Kapitel 4 bei elastischen Konstanten, die Schreibweise mit den Tensorindizes, da sie für die Untersuchung der Transformationseigenschaften geeigneter ist als die sonst von uns benützte Schreibweise mit Matrixindizes. Mit Hilfe von (5.57) berechnen wir aus den piezoelektrischen Koeffizienten d_{mpq} die transformierten piezoelektrischen Koeffizienten d'_{ikl} für diejenigen Transformationen, die den einzelnen Symmetrieelementen des Kristalls entsprechen.

Dabei können drei unterschiedliche Ergebnisse erhalten werden. Erstens können wir feststellen, daß sich ein piezoelektrischer Koeffizient durch die Transformation nicht ändert, so daß $d'_{ikl} = d_{ikl}$. Ein solcher piezoelektrischer Koeffizient ist mit der Kristallsymmetrie verträglich und ist deshalb eine unabhängige Tensorkoordinate des piezoelektrischen Tensors. Zweitens kann sich aus der Transformation ergeben, daß $d'_{ikl} = -d_{ikl}$. Diese Bedingung ist mit der Kristallsymmetrie nur dann verträglich, wenn der entsprechende piezoelektrische Koeffizient gleich Null ist. An seinem Platz muß in der Matrix der piezoelektrischen Koeffizienten Null stehen. Drittens ist noch möglich, daß man einen transformierten piezoelektrischen Koeffizienten d'_{ikl} durch eine lineare Kombination der piezoelektrischen Koeffizienten d_{mpq} ausdrücken kann. Wir müssen dann an seine Stelle in der Matrix der piezoelektrischen Koeffizienten die gefundene lineare Kombination von anderen unabhängigen Koordinaten des piezoelektrischen Tensors einsetzen, weil nur unter dieser Bedingung der entsprechende piezoelektrische Koeffizient die Kristallsymmetrie befriedigen kann.

Die so abgeleiteten Formen der Matrizen der piezoelektrischen Koeffizienten findet man z. B. in [B12, S. 176], [M19, S. 51] und [N9, S. 295].

Die Beziehungen zwischen den piezoelektrischen Konstanten in der Schreibweise mit den Tensorindizes und Matrixindizes folgen aus der Schreibweise der Zustandsgleichungen und aus den im Kapitel 4 behandelten Definitionen der Spannungen und Deformationen in beiden Schreibweisen. Wir wollen sie durch den Vergleich der entsprechenden Matrizen ausdrücken, wobei die in ihrer Lage übereinstimmenden Elemente der Matrizen einander gleich sind. Für die piezoelektrischen Koeffizienten gilt

$$\begin{pmatrix} d_{111} & d_{122} & d_{133} & 2d_{123} & 2d_{131} & 2d_{112} \\ d_{211} & d_{222} & d_{233} & 2d_{223} & 2d_{231} & 2d_{212} \\ d_{311} & d_{322} & d_{333} & 2d_{323} & 2d_{331} & 2d_{312} \end{pmatrix} \triangleq \begin{pmatrix} d_{11} & d_{12} & d_{13} & d_{14} & d_{15} & d_{16} \\ d_{21} & d_{22} & d_{23} & d_{24} & d_{25} & d_{26} \\ d_{31} & d_{32} & d_{33} & d_{34} & d_{35} & d_{36} \end{pmatrix}. \qquad (5.58)$$

Die gleichen Beziehungen gelten auch für die piezoelektrischen Koeffizienten g_{ikl} und $g_{i\mu}$. Dagegen treten für die piezoelektrischen Moduln e_{ikl} und $e_{i\mu}$ sowie sinn-

5.9 Transformationsgleichungen für piezoelektrische Konstanten

gemäß für die piezoelektrischen Moduln h_{ikl} und $h_{i\mu}$ in der Zuordnung keine numerischen Faktoren auf:

$$\begin{pmatrix} e_{111} & e_{122} & e_{133} & e_{123} & e_{131} & e_{112} \\ e_{211} & e_{222} & e_{233} & e_{223} & e_{231} & e_{212} \\ e_{311} & e_{322} & e_{333} & e_{323} & e_{331} & e_{312} \end{pmatrix} \hat{=} \begin{pmatrix} e_{11} & e_{12} & e_{13} & e_{14} & e_{15} & e_{16} \\ e_{21} & e_{22} & e_{23} & e_{24} & e_{25} & e_{26} \\ e_{31} & e_{32} & e_{33} & e_{34} & e_{35} & e_{36} \end{pmatrix}. \quad (5.59)$$

5.9 Transformationsgleichungen für piezoelektrische Konstanten

Auch bei piezoelektrischen Konstanten wird man häufig der Aufgabe gegenübergestellt, ihre Werte in einem in bezug auf das Kristallkoordinatensystem gedrehten kartesischen Koordinatensystem berechnen zu müssen. Für piezoelektrische Koeffizienten benützt man dazu die bereits angegebene Transformationsgleichung (5.57). Die analoge Transformationsgleichung für piezoelektrische Moduln lautet

$$e'_{ikl} = a_{im} a_{kp} a_{lq} e_{mpq}. \quad (5.60)$$

Das praktische Ausschreiben der Transformationsgleichungen in der Schreibweise mit Matrixindizes erleichtern auch diesmal die übersichtlichen Tabellen in [H6] und [P3, S. 99].

Eine wesentliche Vereinfachung der Transformationsgleichung tritt auf, wenn wir uns nur auf eine Drehung um eine einzige Kristallachse beschränken und dabei noch die Matrix der piezoelektrischen Konstanten eines bestimmten Kristalls berücksichtigen.

Als Beispiel geben wir die Transformationsgleichungen für die piezoelektrischen Moduln und Koeffizienten des α-Quarzkristalles bei der Drehung um den Winkel ξ um die kristallographische x-Achse an:

$$\begin{aligned}
e'_{11} &= e_{11}, \\
e'_{12} &= -e_{11}\cos^2\xi + 2e_{14}\sin\xi\cos\xi, \\
e'_{13} &= -e_{11}\sin^2\xi - 2e_{14}\sin\xi\cos\xi, \\
e'_{14} &= e_{11}\sin\xi\cos\xi + e_{14}(\cos^2\xi - \sin^2\xi), \\
e'_{15} &= e'_{16} = e'_{21} = e'_{22} = e'_{23} = e'_{24} = 0, \\
e'_{25} &= e_{11}\sin\xi\cos\xi - e_{14}\cos^2\xi, \\
e'_{26} &= -e_{11}\cos^2\xi - e_{14}\sin\xi\cos\xi, \\
e'_{31} &= e'_{32} = e'_{33} = e'_{34} = 0, \\
e'_{35} &= -e_{11}\sin^2\xi + e_{14}\sin\xi\cos\xi, \\
e'_{36} &= e_{11}\sin\xi\cos\xi + e_{14}\sin^2\xi,
\end{aligned} \quad (5.61)$$

$$\begin{aligned}
d'_{11} &= d_{11}, \\
d'_{12} &= -d_{11}\cos^2\xi + d_{14}\sin\xi\cos\xi, \\
d'_{13} &= -d_{11}\sin^2\xi - d_{14}\sin\xi\cos\xi, \\
d'_{14} &= 2d_{11}\sin\xi\cos\xi + d_{14}(\cos^2\xi - \sin^2\xi), \\
d'_{15} &= d'_{16} = d'_{21} = d'_{22} = d'_{23} = d'_{24} = 0, \\
d'_{25} &= 2d_{11}\sin\xi\cos\xi - d_{14}\cos^2\xi, \\
d'_{26} &= -2d_{11}\cos^2\xi - d_{14}\sin\xi\cos\xi, \\
d'_{31} &= d'_{32} = d'_{33} = d'_{34} = 0, \\
d'_{35} &= -2d_{11}\sin^2\xi + d_{14}\sin\xi\cos\xi, \\
d'_{36} &= 2d_{11}\sin\xi\cos\xi + d_{14}\sin^2\xi.
\end{aligned} \quad (5.62)$$

5.10 Der pyroelektrische Effekt

Wie wir schon erwähnt haben, besitzen die Kristalle der zehn polaren Kristallklassen mit singulären polaren Richtungen eine spontane elektrische Polarisation. Ihre Änderung durch eine mechanische Wirkung führt zum piezoelektrischen Effekt. Die spontane Polarisation ist jedoch auch von der Temperatur abhängig. Ihre Änderung mit der Temperatur nennt man pyroelektrischer Effekt oder kurz Pyroeffekt („pyro" bedeutet im Griechischen „Feuer"). Der reziproke Effekt, bei dem eine Änderung der elektrischen Polarisation durch ein äußeres elektrisches Feld von einer Temperaturänderung begleitet wird, heißt elektrokalorischer Effekt. Da die beiden Effekte wie der direkte und reziproke piezoelektrische Effekt untrennbar miteinander verknüpft sind und weil die Konstanten, die den pyroelektrischen und elektrokalorischen Effekt bei einer getroffenen Wahl von unabhängigen Zustandsgrößen beschreiben, einander gleich sind, werden wir unter dem Begriff „pyroelektrische" beide Effekte zusammenfassen.

Jeder pyroelektrische Kristall ist auch piezoelektrisch. Umgekehrt besitzen aber die piezoelektrischen Kristalle der polar-neutralen Kristallklassen keine pyroelektrischen Eigenschaften.

Die thermodynamische Beschreibung des pyroelektrischen Effektes haben wir bereits durch die Zustandsgleichungen in der Tabelle 5.1 formuliert. Es ist jedoch angebracht, diese Beschreibung noch näher zu betrachten. Wählen wir als unabhängige Zustandsgrößen die Temperatur Θ, die Vektorkoordinaten der elektrischen Feldstärke E_k und die Spannungstensorkoordinaten T_μ. Gleichzeitig setzen wir voraus, daß die elektrische Feldstärke und die mechanische Spannung konstant gehalten werden (mechanisch freie Probe mit kurzgeschlossenen Elektroden). Die Zustandsgleichung für die elektrische Flußdichte reduziert sich dann auf die Beziehung

$$D_i = p_i^T \Delta \Theta, \tag{5.63}$$

wobei

$$p_i^T = \left(\frac{\partial D_i}{\partial \Theta}\right)_{E,T} \tag{5.64}$$

den pyroelektrischen Koeffizienten bei konstanter mechanischer Spannung bedeutet. Im Bild 5.4, das einen Teil des Bildes 5.1 wiedergibt, ist dieser Effekt durch

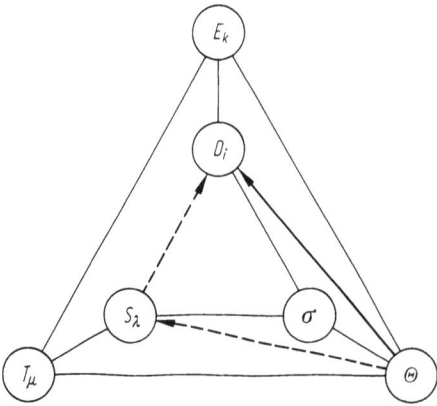

Bild 5.4. Primärer und sekundärer pyroelektrischer Effekt

5.10 Der pyroelektrische Effekt

den Pfeil $\Theta \to D_i$ dargestellt. Man kann sich jedoch vorstellen, daß die Abhängigkeit der elektrischen Flußdichte von der Temperatur auch auf einem Umweg, der durch die gestrichelten Pfeile $\Theta \to S_\lambda$ und $S_\lambda \to D_i$ dargestellt ist, zustandekommt. Die Temperaturänderung deformiert durch die thermische Ausdehnung die Kristallprobe, und ihre Deformation verursacht aufgrund des direkten piezoelektrischen Effektes die elektrische Polarisation. Die entsprechende thermodynamische Beschreibung ergibt sich aus folgender Überlegung. Wir drücken D_i mit Hilfe der unabhängigen Variablen Θ und S_λ unter der Annahme $E_k = \text{const}$ aus:

$$D_i = p_i^S \Delta\Theta + e_{i\lambda}^\Theta S_\lambda . \tag{5.65}$$

und ersetzen die Deformationstensorkoordinaten S_λ durch Spannungstensorkoordinaten. Dazu benützen wir die Zustandsgleichung (auch weiterhin gilt $E_k = \text{const}$)

$$S_\lambda = \alpha_\lambda^E \Delta\Theta + s_{\lambda\mu}^{\Theta,E} T_\mu \tag{5.66}$$

und erhalten

$$D_i = (p_i^S + \alpha_\lambda^E e_{i\lambda}^\Theta)\Delta\Theta + e_{i\lambda}^\Theta s_{\lambda\mu}^{\Theta,E} T_\mu. \tag{5.67}$$

Unter der Annahme, daß die mechanische Spannung konstant bleibt (mechanisch freie Probe), fällt der letzte Term auf der rechten Seite weg, und die dadurch vereinfachte Gleichung lautet

$$D_i = (p_i^S + \alpha_\lambda^E e_{i\lambda}^\Theta)\Delta\Theta. \tag{5.68}$$

Aus dem Vergleich mit (5.63) ergibt sich

$$p_i^T = p_i^S + \alpha_\lambda^E e_{i\lambda}^\Theta. \tag{5.69}$$

Von diesem Standpunkt her gesehen setzt sich der pyroelektrische Effekt bei einer konstanten mechanischen Spannung aus zwei Effekten zusammen, welche durch die zwei Terme auf der rechten Seite der Gleichung (5.68) bzw. (5.69) repräsentiert sind. Der erste Effekt ist der primäre (wahre) pyroelektrische Effekt. Er gibt die Abhängigkeit der Flußdichte von der Temperatur an, unter der Voraussetzung, daß die Deformation konstant bleibt, d. h. daß sich die Dimensionen der Kristallprobe durch die thermische Ausdehnung nicht verändern. Im Bild 5.4 ist er durch den Pfeil $\Theta \to D_i$ dargestellt. Man beschreibt ihn durch den pyroelektrischen Koeffizienten

$$p_i^S = \left(\frac{\partial D_i}{\partial \Theta}\right)_{E,S}. \tag{5.70}$$

Die Ursache dieses, von einer Deformation des Kristalls unabhängigen Effektes ist in einem Umbau des Kristallgitters infolge der Temperaturänderung zu suchen. Deshalb kann man erwarten, daß er in der Nähe eines Phasenüberganges, der nicht mit dem piezoelektrischen Effekt zusammenhängt, besonders ausgeprägt sein kann. In linearen Pyroelektrika (z. B. bei Turmalin und Lithiumsulfat) ist jedoch der primäre pyroelektrische Effekt bei Zimmertemperatur normalerweise klein und beträgt nur etwa 2 bis 5% des totalen Effektes.

Der zweite Term $\alpha_\lambda^E e_{i\lambda}^\Theta$ repräsentiert den piezoelektrischen Beitrag zum totalen pyroelektrischen Effekt auf dem im Bild 5.4 gestrichelt dargestellten Umweg

$\Theta \to S_\lambda \to D_i$. Man bezeichnet ihn als sekundären pyroelektrischen Effekt, pseudopyroelektrischen Effekt oder auch als falschen pyroelektrischen Effekt erster Art. Es ist dabei leicht einzusehen, daß sich bei jeder thermischen Ausdehnung die spontane Polarisation sogar dann ändert, wenn es im Kristall zu keinen Strukturänderungen kommt, da die Änderung der Gitterkonstanten die Änderung des Dipolmomentes einer Volumeneinheit und dadurch der spontanen Polarisation nach sich zieht.

Bei Zimmertemperatur ist der totale pyroelektrische Effekt bei linearen Dielektrika in der Regel nur wenig temperaturabhängig. Mit sinkender Temperatur nimmt er allgemein ab und erreicht in der Nähe des absoluten Temperaturnullpunktes sehr kleine Werte. In einigen Kristallen (z.B. bei Lithiumsulfat oder Bariumnitrit) wechselt der pyroelektrische Koeffizient bei tiefen Temperaturen sogar sein Vorzeichen (Bild 5.5).

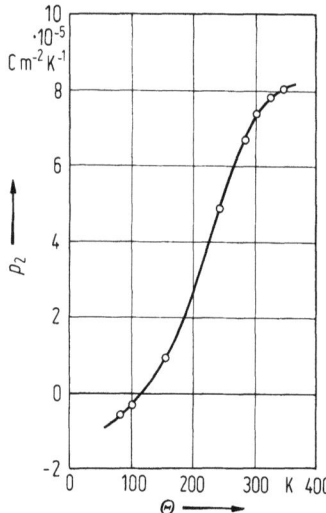

Bild 5.5. Temperaturabhängigkeit des pyroelektrischen Koeffizienten p_2 von Lithiumsulfat [S 8]

Bei einem polar-neutralen Kristall verschwindet aus Symmetriegründen nicht nur der primäre, sondern auch der sekundäre pyroelektrische Effekt. Dies können wir leicht beim α-Quarz überprüfen. Unter Berücksichtigung der Matrizen seiner piezoelektrischen Moduln und thermischen Ausdehnungskoeffizienten ergeben sich aus (5.69) folgende Beziehungen:

$$\begin{aligned} p_1^T &= \alpha_1^E e_{11}^\Theta - \alpha_1^E e_{11}^\Theta = 0, \\ p_2^T &= 0, \\ p_3^T &= 0. \end{aligned} \quad (5.71)$$

Unter dem tertiären pyroelektrischen Effekt oder dem falschen pyroelektrischen Effekt zweiter Art versteht man die piezoelektrische Polarisation infolge der thermischen Spannungen, welche in einem inhomogenen Temperaturfeld entstehen.

5.11 Der hydrostatische piezoelektrische Effekt

Mit der Existenz des pyroelektrischen Effektes in den Kristallklassen mit singulären polaren Richtungen hängt eine besondere piezoelektrische Eigenschaft zusammen. Solche Kristalle kann man durch einen hydrostatischen (allseitigen) Druck polarisieren. Beim hydrostatischen Druck treten keine Schubspannungen auf, und die Normalspannungen sind gleich groß. Wir setzen $T_1 = T_2 = T_3 = -\Pi$, wobei Π den hydrostatischen Druck bedeutet. Aus (5.28) bekommen wir (für $\Theta = $ const und $E = 0$)

$$\begin{aligned} D_1 &= -(d_{11} + d_{12} + d_{13})\Pi, \\ D_2 &= -(d_{21} + d_{22} + d_{23})\Pi, \\ D_3 &= -(d_{31} + d_{32} + d_{33})\Pi. \end{aligned} \quad (5.72)$$

Wenn mindestens eine von den drei Summen der piezoelektrischen Koeffizienten nicht gleich Null ist, so kann man einen hydrostatischen piezoelektrischen Effekt beobachten. Den hydrostatischen piezoelektrischen Koeffizienten d_h kann man leicht aus der Matrix der piezoelektrischen Koeffizienten bestimmen. Man bekommt dann z. B. für Turmalin

$$d_h = d_{33} + 2d_{31} = 2{,}43 \text{ pC N}^{-1}. \quad (5.73)$$

Der hydrostatische piezoelektrische Effekt findet Anwendung in Aufnehmern für dynamische Messung des hydrostatischen Druckes.

5.12 Ferroelektrizität

Eine besonders wichtige und interessante Untergruppe der pyroelektrischen Kristalle bilden solche mit ferroelektrischen Eigenschaften, sogenannte Ferroelektrika. Es handelt sich um Pyroelektrika, deren spontane Polarisation durch ein äußeres elektrisches Feld in eine andere stabile Lage ausgelenkt oder umgepolt werden kann. Ein ferroelektrischer Kristall ist also ein pyroelektrischer Kristall mit umklappbarer Polarisation.

Die Pyroelektrizität ist dabei eine notwendige, aber noch keine hinreichende Voraussetzung für die Ferroelektrizität. In einem gewöhnlichen (nicht ferroelektrischen) pyroelektrischen Kristall wäre zu einer Richtungsänderung der spontanen Polarisation eine wesentliche Umgruppierung des Kristallgitters notwendig. Sie würde von Atomen die Überschreitung einer sehr hohen Energiebarriere erfordern und kann auch dann nicht realisiert werden, wenn sie energetisch günstiger wäre. In einem ferroelektrischen Kristall verlangt dagegen die Richtungsänderung der spontanen Polarisation nur eine relativ geringfügige Gitterumstrukturierung.

Die Entdeckung der Ferroelektrizität wird Valasek [V1, V2] zugeschrieben, der 1920 eine Reihe von Anomalien des Seignettesalzes ($KNaC_4H_4O_6$), das nach seinem Fundort auch Rochellesalz genannt wird, untersuchte. In der russischsprachigen Literatur wird für Ferroelektrizität nach einem Vorschlag von Kurtschatow [S8] bis heute die Bezeichnung „Seignetteelektrizität" verwendet. Die Bezeichnung „Ferroelektrizität" rührt dagegen von der formalen Analogie der ferroelektrischen und ferromagnetischen Eigenschaften, besonders der Hystereseschleifen, her. Diese Analogie erstreckt sich jedoch nicht auf die atomphysikalischen Mechanismen, durch die sich eine spontane Polarisation einstellt.

Verhältnismäßig lange waren die ferroelektrischen Eigenschaften nur bei einigen wenigen Kristallen bekannt und wurden eher als eine Kuriosität betrachtet. Mitte der dreißiger Jahre stellten Busch und Scherrer in Zürich die Ferroelektrizität bei Kaliumdihydrogenorthophosphat (KH_2PO_4) sowie ähnlichen Salzen fest [B30, B31] und während des Zweiten Weltkrieges entdeckten unabhängig voneinander Wainer und Solomon in den USA, Ogawa in Japan sowie Wul und Goldman in der UdSSR die Ferroelektrizität bei Bariumtitanat ($BaTiO_3$). Dies stimulierte sehr stark weitere Arbeiten auf diesem Gebiet der Physik der Dielektrika. In den fünfziger Jahren lernte man die Antiferroelektrika kennen, die einerseits ähnliche Eigenschaften wie die Ferroelektrika, andererseits jedoch viele wesentliche Besonderheiten besitzen. Gegenwärtig sind mehrere Hunderte ferroelektrische Substanzen bekannt, und die Ferroelektrika finden in den verschiedensten Gebieten der Wissenschaft und Technik eine umfangreiche Anwendung (Bild 5.6).

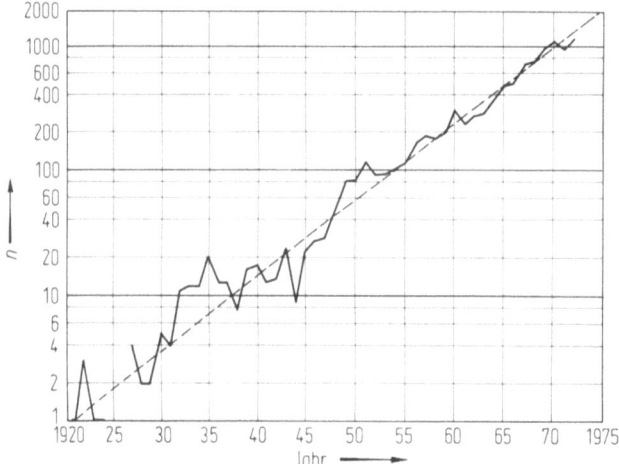

Bild 5.6. Anzahl n der pro Jahr veröffentlichten wissenschaftlichen Arbeiten auf dem Gebiet der Ferro- und Antiferroelektrizität [M 16]

5.12.1 Besondere Eigenschaften der Ferroelektrika

Die Umklappbarkeit der spontanen Polarisation hängt in ferroelektrischen Kristallen mit dem Auftreten der sogenannten Domänen zusammen. Innerhalb einer Domäne sind dabei die Dipole einigermaßen einheitlich ausgerichtet, während die resultierenden Dipolmomente der einzelnen Domänen in verschiedene Richtungen zeigen. Es handelt sich also um analoge Bereiche zu den Weissschen Bezirken in den Ferromagnetika. Die Ursache der Domänenbildung ist die dadurch bedingte Verringerung der freien Energie durch die Reduzierung des elektrischen Streufeldes. Die Aufteilung in Domänen kann jedoch nicht unbegrenzt fortgesetzt werden, weil für die Bildung der Domänenwände auch eine bestimmte Energie erforderlich ist und die Summe der Streufeld- und Wandenergie minimal bleiben muß.

5.12 Ferroelektrizität

Bei Kristallen mit kurzgeschlossenen Oberflächen ist theoretisch ein Eindomänenkristall zu erwarten. Infolge der Kristallfehler in Realkristallen treten jedoch auch in ihnen Domänen auf.

Die Domänen verursachen die nichtlinearen Eigenschaften der ferroelektrischen Kristalle und besonders die nichtlineare Feldabhängigkeit der elektrischen Polarisation. Diese führt in elektrischen Wechselfeldern zur dielektrischen Hysterese. Die Hystereseschleife ist eines der wichtigsten Kennzeichen der Ferroelektrika (Bild 5.7): Sie besitzen den spontan polarisierten Zustand nur in einem bestimmten

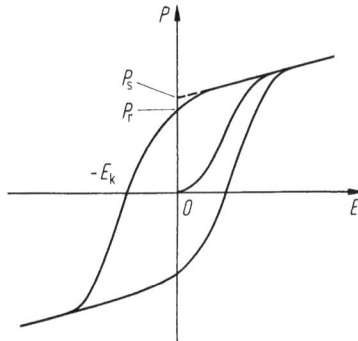

Bild 5.7. Ferroelektrische Hystereseschleife. P_s spontane Polarisation, P_r remanente Polarisation, E_k Koerzitivfeld

Temperaturintervall. Die Strukturänderung, die vom Entstehen bzw. Verschwinden der spontanen Polarisation begleitet wird, bezeichnet man als Phasenübergang und die entsprechende Temperatur als Curie-Temperatur, Übergangstemperatur oder kritische Temperatur. Die Kristallsymmetrie wird durch den Übergang in die ferroelektrische Phase stets erniedrigt.

In der Umgebung des Phasenüberganges kann man ein anomales Verhalten verschiedener Kristalleigenschaften, unter anderem auch einen starken piezoelektrischen Effekt, beobachten. Normalerweise geht die parelektrische Hochtemperaturphase beim Entstehen einer spontanen Polarisation in die ferroelektrische Tieftemperaturphase über. Es kann jedoch auch der umgekehrte Fall vorkommen, den wir allerdings in unseren Überlegungen außer acht lassen wollen.

Der parelektrische Zustand ist ein nichtpolarer. Bei Annäherung an den Phasenübergang vom parelektrischen Zustand her beobachtet man eine deutliche Temperaturabhängigkeit der Permittivität (der Dielektrizitätskonstante), die man allgemein in der Nähe des Phasenüberganges durch das Curie-Weiß-Gesetz beschreiben kann (wir verzichten auf die tensorielle Schreibweise):

$$\varepsilon = \varepsilon(\infty) + \frac{C}{\Theta - \Theta_0}. \qquad (5.74)$$

Unmittelbar unter dem Phasenübergang im ferroelektrischen Zustand gilt

$$\varepsilon = \varepsilon(\infty) + \frac{C'}{\Theta_0' - \Theta}. \qquad (5.75)$$

C und Θ_0 bzw. C' und Θ_0' werden als parelektrische bzw. ferroelektrische Curie-Weiß-Konstante und Curie-Weiß-Temperatur bezeichnet.

Während bei einer Umwandlung erster Art (s. Abschnitt 5.12.2) die Temperaturen Θ_0 und Θ_0' prinzipiell untereinander und von der eigentlichen Umwandlungstemperatur Θ_C (die wir im Abschnitt 5.12.2 als Curie-Temperatur bezeichnen werden und die durch eine thermische Hysterese auch aufgespalten werden kann) verschieden sind, fallen theoretisch bei einer Umwandlung zweiter Art Θ_0, Θ_0' und Θ_C zusammen (tatsächlich ist aber auch bei Umwandlungen zweiter Art in der Regel $\Theta_0 < \Theta_C < \Theta_0'$). Der Beitrag der Elektronenpolarisation $\varepsilon(\infty)$ wird häufig vernachlässigt, und man findet in der Literatur oft das Curie-Weiß-Gesetz in einer vereinfachten Form $\varepsilon = C/(\Theta - \Theta_0)$ bzw. $\chi = C/(\Theta - \Theta_0)$, wobei χ die elektrische Suszibilität bedeutet.

5.12.2 Thermodynamische Theorie

Das zentrale Problem der Theorie der Ferroelektrizität ist die Ursache der Strukturänderung, bei der eine spontane Polarisation entsteht bzw. verschwindet. Wir wollen einen solchen Phasenübergang zuerst vom thermodynamischen Standpunkt aus untersuchen und dabei im wesentlichen der Landauschen Theorie [L1] folgen. Dazu gehen wir vom elastischen Gibbsschen Potential $\tilde{G}$ aus. Statt der Flußdichte $\boldsymbol{D}$ wählen wir jedoch als unabhängige Variable die Polarisation $\boldsymbol{P}$, so daß

$$d\tilde{G} = -\sigma \, d\Theta + E_k \, dP_k - S_\mu \, dT_\mu. \tag{5.76}$$

Da wir vorderhand an den dielektrischen Eigenschaften interessiert sind, setzen wir der Einfachheit halber voraus, daß im Kristall keine inneren Spannungen auftreten ($T_\mu = 0$).

Bei Kristallen, die nur eine spontane Polarisationsachse besitzen (Seignettesalz, TGS, KH_2PO_4 und viele andere), lassen die dielektrischen Eigenschaften in den zu der Polarisationsachse senkrechten Richtungen keine Anomalien erkennen. Für unseren Zweck reicht es also aus, die Kristalleigenschaften nur in einem eindimensionalen Koordinatensystem in der Richtung der Polarisationsachse zu untersuchen. Wir verzichten dabei auf die Bezeichnung dieser Richtung durch einen entsprechenden Index.

Die spontane Polarisation im ferroelektrischen Zustand kann in unserem Modell lediglich die parallele oder antiparallele Richtung zur Polarisationsachse und somit den Wert $\pm P_s$ annehmen. Da keine der beiden Richtungen vor der anderen ausgezeichnet ist, entwickeln wir $\tilde{G}$ in einer Dimension in der Nähe der Temperatur Θ_0 in eine Potenzreihe, in der ausschließlich gerade Potenzen P auftreten.

$$\tilde{G} = \tilde{G}_0 + \frac{1}{2} g_2 P^2 + \frac{1}{4} g_4 P^4 + \frac{1}{6} g_6 P^6 + \cdots, \tag{5.77}$$

wobei diese Potenzreihe sowohl für die parelektrische als auch für die ferroelektrische Phase gilt. $\tilde{G}_0$ ist der Wert des elastischen Gibbsschen Potentials, wenn die Polarisation gleich Null ist.

Die Form der Potenzreihe (5.77) ist von der Zahl, den Vorzeichen und der Größe der Entwicklungskoeffizienten abhängig. In vielen Fällen ist ihre Konvergenz so gut, daß man bereits g_6 nicht mehr messen kann. Wir brechen deshalb bei diesem Term die Potenzreihe ab und beschränken uns in unseren Überlegungen nur auf die ersten drei Entwicklungskoeffizienten.

5.12 Ferroelektrizität

Aus (5.77) ergibt sich folgende Abhängigkeit E von P:

$$E = \frac{\partial \tilde{G}}{\partial P} = g_2 P + g_4 P^3 + g_6 P^5. \tag{5.78}$$

Der Koeffizient g_2 bestimmt den linearen Zusammenhang zwischen der Polarisation und der Feldstärke und besitzt somit die Bedeutung des Kehrwertes der elektrischen Suszeptibilität:

$$g_2 = \frac{\partial E}{\partial P} = \frac{\partial^2 \tilde{G}}{\partial P^2} = (\varepsilon_0 \chi)^{-1}. \tag{5.79}$$

Die elektrische Suszeptibilität ist temperaturabhängig. Nach dem Curie-Weiß-Gesetz (5.74) divergiert sie beim Übergang von einer parelektrischen Hochtemperaturphase zu einer ferroelektrischen Tieftemperaturphase bei der Temperatur Θ_0. Demzufolge muß der Koeffizient g_2 bei derselben Temperatur den Wert Null durchlaufen:

$$g_2 = \gamma(\Theta - \Theta_0). \tag{5.80}$$

In der parelektrischen Phase ist $g_2 > 0$, in der ferroelektrischen Phase ist $g_2 < 0$. Die Temperatur Θ_0 ist durch die Bedingung $g_2 = 0$ definiert. Wie wir noch zeigen werden, kann sie entweder gleich der Curie-Temperatur Θ_C, bei der der Übergang tatsächlich erfolgt, oder kleiner als diese sein.

Allgemein sind auch die Koeffizienten g_4 und g_6 temperaturabhängig. In der betrachteten Umgebung des Phasenüberganges kann man jedoch ihre Temperaturabhängigkeit vernachlässigen und sie für Konstanten halten. Offensichtlich muß $g_6 > 0$ sein, da sonst aus $P \to \infty$ auch $\tilde{G} \to -\infty$ folgen müßte, und der stabile Zustand wäre ein Zustand mit einer unendlichen Polarisation.

In der Abwesenheit des äußeren elektrischen Feldes, d.h. für $E = 0$, gilt

$$P(g_2 + g_4 P^2 + g_6 P^4) = 0. \tag{5.81}$$

Die Lösung $P = 0$ entspricht der parelektrischen Phase. In der ferroelektrischen Phase muß dagegen der Zustand $P_s = 0$ in jedem Fall instabil sein, so daß auch in der Abwesenheit des äußeren elektrischen Feldes eine von Null verschiedene spontane Polarisation entsteht.

Wenn wir den zweiten Faktor in (5.81) gleich Null setzen, folgt

$$P_s^2 = \frac{-g_4 \pm \sqrt{g_4^2 - 4g_2 g_6}}{2g_6}. \tag{5.82}$$

Bei einer bestimmten Temperatur existiert ein stabiler Zustand mit der spontanen Polarisation P_s jedoch nur, wenn $\tilde{G} < \tilde{G}_0$ ist. Es muß also gelten

$$\left(\frac{\partial \tilde{G}}{\partial P}\right)_{P_s} = 0 \quad \text{und} \quad \left(\frac{\partial^2 \tilde{G}}{\partial P^2}\right)_{P_s} > 0. \tag{5.83}$$

Wir wollen nun die Bedingungen für einen stabilen spontan polarisierten Zustand getrennt für $g_4 > 0$ und $g_4 < 0$ untersuchen. Wenn $g_4 > 0$ ist, so handelt es sich, wie unmittelbar gezeigt werden kann, um einen Phasenübergang zweiter Art. Eine positive Lösung für P_s^2 bekommt man aus (5.82), nur wenn $g_2 < 0$, d.h. für $\Theta < \Theta_0$. Ist dabei der Koeffizient g_6 klein (er kann qualitativ zum Verhalten von $\tilde{G}$

nichts Neues beitragen, und in der Umgebung von Θ_0 hat er keinen wesentlichen Einfluß auf die Bestimmung von P_s), so kann man schreiben

$$P_s^2 = -\frac{g_2}{g_4}. \qquad (5.84)$$

$\tilde{G}$ besitzt in diesem Fall für $P = 0$ (im Koordinatenursprung) ein lokales Maximum und zwei symmetrisch dazu gelegene Minima (Bild 5.8), für die gilt

$$\tilde{G} - \tilde{G}_0 = -\frac{g_2^2}{4g_4}. \qquad (5.85)$$

Das Einsetzen von (5.80) in (5.84) führt zu

$$P_s^2 = \frac{\gamma}{g_4}(\Theta_0 - \Theta). \qquad (5.86)$$

Die spontane Polarisation zeigt eine parabolische Temperaturabhängigkeit und geht proportional zu $\sqrt{\Theta_0 - \Theta}$ kontinuierlich gegen Null (Bild 5.9). Θ_0 ist identisch mit der Übergangstemperatur (Curie-Temperatur) Θ_C, bei der die spontane Polarisation entsteht und verschwindet. Auch $\tilde{G}$ ändert sich beim Übergang vom parelektrischen zum ferroelektrischen Zustand stetig. Es tritt daher keine „latente" Wärme beim Phasenübergang auf. Eine Phasenumwandlung, die am Umwandlungspunkt keine sprunghafte Änderung der Zustandsgrößen begleitet, so daß die beiden Phasen bei der Umwandlungstemperatur nicht unterscheidbar sind, heißt nach Tisza [T10] eine Phasenumwandlung zweiter Art (zweiter Ordnung) bzw. nach Ehrenfest [E1] von höherer Ordnung. In das Gesamtbild einer solchen Phasenumwandlung fügt sich auch die sprunghafte Änderung der spezifischen Wärmekapazität. Man kann sie aus

$$c = -\Theta_0 \frac{\partial^2 \tilde{G}}{\partial \Theta^2} \qquad (5.87)$$

berechnen.

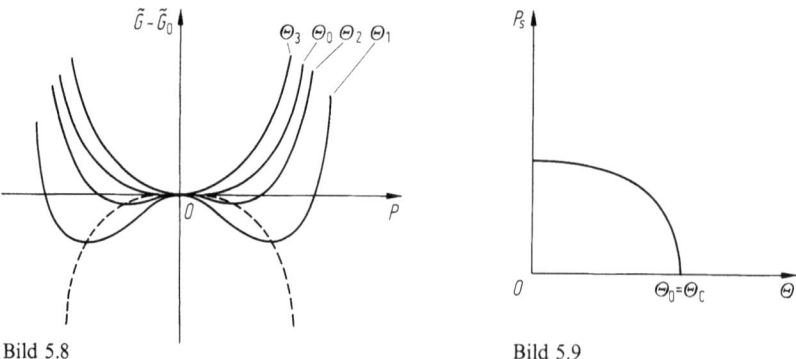

Bild 5.8.   Bild 5.9

Bild 5.8. $\tilde{G} - \tilde{G}_0$ als Funktion von P bei einem Phasenübergang zweiter Art und repräsentativen Temperaturen: $\Theta_1 < \Theta_2 < \Theta_0 = \Theta_C < \Theta_3$

Bild 5.9. Temperaturabhängigkeit der spontanen Polarisation P_s beim Phasenübergang zweiter Art

5.12 Ferroelektrizität

Bezeichnen wir mit $c_0 = -\Theta_0 \partial^2 \tilde{G}/\partial \Theta^2$ die spezifische Wärmekapazität der parelektrischen Phase im Übergangspunkt ($P = 0$), so folgt aus (5.87), (5.77), (5.80) und (5.86) für die spezifische Wärmekapazität der ferroelektrischen Phase im gleichen Punkt

$$c = c_0 + \frac{\gamma^2}{2g_4} \Theta_0. \qquad (5.88)$$

Beim Auftreten des ferroelektrischen Zustandes wächst also die spezifische Wärmekapazität.

Zum Schluß sei noch gezeigt, daß im gleichen Temperaturabstand $\Delta\Theta = |\Theta_0 - \Theta|$ von dem Übergangspunkt die elektrische Suszeptibilität der ferroelektrischen Phase zweimal kleiner ist als die der parelektrischen Phase (Bild 5.10). Den Kehr-

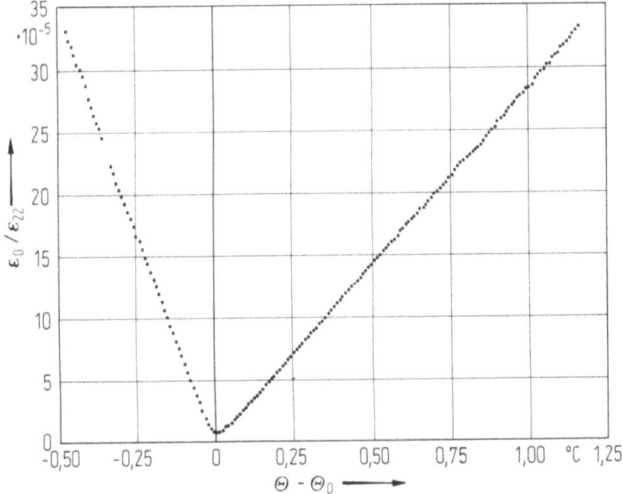

Bild 5.10. Temperaturabhängigkeit des Kehrwertes der Permittivitätszahl von Triglyzinsulfat beim Phasenübergang zweiter Art bei $\Theta_C = \Theta_0 = 49{,}92\,°\text{C}$ [G9]

wert χ'^{-1} bekommen wir aus (5.78) unter Berücksichtigung von (5.79), (5.80) und (5.86) sowie des Vorzeichens von g_2 ($g_2 < 0$)

$$\chi'^{-1} = \varepsilon_0 \left(\frac{\partial E}{\partial P}\right)_{P_s} = 2\varepsilon_0 \gamma (\Theta_0 - \Theta). \qquad (5.89)$$

In der parelektrischen Phase ($g_2 > 0$) gilt dagegen

$$\chi'^{-1} = \varepsilon_0 \gamma (\Theta - \Theta_0) \qquad (5.90)$$

und somit

$$\chi'_{\Theta_0 + \Delta\Theta} = 2\chi'_{\Theta_0 - \Delta\Theta}. \qquad (5.91)$$

Für $g_4 < 0$ liegt der Phasenübergang erster Art (erster Ordnung) vor, wie sich noch zeigen wird. Bei den Temperaturen $\Theta < \Theta_0$, wobei Θ_0 diejenige Temperatur ist, für die in (5.80) g_2 gleich Null wird, besitzt $\tilde{G}$ nur zwei symmetrische Minima, die dem stabilen ferroelektrischen Zustand entsprechen (Bild 5.11). Oberhalb der Temperatur Θ_0 entsteht ein drittes lokales Minimum im Koordinatenursprung

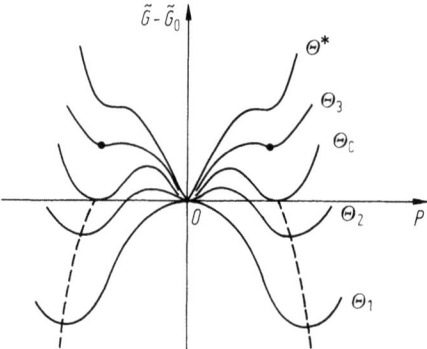

Bild 5.11. $\tilde{G} - \tilde{G}_0$ als Funktion von P bei einem Phasenübergang erster Art und repräsentativen Temperaturen: $\Theta_1 < \Theta_0 < \Theta_2 < \Theta_C < \Theta_3 < \Theta^*$

bei $P_s = 0$. Die ihm entsprechende parelektrische Phase bleibt jedoch metastabil, solange die Temperatur den Übergangspunkt nicht erreicht. Bei der Curie-Temperatur Θ_C sind alle drei Minima gleich tief, d. h. $\tilde{G}$ besitzt für die ferroelektrische sowie parelektrische Phase den gleichen Wert $\tilde{G} = \tilde{G}_0$. Dies ist möglich, wenn

$$g_2 = g_{2C} = \frac{3 g_4^2}{16 g_6}. \tag{5.92}$$

Aus (5.80) folgt dann

$$\Theta_C = \Theta_0 + \frac{3 g_4^2}{16 \gamma g_6}. \tag{5.93}$$

Für die spontane Polarisation bei derselben Temperatur gilt

$$P_{sC}^2 = \frac{3|g_4|}{4 g_6}. \tag{5.94}$$

Nach der Überschreitung der Übergangstemperatur zu höheren Temperaturen hat $\tilde{G}$ nur ein absolutes Minimum im Koordinatenursprung. Zuerst wird es zwar noch durch zwei symmetrische lokale Minima begleitet, diese entsprechen jedoch nur einem metastabilen ferroelektrischen Zustand. Die spontane Polarisation sinkt bei der Curie-Temperatur Θ_C sprunghaft vom durch (5.94) gegebenen Wert auf Null (Bild 5.12). Auch die Kristallenergie ändert sich diskontinuierlich, und für den Phasenübergang wird eine endliche Umwandlungswärme benötigt. Dies rechtfertigt die Bezeichnung Phasenübergang erster Art (erster Ordnung).

Die elektrische Suszeptibilität bleibt bei der Curie-Temperatur Θ_C endlich und erleidet mit dem Auftreten der spontanen Polarisation einen Sprung. Aus (5.78), (5.79), (5.92) und (5.94) ergibt sich, daß sie in unmittelbarer Nähe von Θ_C in der parelektrischen Phase viermal größer ist als in der ferroelektrischen (Bild 5.13).

5.12 Ferroelektrizität

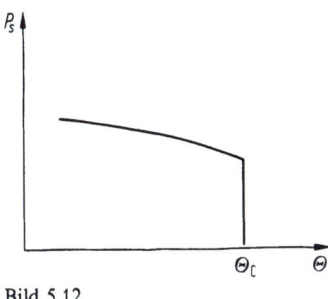
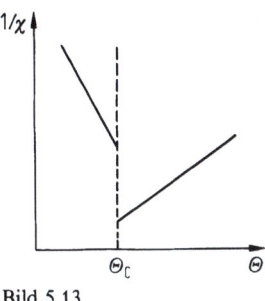

Bild 5.12   Bild 5.13

Bild 5.12. Temperaturabhängigkeit der spontanen Polarisation P_s beim Phasenübergang erster Art

Bild 5.13. Temperaturabhängigkeit des Kehrwertes der Suszeptibilität beim Phasenübergang erster Art

Die beiden lokalen Minima, die zuerst auch oberhalb von Θ_C das absolute Minimum für $P_s = 0$ begleiten, verschwinden, wenn

$$g_2 = \frac{g_4^2}{4g_6}, \tag{5.95}$$

d. h. bei der Temperatur

$$\Theta^* = \Theta_0 + \frac{g_4^2}{4\gamma g_6}. \tag{5.96}$$

Bei höheren Temperaturen existiert nur ein einziges Minimum im Koordinatenursprung.

In der Nähe des Phasenüberganges erster Art zeigt eine Reihe von physikalischen Größen eine Temperaturhysterese. Dies bedeutet, daß sie bei ein- und derselben Temperatur in Abhängigkeit davon, ob der Kristall erwärmt oder abgekühlt wird, verschiedene Werte annehmen.

Typische Vertreter der ferroelektrischen Kristalle mit Phasenübergängen erster Art sind $BaTiO_3$ und $KNbO_3$.

Nicht immer kann man jedoch einen Phasenübergang eindeutig als von erster oder von zweiter Art bezeichnen. Manchmal ist es nämlich schwierig, eine zu kleine sprunghafte Änderung der spontanen Polarisation bei der Curie-Temperatur experimentell nachzuweisen.

Die Untersuchung des Einflusses äußerer Bedingungen, besonders des äußeren elektrischen Feldes und der mechanischen Einwirkungen auf Phasenübergänge, findet der Leser z. B. in [B2, B16, M17].

Aus dem anomalen Anstieg von χ bzw. ε in der Umgebung des Phasenüberganges ergibt sich aufgrund der Beziehungen in der Tabelle 5.3 ein ähnliches anomales Verhalten der im konstanten elektrischen Feld E gemessenen Materialkonstanten d, e, c^E, s^E (einfachheitshalber haben wir auf Indizes verzichtet). Dagegen zeigen die bei der konstanten Flußdichte D (bei der konstanten Polarisation P) definierten Materialkonstanten g, h, c^D, s^D in der Umgebung des Phasenüberganges keine ausgeprägte Temperaturabhängigkeit.

5.12.3 Mikrophysikalisches Modell zur Erklärung der Ferroelektrizität

Wir ergänzen die thermodynamische Betrachtungsweise noch durch einen kurzen Einblick in die Versuche, die spontane Polarisation vom Standpunkt der dynamischen Theorie des Kristallgitters aus zu begründen. Dabei wollen wir besonders auf die Bedeutung der Instabilität eines langwelligen optischen Phonons hinweisen. Die Idee, unter Zuhilfenahme der sogenannten weichen Schwingung (englisch: soft mode), den ferroelektrischen Phasenübergang in einer der einfachsten ferroelektrischen Strukturen – in der Perowskitstruktur – zu erklären, wurde in Jahren 1959/60 von Cochran [C7, C8] und Anderson [A4] aufgegriffen. Seit dieser Zeit wurde sie in vielen experimentellen sowie theoretischen Arbeiten erfolgreich weiterverfolgt (s. z. B. [A1, B16, M17, N2, P2, P4, S5, S11]).

In stark vereinfachter Form läßt sich die Grundidee an einem kubischen Kristallgitter mit zwei Atomen pro primitive Elementarzelle darstellen. Wenn man nur solche Ausbreitungsrichtungen der Wellen betrachtet, bei denen die Netzebenen als Ganzes nur parallel oder senkrecht zum Wellenvektor verschoben werden, so kann man sich sogar nur auf das einfache Modell einer unendlich langen eindimensionalen Kette beschränken.

Wir nehmen an, daß in einer solchen Kette Ionen A mit der Masse m_A und der Ladung $+e$ und Ionen B mit der Masse m_B und der Ladung $-e$ in gleichen Abständen $a/2$ aufeinanderfolgen (Bild 5.14). Die Länge des Basisvektors der Kette ist

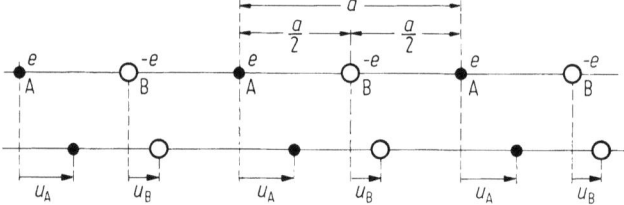

Bild 5.14. Unendliche A^+B^--Kette. Oben: Ionen in der Ruhelage. Unten: Ionen ausgelenkt durch eine Longitudinalwelle $\lambda \gg a$

also a. Wir berücksichtigen nur Kräfte, die auf ein Ion von seinen nächsten Nachbarn wirken und nehmen an, daß sie in der Nähe der Gleichgewichtslagen in erster Näherung lineare Funktionen der Verrückungen der Ionen sind (lineares Kraftgesetz). Aus den Grundlagen der Gitterdynamik (s. z. B. [B18, L4]) ist dann bekannt, daß sich jede innere Bewegung eines solchen Kristallgitters als Überlagerung von nicht untereinander gekoppelten (orthogonalen) laufenden oder stehenden ebenen Wellen darstellen läßt. Alle Gitterwellen können dabei durch Wellenvektoren K beschrieben werden, die innerhalb der ersten Brillouin-Zone im reziproken Raum liegen. Die Dispersionskurve ω als Funktion von K zerfällt dabei (bei zwei Atomen in der primitiven Elementarzelle) in zwei getrennte Dispersionszweige (Phononenzweige oder auch Äste), die als akustischer und optischer Dispersionszweig bezeichnet werden. Wenn wir nebst den Longitudinalwellen auch Transversalwellen zulassen, bekommen wir drei akustische Zweige: Einen mit longitudinalen Wellen (LA) und zwei miteinander entartete mit transversalen

5.12 Ferroelektrizität

Wellen (TA) sowie drei optische Zweige: Einen mit longitudinalen Wellen (LO) und zwei miteinander entartete mit transversalen Wellen (TO).

Da wir uns für infrarotaktive Schwingungen interessieren, bei welchen die Wellenlänge gegenüber der Gitterkonstante groß ist ($\lambda \gg a$), beschränken wir uns zunächst einfachheitshalber auf den Wellenvektor $\boldsymbol{K} = 0$, d.h. auf das Zentrum der ersten Brillouin-Zone. Der optische Phononenzweig hat dabei die höchste überhaupt vorkommende Eigenfrequenz der Kette. Die Ionen schwingen mit den zu ihren Massen umgekehrt proportionalen Amplituden und mit entgegengesetzten Phasen. Dabei entstehen in jeder Elementarzelle Dipolmomente, und dadurch wird der Kristall polarisiert. Die Polarisation des Kristalls erzeugt an jedem Ionenplatz ein periodisches lokales elektrisches Feld E_l, das auf die Ionen mit der zusätzlichen Kraft $+eE_l$ bzw. $-eE_l$ zurückwirkt. Wenn wir mit C die Federkonstante, welche die Wechselwirkung zwischen den nächsten Nachbarn beschreibt, und mit u_A bzw. u_B die Verschiebungen der Ionen A bzw. B aus ihren Gleichgewichtslagen bezeichnen, so können wir folgende Bewegungsgleichungen formulieren:

$$m_A \frac{d^2 u_A}{dt^2} = -2C(u_A - u_B) + eE_l, \tag{5.97}$$

$$m_B \frac{d^2 u_B}{dt^2} = -2C(u_B - u_A) - eE_l. \tag{5.98}$$

Wir dividieren (5.97) durch m_A, (5.98) durch m_B, subtrahieren (5.98) von (5.97) und führen folgende Bezeichnungen ein:

$$u_A - u_B = u, \tag{5.99}$$

$$\frac{1}{m_A} + \frac{1}{m_B} = \frac{1}{\mu}. \tag{5.100}$$

Dadurch bekommen wir die Lorentzsche Bewegungsgleichung für eine unendliche lineare $A^+ B^-$-Kette

$$\mu \frac{d^2 u}{dt^2} = -2Cu + eE_l. \tag{5.101}$$

u ist die relative Verschiebung der beiden Gitter gegeneinander und μ die reduzierte Masse einer Elementarzelle. Zudem müssen wir noch (5.101) von E_l folgendermaßen befreien. Das lokale Feld ist durch die Polarisation des gesamten Kristalls bestimmt. Diese hängt, solange kein äußeres elektrisches Feld wirkt, nur von u ab, und man kann E_l als Funktion von u ausdrücken. Das mit der Ionenverschiebung verbundene Dipolmoment einer Elementarzelle ist

$$p = eu \tag{5.102}$$

und die Ionen-Polarisation

$$P_{\text{ion}} = Neu, \tag{5.103}$$

wobei N die Anzahl der Elementarzellen und damit auch der A- sowie der B-Ionen je Volumeinheit des Kristalls bedeutet.

Dazu muß noch die Elektronenpolarisation P_{el} im lokalen elektrischen Feld E_l addiert werden. Bezeichnen wir die Elektronenpolarisierbarkeit der A- bzw. B-Ionen mit $\alpha_A^{el}(0)$ bzw. $\alpha_B^{el}(0)$, so ist

$$P_{el} = N \{\alpha_A^{el}(0) + \alpha_B^{el}(0)\} E_l = N \alpha^{el}(0) E_l. \tag{5.104}$$

Wir rechnen dabei mit der statischen Elektronenpolarisierbarkeit $\alpha^{el}(0)$ innerhalb einer Elementarzelle, da die von uns untersuchten Gitterschwingungsfrequenzen klein gegenüber den Eigenschwingungsfrequenzen der Elektronenpolarisation sind. Damit bekommen wir die Gesamtpolarisation

$$P = N \{eu + \alpha^{el}(0) E_l\}. \tag{5.105}$$

Als Lösung der Bewegungsgleichung (5.101) setzen wir harmonische Eigenwellen mit der Frequenz ω und dem Wellenvektor $\boldsymbol{K}$ an (im Zentrum der ersten Brillouin-Zone, für das wir (5.101) formuliert haben, ist $\boldsymbol{K} = 0$, d. h. $\lambda = \infty$). Dabei können wir annehmen, daß durch Gitterschwingungen in dünnen, zu den Wellenfronten parallelen Schichten, homogene Polarisation entsteht (unsere Überlegung bleibt auch in der Umgebung der ersten Brillouin-Zone richtig, solange die Dicke der betrachteten Schicht klein gegenüber der Wellenlänge, aber groß gegenüber der Gitterkonstante ist). Das lokale elektrische Feld, das durch eine solche Polarisation entsteht, ist jedoch bei longitudinal-optischen Wellen und bei transversal-optischen Wellen unterschiedlich. In longitudinalen Wellen ist jede Schicht in der Richtung ihrer Dicke, in transversalen Wellen dagegen senkrecht zu ihrer Dicke polarisiert. Das von der Polarisation der Schicht allein hervorgerufene lokale elektrische Feld an Gitterplätzen in Kristallen mit kubischer Symmetrie ist dementsprechend ([K8, S. 534]) bei longitudinalen Wellen

$$E_{lL} = -\frac{2}{3\varepsilon_0} P \tag{5.106}$$

und bei transversalen Wellen

$$E_{lT} = \frac{1}{3\varepsilon_0} P. \tag{5.107}$$

Daraus ergibt sich

$$E_{lL} = -\frac{2Neu}{3\varepsilon_0 + 2N\alpha^{el}(0)} = A_L u, \tag{5.108}$$

$$E_{lT} = \frac{Neu}{3\varepsilon_0 - N\alpha^{el}(0)} = A_T u. \tag{5.109}$$

In beiden Fällen ist das lokale elektrische Feld E_l proportional der relativen Verschiebung u der beiden Teilgitter. Dies ermöglicht uns, (5.107) in der Form

$$\mu \frac{d^2 u}{dt^2} + (2C - eA)u = 0 \tag{5.110}$$

zu schreiben, wobei A je nach Bedarf A_L oder A_T bezeichnet.

Bei der longitudinal-optischen Welle wird die auf die Ionen wirkende rückstellende Kraft (Federkonstante) durch das lokale elektrische Feld verstärkt, bei der transversal-optischen Welle geschwächt.

5.12 Ferroelektrizität

Für die Eigenfrequenzen bekommen wir

$$\omega_L^2 = \frac{2}{\mu}\left\{C + \frac{2Ne^2}{2[3\varepsilon_0 + 2N\alpha^{el}(0)]}\right\} \tag{5.111}$$

und

$$\omega_T^2 = \frac{2}{\mu}\left\{C - \frac{Ne^2}{2[3\varepsilon_0 - N\alpha^{el}(0)]}\right\}, \tag{5.112}$$

wobei offensichtlich $\omega_L > \omega_T$ ist. Die Federkonstante C symbolisiert dabei die kurzreichweitigen Kräfte (von den nächsten Nachbarn), der zweite Term die Wirkung des lokalen elektrischen Feldes, welche durch die langreichweitigen Coulomb-Kräfte zustande kommt.

Durch eine geeignete Umformung der rechten Seite von (5.111) und (5.112) wollen wir nun noch einen Zusammenhang zwischen den beiden Eigenfrequenzen und der statischen Permittivitätszahl $\varepsilon(0)$ sowie der weit oberhalb der ionischen, jedoch auch weit unterhalb der elektronischen Eigenfrequenzen gemessenen Permittivitätszahl $\varepsilon(\tilde{\omega})$ finden. Dabei berücksichtigen wir folgendes: Für eine relative Verschiebung der beiden Teilgitter durch ein statisches Feld gilt

$$u = \frac{e}{2C} E_l. \tag{5.113}$$

Sie erzeugt pro Elementarzelle ein Dipolmoment

$$p = eu = \frac{e^2}{2C} E_l. \tag{5.114}$$

Die statische Ionenpolarisierbarkeit ist demnach

$$\alpha^{ion}(0) = \frac{p}{E_l} = \frac{e^2}{2C}. \tag{5.115}$$

Zur weiteren Umformung von (5.111) und (5.112) benützen wir das Clausius-Mossotti-Gesetz (s. [H9, S. 321] oder [K8, S. 537])

$$\frac{\varepsilon - 1}{\varepsilon + 2} = \frac{N\alpha}{3\varepsilon_0}. \tag{5.116}$$

Wir beachten dabei, daß bei $\tilde{\omega}$ die Gesamtpolarisation nur noch durch die Elektronenpolarisation bestimmt ist, wobei $\alpha^{el}(\tilde{\omega}) = \alpha^{el}(\omega)$ und schreiben

$$\frac{\varepsilon(\tilde{\omega}) - 1}{\varepsilon(\tilde{\omega}) + 2} = \frac{N\alpha^{el}(0)}{3\varepsilon_0} \tag{5.117}$$

und

$$\frac{\varepsilon(0) - 1}{\varepsilon(0) + 2} = \frac{N}{3\varepsilon_0}\{\alpha^{el}(0) + \alpha^{ion}(0)\}. \tag{5.118}$$

Schließlich bezeichnen wir mit ω_0 die „rein elastische" Eigenfrequenz

$$\omega_0^2 = \frac{2C}{\mu}. \tag{5.119}$$

Aus (5.111) und (5.112) ergeben sich somit folgende einfache Beziehungen:

$$\frac{\omega_T^2}{\omega_0^2} = \frac{\varepsilon(\tilde{\omega}) + 2}{\varepsilon(0) + 2}, \tag{5.120}$$

$$\frac{\omega_L^2}{\omega_0^2} = \frac{\varepsilon(\tilde{\omega}) + 2}{\varepsilon(0) + 2} \frac{\varepsilon(0)}{\varepsilon(\tilde{\omega})}; \tag{5.121}$$

die Division der beiden letzten Gleichungen führt zur bekannten Lyddane-Sachs-Teller-Relation

$$\frac{\omega_L^2}{\omega_T^2} = \frac{\varepsilon(0)}{\varepsilon(\tilde{\omega})}. \tag{5.122}$$

ω_L bzw. ω_T kann man mit Hilfe der Neutronenstreuung oder der Kombination von spektroskopischen und dielektrischen Messungen bestimmen.

Vom Standpunkt der dynamischen Gittertheorie aus muß man erwarten, daß während der Strukturänderung bei einem Phasenübergang ein Zweig (englisch: mode) der Gitterschwingungen instabil wird. Damit meint man, daß die durch Gitterschwingungen verschobenen Atome nicht mehr in ihre Gleichgewichtslagen zurückkehren, sondern neue Gleichgewichtslagen einnehmen. Bei Annäherung an das Gebiet eines ferroelektrischen Phasenüberganges von der parelektrischen Phase her (d.h. bei einer Abkühlung) sinkt dementsprechend die Eigenfrequenz einer Gitterschwingung gegen Null. Dies ist grundsätzlich bei der transversalen optischen Eigenfrequenz (5.112) möglich, wenn sich bei einer bestimmten Temperatur die beiden Terme in der geschweiften Klammer kompensieren. Physikalisch sind dafür die entgegengesetzten Beiträge der abstoßenden kurzreichweitigen Wechselwirkungen und der anziehenden Coulomb-Kräfte zu den harmonischen Kraftkonstanten verantwortlich. Die Aufweichung der Gitterkräfte ermöglicht dabei die Umgestaltung des Kristallgitters. Die longitudinale optische Eigenfrequenz bleibt dagegen stets reell und nur schwach temperaturabhängig.

Wenn wir eine lineare Temperaturabhängigkeit ω_T^2 annehmen

$$\omega_T^2 \sim (\Theta - \Theta_C), \tag{5.123}$$

diese in (5.122) einsetzen und ω_L sowie $\varepsilon(\tilde{\omega})$ als temperaturunabhängig betrachten, so bekommen wir für $\varepsilon(0)$ das bekannte Curie-Weiß-Gesetz. Umgekehrt folgt aus diesem auch (5.123). Eine solche Temperaturabhängigkeit der Eigenfrequenz der transversalen optischen Schwingung kann man tatsächlich beobachten. Man bezeichnet eine solche Schwingung als „weiche Schwingung" (englisch: soft mode). Dabei sei bemerkt, daß die Erklärung der Phasenumwandlungen durch weiche Schwingungen nicht auf ferroelektrische Kristalle beschränkt bleibt, sondern eine noch allgemeinere Gültigkeit besitzt (s. Abschnitt 6.2). Anderseits kann man die dynamische Theorie bisher nur auf relativ einfache Strukturen (z.B. auf Ferroelektrika mit Perowskitstruktur) anwenden.

In mehreren oxidischen Perowskiten, darunter in $SrTiO_3$, $BaTiO_3$, $PbTiO_3$, $KNbO_3$ und $KTaO_3$, ist die Temperaturabhängigkeit einer weichen Schwingung

5.12 Ferroelektrizität

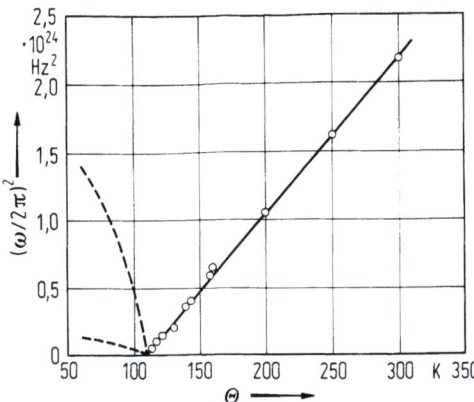

Bild 5.15. Temperaturabhängigkeit der „weichen Schwingung" in SrTiO₃ [C 10]

(5.123) durch Neutronenstreuung, Infrarotreflektion und Raman-Streuung bestätigt worden (Bild 5.15).

Die ferroelektrischen Perowskiten besitzen in ihrer parelektrischen Phase keine permanenten Dipolmomente. Das Auftreten der spontanen Polarisation in der ferroelektrischen Phase kommt im Prinzip durch eine Verlagerung der Ionen zustande, und man spricht über Umwandlungen vom Verschiebungstyp.

Dagegen kann die NO₂-Gruppe in der Elementarzelle von Natriumnitrit (NaNO₂) als ein permanenter Dipol aufgefaßt werden. In der parelektrischen Phase sind solche Dipole ungeordnet orientiert, und die spontane Polarisation entsteht durch ihre Ausrichtung in eine bestimmte Richtung. Man bezeichnet einen solchen Phasenübergang als Ordnungs-Unordnungs-Umwandlung. Zu diesem Typ zählt man auch Ferroelektrika mit Wasserstoffatomen und Wasserstoffbrückenbindungen, wobei die Protonen für die Dipolbindung verantwortlich sind. Aus Neutronenstreuexperimenten ist bekannt, daß die Protonen in der parelektrischen Phase statistisch so über mehrere gleichberechtigte mögliche Punktlagen verteilt sind, daß ihr Beitrag zur Polarisation aus Symmetriegründen verschwindet. In der ferroelektrischen Phase besetzen die Protonen bevorzugt nur eine der möglichen Lagen, und so kommt es zur Ausrichtung der Dipole.

Die resonanzartige Dispersion bei dielektrischen Messungen in ferroelektrischen Kristallen vom Verschiebungstyp tritt in der Regel im langwelligen Infrarot, die relaxationsartige Dispersion der Ferroelektrika vom Ordnungs-Unordnungstyp im Mikrowellengebiet auf.

5.12.4 Antiferroelektrizität

In einem antiferroelektrischen Zustand sind benachbarte Ketten von Elementarzellen immer antiparallel zueinander orientiert. Es bestehen also zwei antiparallel polarisierte Untergitter (Teilgitter), und die makroskopisch gemessene Polarisation ist Null. Deshalb spricht man bei Antiferroelektrika meist nicht von ihrer spontanen Polarisation, sondern von der Antipolarisation oder nur von der Polarisation der Untergitter. Bezeichnet man mit P_a die spontane Polarisation des einen Untergitters und mit P_b die des anderen, so muß gelten $P_a = -P_b$.

Vom thermodynamischen Standpunkt aus bildet sich der antiferroelektrische Zustand dann, wenn er eine niedrigere Energie besitzt als der ferroelektrische. Für die Untersuchung des antiferroelektrischen Zustandes kann man (5.77) durch

$$\tilde{G} = \tilde{G}_0 + g_2(P_a^2 + P_b^2) + g_2^* P_a P_b + g_4(P_a^4 + P_b^4) + g_6(P_a^6 + P_b^6) \quad (5.124)$$

ersetzen.

In einem äußeren elektrischen Feld in der Richtung der spontanen Polarisationsachse wird ein antiferroelektrischer Kristall zunächst wie ein lineares Dielektrikum polarisiert. Bei einer kritischen Feldstärke E_k werden jedoch die antiparallel zum angelegten elektrischen Feld polarisierten Ketten in die energetisch günstigere Richtung umklappen, und der Kristall geht in einen induzierten ferroelektrischen Zustand über. Bei einer weiter zunehmenden elektrischen Feldstärke verhält er sich wie ein ferroelektrischer Kristall. Unterhalb E_k kehrt der Zustand der Antipolarisation zurück. Dasselbe gilt auch für die entgegengesetzte Richtung des äußeren elektrischen Feldes. Dadurch entsteht bei antiferroelektrischen Kristallen die für sie typische doppelte Hystereseschleife (Bild 5.16). Der Phasenübergang vom antiferroelektrischen Zustand muß nicht unbedingt in die parelektrische Phase führen. Es sind auch Übergänge zwischen der antiferroelektrischen und ferroelektrischen Phase möglich.

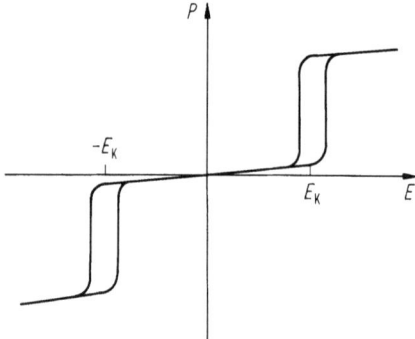

Bild 5.16. Antiferroelektrische (doppelte) Hystereseschleife [M 15]

Abschließend sei bemerkt, daß es unmöglich war, die komplizierte und umfassende Problematik der Ferroelektrizität in dem gegebenen Überblick auch nur einigermaßen erschöpfend darzustellen. Unberücksichtigt sind die „uneigentlichen" (englisch: improper) Ferroelektrika und die verwandten Gebiete der Antiferroelektrizität und der in jüngster Zeit entdeckten Ferrielektrizität geblieben. Für ein eingehenderes Studium sei auf folgende Auswahl aus der umfangreichen vorhandenen allgemeinen Literatur über Ferroelektrizität hingewiesen: [B 16, B 19, B 27, F 2, F 5, J 3, K 1, M 1, M 2, M 17, M 18, S 1, S 4].

5.13 Ferroika

Die Umorientierung der spontanen Polarisation in ferroelektrischen Kristallen ist nur ein Sonderfall eines allgemeineren Phänomens. Für Kristalle, in denen man durch eine äußere Wirkung eine Umorientierung der Domänen oder Zwillinge er-

5.13 Ferroika

reichen kann, hat Aizu [A2, A3] die Bezeichnung „Ferroika" eingeführt. Die von ihm und Newnham [N6] vorgeschlagene Klassifizierung solcher Kristalle zeigt die Tabelle 5.5.

Tabelle 5.5. Primäre und sekundäre Ferroika

Ferroische Klassen	Umorientierbare Zustandsgröße bzw. Materialkonstante	Umorientierende Kraft	Beispiel
Primäre:			
ferroelektrische	spontane Polarisation	elektrisches Feld	$BaTiO_3$
ferromagnetische	spontane Magnetisierung	magnetisches Feld	Fe_3O_4
ferroelastische	spontane Deformation	mechanische Spannung	$Pb_3(PO_4)_2$
Sekundäre:			
ferrobielektrische	dielektrische Suszeptibilität	elektrisches Feld	$SrTiO_3(?)$
ferrobimagnetische	magnetische Suszeptibilität	magnetisches Feld	NiO
ferrobielastische	elastische Koeffizienten	mechanische Spannung	SiO_2
ferroelastoelektrische	piezoelektrische Koeffizienten	elektrisches Feld und mechanische Spannung	NH_4Cl
ferromagnetoelastische	piezomagnetische Koeffizienten	magnetisches Feld und mechanische Spannung	CoF_2
ferromagnetoelektrische	magnetoelektrische Koeffizienten	magnetisches Feld und elektrisches Feld	Cr_2O_3

Bei den sogenannten primären Ferroika unterscheiden sich die Domänen bzw. Zwillinge durch die Orientierung der spontanen elektrischen Polarisation, spontanen Magnetisierung oder spontanen Deformation. Als sekundäre Ferroika werden Kristalle bezeichnet, in denen sich die Domänen bzw. Zwillinge erst durch eine durch äußere Wirkung induzierte Zustandsänderung unterscheiden. Die Voraussetzung dafür ist, daß sich aus ihrer Struktur unterschiedliche Materialkonstanten ergeben.

Die zur Umorientierung der Domänen bzw. zur Zwillingsbildung notwendige äußere Wirkung kann ein elektrisches oder magnetisches Feld, aber auch eine mechanische Spannung oder ihre Kombination sein.

Bei der Untersuchung der thermodynamischen Stabilität eines Orientierungszustandes gegenüber einem anderen vergleicht man ihre Gibbsschen Potentiale. Auch diesmal verstehen wir unter dem Gibbsschen thermodynamischen Potential G die auf eine Volumeneinheit bezogene Energie, also die Energiedichte. Seine Definition aus der Tabelle 5.1 erweitern wir jedoch um einen Beitrag des magnetischen Feldes, den wir mit Vektorkoordinaten der magnetischen Polarisation J_k und mit Vektorkoordinaten der magnetischen Feldstärke H_k beschreiben. Darüber hinaus ersetzen wir, wie im Abschnitt 5.12.2, die elektrische Flußdichte durch die elektrische Polarisation. Somit gilt

$$dG = -\sigma d\Theta - S_\mu dT_\mu - P_k dE_k - J_k dH_k. \tag{5.125}$$

Bei isothermen Prozessen, auf die wir uns im Zusammenhang mit der Zwillingsbildung im α-Quarz (s. Abschnitt 6.2.4) konzentrieren wollen, setzen sich die Deformation, elektrische Polarisation und magnetische Polarisation aus einem spontanen Anteil, den wir mit einem oberen Index (S) kennzeichnen und einem durch äußere mechanische, elektrische und magnetische Wirkungen induzierten Anteil zusammen.

Wenn wir das thermodynamische Gibbssche Potential im Anfangszustand mit $G(1)$ und nach dem Übergang in einen neuen Orientierungszustand mit $G(2)$ bezeichnen, so ist

$$\Delta G = G(2) - G(1) \tag{5.126}$$

die notwendige Energie zur Umorientierung einer Volumeneinheit. Aus (5.125) bekommen wir

$$\begin{aligned}\Delta G = {}& \Delta S_\mu^{(S)} T_\mu + \Delta P_k^{(S)} E_k + \Delta J_k^{(S)} H_k + \\ & + \frac{1}{2}\Delta s_{\mu\nu} T_\mu T_\nu + \frac{1}{2}\Delta \chi_{kl}\varepsilon_0 E_k E_l + \frac{1}{2}\Delta \varkappa_{kl}\mu_0 H_k H_l + \\ & + \Delta d_{k\nu} E_k T_\nu + \Delta \pi_{k\nu} H_k T_\nu + \Delta \eta_{kl} E_k H_l.\end{aligned} \tag{5.127}$$

Mit Δ bezeichnen wir die Differenzen der jeweiligen Größen zwischen den Orientierungszuständen (1) und (2); vom Wert der Größe im Zustand (1) wird dabei ihr Wert im Zustand (2) abgezogen. Zudem bedeuten $\varkappa_{kl}$ die Tensorkoordinaten der magnetischen Suszeptibilität, $\pi_{k\nu}$ die piezomagnetischen Koeffizienten, η_{kl} die magnetoelektrischen Koeffizienten und μ_0 die magnetische Feldkonstante. Die übrigen Symbole sind bereits bekannt. Die ersten und letzten drei Terme auf der rechten Seite von (5.127) können dabei nur in gewissen Symmetrieklassen auftreten.

Die Stabilität des Anfangszustandes (1) verlangt, daß für seine Änderung gilt

$$\Delta G = G(2) - G(1) > 0. \tag{5.128}$$

5.14 Nichtlineare Effekte

In der Tabelle 5.1 sind die linearen Zustandsgleichungen zwischen thermischen, elektrischen und mechanischen Zustandsgrößen formuliert. Obgleich sie für viele Zwecke eine hinreichende Näherung darstellen, ist in manchen Fällen ihre Erweiterung erforderlich, wie wir bereits bei Ferroelektrika gesehen haben. Wenn man neben den linearen auch die quadratischen Effekte mitberücksichtigen will, muß man die linearen Zustandsgleichungen um quadratische Terme erweitern. Dazu entwickelt man das entsprechende thermodynamische Potential als Polynom in den unabhängigen Variablen bis zu den Termen dritter Ordnung. Dabei sind die im Abschnitt 5.2 zu (5.7) gemachten Bemerkungen zu beachten. Die dritten Ableitungen des thermodynamischen Potentials definieren die Materialkonstanten dritter Ordnung, welche die quadratischen Effekte bestimmen.

Zur Beschreibung der quadratischen Effekte wählen wir, wie bei linearen Effekten, das Gibbssche thermodynamische Potential, welches der üblichen Wahl der unabhängigen Variablen für experimentelle Untersuchungen entspricht. Zur Ver-

5.14 Nichtlineare Effekte

einfachung lassen wir die thermischen Bedingungen unberücksichtigt und beschränken uns ausschließlich auf die elektromechanischen Effekte. Es gilt

$$G = -\frac{1}{2} s_{\lambda\mu} T_\lambda^* T_\mu^* - \frac{1}{6} s_{\lambda\mu\nu} T_\lambda^* T_\mu^* T_\nu^*$$

$$- d_{i\lambda} E_i^* T_\lambda^* - \frac{1}{2} q_{ij\lambda} E_i^* E_j^* T_\lambda^* - \frac{1}{2} g_{i\lambda\mu} E_i^* T_\lambda^* T_\mu^* \quad (5.129)$$

$$- \frac{1}{2} \varepsilon_{ij} E_i^* E_j^* - \frac{1}{6} \varepsilon_{ijk} E_i^* E_j^* E_k^*.$$

Daraus ergeben sich folgende Zustandsgleichungen:

$$V_\lambda = -\frac{\partial G}{\partial T_\lambda^*} = s_{\lambda\mu} T_\mu^* + \frac{1}{2} s_{\lambda\mu\nu} T_\mu^* T_\nu^*$$

$$+ d_{i\lambda} E_i^* + \frac{1}{2} q_{ij\lambda} E_i^* E_j^* + g_{i\lambda\mu} E_i^* T_\mu^*, \quad (5.130)$$

$$D_i^* = -\frac{\partial G}{\partial E_i^*} = d_{i\lambda} T_\lambda^* + q_{ij\lambda} E_j^* T_\lambda^* + \frac{1}{2} g_{i\lambda\mu} T_\lambda^* T_\mu^*$$

$$+ \varepsilon_{ij} E_j^* + \frac{1}{2} \varepsilon_{ijk} E_j^* E_k^*. \quad (5.131)$$

Das thermodynamische Potential sowie sämtliche extensive Zustandsgrößen beziehen wir auf die Masse in der Volumeneinheit des nichtdeformierten Körpers. Wir verallgemeinern in diesem Sinne laut Hájíček [H1] die Definition des thermodynamischen Spannungstensors [B24, T6, T7]. Ein solches Vorgehen ermöglicht es, die Art der Bruggerschen Definition der elastischen Konstanten höherer Ordnung sinngemäß auf alle elektromechanischen Materialkonstanten zu erweitern. Die so eingeführten „reduzierten Dichten" der Zustandsgrößen bezeichnen wir mit einem Stern. Zur Beschreibung der Deformation benützen wir, wie es in nichtlinearen Theorien üblich ist, die Koordinaten des endlichen Lagrangeschen Deformationstensors V_λ.

Die in den Zustandsgleichungen auftretenden „linearen" Materialkonstanten sind uns bereits bekannt. Die elastischen Koeffizienten dritter Ordnung $s_{\lambda\mu\nu}$ kann man als Materialkonstanten interpretieren, die die Abhängigkeit der elastischen Koeffizienten von der mechanischen Spannung („die Nichtlinearität des Hookeschen Gesetzes") angeben. Ähnlich läßt sich sagen, daß die elektrooptischen Koeffizienten ε_{ijk} die elektrische Feldabhängigkeit des Permittivitätstensors (den elektrooptischen Effekt) beschreiben.

Die nichtlinearen Materialkonstanten $q_{ij\lambda}$ und $g_{i\lambda\mu}$ lassen in diesem Sinne zweierlei Interpretationen zu. $q_{ij\lambda}$ werden als Elektrostriktionskoeffizienten bezeichnet, und man kann sie als Materialkonstanten auffassen, die entweder die mechanische Spannungsabhängigkeit der Permittivität oder die elektrische Feldabhängigkeit des piezoelektrischen Koeffizienten bestimmen. $g_{i\lambda\mu}$, die wir als elektroelastische Koeffizienten bezeichnen, können entweder die mechanische

Spannungsabhängigkeit der piezoelektrischen Koeffizienten oder aber die elektrische Feldabhängigkeit der elastischen Koeffizienten angeben. Eine Übersicht über die genannten elektromechanischen Materialkonstanten dritter Ordnung gibt die Tabelle 5.6.

Tabelle 5.6. Materialkonstanten dritter Ordnung

Materialkonstante	Symbol und Definition
elektrooptischer Koeffizient	$\varepsilon_{ijk} = \dfrac{\partial \varepsilon_{ij}}{\partial E_k} = \dfrac{\partial^2 D_i^*}{\partial E_j^* \partial E_k^*} = -\dfrac{\partial^3 G}{\partial E_i^* \partial E_j^* \partial E_k^*}$
Elektrostriktionskoeffizient	$q_{ij\lambda} = \dfrac{\partial \varepsilon_{ij}}{\partial T_\lambda^*} = \dfrac{\partial d_{i\lambda}}{\partial E_j^*} = \dfrac{\partial^2 D_i^*}{\partial E_j^* \partial T_\lambda^*} = \dfrac{\partial^2 V_\lambda}{\partial E_i^* \partial E_j^*} = -\dfrac{\partial^3 G}{\partial E_i^* \partial E_j^* \partial T_\lambda^*}$
elektroelastischer Koeffizient	$g_{i\lambda\mu} = \dfrac{\partial d_{i\lambda}}{\partial T_\mu^*} = \dfrac{\partial s_{\lambda\mu}}{\partial E_i^*} = \dfrac{\partial^2 D_i^*}{\partial T_\lambda^* \partial T_\mu^*} = \dfrac{\partial^2 V_\lambda}{\partial T_\mu^* \partial E_i^*} = -\dfrac{\partial^3 G}{\partial E_i^* \partial T_\lambda^* \partial T_\mu^*}$
Elastizitätskoeffizient dritter Ordnung	$s_{\lambda\mu\nu} = \dfrac{\partial s_{\lambda\mu}}{\partial T_\nu^*} = \dfrac{\partial^2 V_\lambda}{\partial T_\mu^* \partial T_\nu^*} = -\dfrac{\partial^3 G}{\partial T_\lambda^* \partial T_\mu^* \partial T_\nu^*}$

5.14.1 Der elektrooptische Effekt

Die elektrooptischen Koeffizienten ε_{ijk} bilden einen Tensor dritter Stufe. Die Form seiner Matrix ist dieselbe wie die des piezoelektrischen Tensors. Im Prinzip müssen also alle piezoelektrischen Kristalle auch elektrooptische Eigenschaften besitzen. Der elektrooptische Effekt ist jedoch bei vielen Kristallen sehr klein und deshalb schwer zu messen.

Die Bezeichnung des Effektes weist auf optische Beobachtungen hin. Bei optischen Frequenzen (im sichtbaren Teil des Spektrums) ist die Permittivität gleich dem Quadrat des Brechungsindexes. Somit ergibt sich aus der Feldabhängigkeit der Permittivität auch die Feldabhängigkeit der optischen Eigenschaften. Anschaulich kann man sie als eine „Deformation" des Brechungsindexellipsoids darstellen (vgl. Ende des Abschnittes 5.14.2).

Die grundlegende Theorie des linearen elektrooptischen Effektes wurde von Pockels [P8] schon im Jahre 1894 aufgestellt. Erst in letzter Zeit werden jedoch die elektrooptischen Erscheinungen in Kristallen intensiv untersucht und besonders im Rahmen der Entwicklung der Quantenelektronik auch praktisch angewendet. Durch eine elektrische Spannung an einem elektrooptischen Kristall zwischen zwei Polarisationsfiltern mit gekreuzten Polarisationsebenen läßt sich ein Lichtstrahl ein- und ausschalten oder amplitudenmodulieren. Dies kann man z. B. zur Steuerung von starken Quellen des kohärenten Lichtes in Quantengeneratoren und Lasern verwenden.

Der Umstand, daß der lineare elektrooptische Effekt stets mit dem reziproken piezoelektrischen Effekt auftritt, erschwert seine Messung. Auch die durch den reziproken piezoelektrischen Effekt bedingten Deformationen beeinflussen nämlich die optischen Kristalleigenschaften. Dafür ist die Elektrostriktion (der piezooptische Effekt) verantwortlich. Die Verknüpfung des reziproken piezoelektrischen Effektes mit dem piezooptischen Effekt bezeichnet man als sekundären (falschen) elektrooptischen Effekt.

Neben dem bisher behandelten linearen elektrooptischen Effekt, der nur in piezoelektrischen Kristallen vorkommt, zeigen alle kristallinen Dielektrika und auch Flüssigkeiten den quadratischen elektrooptischen Effekt (elektrooptischen Kerreffekt). Die Materialkonstanten, die ihn beschreiben, sind jedoch schon vierter Ordnung.

In den Ferroelektrika muß man zwischen dem erzwungenen und dem spontanen elektrooptischen Effekt unterscheiden. Den ersten beobachtet man in einem äußeren elektrischen Feld, der zweite wird durch das Entstehen oder durch eine Änderung der spontanen Polarisation hervorgerufen.

5.14.2 Die Elektrostriktion

Die Elektrostriktion kann man bei festen, flüssigen und sogar gasförmigen Substanzen beobachten. Die elektrostriktiven Deformationen sind jedoch im allgemeinen sehr klein und daher schwierig zu messen. Bei undotierten Kristallen ist für die Elektrostriktion die Verschiebung der Gitterbausteine durch das elektrische Feld und die Wirkung der Maxwellschen Spannungen [B8, B17, G13] verantwortlich. Bei dotierten Kristallen trägt zur Elektrostriktion noch die Ausrichtung oder Verschiebung der Defekte bei [B28].

Die Elektrostriktionskoeffizienten $q_{ijkl}(\hat{=} q_{ij\lambda})$ sind Koordinaten eines polaren Tensors vierter Stufe. Seine Eigensymmetrie beschränkt sich als Folge der Eigensymmetrie des Spannungstensors und der Vertauschbarkeit der Komponenten des elektrischen Feldes auf die Vertauschbarkeit der Indizes innerhalb der Paare (ij) und (kl). Im triklinen Kristall kann man also 36 unabhängige Tensorkoordinaten finden.

Aus der Tabelle 5.6 ergeben sich drei Meßverfahren, die eine experimentelle Bestimmung der Elektrostriktionskoeffizienten ermöglichen. Erstens kann man sie durch die direkte Messung der Deformation der Probe (z. B. Dickeänderung) in quadratischer Abhängigkeit vom angelegten elektrischen Feld ermitteln. Eine zweite Möglichkeit bietet die Messung der Spannungsabhängigkeit der Permittivität. Wegen der geringen Größe des gemessenen Effektes müßte man jedoch große mechanische Spannungen anwenden, die unter Berücksichtigung der mechanischen Festigkeit der Proben manchmal gar nicht erreichbar sind. Im Falle des hydrostatischen Druckes entfällt zwar diese Schwierigkeit, aber da die Schubkoordinaten des Spannungstensors gleich Null sind, ist es wiederum nicht möglich, alle Elektrostriktionskoeffizienten zu bestimmen.

Die letzte Methode beruht auf der Abhängigkeit des piezoelektrischen Koeffizienten vom elektrischen Feld. Sie wurde hauptsächlich an Kristallen mit Inversionszentrum bzw. an polaren Kristallen in Richtungen, in denen sie keinen piezoelektrischen Effekt aufweisen, angewendet. Mit einem starken statischen elektrischen Feld wird die zu untersuchende Probe „polar gemacht" und nachher die induzierte piezoelektrische Konstante gemessen.

Die Spannungsabhängigkeit der bei optischen Frequenzen gemessenen Permittivität kann man als Spannungsabhängigkeit des Brechungsindexes deuten, und man spricht von einem piezooptischen Effekt.

In der Literatur werden häufig die elektrooptischen und piezooptischen Konstanten mit Hilfe der durch die beiden Effekte hervorgerufenen Änderungen der Koeffizienten des Indexellipsoids Δa_λ definiert. Wenn man als unabhängige Variablen mechanische Spannungen und elektrische Feldstärke wählt, so läßt sich schreiben

$$\Delta a_\lambda = \Pi^E_{\lambda\mu} T_\mu + r^T_{\lambda k} E_k. \tag{5.132}$$

$\Pi_{\lambda\mu}$ sind die piezooptischen Konstanten, $r_{\lambda k}$ die elektrooptischen Konstanten, und a_λ ergeben sich aus den relativen Impermittivitäten. Es gilt $a_{ij} = \varepsilon_0 \partial E_i/\partial D_j$, und man ersetzt gemäß Tabelle 4.1 die Tensorschreibweise a_{ij} durch die Matrixschreibweise a_λ. Die hochgestellten Indizes E und T verweisen auf die jeweils konstant gehaltene Größe. Eine andere Wahl von unabhängigen Variablen führt zur Definition von anderen elektrooptischen und piezooptischen Konstanten. Die Konstanten hängen von der Temperatur ab und besitzen Dispersion, d.h. sie ändern sich mit der Wellenlänge des Lichtes.

5.14.3 Der elektroelastische Effekt

Für die piezoelektrische Meßtechnik haben die elektroelastischen Koeffizienten eine besondere Bedeutung. Ihre Größe bestimmt, inwiefern sich die Abhängigkeit der piezoelektrischen Polarisation von der mechanischen Spannung von einem linearen Zusammenhang unterscheidet. Sie sind also ein Maß der „Nichtlinearität" des piezoelektrischen Effektes.

Man versuchte zwar schon kurz nach der Entdeckung der Piezoelektrizität, eine Spannungs- bzw. Deformationsabhängigkeit der piezoelektrischen Konstanten des α-Quarzes zu untersuchen, die Ergebnisse blieben jedoch lange widersprüchlich [C2, C6, N1]. Erst verhältnismäßig spät kam man auf einem Umweg zum Ziel. Hruska [H11, H12] untersuchte die durch ein elektrisches Gleichfeld bedingte Resonanzfrequenzänderung von Quarzresonatoren und erklärte sie durch die Feldabhängigkeit der elastischen Koeffizienten. Er bestimmte mit Kazda und Khogali auf diese Weise sämtliche elektroelastische Koeffizienten und Moduln des α-Quarzes [H13, H14]. Aus der Tabelle 5.6 ergibt sich, daß die elektroelastischen Koeffizienten auch die mechanische Spannungsabhängigkeit der piezoelektrischen Koeffizienten beschreiben. Somit stellte Hruska die „Nichtlinearität" des piezoelektrischen Effektes bei Quarz fest (s. auch Abschnitt 6.2.7).

Eine direkte Messung der Deformationsabhängigkeit der piezoelektrischen Moduln des Quarzes gelang Graham [G10]. Seine experimentelle Anordnung ist im Bild 5.17 schematisch dargestellt. Der Stempel S wird mit großer Geschwindigkeit in einer Stoßröhre durch einen großen Gasdruck gegen eine X-Quarzplatte Q_1 geschossen. Auf der Frontpartie des Projektils ist ebenfalls eine X-Quarzplatte Q_2 befestigt. Es handelt sich also um einen Zusammenstoß zweier X-Quarzplatten. Der Raum zwischen den beiden Platten ist evakuiert. Unmittelbar vor dem Zusammenstoß des Stempels mit der X-Quarzplatte wird seine Geschwindigkeit elektronisch gemessen. In der in Epoxy E eingebetteten X-Quarzplatte wird eine ebene Kompressionsstoßwelle erregt. Dies wird durch das Verhältnis der Dicke der Platte zu ihrem Radius sowie durch die möglichst genaue Planparallelität der beiden aufprallenden Flächen gewährleistet. Die Deformation von Q_1 kann man

5.14 Nichtlineare Effekte

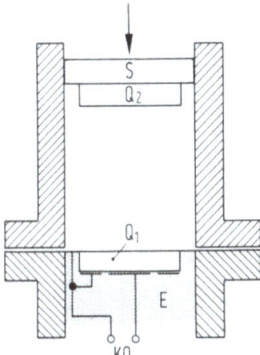

Bild 5.17. Stoßröhre zur Messung der Deformationsabhängigkeit der piezoelektrischen Moduln [G 10]

aus der Aufprallgeschwindigkeit des Stempels sowie aus den Materialeigenschaften der Quarzplatten berechnen. Die durch den direkten piezoelektrischen Effekt bedingte Polarisation von Q_1 wird in ein elektrisches Signal umgewandelt und mit einem Kathodenstrahloszilloskop KO aufgenommen. Aus dem elektrischen Signal kann man den piezoelektrischen Modul e_{11} bestimmen und aus der Messung der elektrischen Signale bei unterschiedlichen Aufprallgeschwindigkeiten nachher seine Deformationsabhängigkeit ermitteln. Die Ergebnisse der beiden Meßmethoden der elektroelastischen Moduln vom α-Quarz zeigen eine gute Übereinstimmung.

Auch bei einigen anderen piezoelektrischen Kristallen wurde der elektroelastische Effekt gemessen (s. z. B. [D1, S6]).

5.14.4 Elastische Konstanten dritter Ordnung

Die Elastizitätskoeffizienten $s_{ijklmn} (\triangleq s_{\lambda\mu\nu})$ sowie die Elastizitätsmoduln c_{ijklmn} ($\triangleq c_{\lambda\mu\nu}$) dritter Ordnung bilden einen Tensor sechster Stufe mit $9^3 = 729$ Koordinaten. Von denen bleiben unter Berücksichtigung der Symmetrie hinsichtlich der Indexpaare (ij), (kl), (mn) sowie innerhalb derselben im triklinen System 56 unabhängig.

Bei einer Reihe von Problemen der modernen Festkörperphysik wie z. B. bei der Beschreibung der Oberschwingungen von Ultraschallwellen mit endlicher Amplitude, bei der Dämpfung von Ultraschallwellen, bei der Wechselwirkung zwischen Licht und Ultraschallwellen, sowie allgemein im Rahmen der anharmonischen Theorie des Kristallgitters, kann man an den Elastizitätskonstanten dritter Ordnung nicht vorübergehen. Sie werden normalerweise aus Messungen der Abhängigkeit der Schallgeschwindigkeit von mechanischen Spannungen in der untersuchten Probe unter Auswahl geeigneter Kombinationen von allseitigen oder gerichteten Spannungen mit verschiedenen Polarisations- und Ausbreitungsrichtungen bestimmt. Nur in Spezialfällen benützt man auch die Messung der zweiten Harmonischen bei der Ausbreitung von Ultraschallimpulsen.

Vollständige Sätze der Elastizitätsmoduln dritter Ordnung sind für α-Quarz sowie für mehrere andere, besonders kubische, Einkristalle bekannt [T9]. Allgemein kann man sagen, daß die Elastizitätsmoduln zweiter Ordnung mit der zunehmenden mechanischen Spannung wachsen.

6 Piezoelektrische Materialien

Von den vielen heute bekannten piezoelektrischen Stoffen besitzen nur wenige eine praktische Bedeutung für die piezoelektrische Meßtechnik. Grundsätzlich kann man für die Herstellung der piezoelektrischen Elemente in Aufnehmern sowohl natürliche und synthetische Einkristalle als auch Texturen, Keramiken und dünne Schichten benützen.

6.1 Allgemeine Anforderungen an piezoelektrische Materialien für Aufnehmer

Von Materialien für piezoelektrische Elemente in Kraft-, Druck- und Beschleunigungsaufnehmern erwartet man folgende Eigenschaften:
– Eine hohe piezoelektrische Empfindlichkeit;
– eine hohe mechanische Steifigkeit und Festigkeit sowie eine leichte mechanische Bearbeitbarkeit;
– einen großen elektrischen Isolationswiderstand;
– eine langfristige Stabilität der wichtigen Materialeigenschaften und ihre geringe Abhängigkeit von äußeren Einflüssen – besonders möglichst kleine Temperaturabhängigkeit der piezoelektrischen Empfindlichkeit;
– einen linearen Zusammenhang zwischen der mechanischen Spannung und der elektrischen Polarisation;
– niedrige Herstellungskosten.

Zu den einzelnen Forderungen sei noch kurz folgendes bemerkt: Die piezoelektrische Empfindlichkeit wird von den piezoelektrischen Koeffizienten $d_{i\lambda}$ bestimmt. Ihre Matrix hängt von der Kristallsymmetrie ab. Der im Aufnehmer zur Geltung kommende piezoelektrische Koeffizient soll möglichst groß sein. Die übrigen Koeffizienten tragen dagegen im allgemeinen zu unerwünschten Nebeneffekten bei. Deshalb sind für die piezoelektrischen Elemente Materialien mit einer niedrigen Kristallsymmetrie bzw. die in bezug auf die Kristallachsen gedrehten Kristallschnitte eher ungünstig. Besondere Anforderungen an die Form der Matrix der piezoelektrischen Koeffizienten stellen die Mehrkomponentenaufnehmer (s. Abschnitt 9.3).

Eine hohe mechanische Steifigkeit gewährleistet einen kurzen Meßweg und eine hohe Eigenfrequenz (s. Abschnitt 8.2). Sie ist um so größer, je kleiner die elastischen Koeffizienten $s_{\lambda\mu}$ sind. Eine zu stark ausgeprägte Anisotropie der elastischen

Eigenschaften in der Ebene der Druckflächen verursacht infolge der Wechselwirkung der anisotropen Kristallflächen mit den isotropen Stempelflächen eine entsprechende Anisotropie der radialen Spannungen. Dadurch entsteht im piezoelektrischen Element ein komplizierter mehrachsiger Spannungszustand, der seine piezoelektrische Empfindlichkeit oder sogar die Reproduzierbarkeit der Messungen (s. Abschnitt 6.2.4) ungünstig beeinflussen kann. Eine hohe mechanische Festigkeit ist eine wichtige Voraussetzung für die Messung großer Kräfte, Drücke und Beschleunigungen sowie für die Beständigkeit der Aufnehmer gegenüber mechanischen Stößen. Eine leichte mechanische Bearbeitung vereinfacht die Herstellungstechnologie von piezoelektrischen Elementen.

Ein großer elektrischer Isolationswiderstand ermöglicht quasistatisches Messen mit piezoelektrischen Aufnehmern. Neben dem spezifischen Widerstand des piezoelektrischen Materials muß man auch die Oberflächenleitfähigkeit mitberücksichtigen, die stark von der Oberflächenbearbeitung und -behandlung abhängig ist. Sehr wichtig ist dabei auch die Temperaturabhängigkeit des Isolationswiderstandes.

Das Problem der langfristigen Stabilität tritt z. B. bei α-Quarz im Zusammenhang mit der Zwillingsbildung (s. Abschnitt 6.2.4) oder bei piezoelektrischen Keramiken mit den Alterungseffekten (s. Abschnitt 6.5.1) auf. Die Untersuchung des linearen Zusammenhanges zwischen der mechanischen Spannung und der elektrischen Polarisation wurde erst durch die Messung der Materialkonstanten dritter Ordnung (s. Abschnitte 5.14 und 6.2.7) aktualisiert. Die Unterdrückung der Zwillingsbildung und die Erreichung einer von der Temperatur und der wirkenden mechanischen Spannung möglichst unabhängigen piezoelektrischen Empfindlichkeit stellt eine recht interessante physikalische Aufgabe dar. Zu ihrer Lösung kann neben der Wahl des Materials auch die Orientierung des piezoelektrischen Elementes in bezug auf die kristallographischen Achsen beitragen.

Für die Herstellungskosten sind der Preis des piezoelektrischen Materials und der Aufwand für seine Bearbeitung maßgebend.

6.2 Quarz

Der wichtigste Einkristall für die piezoelektrische Meßtechnik bleibt Quarz. Seine chemische Bezeichnung ist Siliciumdioxid, SiO_2. Er tritt in mehreren, aus Silicium-Sauerstoff-Tetraedern aufgebauten Modifikationen auf. Für piezoelektrische Anwendungen benützt man seine unterhalb von 573 °C vorkommende Tieftemperaturmodifikation. Sie wird normalerweise als α-Quarz (Tiefquarz) bezeichnet und gehört zu der trigonal-trapezoedrischen Symmetrieklasse 32 des rhomboedrischen (trigonalen) Kristallsystems. In jeder Elementarzelle befinden sich drei Moleküle SiO_2. Die dreizählige Symmetrieachse in der Richtung der Raumdiagonale wird als optische kristallographische c-Achse bezeichnet. Senkrecht zu ihr stehen drei gleichwertige zweizählige kristallographische a-Achsen, die man beim Quarz auch als elektrische Achsen bezeichnet (Bild 6.1). Bei Zimmertemperatur sind die Gitterkonstanten $a_0 = 0{,}491267$ nm und $c_0 = 0{,}540459$ nm.

Die Temperaturerhöhung über 573 °C führt zu einer Phasenumwandlung. Die dabei entstehende Modifikation gehört zur hexagonal-trapezoedrischen Symme-

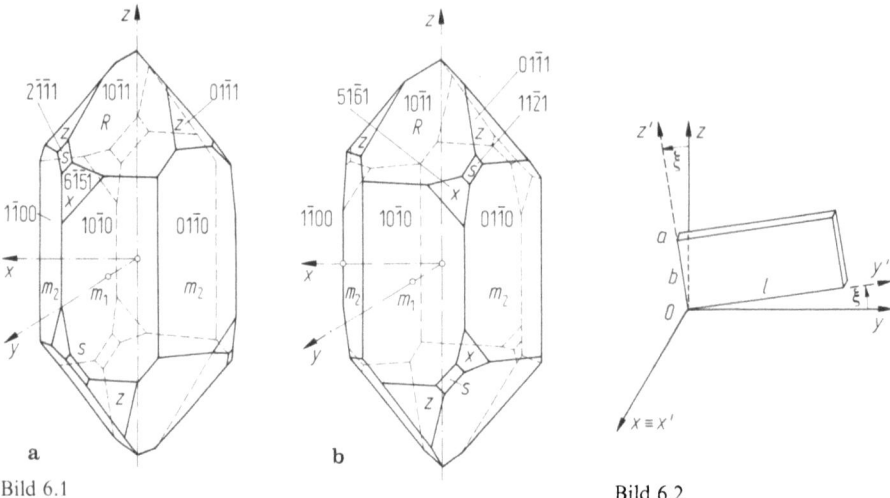

Bild 6.1. Die zwei enantiomorphen Formen von α-Quarz mit kartesischen Koordinatensystemen. **a** Linksquarz, **b** Rechtsquarz [B 5]

Bild 6.2. Das Kristallelement mit der Orientierung X Y a ξ

trieklasse 622 des hexagonalen Kristallsystems. Sie ist stabil im Temperaturintervall von 573 bis 870 °C. In der Literatur über Piezoelektrizität wird sie gewöhnlich als β-Quarz (Hochquarz) bezeichnet. Manche Autoren (z. B. [S8]) benützen jedoch für die beiden bereits genannten Quarzmodifikationen gerade die umgekehrte Bezeichnung und nennen die Tieftemperaturmodifikation β-Quarz und die Modifikation oberhalb von 573 °C α-Quarz.

Die Phasenumwandlung α-β-Quarz ist ein Phasenübergang vom Verschiebungstyp (displazive Umwandlung). Sie zeichnet sich schon weit unterhalb von 573 °C durch einen Anstieg des Zellvolumens ab [A5]. Die Atome der Kristallstruktur verschieben sich dabei „stetig" mit steigender Temperatur derart, daß sie mit der Umwandlungstemperatur Lagen der höheren Punktsymmetrie einnehmen. Im Raman-Spektrum wurde von Raman bei dieser Umwandlung zum erstenmal eine „weiche Schwingung" (s. Abschnitt 5.12.3) experimentell beobachtet [R 2].

Zwischen 870 und 1470 °C ist der Tridymit und im Temperaturbereich zwischen 1470 und 1710 °C der Cristobalit stabil. Der Cristobalit ist die symmetrischste Modifikation. Er besitzt eine diamantähnliche kubische Struktur.

6.2.1 Wahl des Koordinatensystems

Der α-Quarz tritt in zwei enantiomorphen Formen auf. Sie werden als Rechts- und Linksquarz bezeichnet. Die Raumgruppe des Rechtsquarzes ist $P3_221$, diejenige des Linksquarzes $P3_121$. Alle Vorgänge im Rechtsquarz laufen in gleicher Weise, jedoch spiegelsymmetrisch wie im Linksquarz ab. Die beiden Formen sind schematisch im Bild 6.1 dargestellt. Sie unterscheiden sich äußerlich durch die Lage der Trapezoederflächen, durch die Ätzfiguren, durch das Reflexionsvermögen der

6.2 Quarz

Röntgenstrahlen von bestimmten Gitterebenen und durch den Drehsinn der optischen Aktivität, von dem ihre Bezeichnung abgeleitet ist. Als Rechtsquarz (rechtsdrehenden Quarz) bezeichnet man dabei einen Quarzkristall, der auf die Polarisationsebene bei der Ausbreitung einer Lichtwelle in der Richtung der optischen Achse rechtsdrehend wirkt. Ein zur Lichtquelle blickender Beobachter muß in diesem Fall den Analysator im Uhrzeigersinn drehen, um der Drehung der Polarisationsebene zu folgen. Ein Linksquarz (linksdrehender Quarz) dreht die Polarisationsebene im entgegengesetzten Sinn.

Die Wahl eines kartesischen Koordinatensystems in einem Rechts- bzw. Linksquarz war früher nicht einheitlich geregelt. Allgemein wählt man die x-Achse in der Richtung einer der drei elektrischen a-Achsen und die z-Achse in der Richtung der optischen c-Achse. Cady [C2] benützt mit einigen anderen Autoren (z. B. [P3]) für Rechtsquarz ein rechtshändiges (positives) und für Linksquarz ein linkshändiges (negatives) Koordinatensystem. Voigt [V4] benützt dagegen für Rechts- und Linksquarz ein einheitliches rechtshändiges Koordinatensystem, wobei die Achsen so orientiert sind, daß man beim Rechtsquarz für c_{14}, d_{11}, e_{11} und e_{14} einen positiven Wert, für s_{14} und d_{14} einen negativen Wert erhält. In letzter Zeit setzte sich aufgrund der Empfehlung „IRE Standards on Piezoelectric Crystals, 1949" [I2] für Rechts- und Linksquarz ein einheitliches rechtshändiges Koordinatensystem durch, in dem jedoch die x- und y-Achse einen umgekehrten Sinn gegenüber dem Koordinatensystem von Voigt besitzen.

Je nach Wahl des Koordinatensystems kann man unterschiedliche Vorzeichen für die in der Tabelle 6.1 zusammengestellten Materialkonstanten bekommen. In der Tabelle sind die Vorzeichen dieser Materialkonstanten in entsprechenden Koordinatensystemen für Rechts- bzw. Linksquarz angegeben.

Für die Bezeichnung der Orientierung der Kristallschnitte übernehmen wir die Methode, welche man bei piezoelektrischen Resonatoren benützt [I2, P3, P7]. Man setzt dabei ein piezoelektrisches Element in der Form eines Quaders mit der Länge l, Breite b und Dicke a voraus (Bild 6.2). Das für einen Kristallschnitt verwendete Symbol gibt an, wie er mit Hilfe von aufeinanderfolgenden Drehungen

Tabelle 6.1. Vom Koordinatensystem abhängige Vorzeichen von Materialkonstanten (RH ... rechtshändig, LH ... linkshändig)

Koordinatensystem nach	IRE Standards 1949		Cady		Voigt	
Quarz	Rechts-Quarz	Links-Quarz	Rechts-Quarz	Links-Quarz	Rechts-Quarz	Links-Quarz
Koordinatensystem	RH	RH	RH	LH	RH	RH
s_{14}	+	+	−	−	−	−
c_{14}	−	−	+	+	+	+
d_{11}	−	+	+	+	+	−
d_{14}	−	+	−	−	−	+
e_{11}	−	+	+	+	+	−
e_{14}	+	−	+	+	+	−

um die Kanten des Quaders aus einem Referenzzustand abgeleitet werden kann. Der Referenzzustand wird dabei so gewählt, daß die Kanten des Quaders parallel zu den Achsen x, y, z des kartesischen Kristallkoordinatensystems liegen. Die ersten zwei Buchstaben des Symbols geben der Reihe nach die Richtungen der Dicke und Länge des Quaders im Referenzzustand an. Es folgt die Angabe der Kante und des Winkels, um den das Kristallelement um die Kante gedreht wird. Wenn mehrere Drehungen erforderlich sind, so werden sie in der angestrebten Reihenfolge angegeben. Die zweite bzw. dritte Drehung bezieht sich auf die Lagen der Kanten, die sie durch die vorhergehenden Drehungen eingenommen haben. Bei einer Kreisplatte werden im Referenzzustand die Richtungen der Dicke und des Durchmessers, um den die Kreisplatte gedreht wird, angegeben. Falls keine Drehung notwendig ist, genügt die Richtungsangabe der Dicke. Eine solche Bezeichnung der Kristallschnitte bleibt nicht auf Quarz beschränkt, sondern wird allgemein verwendet.

6.2.2 Physikalische Eigenschaften

Die Dichte des α-Quarzes bei Zimmertemperatur $\varrho = 2{,}649 \cdot 10^3 \, \text{kg m}^{-3}$. Seine Härte nach Mohs ist gleich 7. Er ist praktisch wasserunlöslich und gegenüber dem Einfluß der meisten Säuren und Laugen beständig. Quarz schmilzt erst bei 1710 °C.

Für die Anwendung des α-Quarzes in der piezoelektrischen Meßtechnik ist seine mechanische Festigkeit sehr wichtig. Die Druckfestigkeit von Quarzplatten liegt je nach ihrer Orientierung etwa im Druckbereich von $2 \cdot 10^9$ bis $3 \cdot 10^9$ Pa. Beim Pressen zwischen zwei Stahlplatten ist nach Berndt [G 6, S. 329] die maximale Druckfestigkeit von Quarzzylindern mit Zylinderachsen parallel zur optischen Achse c $2{,}75 \cdot 10^9$ Pa und von Quarzzylindern mit Zylinderachsen senkrecht zu c $2{,}7 \cdot 10^9$ Pa. Die Druckwirkung wird dabei in der Richtung der Zylinderachse vorausgesetzt. Bei allseitiger Kompression der Meßprobe nimmt die Druckfestigkeit des Quarzes noch zu und erreicht nach Bridgman [B 20] etwa $4 \cdot 10^9$ Pa. Die Zugfestigkeit ist dagegen wesentlich geringer. Bei Quarzstäben mit Stabachsen in der Richtung der optischen Achse c beträgt sie etwa $1{,}2 \cdot 10^8$ Pa, mit Stabachsen senkrecht zu c $0{,}95 \cdot 10^8$ Pa.

Die Temperaturausdehnungskoeffizienten des α-Quarzes bei Zimmertemperatur sind $\alpha_{11} = 13{,}7 \cdot 10^{-6} \, \text{K}^{-1}$ und $\alpha_{33} = 7{,}4 \cdot 10^{-6} \, \text{K}^{-1}$. Sie nehmen mit der Temperatur zu. Im Temperaturbereich von 0 bis 400 °C kann man mit mittleren Temperaturausdehnungskoeffizienten $\bar{\alpha}_{11} = 18{,}5 \cdot 10^{-6} \, \text{K}^{-1}$ und $\bar{\alpha}_{33} = 10{,}5 \cdot 10^{-6} \, \text{K}^{-1}$ rechnen (Bild 6.3).

α-Quarz ist ein sehr guter Isolator. Sein spezifischer Widerstand beträgt bei Zimmertemperatur in der Richtung der optischen Achse bei Naturquarzkristallen $\varrho_c = 5 \cdot 10^{12} \ldots 2 \cdot 10^{13} \, \Omega \, \text{m}$ und bei synthetischen Quarzkristallen $\varrho_c = 10^{15} \ldots 10^{16} \, \Omega \, \text{m}$. In der senkrechten Richtung zur optischen Achse ist der spezifische Widerstand mindestens um zwei Zehnerpotenzen größer. Er nimmt mit zunehmender Temperatur stark ab, wobei sich diese Abhängigkeit durch eine Exponentialabhängigkeit vom Kehrwert der absoluten Temperatur beschreiben läßt [K 10]. Für die piezoelektrische Meßtechnik ist jedoch daneben die Oberflächenleitfähigkeit des α-Quarzes von besonderer Bedeutung [T 14].

6.2 Quarz

Tabelle 6.2. Physikalische Eigenschaften des α-Quarzes (für Linksquarz)

Matrix der Elastizitätskoeffizienten

$$\begin{pmatrix} s_{11} & s_{12} & s_{13} & s_{14} & 0 & 0 \\ s_{12} & s_{11} & s_{13} & -s_{14} & 0 & 0 \\ s_{13} & s_{13} & s_{33} & 0 & 0 & 0 \\ s_{14} & -s_{14} & 0 & s_{44} & 0 & 0 \\ 0 & 0 & 0 & 0 & s_{44} & 2s_{14} \\ 0 & 0 & 0 & 0 & 2s_{14} & 2(s_{11}-s_{12}) \end{pmatrix}$$

Matrix der Elastizitätsmoduln

$$\begin{pmatrix} c_{11} & c_{12} & c_{13} & c_{14} & 0 & 0 \\ c_{12} & c_{11} & c_{13} & -c_{14} & 0 & 0 \\ c_{13} & c_{13} & c_{33} & 0 & 0 & 0 \\ c_{14} & -c_{14} & 0 & c_{44} & 0 & 0 \\ 0 & 0 & 0 & 0 & c_{44} & c_{14} \\ 0 & 0 & 0 & 0 & c_{14} & \tfrac{1}{2}(c_{11}-c_{12}) \end{pmatrix}$$

Elastizitätskoeffizienten in $10^{-12} \text{N}^{-1} \text{m}^2$

	s^E_{11}	s^E_{12}	s^E_{13}	s^E_{14}	s^E_{33}	s^E_{44}	$[s^E_{66}]$
Adiabatische (25 °C)	12,777	−1,807	−1,235	4,521	9,735	19,985	29,167
Isotherme (25 °C)	12,809	−1,775	−1,218	4,521	9,743	19,985	29,167

Temperaturkoeffizienten der Elastizitätskoeffizienten in 10^{-6}K^{-1} (25 °C)

$TK(s^E_{11})$	$TK(s^E_{12})$	$TK(s^E_{13})$	$TK(s^E_{14})$	$TK(s^E_{33})$	$TK(s^E_{44})$	$[TK(s^E_{66})]$
8,5	−1296,5	−168,8	140,6	139,7	211,1	−151,9

Elastizitätsmoduln in 10^9Nm^{-2}

	c^E_{11}	c^E_{12}	c^E_{13}	c^E_{14}	c^E_{33}	c^E_{44}	$[c^E_{66}]$
Adiabatische (25 °C)	86,80	7,04	11,91	−18,04	105,75	58,20	39,88
Isotherme (25 °C)	86,48	6,72	11,66	−18,04	105,55	58,20	39,88

Temperaturkoeffizienten der Elastizitätsmoduln in 10^{-6}K^{-1} (25 °C)

$TK(c^E_{11})$	$TK(c^E_{12})$	$TK(c^E_{13})$	$TK(c^E_{14})$	$TK(c^E_{33})$	$TK(c^E_{44})$	$[TK(c^E_{66})]$
−44,3	−2690	−550	117	−160	−175,4	187,6

Matrix der piezoelektrischen Koeffizienten

$$\begin{pmatrix} d_{11} & -d_{11} & 0 & d_{14} & 0 & 0 \\ 0 & 0 & 0 & 0 & -d_{14} & -2d_{11} \\ 0 & 0 & 0 & 0 & 0 & 0 \end{pmatrix}$$

Matrix der piezoelektrischen Moduln

$$\begin{pmatrix} e_{11} & -e_{11} & 0 & e_{14} & 0 & 0 \\ 0 & 0 & 0 & 0 & -e_{14} & -e_{11} \\ 0 & 0 & 0 & 0 & 0 & 0 \end{pmatrix}$$

Piezoelektrische Koeffizienten (20 °C)
in 10^{-12}CN^{-1} in C^{-1}m^2

d_{11}	d_{14}	g_{11}	g_{14}
2,30	0,67	0,0578	0,0182

Piezoelektrische Moduln (20 °C)
in Cm^{-2} in 10^9NC^{-1}

e_{11}	e_{14}	h_{11}	h_{14}
0,171	−0,041	4,36	−1,04

Temperaturkoeffizienten der piezoelektrischen Koeffizienten in 10^{-4}K^{-1} (20 °C)

$TK(d_{11})$	$TK(d_{14})$
−2,15	12,9

Temperaturkoeffizienten der piezoelektrischen Moduln in 10^{-4}K^{-1} (20 °C)

$TK(e_{11})$	$TK(e_{14})$
−1,6	−14,4

Matrix der Permittivitäten

$$\begin{pmatrix} \varepsilon_{11} & 0 & 0 \\ 0 & \varepsilon_{11} & 0 \\ 0 & 0 & \varepsilon_{33} \end{pmatrix}$$

Permittivitätszahlen (20 °C)				Temperaturkoeffizienten der Permittivitätszahlen in 10^{-4}K^{-1} (20 °C)		Ausdehnungskoeffizienten in 10^{-6}K^{-1} (20 °C)	
$\left(\dfrac{\varepsilon_{11}}{\varepsilon_0}\right)^T$	$\left(\dfrac{\varepsilon_{33}}{\varepsilon_0}\right)^T$	$\left(\dfrac{\varepsilon_{11}}{\varepsilon_0}\right)^S$	$\left(\dfrac{\varepsilon_{33}}{\varepsilon_0}\right)^S$	$TK\left(\dfrac{\varepsilon_{11}}{\varepsilon_0}\right)$	$TK\left(\dfrac{\varepsilon_{33}}{\varepsilon_0}\right)$	α_{11}	α_{33}
4,514	4,634	4,428	4,634	0,5	0,5	13,71	7,48

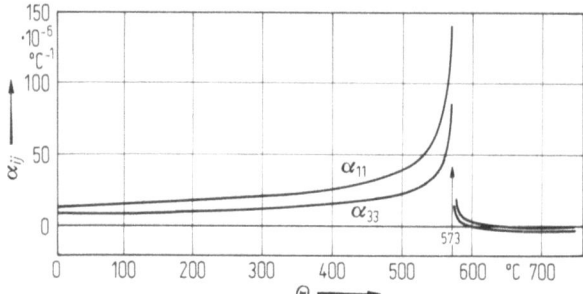

Bild 6.3. Temperaturabhängigkeit der Ausdehnungskoeffizienten von Quarz [M 12]

Die elastischen, piezoelektrischen und dielektrischen Eigenschaften des α-Quarzes ergeben sich aus der Tabelle 6.2. Sie gibt auch die Temperaturkoeffizienten der elastischen und piezoelektrischen Koeffizienten sowie der Moduln wieder. Die Werte der Konstanten wurden aus [B 3, B 4, M 14, T 5, T 8, Z 1] übernommen. Die Temperaturabhängigkeit der piezoelektrischen Koeffizienten ist auch im Bild 6.4 dargestellt, da sie für die Anwendung der Quarzelemente in piezoelektrischen Aufnehmern besonders wichtig ist.

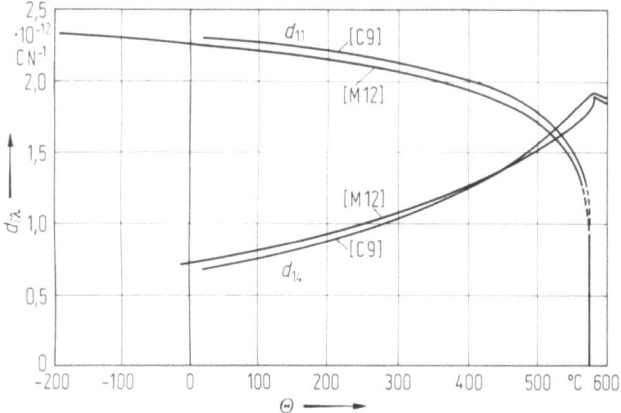

Bild 6.4. Temperaturabhängigkeit der piezoelektrischen Koeffizienten von α-Quarz (für Linksquarz) [M 12, C 9]

6.2.3 Synthetische Quarzkristalle

Quarz ist nach den Feldspäten das häufigste Mineral der Erde. Dennoch findet man Naturquarze brauchbarer Größe und Qualität für technische Anwendungen des piezoelektrischen Effektes hauptsächlich in Brasilien. Die große Nachfrage nach Quarzkristallen für die Herstellung piezoelektrischer Resonatoren und ihre Bedeutung für die Nachrichtentechnik führten während des Zweiten Weltkrieges und in der Nachkriegszeit einerseits zur Suche nach Ersatzkristallen mit vergleichbaren Eigenschaften, andererseits zur Erzeugung von Quarzkristallen durch Hydrothermalsynthese [L 6]. Sie erfolgt in dickwandigen Stahlautoklaven bei sehr

6.2 Quarz

Bild 6.5   Bild 6.6

Bild 6.5. Photographie eines synthetischen Quarzkristalls (Werkbild Kistler)

Bild 6.6. Die aus einem Autoklav herausgezogenen Quarzkristalle (Werkbild Salford Electrical Instruments)

hohen Drücken zwischen 0,3 bis 1,3 kbar und Temperaturen um 400 °C. Als Lösungsmittel dient Wasser mit geringen Zusätzen von Na_2CO_3 oder NaOH. Der Materialtransport geschieht vorwiegend durch Konvektion. Große Quarzkristalle (Bilder 6.5 und 6.6) mit einer Masse von über 1 kg benötigen zum Wachsen mehrere Wochen.

Die Technologie der Quarzbearbeitung wird ausführlich von Heising [H8] behandelt.

6.2.4 Zwillingsbildung

Infolge der Enantiomorphie können im α-Quarz sogenannte brasilianische, Dauphiné- und japanische Zwillinge auftreten. Die brasilianischen Zwillinge sind aus einem Rechts- und einem Linksquarz gebildet, die so durchwachsen sind, daß die Flächen der beiden Rhomboeder (11$\bar{2}$0) in verschiedenen Stellungen miteinander zur Deckung kommen. Die optischen c-Achsen bleiben dabei parallel. Die Polarisationsebene eines Lichtstrahls in der Richtung der optischen Achse c [0001] wird in beiden Zwillingen gerade in entgegengesetzten Richtungen gedreht. Deshalb werden die brasilianischen Zwillinge auch optische Zwillinge genannt.

In Dauphiné-Zwillingen sind zwei Rechts- oder zwei Linksquarze um 60° um die optische Achse gegeneinander verdreht und miteinander so durchwachsen, daß die optischen Achsen c parallel, die elektrischen Achsen a jedoch gerade in entgegengesetzter Richtung laufen (Bild 6.7). Man bezeichnet die Dauphiné-Zwillinge auch als elektrische Zwillinge.

In japanischen Zwillingen bilden die optischen Achsen einen Winkel von 84° 33'. Japanische Zwillinge können aus a) einem Rechts- und einem Linksquarz, b) zwei Rechtsquarzen oder c) zwei Linksquarzen zusammengesetzt sein.

Brasilianische sowie japanische Zwillinge vom Typ a sind Spiegelzwillinge. Man kann in ihnen das Kristallgitter der beiden Individuen durch keine Drehung zur

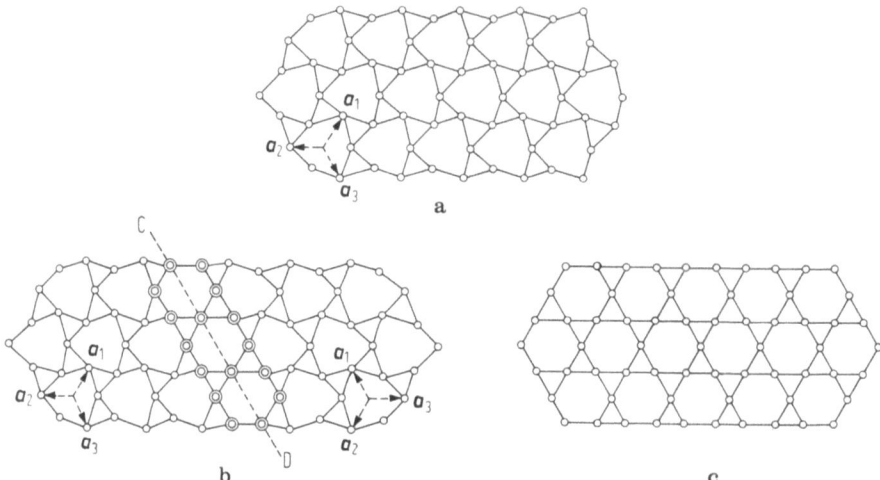

Bild 6.7. a Vereinfachte Darstellung der Projektion der Si-Atome im α-Quarzkristallgitter auf die Ebene (0001). **b** Dauphiné-Zwillinge; links von der Zwillingsgrenze CD sieht man den Bezugszustand, rechts ist die Struktur um 60° um die optische Achse c gedreht. **c** Gitterstruktur des β-Quarzes [K 9]

Deckung bringen. Deshalb können sie nicht durch einen mechanischen oder einen anderen äußeren Einfluß entstehen.

Dagegen ist das Kristallgitter bei den Dauphiné-Zwillingen in beiden Individuen gegenseitig nur einfach verdreht. Solche Zwillinge können in einem unverzwillingten α-Quarz auch durch äußere Einflüsse entstehen. Man spricht dann von einer sekundären Verzwillingung.

Auch in japanischen Zwillingen vom Typ b und c kann man die beiden Individuen durch Drehung um 180° um eine Achse, die senkrecht zu der Verwachsungsebene steht, zur Deckung bringen und nach theoretischen Überlegungen [K9] sollte eine Kraftwirkung in der Ebene (1122) zur Bildung sekundärer japanischer Zwillinge führen. Experimentell wurde jedoch bei solchen Versuchen nur die Bildung der Dauphiné-Zwillinge beobachtet.

Die sekundäre Zwillingsbildung ist mit keiner Formänderung des Kristalls verbunden [K9]. Sie tritt nur dann auf, wenn sie mit der Verkleinerung des Gibbsschen Potentials verbunden ist. Wir bezeichnen im thermodynamischen Gleichgewicht das pro Volumeneinheit bezogene thermodynamische Gibbssche Potential im Referenzzustand mit $G(1)$ und im verzwillingten Zustand (nach der Umorientierung der a-Achse) mit $G(2)$. Die Zwillingsbildung hat die Vorzeichenänderung bei den eingerahmten Koeffizienten in $d_{i\lambda}$ und $s_{\lambda\mu}$ Matrizen zur Folge:

$$\begin{pmatrix} \boxed{d_{11} - d_{11} \quad 0} & d_{14} & 0 & 0 \\ 0 \quad 0 \quad 0 & 0 & \boxed{-d_{14} \quad -2d_{11}} \\ 0 \quad 0 \quad 0 & \boxed{0 \quad 0} & 0 \end{pmatrix}, \qquad (6.1)$$

6.2 Quarz

$$\begin{pmatrix} s_{11} & s_{12} & s_{13} & s_{14} & 0 & 0 \\ s_{12} & s_{11} & s_{13} & -s_{14} & 0 & 0 \\ s_{13} & s_{13} & s_{33} & 0 & 0 & 0 \\ s_{14} & -s_{14} & 0 & s_{44} & 0 & 0 \\ 0 & 0 & 0 & 0 & s_{44} & 2s_{14} \\ 0 & 0 & 0 & 0 & 2s_{14} & 2(s_{11}-s_{12}) \end{pmatrix}. \quad (6.2)$$

Aus (5.127) und (5.128) ergibt sich für α-Quarz unter Berücksichtigung seiner Symmetrie folgende thermodynamische Bedingung für die Zwillingsbildung

$$\Delta G = G(2) - G(1) =$$
$$= 2s_{14}(T_1 T_4 - T_2 T_4 + 2T_5 T_6) + 2d_{11}(E_1 T_1 - E_1 T_2 - 2E_2 T_6) < 0. \quad (6.3)$$

α-Quarz gehört also nach der Terminologie von Aizu [A2, A3] und Newnham [N5, N6, N7] zur Klasse der Ferrobielastika und potentiell zur Klasse der Ferroelastoelektrika. Seine ferroelastoelektrischen Eigenschaften wurden jedoch bisher experimentell noch nicht nachgewiesen.

Zu den meistgebrauchten Quarzelementen in piezoelektrischen Aufnehmern zählt die X-Quarzplatte. Unter der Annahme eines einachsigen Spannungszustandes in der Richtung der x-Achse (nur $T_1 \neq 0$) wäre eine Zwillingsbildung in einer solchen Platte von keiner Änderung des Gibbsschen Potentials begleitet und man sollte also auch keine Zwillingsbildung erwarten. Bei Druckversuchen sowie in Aufnehmern beobachtet man jedoch, daß bei Zimmertemperatur die X-Quarzelemente bei einer Belastung von $5 \cdot 10^8$ bis $9 \cdot 10^8$ Pa verzwillingen. Dies muß auf den mehrachsigen Spannungszustand zurückgeführt werden, der durch die Verbiegung der Stempelflächen und durch eine unterschiedliche Querausdehnung der Stempel und der Quarzplatte bedingt wird. Mit zunehmender Temperatur setzt die Zwillingsbildung schon bei einer kleineren Belastung ein, und kurz unterhalb der Umwandlungstemperatur von 573 °C kann man die Zwillingsbildung auch in einem unbelasteten Zustand beobachten.

Die Existenz der Dauphiné-Zwillinge kann man mit Hilfe der Ätzfiguren (Bilder 6.8 und 6.9) nach dem Ätzen der Quarzproben z. B. in Flußsäure (s. [C2, S. 419], [H8, S. 164], [J4, J5]) und aufgrund der unterschiedlichen Intensität der Reflexe der Gitterebenen $(h k l)$ und $(\bar{h}\bar{k} l)$ [A5, I1, M13] nachweisen. Die Zwillingsbildung wird durch eine sprunghafte Änderung der piezoelektrischen Polarisation begleitet, die in der (z. B. mit einem X-Y-Schreiber aufgenommenen) Abhängigkeit der elektrischen Flußdichte D von der mechanischen Spannung T deutlich zum Ausdruck kommt. Daneben wurde die Zwillingsbildung auch direkt optisch im polarisierten Licht [A3, D3] und mit Hilfe der Schlierenmethode [B13, B15] beobachtet.

Es wurde dabei festgestellt, daß die während der Belastung entstandenen Zwillinge bei der Entlastung wieder ganz verschwinden können. Eine solche Zurückbildung der Zwillinge bei einer in der Richtung ihrer Dicke gedrückten X-Quarz-

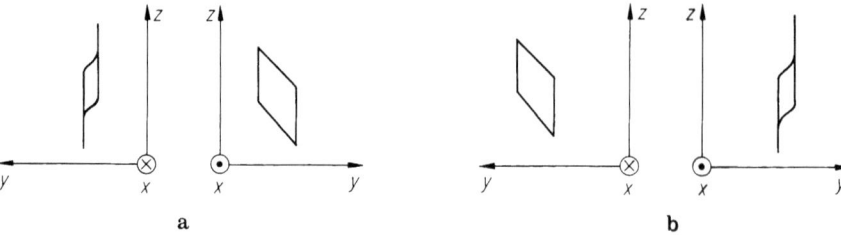

Bild 6.8. Polarisationsladungen bei einer Druckbelastung in der Richtung der x-Achse und schematisch dargestellte Ätzfiguren (von oben gesehen) bei einer X-Quarzplatte aus einem Rechtsquarz in bezug auf das mit dem Referenzzustand verbundene Koordinatensystem.
a Referenzzustand, **b** verzwillingter Zustand

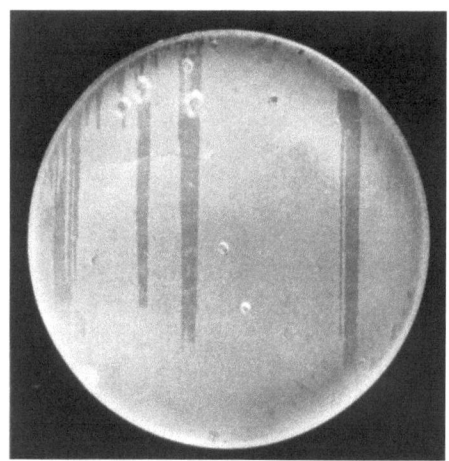

Bild 6.9. Nach dem Ätzen einer X-Quarzplatte unter einer schrägen Beleuchtung sichtbare Dauphiné-Zwillinge (Werkbild Kistler)

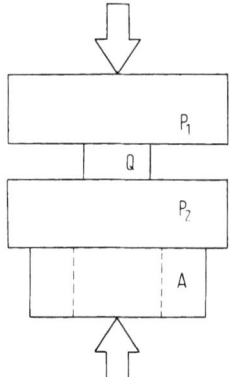

Bild 6.10. Schematische Darstellung der Versuchsanordnung zur Untersuchung der Zwillingsbildung. Q Quarzelement; P_1, P_2 Druckstempel; A piezoelektrischer Kraftaufnehmer zur Messung der wirkenden Kraft

platte (Bild 6.10) kann man auch in der schematisierten Abhängigkeit D_1 von T_1 im Bild 6.11a erkennen. Bis zum Punkt A folgt die Kurve der Gleichung $D_1 = d_{11}^*(0)\, T_1$. Der Proportionalitätsfaktor $d_{11}^*(0)$ ist der effektive piezoelektri-

6.2 Quarz

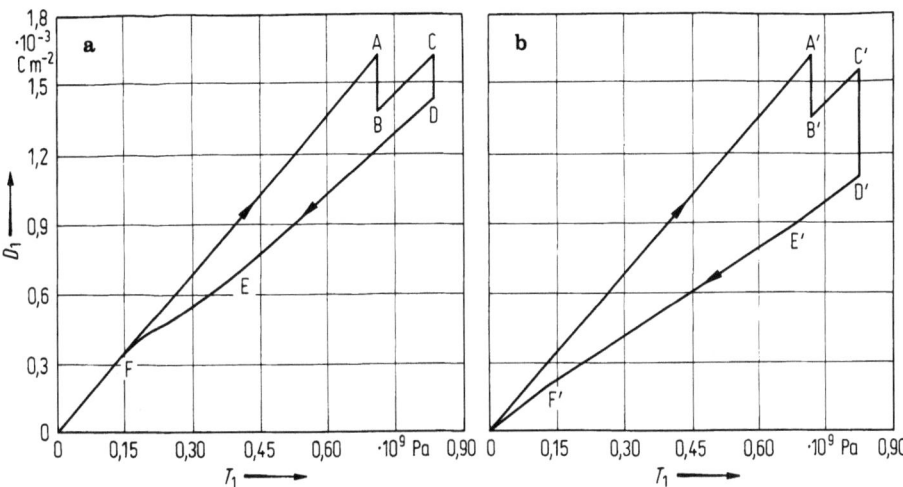

Bild 6.11. Schematische Darstellung der Abhängigkeit der piezoelektrischen Flußdichte D_1 von der mechanischen Spannung T_1.
a Vollständige Zurückbildung der Zwillinge, **b** Teilweise Bildung der stabilen Zwillinge

sche Koeffizient, der die von den Stempeln eingeprägte Querausdehnung der Quarzplatte berücksichtigt. Im Punkt A setzt die Zwillingsbildung ein. Die Umorientierung der verzwillingten Gebiete unter mechanischer Belastung bedeutet ihre Umpolarisierung. Dies verursacht eine sprunghafte Verkleinerung von D_1 bis zum Punkte B. Der dabei entstandene Zwilling bleibt während der weiteren Belastung zwischen den Punkten B und C „stabil" und verursacht eine herabgesetzte piezoelektrische Empfindlichkeit $d_{11}^*(B)$. Dementsprechend ist die Steigung des geraden Stückes BC geringer als die des Stückes 0A. Zwischen den Punkten C und D kommt es zu einer nochmaligen Zwillingsbildung, welche wieder durch eine sprunghafte Verkleinerung von D_1 begleitet wird und zu einer weiteren Herabsetzung der piezoelektrischen Empfindlichkeit auf den Wert $d_{11}^*(D)$ ($d_{11}^*(D) < d_{11}^*(B) < d_{11}^*(0)$) führt.

Bei der Entlastung nimmt D_1 proportional zu T_1 ab, wobei die Steigung des geraden Stückes DE durch $d_{11}^*(D)$ bestimmt wird. Im Punkt E kann man einen neuen Effekt beobachten. Infolge der Zurückbildung der Zwillinge verringert sich während der weiteren Entlastung die Abnahme von D_1 und gleichzeitig nimmt die piezoelektrische Empfindlichkeit zu. Im Punkt F verschwinden alle Zwillinge vollständig und die piezoelektrische Empfindlichkeit erreicht ihren ursprünglichen Wert $d_{11}^*(0)$. Unter dem Punkt F verhält sich die Quarzplatte wie am Anfang vor der Zwillingsbildung.

Die Zwillingsbildung zwischen den Punkten A und B bzw. C und D hängt von der Dauer der mechanischen Belastung ab. Wenn die Belastung genügend lange andauert, verzwillingen größere Gebiete und es können auch „stabile" Zwillinge entstehen. Statt der Abhängigkeit D_1 von T_1 im Bild 6.11a beobachtet man eine veränderte Abhängigkeit, die schematisch im Bild 6.11b dargestellt ist. Die Zurückbildung der Zwillinge zwischen den Punkten E' und F' dehnt sich auf einem breiteren Bereich von T_1 aus und der Punkt F' liegt unter der Anstiegsgeraden

0A'. Dies bedeutet, daß sich diesmal nicht alle Zwillinge während der Entlastung zurückgebildet haben. Die gebliebenen „stabilen" Zwillinge haben eine dauernde Herabsetzung der piezoelektrischen Empfindlichkeit der Quarzplatte zur Folge und man kann sie auch durch Ätzfiguren nachweisen. Die Bildung der „stabilen" Zwillinge kann neben der Dauer der Belastung auch durch die Höhe der Belastung und durch die erhöhte Temperatur begünstigt werden.

Wie wir schon erwähnt haben, kann man annehmen, daß für die Zwillingsbildung in einer X-Quarzplatte unter der Druckwirkung in der Richtung der x-Achse der mehrachsige Spannungszustand – das Auftreten der Spannungen T_2, T_4, T_5, T_6 – verantwortlich ist. Der Reibungsmechanismus zwischen den Stempeln und der Quarzplatte, der eventuell eine lokale, plastische Deformation zur Folge hat, kann dabei verursachen, daß der mehrachsige Spannungszustand bei der Belastung und Entlastung der Quarzplatte bei derselben Kraftwirkung nicht unbedingt identisch ist. Der Spannungszustand kann während der Belastung die thermodynamischen Bedingungen für die Zwillingsbildung und während der Entlastung für die Zurückbildung der Zwillinge erfüllen [B15].

Die Bildung der Zwillinge beginnt, wie sich aus optischen Beobachtungen ergibt, normalerweise an Stellen der größten Spannungskonzentration, an Berührungsflächen der Quarzplatte mit den Stempeln oder an Defektstellen (Störstellen) in der Quarzplatte. Die Zwillinge wachsen zuerst in der Richtung der x-Achse und breiten sich nachher in der Richtung der z-Achse aus. Bei Zimmertemperatur sind die Zwillingsgrenzen in Ätzfiguren meistens gerade, bei hohen Temperaturen können sie oft sehr unregelmäßig sein [B14].

6.2.5 Unterdrückung der sekundären Zwillingsbildung

Ein in bezug auf die kristallographischen Achsen allgemein orientierter einachsiger Spannungszustand kann die Zwillingsbildung entweder begünstigen ($\Delta G < 0$) oder behindern ($\Delta G > 0$). Um die entsprechende thermodynamische Bedingung mathematisch auszudrücken, wählen wir ein neues, in bezug auf das Kristallkoordinatensystem $(O, x, y, z) \equiv (O, x_1, x_2, x_3)$ gedrehtes, kartesisches Koordinatensystem (O, x'_1, x'_2, x'_3). Dieses entsteht aus dem Kristallkoordinatensystem durch Drehung um den Winkel ζ um die x_3-Achse und anschließend durch Drehung um den Winkel ξ um die durch die erste Drehung festgelegte x'_1-Achse. Die einzige wirkende Spannungskomponente sei T'_2 in der Richtung der x'_2-Achse, das elektrische Feld sei Null.

Für die Änderung der Dichte des Gibbsschen Potentials durch die Zwillingsbildung gilt

$$\Delta G = \frac{1}{2}(s'_{22}(1) - s'_{22}(2))T'^2_2. \tag{6.4}$$

Die Transformationsmatrix für die betrachtete zweifache Drehung des Koordinatensystems lautet

$$\begin{pmatrix} \cos\zeta & \sin\zeta & 0 \\ -\sin\zeta\cos\xi & \cos\zeta\cos\xi & \sin\xi \\ \sin\zeta\sin\xi & -\cos\zeta\sin\xi & \cos\xi \end{pmatrix}. \tag{6.5}$$

6.2 Quarz

Mit ihrer Hilfe bekommen wir die Transformationsgleichungen für $s'_{22}(1)$ und $s'_{22}(2)$. Diese unterscheiden sich jedoch voneinander nur durch das Vorzeichen der Terme, welche die in der Matrix (6.2) eingerahmten elastischen Koeffizienten umfassen. So bekommen wir

$$\Delta s'_{22} = s'_{22}(1) - s'_{22}(2) = -4\cos 3\zeta \sin\xi \cos^3\xi \, s_{14} \tag{6.6}$$

und

$$\Delta G = -2\cos 3\zeta \sin\xi \cos^3\xi \, s_{14} T_2'^2. \tag{6.7}$$

Über die Zwillingsbildung entscheidet der Wert der Funktion $\Omega(\zeta, \xi) = \cos 3\zeta \sin\xi \cos^3\xi$. Berücksichtigt man, daß beim Quarz (nach [B5]) $s_{14} > 0$ ist, wird die Zwillingsbildung verhindert, wenn $\Omega < 0$ ist. Der Wert von Ω ist ein Maß für die Neigung zur Zwillingsbildung in einem einachsigen Spannungszustand. Die größte Widerstandsfähigkeit gegen die Zwillingsbildung kann man erwarten, wenn

$$\Omega = \min. \tag{6.8}$$

Bei positiven Werten von Ω wird die Zwillingsbildung begünstigt. Die Abhängigkeit der Neigung zur Zwillingsbildung vom Spannungszustand kann man auch zur Entzwillingung der Quarzkristalle, besonders der Naturquarze, ausnützen [T2, T3, W5, W6].

Die Bedingung für die maximale Widerstandsfähigkeit gegen die Zwillingsbildung erfüllt z. B. ein Quarzstab mit der Orientierung XYa 150° für den transversalen piezoelektrischen Effekt. Die Belastung erfolgt dabei in der Richtung der gedrehten Längsachse $y' = x'_2$ und die Elektroden bedecken die senkrecht zur $x = x_1$-Achse stehenden Flächen. Bei Quarzelementen für den longitudinalen piezoelektrischen Effekt kann man (6.8) überhaupt nicht erreichen, da für solche Orientierungen die piezoelektrische Empfindlichkeit gleich Null ist. Man muß sich deshalb mit einem Kompromiß zwischen einer genug großen Widerstandsfähigkeit gegen die Zwillingsbildung und der für praktische Anwendungen noch ausreichenden piezoelektrischen Empfindlichkeit begnügen.

Die Unterdrückung der Zwillingsbildung durch eine geeignete Wahl der kristallographischen Orientierung des Quarzelementes wurde zwar experimentell bestätigt [B14, C4], bringt jedoch auch wesentliche Nachteile mit sich. Der Übergang zum gedrehten, mit dem Quarzelement verbundenen Koordinatensystem, erhöht die Anzahl der von Null verschiedenen Elemente in der transformierten Matrix der piezoelektrischen Koeffizienten. Dies bedeutet, daß im Vergleich mit einer X-Quarzplatte noch zusätzliche mechanische Spannungen zur piezoelektrischen Polarisation eines solchen Quarzelementes beitragen können. Neben dem für die Messung verwendeten Effekt zeigt ein solches Element noch unerwünschte piezoelektrische Schub- und Transversalempfindlichkeiten, die man oft durch besondere Maßnahmen kompensieren muß.

Für die piezoelektrische Meßtechnik wäre es sicherlich vorteilhafter, die Zwillingsbildung in einer X-Quarzplatte zu unterdrücken oder wenigstens die Belastungsschwelle für die Zwillingsbildung zu erhöhen. Dazu bieten die thermodynamischen Überlegungen theoretisch zwei Möglichkeiten: Entweder läßt sich durch radiale Vorspannung in einer geeigneten Richtung erreichen, daß bei negativen T_1-Werten $\Delta G > 0$ ist [C4]; oder es ist durch eine geeignete Wahl des Materials der Stempel möglich, die für die Zwillingsbildung verantwortlichen mechanischen Spannungen zu verkleinern. Praktisch wurden jedoch diese Möglichkeiten noch nicht realisiert.

6.2.6 Temperaturabhängigkeit der piezoelektrischen Konstanten

Im Bild 6.4 ist die Temperaturabhängigkeit des piezoelektrischen Koeffizienten d_{11} dargestellt. Die piezoelektrische Empfindlichkeit einer X-Quarzplatte und eines XY-Schnittes für den Transversaleffekt (beim Quarz gilt $d_{12} = -d_{11}$) nimmt mit steigender Temperatur dementsprechend deutlich ab. Dagegen nimmt der Betrag des zweiten unabhängigen piezoelektrischen Koeffizienten d_{14} beim Quarz in der Abhängigkeit von der Temperatur zu. Dies ermöglicht, für den Transversaleffekt einen Quarzschnitt zu finden, bei dem sich die beiden Temperaturabhängigkeiten kompensieren, so daß der wirksame piezoelektrische Koeffizient bei einer bestimmten Temperatur (praktisch in einem bestimmten Temperaturbereich) von der Temperatur unabhängig bleibt.

Die Bestimmung des gesuchten Kristallschnittes ist einfach. Aus (5.57) berechnen wir den piezoelektrischen Koeffizienten eines Quarzschnittes XYaξ für den Transversaleffekt, dessen Längsachse y' gegenüber der kristallographischen y-Achse um den Winkel ξ um die x-Achse gedreht ist. Wir bekommen (s. auch (5.62))

$$d'_{12} = -d_{11}\cos^2\xi + d_{14}\sin\xi\cos\xi. \tag{6.9}$$

Wenn wir die erste Ableitung von d'_{12} nach der Temperatur Θ gleich Null setzen, ergibt sich für ξ folgende Bedingung

$$\tan\xi = \frac{\dfrac{\partial d_{11}}{\partial \Theta}}{\dfrac{\partial d_{14}}{\partial \Theta}}. \tag{6.10}$$

Um die Temperaturabhängigkeit des piezoelektrischen Koeffizienten $d_{i\lambda}$ einfach kennzeichnen zu können, definiert man seinen Temperaturkoeffizienten $TK(d_{i\lambda})$ durch die Beziehung

$$TK(d_{i\lambda}) = \frac{1}{d_{i\lambda}} \frac{\partial d_{i\lambda}}{\partial \Theta}. \tag{6.11}$$

Dies ermöglicht (6.10) in der Form von

$$\tan\xi = \frac{d_{11}TK(d_{11})}{d_{14}TK(d_{14})} \tag{6.12}$$

zu schreiben. Da die Temperaturkoeffizienten $TK(d_{11})$ und $TK(d_{14})$ selbst temperaturabhängig sind, kann man die Bedingung $TK(d'_{12}) = 0$ durch die Wahl von ξ immer nur für eine Temperatur befriedigen. Aus den mittleren Temperaturkoeffizienten $TK(d_{11})$ und $TK(d_{14})$ für den Temperaturbereich 0 bis 400 °C ergibt sich $\xi \approx 155°$. Der entsprechende piezoelektrische Koeffizient $d'_{12} = -2{,}15 \cdot 10^{-12}\,\mathrm{CN}^{-1}$ (für Linksquarz). Sein Wert beträgt also etwa 93% des Wertes von d_{11}.

6.2 Quarz

Unsere Überlegung gilt allerdings nur für ein idealisiertes Modell eines Quarzelementes im einachsigen Spannungszustand in der Richtung seiner Längsachse. Die Wechselwirkung des Quarzelementes mit den krafteinleitenden Stempeln führt auch in diesem Fall in Wirklichkeit zu einem mehrachsigen Spannungszustand (zu einem teilweise geklemmten Zustand) und man bekommt für den optimalen Winkel ξ, bei dem die effektive piezoelektrische Empfindlichkeit des Quarzelementes eine möglichst kleine Temperaturabhängigkeit besitzt, einen größeren Wert. Nimmt man an, daß nur die Deformation in der Richtung der Längsachse des Stabes von Null verschieden ist ($S_2 \neq 0$), so erhält man statt (6.12)

$$\tan \xi = \frac{e_{11} TK(e_{11})}{2e_{14} TK(e_{14})}. \tag{6.13}$$

Diese Bedingung führt zu dem Wert $\xi \approx 165°$, den man als obere Grenze für die Orientierung der Quarzelemente mit einer möglichst kleinen Temperaturabhängigkeit der piezoelektrischen Empfindlichkeit beim Transversaleffekt betrachten kann. Darüber hinaus zeigen solche Quarzelemente eine günstige Widerstandsfähigkeit gegenüber der Zwillingsbildung (s. Abschnitt 10.7 und [C3, C4]). Beim longitudinalen piezoelektrischen Effekt ist es prinzipiell nicht möglich, auf diese Weise durch einen geeigneten Kristallschnitt die Temperaturabhängigkeit der piezoelektrischen Empfindlichkeit zu verkleinern, da sie nur eine Funktion von d_{11} ist. Eine kleine Korrektur erreicht man mit Hilfe eines teilweise geklemmten Zustandes des Quarzelementes.

6.2.7 Nichtlineare elektromechanische Eigenschaften des α-Quarzes

Quarz war einer der ersten Kristalle, in denen der elektrooptische Effekt gefunden wurde. Seine elektrooptischen Koeffizienten sind $\varepsilon_{111} = 2{,}2 \cdot 10^{-23}$ FV^{-1} und $\varepsilon_{231} = 5{,}2 \cdot 10^{-23}$ FV^{-1} bzw. $r_{11} = 4{,}7 \cdot 10^{-13}$ mV^{-1} und $r_{41} = 1{,}9 \cdot 10^{-13}$ mV^{-1}.

Die Elektrostriktion ist im α-Quarz klein. Am einfachsten kann man sie in der Richtung der optischen Achse c nachweisen [B17]. Die elektrische Feldstärke E_3 ruft nämlich nur eine elektrostriktive Deformation hervor. Den elektrostriktiven Effekt kann man laut Abschnitt 5.14.2 dabei folgendermaßen deuten: Bei $E = 0$ ist im α-Quarz $d_{33} = 0$. Das elektrische Feld E_3 induziert jedoch den piezoelektrischen Koeffizienten d_{33}, der zu E_3 proportional ist. Den Elektrostriktionskoeffizienten q_{333} findet man, indem man die Abhängigkeit des von E_3 hervorgerufenen reziproken piezoelektrischen Effektes von E_3 mißt. Man erhält dabei $q_{333} = 3 \cdot 10^{-22}$ m^{2}V^{-2}. Um an einem Z-Schnitt von α-Quarz den gleichen „piezoelektrischen Effekt" wie an einem X-Schnitt zu erhalten, müßte man also ein Feld von der Größenordnung 10^9 Vm^{-1} anlegen. Wesentlich stärker ist der elektrostriktive Effekt in ferroelektrischen Kristallen.

Die piezooptischen Konstanten des α-Quarzes sind in der Tabelle 6.3 zusammengestellt.

Die in derselben Tabelle angegebenen Werte der elektroelastischen Koeffizienten des α-Quarzes wurden aufgrund der Auswertung von Messungen der Abhängigkeit der Resonanzfrequenz der Längs-Dehnungsschwingungen der stabförmi-

Tabelle 6.3. Piezooptische und elektroelastische Konstanten des α-Quarzes

Piezooptische Konstanten (für Linksquarz nach [C 2])
$\Pi_{\lambda\mu}$ in $10^{-12}\,\mathrm{m^2N^{-1}}$

Π_{11}	Π_{12}	Π_{13}	Π_{14}	Π_{31}	Π_{33}	Π_{44}	Π_{41}
1,110	2,500	1,970	−0,097	2,770	0,183	−1,015	−0,320

Elektroelastische Koeffizienten
(für Linksquarz nach [H 12, H 13, H 15])
$g_{i\lambda\mu}$ in $10^{-23}\,\mathrm{Cm^2N^{-2}}$

g_{111}	g_{131}	g_{141}	g_{122}	g_{124}	g_{134}	g_{144}	g_{315}
−62,3	−94,8	−151	5,4	27,7	26,5	−210,0	11,4

gen Quarzresonatoren vom elektrischen Gleichfeld (Bild 6.12), sowie ähnlicher Messungen an Resonatoren geeigneter Orientierung, die auch andere Schwingungen ausführen, bestimmt [H12, H13, H14, K6].

Thurston, McSkimin und Andreatch [T9] untersuchten die Abhängigkeit der Ultraschallgeschwindigkeit von der mechanischen Spannung in α-Quarz und bestimmten bei 25 °C seine 14 unabhängigen Elastizitätsmoduln dritter Ordnung. Für die X-Quarzplatte ist der Wert von $c_{111} = (-2{,}10 \pm 0{,}07)\cdot 10^{11}\,\mathrm{N\,m^{-2}}$ von besonderer Bedeutung. Zum Vergleich geben wir noch den Modul mit dem größten Betrag an: $c_{333} = (-8{,}15 \pm 0{,}18)\cdot 10^{11}\,\mathrm{N\,m^{-2}}$. Alle Elastizitätsmoduln dritter Ordnung des α-Quarzes findet man in [T9] und [B6].

6.2.8 Piezoelektrische Eigenschaften des β-Quarzes

Die piezoelektrischen Eigenschaften des β-Quarzes sind durch eine einzige unabhängige piezoelektrische Konstante bestimmt. Aus seiner Kristallsymmetrie ergibt sich folgende Matrix der piezoelektrischen Koeffizienten

$$\begin{pmatrix} 0 & 0 & 0 & d_{14} & 0 & 0 \\ 0 & 0 & 0 & 0 & -d_{14} & 0 \\ 0 & 0 & 0 & 0 & 0 & 0 \end{pmatrix}. \qquad (6.14)$$

Nach dynamischen Messungen von Cook und Weissler [C9] hat d_{14} bei 612 °C den Wert $d_{14} = -1{,}86\cdot 10^{-12}\,\mathrm{CN^{-1}}$ und sein mittlerer Temperaturkoeffizient im Temperaturbereich zwischen 585 und 626 °C beträgt $TK(d_{14}) = -12{,}8\cdot 10^{-4}\,\mathrm{K^{-1}}$.

Die Anwendungsmöglichkeiten des β-Quarzes zur Herstellung von piezoelektrischen Resonatoren wurden von White [W1] ausführlich geprüft. Seine Ergebnisse kann man teilweise auch für die piezoelektrische Meßtechnik übernehmen.

Grundsätzlich lassen sich aus β-Quarz nur Aufnehmerelemente für den Transversaleffekt oder Schubeffekt herstellen. Die maximale transversale Empfindlichkeit erreicht man bei der Orientierung XYa45°. Es gilt $d'_{12} = -0{,}93\cdot 10^{-12}\,\mathrm{CN^{-1}}$. Ein Aufnehmerelement mit einer solchen Orientierung verliert seine piezoelektrischen Eigenschaften auch in der Umgebung des α-β-Phasenüberganges nicht.

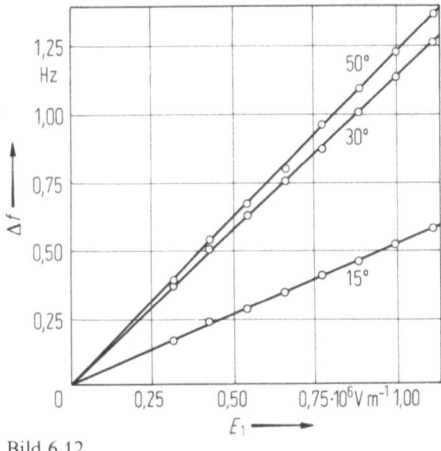
Bild 6.12

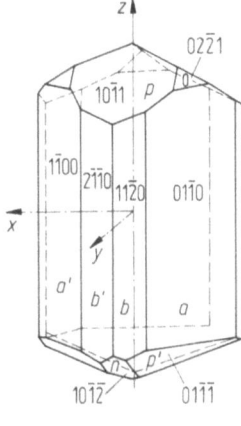
Bild 6.13

Bild 6.12. Resonanzfrequenzänderung Δf in Abhängigkeit von der elektrischen Feldstärke E_1 bei stabförmigen Quarzresonatoren mit der Orientierung XYa ξ mit $\xi = 15°$, $30°$ und $50°$ [K 6]

Bild 6.13. Turmalinkristall [B 5]

6.3 Turmalin

Chemisch ist Turmalin ein Aluminiumborosilikat. Seine verhältnismäßig komplizierte Zusammensetzung kann durch die Formel (Na, Ca) (Mg, Fe)$_3$B$_3$Al$_6$Si$_6$(O,OH,F)$_{31}$ [D4, D5] beschrieben werden, sie wird jedoch auch durch andere Formeln angegeben [E2, N6], da die Turmalinanalyse mit etlichen Schwierigkeiten verbunden ist. In der Natur findet man verschieden zusammengesetzte Turmaline, die sich auch durch ihre Struktur unterscheiden. Viele Turmaline enthalten Li und Cr, wodurch charakteristische Färbungen auftreten. Eisenreiche Turmaline sind schwarz.

Turmalin gehört zu der ditrigonal-pyramidalen Symmetrieklasse 3m und somit — wie auch α-Quarz — zum rhomboedrischen (trigonalen) Kristallsystem. Seine Kristalle sind gewöhnlich in der Richtung der z-Achse gestreckt und werden durch einen ausgeprägten trigonalen Habitus mit einer Vertikalstreifung gekennzeichnet. Die dreizählige z-Achse ist eine polare Achse. Ihre positive Richtung wird unterschiedlich definiert. Wir bezeichnen nach Cady [C2] als positives Ende der z-Achse dasjenige, an dem bei einer positiven Deformation (Dehnung) in der Richtung der z-Achse (bei $S_3 > 0$) eine negative piezoelektrische Ladung erscheint. Mason [M8, S.213] betrachtet dagegen als positiv gerade die entgegengesetzte Richtung. Bild 6.13 stellt einen idealisierten Turmalinkristall mit dem kartesischen Koordinatensystem dar.

Die Gitterkonstanten von Turmalin schwanken bei Zimmertemperatur je nach seiner Zusammensetzung: $a_0 = 1{,}582 \ldots 1{,}599$ nm und $c_0 = 0{,}708 \ldots 0{,}720$ nm. Für ihr Verhältnis gilt: $c_0/a_0 = 0{,}447 \ldots 0{,}453$ [E2]. Die Dichte variiert zwischen $\varrho = 3{,}0 \cdot 10^3 \ldots 3{,}2 \cdot 10^3$ kg m^{-3}. Sie steigt mit dem Fe-Gehalt.

Turmalin besitzt eine hohe mechanische Festigkeit und ist, ähnlich wie Quarz, gegenüber dem Einfluß der meisten Säuren und Laugen beständig.

Die wichtigsten physikalischen Eigenschaften von Turmalin ergeben sich aus der Tabelle 6.4. Die Werte wurden von Mason [M8] übernommen. Sie stimmen mit den wesentlich älteren Messungen von Riecke und Voigt [R4] ziemlich gut

Tabelle 6.4. Physikalische Eigenschaften von Turmalin, Lithiumniobat und Lithiumtantalat

Symmetrieklasse 3 m
Turmalin $(Na, Ca)(Mg, Fe)_3 B_3 Al_6 Si_6 (O, OH, F)_{31}$
Lithiumniobat $LiNbO_3$
Lithiumtantalat $LiTaO_3$

Matrix der Elastizitätskoeffizienten

$$\begin{pmatrix} s_{11} & s_{12} & s_{13} & s_{14} & 0 & 0 \\ s_{12} & s_{11} & s_{13} & -s_{14} & 0 & 0 \\ s_{13} & s_{13} & s_{33} & 0 & 0 & 0 \\ s_{14} & -s_{14} & 0 & s_{44} & 0 & 0 \\ 0 & 0 & 0 & 0 & s_{44} & 2s_{14} \\ 0 & 0 & 0 & 0 & 2s_{14} & 2(s_{11}-s_{12}) \end{pmatrix}$$

Matrix der Elastizitätsmoduln

$$\begin{pmatrix} c_{11} & c_{12} & c_{13} & c_{14} & 0 & 0 \\ c_{12} & c_{11} & c_{13} & -c_{14} & 0 & 0 \\ c_{13} & c_{13} & c_{33} & 0 & 0 & 0 \\ c_{14} & -c_{14} & 0 & c_{44} & 0 & 0 \\ 0 & 0 & 0 & 0 & c_{44} & c_{14} \\ 0 & 0 & 0 & 0 & c_{14} & \frac{1}{2}(c_{11}-c_{12}) \end{pmatrix}$$

Matrix der piezoelektrischen Koeffizienten

$$\begin{pmatrix} 0 & 0 & 0 & 0 & d_{15} & -2d_{22} \\ -d_{22} & d_{22} & 0 & d_{15} & 0 & 0 \\ d_{31} & d_{31} & d_{33} & 0 & 0 & 0 \end{pmatrix}$$

Matrix der piezoelektrischen Moduln

$$\begin{pmatrix} 0 & 0 & 0 & 0 & e_{15} & -e_{22} \\ -e_{22} & e_{22} & 0 & e_{15} & 0 & 0 \\ e_{31} & e_{31} & e_{33} & 0 & 0 & 0 \end{pmatrix}$$

Matrix der Permittivitäten

$$\begin{pmatrix} \varepsilon_{11} & 0 & 0 \\ 0 & \varepsilon_{11} & 0 \\ 0 & 0 & \varepsilon_{33} \end{pmatrix}$$

6.3 Turmalin

überein. Das Vorzeichen der piezoelektrischen Konstanten wurde dem Koordinatensystem nach Cady [C2] angepaßt. Nach Mason [M8] haben sämtliche piezoelektrischen Konstanten mit Ausnahme von d_{22} bzw. e_{22} gerade das entgegengesetzte Vorzeichen. In [B5, B6] findet man keine Angaben über die Temperaturabhängigkeit der piezoelektrischen Konstanten. Cady [C2, S. 228] erwähnt, daß

Curie-Temperatur Θ_C in °C	Dichte ϱ in 10^3 kg m^{-3}
	3,1
1210 °C	4,63
665 °C	7,454

Elastizitätskoeffizienten in 10^{-12} N^{-1} m^2

	s_{11}^E	s_{12}^E	s_{13}^E	s_{14}^E	s_{33}^E	s_{44}^E	$[s_{66}^E]$
Turmalin	3,85	−0,48	−0,71	0,45	6,36	15,4	8,66
LiNbO$_3$	5,78	−1,01	−1,47	−1,02	5,02	17,0	13,6
LiTaO$_3$	4,86	−0,29	−1,24	0,63	4,36	10,5	10,3

Elastizitätsmoduln in 10^9 Nm^{-2}

	c_{11}^E	c_{12}^E	c_{13}^E	c_{14}^E	c_{33}^E	c_{44}^E	$[c_{66}^E]$
Turmalin	272	40	35	−6,8	165	65	116
LiNbO$_3$	203	53	75	9	245	60	75
LiTaO$_3$	228	31	74	−12	271	96	98

piezoelektrische Koeffizienten in 10^{-12} CN^{-1}

	d_{15}	d_{22}	d_{31}	d_{33}	d_h
Turmalin	3,63	−0,33	0,34	1,83	2,51
LiNbO$_3$	68	21	−1	6	4
LiTaO$_3$	26	8,5	−3,0	9,2	3,2

piezoelektrische Moduln in Cm^{-2}

	e_{15}	e_{22}	e_{31}	e_{33}
Turmalin	0,25	−0,02	0,10	0,32
LiNbO$_3$	3,7	2,5	0,2	1,3
LiTaO$_3$	2,7	2,0	−0,1	2,0

Permittivitätszahlen

	$\left(\dfrac{\varepsilon_{11}}{\varepsilon_0}\right)^T$	$\left(\dfrac{\varepsilon_{33}}{\varepsilon_0}\right)^T$
Turmalin	8,2	7,5
LiNbO$_3$	84	30
LiTaO$_3$	53	44

nach Lissauer die Temperaturabhängigkeit von d_{33} im Temperaturbereich zwischen -192 und $19\,°C$ unter 2% bleibt. Eine sehr geringe Temperaturabhängigkeit von d_{33} wurde auch laut einer mündlichen Mitteilung durch eine überschlägige Messung im Rahmen der Arbeit [S6] bestätigt. Der piezoelektrische Koeffizient beim hydrostatischen Druck ergibt sich aus (5.73). Bei Turmalin kann man keine Kristallschnitte für piezoelektrische Resonatoren mit temperaturunabhängigen Resonanzfrequenzen finden und deshalb wurden seine elektromechanischen Eigenschaften weniger gründlich untersucht als diejenigen von α-Quarz.

Für die piezoelektrische Meßtechnik ist von besonderer Bedeutung, daß Turmalinkristalle nicht verzwillingen können. Dies ermöglicht eine Verwendung der Turmalinaufnehmerelemente in einem breiten Temperaturbereich bis etwa $600\,°C$. Der größte Nachteil ist der Pyroeffekt. Für die Temperaturabhängigkeit des pyroelektrischen Koeffizienten p_3 gilt nach [C2]

$$p_3 = \{3{,}77 + 0{,}03\,K^{-1}(\Theta - 18\,°C)\}\,10^{-6}\,C\,m^{-2}\,K^{-1}. \qquad (6.15)$$

Für die Anwendung in piezoelektrischen Aufnehmern kommt trotz des pyroelektrischen Effektes vor allem der Z-Schnitt in Frage. Über die Messung des elektrokalorischen Effektes berichtet [B25].

Der Elastizitätsmodul c_{33} in der Richtung der Dicke einer Z-Turmalinplatte ist etwa 1,85 mal größer als der Elastizitätsmodul c_{11} des Quarzes. Ein weiterer Vorteil besteht darin, daß die elastische Querausdehnung sowie die thermische Längenausdehnung in der Ebene senkrecht zur z-Achse isotrop sind. Die Poisson-Zahl $s_{13}/s_{33} = s_{23}/s_{33} = -0{,}026$ ist sehr klein. Für die Längenausdehnungskoeffizienten von Turmalin im Temperaturbereich 0 bis $320\,°C$ gilt: $\alpha_{11} = (3{,}583 + 4{,}490 \cdot 10^{-3}\,K^{-1} \cdot \Theta) \cdot 10^{-6}\,K^{-1}$ und $\alpha_{33} = (8{,}624 + 5{,}625 \cdot 10^{-3}\,K^{-1} \cdot \Theta) \cdot 10^{-6}\,K^{-1}$. Sie sind also kleiner als beim α-Quarz. Die Bearbeitung von Turmalinelementen wird durch die große Brüchigkeit sehr vieler Turmalinkristalle erschwert.

6.4 Einige andere piezoelektrische Einkristalle

Neben Quarz und Turmalin gibt es nur wenige Einkristalle, welche in der piezoelektrischen Meßtechnik gewisse spezielle Anwendungen finden und für sie deshalb von einer beschränkten Bedeutung sind. Zwei von ihnen — Lithiumniobat und Lithiumtantalat — besitzen die gleiche Symmetrie wie Turmalin, und ihre elektromechanischen Materialkonstanten sind in der Tabelle 6.4 zusammengestellt. Die beiden ferroelektrischen Einkristalle wurden in den sechziger Jahren vorbereitet und werden seitdem besonders mit Rücksicht auf ihre möglichen Anwendungen in der Nachrichtentechnik intensiv untersucht. Sie vereinigen sehr gute elektromechanische Eigenschaften mit einer großen piezoelektrischen Empfindlichkeit. Die Curie-Temperatur von Lithiumniobat ist sehr hoch (etwa $1210\,°C$), und dies bedingt eine verhältnismäßig kleine Temperaturabhängigkeit seiner Materialeigenschaften (Bild 6.14). Für die piezoelektrische Meßtechnik unbefriedigend zeigt sich die Abnahme des elektrischen Widerstandes mit der steigenden Temperatur. Aufnehmerelemente aus Lithiumniobat benützt man vor allem in Beschleunigungsaufnehmern für hohe Temperaturen.

6.4 Einige andere piezoelektrische Einkristalle 121

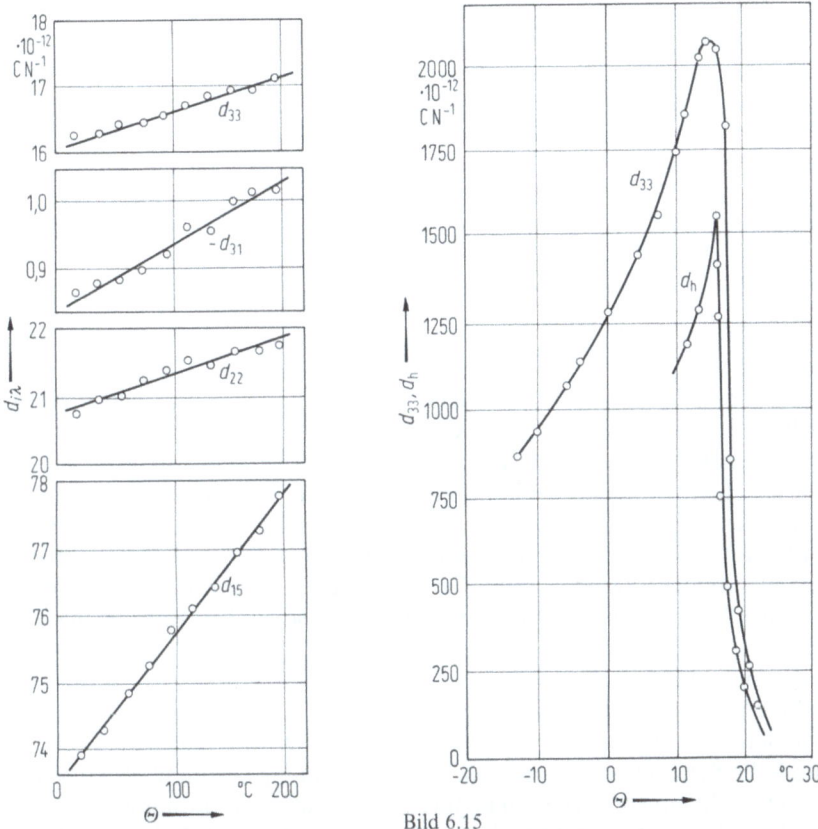

Bild 6.14. Temperaturabhängigkeit der piezoelektrischen Koeffizienten d_{33}, d_{31}, d_{22} und d_{15} von LiNbO$_3$ [B 6]

Bild 6.15. Temperaturabhängigkeit der piezoelektrischen Koeffizienten d_{33} und d_h des polykristallinen SbSI [M 15]

Einkristalle aus Seignettesalz (NaKC$_4$H$_4$O$_6$·4H$_2$O) besitzen zwar ebenfalls eine hohe piezoelektrische Empfindlichkeit (sie wurde in „Kristalltonabnehmern" von Schallplattengeräten technisch ausgenützt); heute mißt man ihnen jedoch – ihrer schlechten mechanischen Eigenschaften wegen – eher nur eine historische Bedeutung bei (Entdeckung der Ferroelektrizität, s. Abschnitt 5.12).

Von anderen für eine praktische Anwendung in der piezoelektrischen Meßtechnik in Frage kommenden Einkristallen nennen wir nur noch Lithiumsulfat – Monohydrat (Li$_2$SO$_4$·H$_2$O), für den man oft die Abkürzung LH bzw. LSH benützt. Man muß sich jedoch bei seinen Anwendungen auf Temperaturen bis etwa nur 90 °C beschränken, da bei Temperaturen über 100 °C seine Dehydration einsetzt. LH zeichnet sich durch verhältnismäßig große piezoelektrische Koeffizienten und besonders durch einen starken hydrostatischen piezoelektrischen Effekt ($d_h = 16{,}4 \cdot 10^{-12}$ CN^{-1}) aus. Man kann ihn deshalb vorteilhaft in Druckaufnehmern für einen allseitigen Druck anwenden. Einen noch stärkeren hydrostatischen Effekt weist zwar der ferroelektrische Halbleiter SbSI unterhalb seiner Curie-Temperatur auf, diese ist jedoch leider sehr niedrig − nur 22 °C (Bild 6.15).

Ausführliche Angaben über Materialkonstanten von piezoelektrischen Kristallen, einschließlich der hier genannten, findet man in [B5, B6, B11, B12, M15, M16]. Bei vielen Kristallen werden dabei auch Temperaturkoeffizienten von verschiedenen Materialkonstanten aufgeführt. Aus den erwähnten Quellen wurden auch Werte der Materialkonstanten für unser Buch übernommen. Eine revidierte, ergänzte und erweiterte Auflage der Bände [B5, B6] ist in Vorbereitung [L2].

6.5 Piezoelektrische Texturen

Texturen sind makroskopisch homogene Medien, die aus einer großen Anzahl räumlich regelmäßig orienterter Teilchen aufgebaut sind. Sie weisen zwar eine Reihe von physikalischen Eigenschaften auf, die für Kristalle charakteristisch sind, besitzen jedoch keine makroskopische Kristallstruktur. Beispiele für Texturen sind kristalline Texturen, die aus orientierten Kristallen bestehen, Faserstoffe (z. B. Holz), Elektrete, die orientierte elektrische Dipole enthalten, und piezoelektrische Keramiken mit einer Vorzugsrichtung der spontanen Polarisation in den Domänen der Einkristalle. Im allgemeinen können Texturen sowohl isotrop als auch anisotrop sein.

Mit den piezoelektrischen Eigenschaften der Texturen, besonders vom Standpunkt ihrer Symmetrie aus, beschäftigte sich ausführlich Schubnikow [S9, S10]. Die Symmetrie der Texturen wird durch die Symmetrie der Bausteine (Teilchen) und durch die Symmetrie ihrer gegenseitigen Anordnung bestimmt. Texturen mit der niedrigsten Symmetrie erhält man durch eine parallele Anordnung der Kristallite mit der triklinen Symmetrie. Ihre Anisotropie entspricht derjenigen des triklinen Kristallsystems. Wenn dieselben Kristallite jedoch so angeordnet sind, daß sie nur mit je einer einzigen bestimmten Kristallrichtung (Kristallachse) parallel zueinander orientiert, sonst aber um diese Richtung (Kristallachse) um beliebige Winkel verdreht sind, so besitzt die Textur eine Symmetrieachse unendlich hoher Ordnung und gehört zur Gruppe ∞. Von den sieben möglichen unendlichen Symmetriegruppen besitzen nur drei kein Symmetriezentrum und können deshalb piezoelektrisch sein. Dies sind: ∞, ∞ mm und ∞ 2.

6.5.1 Piezoelektrische Keramiken

Eine besondere Bedeutung für die piezoelektrische Meßtechnik haben die piezoelektrischen Keramiken. Sie werden durch Brennen eines fein gemahlenen Pulvergemisches, welches durch Pressen in eine entsprechende Form gebracht wird, vorzugsweise aus Ferroelektrika vom Sauerstoffoktaedertyp hergestellt. Keramiken bestehen aus einer Vielzahl von ferroelektrischen Kristallen, die zunächst räumlich beliebig orientiert und in Domänen zerfallen sind. Die einzelnen Domänen besitzen am häufigsten die Symmetrie mm2, 3m oder 4mm, ihre Gesamtheit bildet jedoch eine Textur, die zur Symmetriegruppe $\infty/\infty/$mmm gehört. Sie ist isotrop und besitzt keine piezoelektrischen Eigenschaften.

6.5 Piezoelektrische Texturen

Um einer Keramik piezoelektrische Eigenschaften aufzuprägen, muß man sie polarisieren. Dies erreicht man durch Anlegen eines starken elektrischen Feldes. Dabei richtet sich die spontane Polarisation der einzelnen Mikrokristalle teilweise in die Feldrichtung aus. Nach der Polarisierung liegen die polaren Achsen der verschiedenen Einkristalle innerhalb eines gewissen Raumwinkels, dessen Größe durch den Polarisierungsmechanismus bestimmt wird. Infolge einer komplizierten Wechselwirkung zwischen den ausgerichteten Domänen in den Kristalliten und den im Gefüge enthaltenen Fremdphasen bleiben die Richtung der resultierenden spontanen Polarisation und dementsprechend gleichfalls die piezoelektrischen Eigenschaften der Keramik auch nach dem Abschalten des äußeren elektrischen Feldes erhalten. Eine so polarisierte keramische Platte hat makroskopische Eigenschaften wie ein Kristall mit einer ∞-zähligen Drehachse. Man kann dabei z.B. auch keramische Ringe oder Kugelschalen polarisieren und dadurch piezoelektrische Elemente verschiedener Form und Größe herstellen [B1, I3, J1].

Ende der vierziger Jahre wurden die ersten Versuche mit piezoelektrischen Bariumtitanatkeramiken durchgeführt. Ihr wesentlicher Nachteil ist, daß sie nur in einem relativ schmalen Temperaturbereich anwendbar sind, denn oberhalb ihrer Curie-Temperatur (etwa 120 °C) sind sie nicht mehr piezoelektrisch.

Am weitesten verbreitet sind heute ferroelektrische Keramiken, die aus festen Lösungen von $PbZrO_3$ und $PbTiO_3$ bestehen [B11, B12, C5, F3, R3]. Man bezeichnet sie als Bleizirkonattitanat-Mischkeramiken. Das Phasendiagramm dieses Systems ist im Bild 6.16 wiedergegeben. Alle Materialien der Mischungsreihe besitzen bei hohen Temperaturen das kubische Perowskitgitter wie $BaTiO_3$. Unterhalb der vom $PbTiO_3$-Gehalt abhängigen Curie-Temperatur nehmen $PbTiO_3$-reiche Mischungen eine tetragonale Kristallstruktur an, während $PbTiO_3$-arme

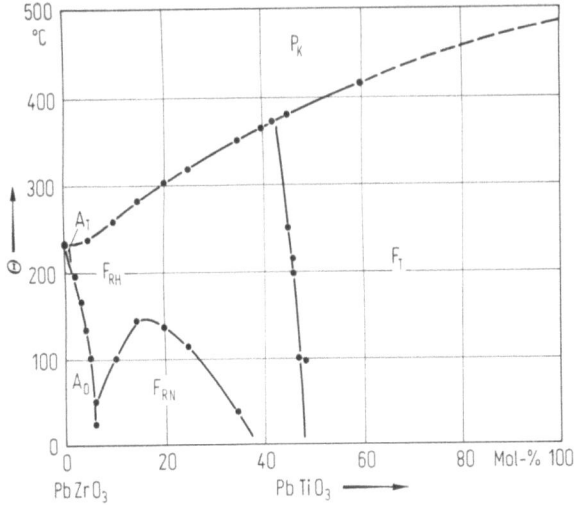

Bild 6.16. Phasendiagramm der festen Lösung $PbZrO_3$ – $PbTiO_3$. P_K parelektrisch-kubische Phase, F_{RH} ferroelektrisch-rhomboedrische Hochtemperaturphase, F_{RN} ferroelektrisch-rhomboedrische Niedertemperaturphase, F_T ferroelektrisch-tetragonale Phase, A_0 antiferroelektrisch-rhombische (pseudotetragonale) Phase, A_T antiferroelektrisch-tetragonale Phase

Mischungen in eine rhomboedrische Phase übergehen. Bei einer Zusammensetzung von 52PbZrO$_3$/48PbTiO$_3$ bis 56PbZrO$_3$/44PbTiO$_3$ können die beiden ferroelektrischen Phasen nebeneinander existieren. In diesem Bereich zeigen viele Materialeigenschaften bei einer geeigneten Zusammensetzung der Keramik Extremwerte.

Mischkeramiken dieser Zusammensetzung lassen sich gut polarisieren und besitzen dann große piezoelektrische Koeffizienten (Bild 6.17 und Tabelle 6.5). Um eine möglichst günstige piezoelektrische Empfindlichkeit zu erreichen, wird über-

Tabelle 6.5. Physikalische Eigenschaften von Mischkeramiken

Symmetrieklasse 6 mm und ∞ m
Polarisierte piezoelektrische Keramik
    PZT – 5A
    PZT – 5H

Matrix der Elastizitätskoeffizienten

$$\begin{pmatrix} s_{11} & s_{12} & s_{13} & 0 & 0 & 0 \\ s_{12} & s_{11} & s_{13} & 0 & 0 & 0 \\ s_{13} & s_{13} & s_{33} & 0 & 0 & 0 \\ 0 & 0 & 0 & s_{44} & 0 & 0 \\ 0 & 0 & 0 & 0 & s_{44} & 0 \\ 0 & 0 & 0 & 0 & 0 & 2(s_{11}-s_{12}) \end{pmatrix}$$

Matrix der Elastizitätsmoduln

$$\begin{pmatrix} c_{11} & c_{12} & c_{13} & 0 & 0 & 0 \\ c_{12} & c_{11} & c_{13} & 0 & 0 & 0 \\ c_{13} & c_{13} & c_{33} & 0 & 0 & 0 \\ 0 & 0 & 0 & c_{44} & 0 & 0 \\ 0 & 0 & 0 & 0 & c_{44} & 0 \\ 0 & 0 & 0 & 0 & 0 & \frac{1}{2}(c_{11}-c_{12}) \end{pmatrix}$$

Matrix der piezoelektrischen Koeffizienten

$$\begin{pmatrix} 0 & 0 & 0 & 0 & d_{15} & 0 \\ 0 & 0 & 0 & d_{15} & 0 & 0 \\ d_{31} & d_{31} & d_{33} & 0 & 0 & 0 \end{pmatrix}$$

Matrix der piezoelektrischen Moduln

$$\begin{pmatrix} 0 & 0 & 0 & 0 & e_{15} & 0 \\ 0 & 0 & 0 & e_{15} & 0 & 0 \\ e_{31} & e_{31} & e_{33} & 0 & 0 & 0 \end{pmatrix}$$

Matrix der Permittivitäten

$$\begin{pmatrix} \varepsilon_{11} & 0 & 0 \\ 0 & \varepsilon_{11} & 0 \\ 0 & 0 & \varepsilon_{33} \end{pmatrix}$$

6.5 Piezoelektrische Texturen

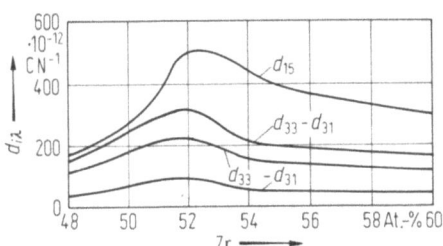

Bild 6.17. Änderung der piezoelektrischen Koeffizienten der Mischkeramik Pb(Zr,Ti)O$_3$ mit einem Zirkonatanteil von 48 bis 60 Atom % [B 1]

Curie-Temperatur Θ_C in °C	Dichte ϱ in 10^3 kg m^{-3}
365 °C	7,75
193 °C	7,5

Elastizitätskoeffizienten in 10^{-12} N^{-1} m^2

	s_{11}^E	s_{12}^E	s_{13}^E	s_{33}^E	s_{44}^E	$[s_{66}^E]$
PZT–5A	16,4	−5,74	−7,22	18,8	47,5	44,3
PZT–5H	16,5	−4,78	−8,45	20,7	43,5	42,6

Elastizitätsmoduln in 10^9 Nm^{-2}

	c_{11}^E	c_{12}^E	c_{13}^E	c_{33}^E	c_{44}^E	$[c_{66}^E]$
PZT–5A	121	75,4	75,2	111	21,1	22,8
PZT–5H	126	79,5	84,1	117	23,0	23,2

piezoelektrische Koeffizienten in 10^{-12} CN^{-1}

	d_{15}	d_{31}	d_{33}	d_h
PZT–5A	584	−171	374	32
PZT–5H	741	−274	593	45

piezoelektrische Moduln in Cm^{-2}

	e_{15}	e_{31}	e_{33}
PZT–5A	12,3	−5,4	15,8
PZT–5H	17	−6,5	23,3

Permittivitätszahlen

	$\left(\dfrac{\varepsilon_{11}}{\varepsilon_0}\right)^T$	$\left(\dfrac{\varepsilon_{33}}{\varepsilon_0}\right)^T$
PZT–5A	1730	1700
PZT–5H	3130	3400

wiegend eine feste Lösung mit 55% Bleizirkonat und 45% Bleititanat, kurz PZT 55/45 genannt, benützt, teilweise mit kleineren Zusätzen anderer Stoffe, hauptsächlich mit einer Lanthandotierung. Die erreichbare piezoelektrische Empfindlichkeit ist so groß, daß man den direkten piezoelektrischen Effekt zur Zündung von Feuerzeugen und Heizungsanlagen ausnützen kann. Dabei wird durch einen mechanischen Schlag auf das keramische Element eine so hohe elektrische Spannung erzeugt, daß ein Funke überspringt. Entsprechende Zünder für Verbrennungsmotoren haben jedoch bisher noch keine befriedigende Lebensdauer.

Im Bild 6.18 ist ein grobes Aufbereitungsschema für Bleizirkonattitanat-Mischkeramiken dargestellt.

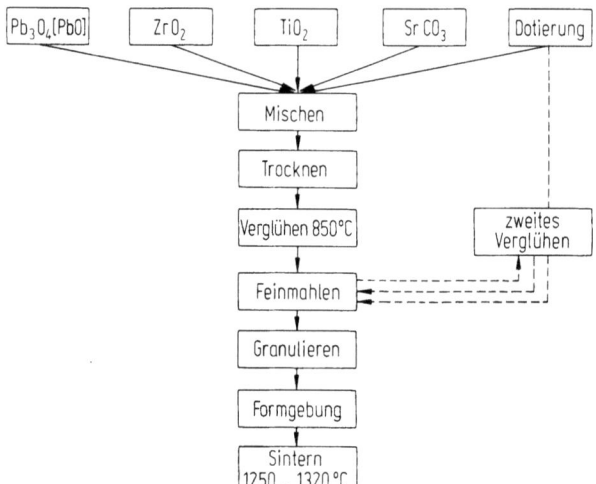

Bild 6.18. Beispiel eines Aufbereitungsschemas für Bleizirkonattitanat - Mischkeramiken [B 1]

Ein Nachteil aller Keramiken ist, daß sie stärkere Nachwirkungs- und Ermüdungserscheinungen zeigen als Einkristalle. Auch die Temperaturabhängigkeit ihrer Materialeigenschaften ist verhältnismäßig groß (Bild 6.19).

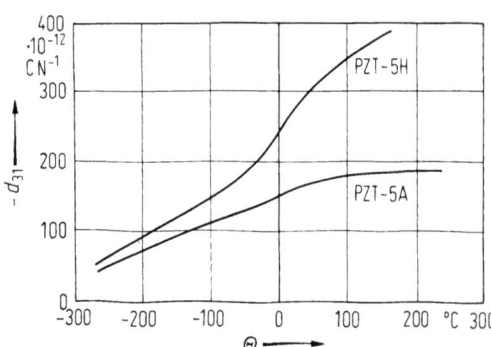

Bild 6.19. Temperaturabhängigkeit des piezoelektrischen Koeffizienten d_{31} von PZT 5A und PZT 5H [B 5]

Für spezielle Anwendungen bei hohen Temperaturen entwickelt man piezoelektrische Keramiken mit einer hohen Curie-Temperatur. Besonders günstige Eigenschaften besitzt die Verbindung $PbTiO_3 + 1\% MnO_2$ mit einer Curie-Temperatur von 520°C [B 1]. Die Anwendung dieser Keramik in der piezoelektrischen Meßtechnik ist jedoch durch einen starken Abfall des Isolationswiderstandes mit steigender Temperatur beeinträchtigt.

6.5.2 Piezoelektrizität in dünnen Schichten von Polymeren

Die ersten Beobachtungen von Brain liegen zwar mehr als ein halbes Jahrhundert zurück, von einem systematischen Studium des piezoelektrischen Effektes in Polymeren und biologischen Stoffen kann man jedoch erst in den letzten zwanzig Jahren sprechen. In orientierten dünnen Schichten erreicht man heute piezoelektrische Koeffizienten, welche die piezoelektrische Empfindlichkeit des α-Quarzes übertreffen. Die praktische Anwendung wird bisher durch die Stabilität der Eigenschaften sowie Relaxationserscheinungen erschwert. Trotzdem deuten die neuesten Untersuchungen der piezoelektrischen Eigenschaften von dünnen Schichten aus Polymeren interessante Anwendungsmöglichkeiten an [H 5].

7 Grundbegriffe der piezoelektrischen Meßtechnik

7.1 Wahl der Begriffe und Definitionen

Leider bestehen weder im Deutschen noch in anderen Sprachen einheitlich benutzte Begriffe für die Meßtechnik. Ansätze zur Normung sind vorhanden, doch dürfte es noch lange dauern, bis diese international aufeinander abgestimmt und in der Praxis eingeführt sind.

Eine der vollständigsten Sammlungen von Begriffen und Definitionen für elektrische Meßwertaufnehmer ist der ISA (Instrument Society of America) Standard S 37.1/1969 [I5]. Dieser wurde während der sechziger Jahre im Zusammenhang mit der raschen Entwicklung des elektrischen Messens mechanischer Größen, vorab in der Flugzeug- und Raumfahrttechnik, erarbeitet [N8].

In den VDE/VDI-Normen findet sich keine gleichwertige Zusammenstellung. Die in VDE/VDI 2600 [V3] angeführten Begriffe beziehen sich ganz allgemein auf Meßsysteme und sind für unsere Zwecke noch zu wenig vollständig. Zudem bestehen Diskrepanzen gegenüber allgemein eingeführten Begriffen, vor allem aus dem englischen Sprachraum.

Verschiedene Hersteller von Aufnehmern haben eigene Begriffs- und Definitionensammlungen ausgearbeitet, die aber oft voneinander stark abweichen und die meist auf bestimmte Arten von Aufnehmern zugeschnitten sind.

In diesem Buch wird deshalb der ISA-Standard benutzt, wobei in der deutschen Übersetzung einerseits auf eine möglichst exakte Wiedergabe des Sinnes, andererseits aber auch auf schon bestehende und weitverbreitete Ausdrücke soweit als möglich Rücksicht genommen wurde. Die hier gegebene deutsche Übersetzung erhebt keineswegs den Anspruch, die bestmögliche und endgültige Fassung zu sein. Wenn aber dadurch der ISA-Standard auch im deutschen Sprachraum besser bekannt und damit ein weiterer Anstoß zu einem rascheren Erarbeiten entsprechender deutschsprachiger Normen gegeben wird, kann damit vielleicht doch ein Beitrag zum Erreichen internationaler und einheitlicher Normen gemacht werden.

Selbstverständlich werden hier nur diejenigen Begriffe aus dem ISA-Standard behandelt, welche im Zusammenhang mit piezoelektrischen Aufnehmern von Bedeutung sind. Für ausführlichere Angaben sei auf [I5] und [N8] verwiesen.

Bei allen Definitionen wird in Klammern auch immer der englische Ausdruck angegeben, um das Auffinden der entsprechenden Begriffe im ISA-Standard zu erleichtern.

7.2 Definitionen eines Aufnehmers

Meßgröße (measurand): Eine physikalische Größe, die gemessen wird.
Aufnehmer (transducer): Eine Einrichtung, welche ein eindeutiges Ausgangssignal in Funktion einer bestimmten, wirkenden Meßgröße gibt.
Ausgangssignal (output): Diejenige elektrische Größe bzw. deren Änderung, welche ein Aufnehmer in Funktion der wirkenden Meßgröße erzeugt.
Fühlelement (sensing element): Derjenige Teil eines Aufnehmers, der direkt auf die Meßgröße anspricht.
Aufnehmerelement (transduction element): Derjenige elektrische Teil eines Aufnehmers, in dem das Ausgangssignal entsteht.

Diese fünf Definitionen umschreiben klar das Wesen eines Aufnehmers. Ein Aufnehmer stellt zwischen einer auf ihn wirkenden Meßgröße und seinem Ausgangssignal eine eindeutige Beziehung her. Als eindeutige Beziehung wird vor allem ein linearer Zusammenhang angestrebt; es gibt aber auch Aufnehmer mit nichtlinearer Charakteristik. Die Meßgröße wirkt auf das Fühlelement, wodurch im Aufnehmerelement das Ausgangssignal entsteht.

Dabei ist mit dem Fühlelement nicht derjenige Teil des Aufnehmers gemeint, der die Wirkung der Meßgröße nur überträgt, sondern derjenige, bei dem sein Ansprechen auf die Meßgröße durch das Aufnehmerelement grundsätzlich gemessen werden kann.

Anstelle des Begriffes „Aufnehmer" sind noch andere Ausdrücke wie...-Wandler, ...-Meßdose, ...-Sonde, ...-Meßzelle, ...-Messer, ...-Fühler, ...-Geber usw. gebräuchlich, die aber möglichst vermieden werden sollten, da sie ungenau oder sogar falsch sind. „Wandler" ist ein Begriff aus der Starkstrommeßtechnik (Stromwandler) oder aus der Signalverarbeitung (z. B. Analog/Digital-Wandler). Meßdose (z. B. Kraftmeßdose) und Sonde (z. B. Drucksonde) lehnen sich zu stark an eine bestimmte Bauform an, ebenso der Ausdruck Meßzelle. Bezeichnungen wie Kraftmesser, Druckmesser usw. sind ebenfalls ungenau. Einzig der Ausdruck Fühler könnte als Alternative in Betracht gezogen werden (z. B. Druckfühler, Temperaturfühler usw.), doch auch damit wird das Wesen eines Aufnehmers nicht befriedigend umschrieben. Der Ausdruck Geber (z. B. Weggeber) bezeichnet eine Einrichtung, welche die betreffende physikalische Größe erzeugt oder abgibt und nicht aufnimmt! Piezoelektrische Materialien können zum Beispiel als Weggeber verwendet werden unter Ausnutzung des reziproken piezoelektrischen Effektes. Die Bezeichnung ist in diesem Fall nun richtig, da ein solcher Weggeber, im Gegensatz zu einem Wegaufnehmer, einen Weg (Verschiebung) in Funktion eines elektrischen Eingangssignales abgibt.

Im strengen Sinne ist das Ausgangssignal bei passiven Aufnehmern eine Widerstands-, Induktivitäts- oder Kapazitätsänderung, bei aktiven Aufnehmern eine Polarisations- oder Induktionsänderung. Während bei den aktiven Aufnehmern die Polarisationsänderung direkt als Ladungsänderung oder die Induktionsänderung als Spannungsänderung ohne Hilfsenergie zur Anzeige des Ausgangssignals genügt (deshalb die Bezeichnung „aktiv"), kann bei den passiven Aufnehmern die Widerstands-, Induktivitäts- oder Kapazitätsänderung nur mittels einer Hilfsenergie (Konstantspannung oder -strom, oder Trägerfrequenzspeisung) gemessen werden. Für die hier betrachteten piezoelektrischen Aufnehmer kommen als Meßgröße vor allem Kraft, Druck und Beschleunigung in Frage. Weitere Meßgrößen sind z. B. Feuchtigkeit, Temperatur, Strahlung, Dehnung, Weg, Winkel, Lage, usw. Eine gute Übersicht über die dafür geeigneten Aufnehmer geben [G7, G11, N4, N8, P5, P9, R5, R6, S7].

7.3 Meßtechnische Eigenschaften der Aufnehmer

7.3.1 Statische Eigenschaften

Als statische Eigenschaften bezeichnet man diejenigen, welche keine Funktion der Zeit sind.

7.3.1.1 Eigenschaften, die sich auf die Meßgröße beziehen

Bereich (range): Diejenigen Meßgrößenwerte, über die ein Aufnehmer zu messen bestimmt ist, gegeben durch deren obere und untere Grenze.
Spanne (span): Die algebraische Differenz zwischen den Grenzen des Bereiches.
Überlast (overload): Der größte Betrag der Meßgröße, welcher auf den Aufnehmer wirken darf, ohne daß seine Eigenschaften über die angegebenen Toleranzen hinaus bleibend verändert werden.
Berstdruck (burst pressure): Derjenige Druck, dem das Fühlelement oder das Aufnehmergehäuse (je nach Angabe) ausgesetzt werden kann, ohne daß das Fühlelement bzw. das Aufnehmergehäuse birst.
Bild 7.1 stellt diese Größen im Zusammenhang dar.

Der Bereich eines Aufnehmers kann nur unipolare (nur positive oder nur negative) Meßgrößenwerte umfassen oder auch bipolare. Beispiele für unipolare Bereiche sind Druckaufnehmer (0 bis 200 bar) oder Kraftaufnehmer nur für Druckkräfte (0 bis 50 kN). Bipolare Bereiche können symmetrisch oder asymmetrisch sein. Beschleunigungsaufnehmer haben meistens einen symmetrischen Bereich (z. B. $\pm 5000\,g$, also -5000 bis $+5000\,g$), es sei denn, daß sie für Schockmessungen

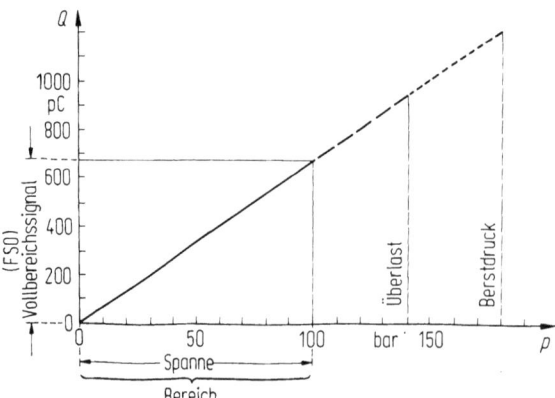

Bild 7.1. Bereich, Überlast und Berstdruck (am Beispiel eines Druckaufnehmers). Bereich: 0 ... 100 bar. Überlast: 140 bar. Berstdruck: 180 bar. Spanne: 100 bar. Unterer Endpunkt: 0 pC. Oberer Endpunkt: 675 pC. Vollbereichssignal (FSO): 675 pC

ausgelegt sind (z. B. −20000 bis +100000 g). Innerhalb des Bereiches werden alle Spezifikationen innerhalb der angegebenen Toleranzen eingehalten.

Die Überlast ist eine wichtige Kenngröße, da sie die Grenze darstellt, innerhalb der die Eigenschaften des Aufnehmers nicht bleibend über die für den Bereich gültigen Toleranzen hinaus verändert werden. Wird die Überlast überschritten, wird der Aufnehmer unter Umständen nachher nicht mehr innerhalb den angegebenen Toleranzen messen. Falls die Überlast aber nicht überschritten wird, mißt der Aufnehmer wieder innerhalb der Toleranzen, sobald die Meßgröße wieder innerhalb des Bereiches liegt. Insbesondere hängen die Garantieleistungen des Herstellers wesentlich davon ab, ob die Überlast überschritten wurde oder nicht.

Die Überlast soll vorzugsweise als Meßgrößenwert angegeben werden (z. B. Bereich: 0 bis 100 bar, Überlast: 140 bar, s. Bild 7.1). Oft wird die Überlast auch in Prozent der Spanne angegeben, was aber immer die Gefahr der falschen Auslegung birgt. Definitionsgemäß muß als Überlast im vorigen Beispiel 140% (140 bar = 140% von 100 bar) angegeben werden, was aber auch so ausgelegt werden könnte, daß der Bereich um 140% überschritten werden kann, was dann einer Überlast von 240 bar entspräche. Ebenso sind Prozentangaben bei bipolaren Bereichen unklar, da man sie sowohl auf die Spanne wie auch auf den positiven bzw. den negativen Teil des Bereiches beziehen kann. Deshalb ist die direkte Angabe des Meßgrößenwertes, der die Überlast darstellt, immer vorzuziehen.

Aufnehmer sollen so gewählt werden, daß betriebsmäßig die Überlast nie erreicht wird. Bei Druckaufnehmern müssen unter Umständen Katastrophenfälle berücksichtigt werden, bei denen man in Kauf nimmt, daß dann die Überlast überschritten wird und der Aufnehmer nachher ersetzt werden muß. Hingegen will man in solchen Fällen sicherstellen, daß der Aufnehmer nicht birst und danach z. B. giftige oder aggressive Druckmedien ausströmen können. Daher gibt man bei Druckaufnehmern oft auch noch den Berstdruck an (180 bar im Bild 7.1).

7.3.1.2 Eigenschaften der Beziehung zwischen Meßgröße und Ausgangssignal

Kalibrierung (calibration): Eine Prüfung, während der bekannte Werte der Meßgröße auf den Aufnehmer aufgebracht und die entsprechenden Ausgangssignale aufgezeichnet werden.

Kalibrierzyklus (calibration cycle): Das Aufbringen bekannter Werte der Meßgröße und das Aufzeichnen der entsprechenden Ausgangssignale über den vollen (oder angegebenen Teil-)Bereich eines Aufnehmers in aufsteigender und absteigender Richtung.

Kalibrierkurve (calibration curve): Eine graphische Darstellung der Aufzeichnung einer Kalibrierung.

Ansprechschwelle (threshold): Die kleinste Änderung der Meßgröße, welche eine meßbare Änderung des Ausgangssignals verursacht.

Empfindlichkeit (sensitivity): Das Verhältnis der Änderung des Ausgangssignals zu einer Änderung der Meßgröße.

Hysterese (hysteresis): Die größte Differenz im Ausgangssignal bei irgendeinem Meßgrößenwert innerhalb des Bereiches des Aufnehmers, wenn dieser Wert zuerst mit zunehmender und dann mit abnehmender Meßgröße erreicht wird.

Linearität (linearity): Die Abweichung einer Kalibrierkurve von einer spezifizierten Geraden.

Der Zusammenhang zwischen Meßgröße und Ausgangssignal wird durch die Kalibrierung bestimmt. Für das Kalibrieren benötigt man eine Einrichtung, welche die gewünschten Meßgrößen innerhalb bekannter Fehlergrenzen erzeugt. Solche Einrichtungen werden ihrerseits meistens in amtlichen Eichstätten kalibriert, bzw. geeicht. Im deutschen Sprachraum darf man nur solche Kalibrierungen als „Eichung" bezeichnen, welche in einer offiziell anerkannten Eichstätte durchgeführt wurden. Die Aufnehmerhersteller benützen zur Kalibrierung entweder besonders ausgesuchte und ausgemessene Referenzaufnehmer, deren Daten periodisch durch Eichung in einer amtlichen Eichstätte überprüft werden oder aber Einrichtungen wie Totgewichtskraftkalibrieranlagen oder Gewichtskolbenmanometer, deren Daten wiederum durch Eichen der verwendeten Gewichte usw. bestimmt werden.

In einem vollständigen Kalibrierzyklus werden Meßgrößenwerte, ausgehend von der unteren Bereichsgrenze in aufsteigender Richtung bis zur oberen Bereichsgrenze und wieder zurück, auf den Aufnehmer aufgebracht und dabei das zugehörige Ausgangssignal aufgezeichnet. Die Kalibrierung kann kontinuierlich oder auch diskret in mehr oder weniger eng beieinanderliegenden Punkten erfolgen. Das Ergebnis wird oft als Kalibrierkurve dargestellt, die auch zum Bestimmen der Empfindlichkeit, Linearität und Hysterese dienen kann (Bild 7.2).

Die Ansprechschwelle gibt einen Anhaltspunkt über die kleinsten Änderungen der Meßgröße, welche mit einem bestimmten Aufnehmer noch gemessen werden können. Die Ansprechschwelle wird allerdings fast immer durch den angeschlossenen Verstärker bestimmt. Für die Ansprechschwelle wird oft fälschlicherweise der Ausdruck Auflösung gebraucht. Unter Auflösung (resolution) wird die Größe der schrittweisen Änderungen des Ausgangssignals verstanden, wenn die Meßgröße stetig über den Bereich variiert wird. Der Begriff Auflösung kommt nur z. B.

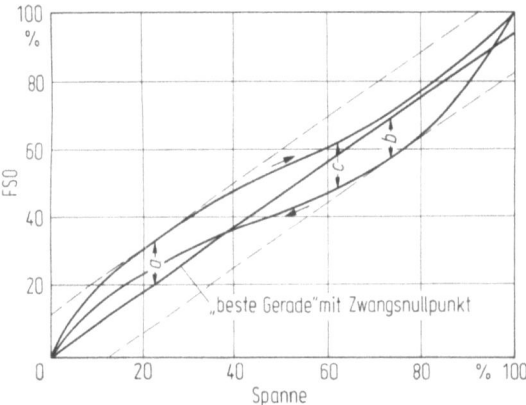

Bild 7.2. Kalibrierkurve, Hysterese und Linearität. Als Beispiel ist die unabhängige Linearität mit Zwangsnullpunkt dargestellt. Zur Verdeutlichung wurde die Abweichung der Kalibrierkurve von der Bezugsgeraden in der Ordinatenrichtung stark vergrößert gezeichnet. Linearität: $+a/-b$ %FSO. Da definitionsgemäß bei der unabhängigen Linearität $a = b$ ist, gilt hier für die Linearität: $\leq \pm a$ %FSO und die Hysterese: $\leq c$ %FSO

bei potentiometrischen Aufnehmern (mit drahtgewickelten Potentiometern) und solchen mit digitalen Ausgangssignalen vor [I5, N8].

Bei piezoelektrischen Aufnehmern hat das Ausgangssignal immer die Form von elektrischer Ladung. Deshalb wird die Empfindlichkeit als Verhältnis von elektrischer Ladung zu Meßgröße dargestellt. Die pro mechanische Einheit abgegebene Ladung ist in der Größenordnung von pC (Pikocoulomb), deshalb wird im allgemeinen für die Ladung als Arbeitseinheit das pC benutzt.

Im strengen Sinne der Definition bedeutet Empfindlichkeit die Steigung der Tangente an die Kalibrierkurve in einem gegebenen Punkt. Falls die Kalibrierkurve keine Gerade ist, bedeutet dies, daß sich die Empfindlichkeit in Funktion der Meßgröße ändert. Obwohl heute eine solche Abhängigkeit ohne weiteres mittels einer entsprechenden Auswerteelektronik berücksichtigt werden könnte, strebt man eine über den ganzen Bereich konstante Empfindlichkeit an. Dies bedeutet, daß der Aufnehmer eine möglichst gute Linearität haben sollte. Da die meisten gebräuchlichen Aufnehmersysteme und insbesondere die piezoelektrischen weitgehend linear sind, bezeichnet man in der Praxis als Empfindlichkeit die Steigung derjenigen Geraden, bezüglich derer die Linearität definiert wird. Da piezoelektrische Aufnehmer eine im Verhältnis zur Spanne außerordentlich kleine Ansprechschwelle haben (das Verhältnis Spanne zu Ansprechschwelle kann Werte von über 10^8 erreichen), werden die Aufnehmer oft auch in Teilbereichen kalibriert und die entsprechenden Empfindlichkeiten bestimmt. Wo nichts anderes vermerkt ist, wird im folgenden unter Empfindlichkeit immer die Steigung der für die Linearitätsbestimmung benutzten Geraden verstanden.

Das Ausgangssignal für einen bestimmten Meßgrößenwert wäre bei einem idealen Aufnehmer eineindeutig, d. h. unabhängig davon, ob die Meßgröße in aufsteigender oder in absteigender Richtung den betrachteten Wert erreicht. Anders ausgedrückt hieße dies, daß der aufsteigende und der absteigende Ast der Kalibrierkurve identisch wären. In Wirklichkeit ist dies meistens nicht exakt der Fall. Diese Erscheinung bezeichnet man als Hysterese des Aufnehmers, wobei in den Spezifikationen jeweils die größte auftretende Differenz, also der ungünstigste Fall, angegeben wird.

Zwischen Meßgröße und Ausgangssignal wird ein linearer Zusammenhang angestrebt, d. h. das Ausgangssignal soll proportional der Meßgröße sein. Der Begriff Linearität beschreibt, wie stark die Kalibrierkurve von einer Geraden abweicht. Die Bezeichnung Linearität allein genügt jedoch nicht, um einen Aufnehmer beurteilen zu können. Vielmehr muß auch angegeben werden, wie die Gerade, auf welche die Linearität bezogen wird, bestimmt wird (Bild 7.3).

Unabhängige Linearität (independent linearity): Die auf die beste Gerade bezogene Linearität.

Beste Gerade (best straight line): Die Mittellinie zweier parallelen Geraden, welche möglichst nahe beieinander liegen und alle Punkte (Meßgröße, Ausgangssignal) einer Kalibrierkurve einschließen.

Unabhängige Linearität mit Zwangsnullpunkt (independent linearity with forced zero): Die auf die beste Gerade mit Zwangsnullpunkt bezogene Linearität.

Beste Gerade mit Zwangsnullpunkt (best straight line with forced zero): Diejenige beste Gerade, welche die zusätzliche Bedingung erfüllt, durch den Nullpunkt (Meßgröße Null, Ausgangssignal Null) zu gehen.

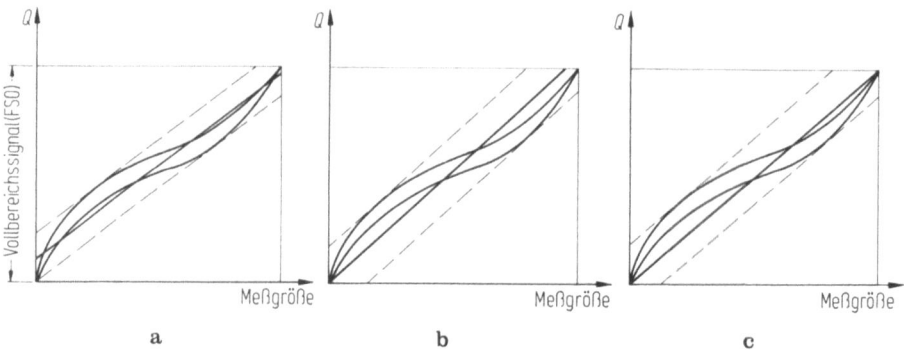

Bild 7.3. Linearitäts-Definitionen.
a Unabhängige Linearität (Bezugsgerade ist die beste Gerade). **b** Unabhängige Linearität mit Zwangsnullpunkt (Bezugsgerade ist die beste Gerade mit Zwangsnullpunkt). **c** Endpunkts-Linearität (Bezugsgerade ist hier die Endpunkts-Gerade). Man beachte, daß hier die maximalen positiven und negativen Abweichungen der Kalibrierkurve von der Bezugsgeraden nicht gleich sind

Endpunkts-Linearität (end-point linearity): Die auf die Endpunkts-Linie bezogene Linearität.

Endpunkts-Linie (end-point line): Die Gerade zwischen den Endpunkten.

Endpunkte (end points): Die Ausgangssignale an den angegebenen oberen und unteren Grenzen des Bereiches.

Vollbereichssignal (full scale output, FSO): Die algebraische Differenz zwischen den Endpunkten.

Wie bereits bei der Definition der Empfindlichkeit erwähnt, wird diese als Steigung derjenigen Geraden bezeichnet, in bezug auf welche die Linearität bestimmt wird. Die beste Gerade ergibt die bestmögliche Annäherung der Kalibrierkurve durch eine Gerade. Da diese Gerade aber im allgemeinen Fall nicht durch den Nullpunkt (Meßgröße Null, Ausgangssignal Null) geht, kann sie nur dann verwendet werden, wenn am Verstärker der der Meßgröße Null entsprechende Betrag des durch die Geraden bestimmten Wertes für das Ausgangssignal elektrisch kompensiert wird. In der Praxis ist dies meistens aber nicht zweckmäßig, da man bei Meßgröße gleich Null auch ein Ausgangssignal gleich Null vorzieht. Vor allem bei piezoelektrischen Aufnehmern wird vor jeder Messung durch Rückstellen des Ladungsverstärkers (s. Abschnitt 12.5.3) das Ausgangssignal auf Null gebracht. Deshalb verwendet man meistens die unabhängige Linearität mit Zwangsnullpunkt.

Die Linearität wird in Prozent des Vollbereichssignals (%FSO) ausgedrückt. Bei der unabhängigen Linearität sind die größten positiven und negativen Abweichungen der Kalibrierkurve von der besten Geraden definitionsgemäß gleich. Diese Linearität wird als „innerhalb $\pm \ldots$ %FSO" oder auch „$\leq \pm \ldots$ %FSO" angegeben, wobei letztere Darstellung in der strengen mathematischen Bedeutung des Zeichens $\leq$ nicht ganz richtig ist, aber mangels eines entsprechenden Zeichens für „innerhalb" in der Praxis trotzdem richtig verstanden wird.

Eine weitere Möglichkeit der Linearitätsdefinition ist die Endpunkts-Linearität, die dann sinnvoll ist, wenn der Aufnehmer immer in der Nähe der oberen Bereichsgrenze betrieben wird. Allerdings sind hier die positiven und negativen Abweichungen von der Bezugsgeraden nicht mehr gleich.

Beim Vergleichen und Beurteilen verschiedener Aufnehmer bezüglich der Linearität muß immer darauf geachtet werden, welche Definition benutzt wird. Die Angabe „Linearität ± 0,8 %" allein ist völlig nichtssagend. Bedeutet sie nämlich unabhängige Linearität, so kann ein Aufnehmer mit 1,2 %FSO Endpunkts-Linearität besser sein, obwohl der Zahlenwert größer ist. Es ist deshalb wichtig, genau zu wissen, nach welcher Definition der Hersteller die Linearität bestimmt hat.

Außer den oben angeführten drei Arten von Linearitätsdefinitionen gibt es noch eine Reihe anderer [I5, N8], die aber hier nicht interessieren.

Es sei noch eine immer wieder auftauchende Methode, die Bezugsgerade zu bestimmen, erwähnt, nämlich die nach der kleinsten Summe der Quadrate der Abstände der Kalibrierpunkte von der Geraden. Die zufälligen Fehler bei der Aufnehmerkalibrierung sind aber meistens so gering, daß sie gegenüber den systematischen zurücktreten. Bei praktisch allen Arten von Aufnehmern haben denn auch die Kalibrierkurven typische Formen, die weitgehend reproduzierbar und für einen bestimmten Aufnehmertyp immer ähnlich sind. Deshalb sollte die Linearitätsbestimmung nach der Methode der kleinsten Summe der Quadrate auf Fälle beschränkt bleiben, wo die zufälligen Fehler vorherrschen und deshalb eine statistische Mittelung sinnvoll ist. Abgesehen davon lassen sich auch die unabhängigen Linearitäten leicht analytisch berechnen.

7.3.1.3 Einflüsse der Temperatur auf die Beziehung zwischen Meßgröße und Ausgangssignal

Betriebstemperaturbereich (operating temperature range): Der Bereich der Umgebungstemperaturen, gegeben durch deren Grenzen, innerhalb derer der Aufnehmer messen soll. Innerhalb dieses Bereiches von Umgebungstemperaturen gelten alle angegebenen Toleranzen für Temperatur-Fehler, Temperatur-Fehlerband, Temperaturgradient-Fehler, thermische Nullpunktsverschiebung und thermische Empfindlichkeitsänderung.

Maximale (minimale) Umgebungstemperatur (maximum (minimum) ambient temperature): Der höchste (niedrigste) Wert der Umgebungstemperatur, der ein Aufnehmer ausgesetzt werden kann, mit oder ohne Speisung, ohne daß er beschädigt wird oder seine Daten bleibend über die spezifizierten Toleranzen hinaus verändert werden.

Mediumstemperaturbereich (fluid temperature range): Der Temperaturbereich des zu messenden Mediums, falls dies nicht das umgebende Medium ist, innerhalb dessen der Aufnehmer messen soll.

Anmerkung 1: Innerhalb dieses Mediumstemperaturbereiches gelten alle Toleranzen spezifiziert für Temperatur-Fehler, Temperatur-Fehlerband, Temperaturgradient-Fehler, thermische Nullpunktsverschiebung und thermische Empfindlichkeitsänderung.

Anmerkung 2: Wird ein Mediumstemperaturbereich nicht gesondert angegeben, so wird er als der gleiche wie der Betriebstemperaturbereich angenommen.

Maximale (minimale) Mediumstemperatur (maximum (minimum) fluid temperature): Der höchste (niedrigste) Wert der Meßmediumstemperatur, welcher ein Aufnehmer ausgesetzt werden kann, mit oder ohne Speisung, ohne daß er beschädigt wird oder seine Daten bleibend über die spezifizierten Toleranzen hinaus verändert werden.

Anmerkung: Wird keine maximale (minimale) Mediumstemperatur besonders angegeben, so wird sie als der angegebenen maximalen (minimalen) Umgebungstemperatur entsprechend vorausgesetzt.

Thermische Nullpunktsverschiebung (thermal zero shift): Die Nullpunktsverschiebung, bedingt durch Änderung der Umgebungstemperatur, von Raumtemperatur zu den angegebenen Grenzen des Betriebstemperaturbereiches.

Nullpunktsverschiebung (zero shift): Eine Änderung im Ausgangssignal bei Meßgröße Null über eine angegebene Zeitperiode und bei Raumbedingungen.

Anmerkung: Dieser Fehler bewirkt eine Parallelverschiebung der ganzen Kalibrierkurve.

Ausgangssignal bei Meßgröße Null (zero measurand output): Das Ausgangssignal eines Aufnehmers bei Raumbedingungen, nomineller Speisung und Meßgröße Null.

Thermische Empfindlichkeitsänderung (thermal sensitivity shift): Die Empfindlichkeitsänderung, bedingt durch Änderungen der Umgebungstemperatur, von Raumtemperatur zu den angegebenen Grenzen des Betriebstemperaturbereiches.

Empfindlichkeitsänderung (sensitivity shift): Eine Änderung in der Steigung der Kalibrierkurve infolge einer Änderung der Empfindlichkeit.

Temperatur-Fehler (temperature error): Die größte Änderung im Ausgangssignal bei irgendeinem Meßgrößenwert innerhalb des spezifizierten Bereiches, wenn die Aufnehmertemperatur von Raumtemperatur auf angegebene Extremwerte der Temperatur geändert wird.

Temperaturgradient-Fehler (temperature gradient error): Die vorübergehende Abweichung im Ausgangssignal eines Aufnehmers bei einem gegebenen Meßgrößenwert, wenn die Umgebungstemperatur oder die Temperatur des Meßmediums mit einer spezifizierten Geschwindigkeit zwischen spezifizierten Werten verändert wird.

Der Betriebstemperaturbereich ist eine weitere wichtige Eigenschaft eines Aufnehmers, die entscheidend ist, ob ein Aufnehmer für ein gewisses Meßproblem eingesetzt werden kann oder nicht. Innerhalb des Betriebstemperaturbereiches werden alle Daten eingehalten, während bis zur angegebenen maximalen bzw. minimalen Temperatur die Daten nicht bleibend über die spezifizierten Toleranzen hinaus verändert werden. Es ist deshalb darauf zu achten, daß betriebsmäßig die maximale bzw. minimale Temperatur nie erreicht oder gar überschritten wird.

Bei Druckaufnehmern kann auch ein Mediumstemperaturbereich angegeben werden, falls dieser vom Betriebstemperaturbereich verschieden ist. Entsprechend muß dann auch die maximale (minimale) Mediumstemperatur spezifiziert werden. Im Betrieb sind alle diese Grenzen einzuhalten, was z. B. bedeuten kann, daß Kühladapter verwendet werden müssen, um trotz einer hohen Mediumstemperatur auch den Betriebstemperaturbereich einzuhalten.

Die thermische Nullpunktsverschiebung (Bild 7.4) beschreibt die größte Verschiebung des Aufnehmernullpunktes, wenn der Aufnehmer verschiedenen Umgebungstemperaturen (innerhalb des Betriebstemperaturbereiches) ausgesetzt wird. Dabei wird als Nullpunktsverschiebung die Verschiebung nach Erreichen

7.3 Meßtechnische Eigenschaften der Aufnehmer

und Stabilisieren auf der neuen Temperatur bezeichnet und nicht etwa die transiente Verschiebung, die während der Temperaturänderung auftritt. Die letztere fällt unter den Begriff des Temperaturgradient-Fehlers.

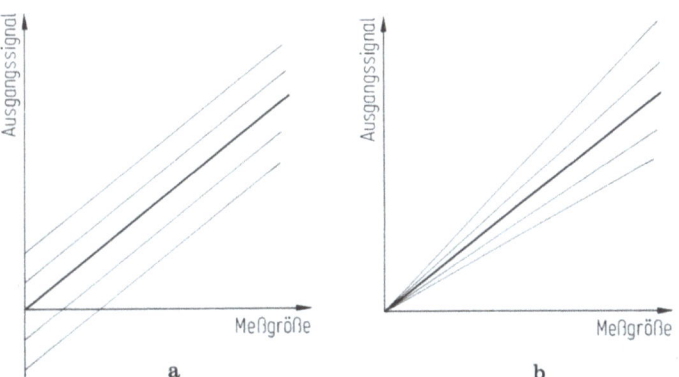

Bild 7.4. Thermische Nullpunktsverschiebung **a** und Empfindlichkeitsänderung **b**

Bei piezoelektrischen Aufnehmern kann auch eine thermische Nullpunktsverschiebung auftreten und zwar infolge des pyroelektrischen Effektes. Aufnehmerelemente aus Turmalin, piezoelektrischen Keramiken usw., nicht aber solche aus Quarz, geben bei einer Temperaturveränderung infolge des pyroelektrischen Effektes eine elektrische Ladung ab, die eine Verschiebung des Nullpunktes bewirkt. Da nun gerade die Aufnehmerelemente, welche einen Pyroeffekt zeigen, auch solche mit relativ geringem Isolationswiderstand sind, kann die thermische Nullpunktsverschiebung praktisch gar nicht gemessen werden, da der Nullpunkt infolge Drift bzw. Zeitkonstante abwandert, bevor ein Beharrungszustand auf einer neuen Temperatur erreicht ist. Quarz ist ein piezoelektrisches Material, das keinen pyroelektrischen Effekt aufweist. Bei Aufnehmern mit Quarzelementen beobachtet man jedoch einen Pseudo-Pyroeffekt, der durch die unterschiedlichen thermischen Ausdehnungen und der damit verbundenen Änderung der auf das Aufnehmerelement wirkenden Vorspannung verursacht wird. Die thermische Nullpunktsverschiebung ist jedoch bei piezoelektrischen Aufnehmern von untergeordneter Bedeutung, da einerseits die Dauer statischer Messungen beschränkt ist und andrerseits transiente Temperatureffekte meistens wesentlich stärker sind. Die thermische Nullpunktsverschiebung ist vor allem bei passiven Aufnehmersystemen von großer Wichtigkeit, da diese dort bei statischen Messungen über längere Zeit und gleichzeitigen Temperaturänderungen den Meßfehler direkt beeinflußt.

Hingegen muß bei piezoelektrischen Aufnehmern die thermische Empfindlichkeitsänderung (Bild 7.4) berücksichtigt werden. Als „thermische Empfindlichkeitsänderung" gibt man die größte Änderung der Empfindlichkeit (meistens in Prozent) an, wenn diese anstatt bei Raumtemperatur bei irgend einer Temperatur innerhalb des Betriebstemperaturbereiches bestimmt wird (Bild 7.5). Da piezoelektrische Aufnehmer meistens einen sehr weiten Betriebstemperaturbereich haben, ergeben sich gemäß dieser Definition relativ große Werte. Es kann daher nützlich sein, zusätzlich auch die thermische Empfindlichkeitsänderung über einen in der Praxis am meisten benutzten Teilbereich des Betriebstemperaturbereiches anzugeben.

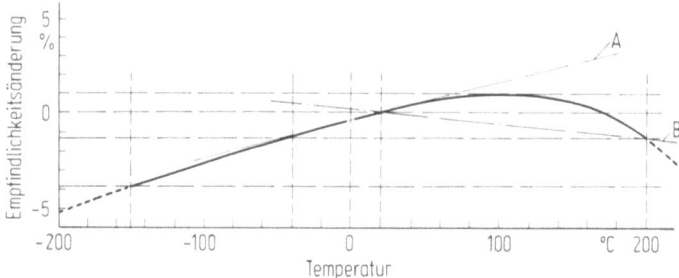

Bild 7.5. Thermische Empfindlichkeitsänderung. Die Änderung wird in Prozent der Empfindlichkeit bei 20 °C angegeben. Gezeigtes Beispiel: Betriebstemperaturbereich: −150 ... 200 °C. Thermische Empfindlichkeitsänderung: −4 ... 1 % (im Teilbereich −40 ... 200 °C: −1,5 ... 1 %).
A Temperaturkoeffizient der Empfindlichkeit bei 20 °C: 0,024 %/°C. **B** „Mittlerer" Temperaturkoeffizient der Empfindlichkeit von 20 ... 200 °C: −0,008 %/°C

Der immer noch oft verwendete Begriff „Temperaturkoeffizient der Empfindlichkeit" bedeutet die Steigung einer Tangente an die Kurve der Abhängigkeit der Empfindlichkeit von der Temperatur. Ein solcher Koeffizient gilt daher nur in der unmittelbaren Nähe des Berührungspunktes. Die Angabe eines Temperaturkoeffizienten wäre nur dann sinnvoll, wenn tatsächlich ein linearer Zusammenhang zwischen Empfindlichkeit und Temperatur bestände. Dies ist aber bei piezoelektrischen Aufnehmern praktisch nie der Fall. Völlig unbrauchbar und irreführend ist in diesem Fall die auch immer wieder anzutreffende Angabe eines „mittleren" Temperaturkoeffizienten, der sich auf die Steigung einer Verbindungslinie zweier Punkte der Kurve bezieht. Wie Bild 7.5 zeigt, kann auf diese Weise z. B. ein Temperaturkoeffizient von praktisch Null angegeben werden, obwohl dieser in Wirklichkeit zuerst positiv, dann Null und schließlich negativ ist!

Die thermische Empfindlichkeitsänderung gibt nur die größte Änderung über den betrachteten Temperaturbereich an. Genügt dies nicht, so ist die Abhängigkeit der Empfindlichkeit von der Temperatur entweder als Kurve, als Wertetabelle oder als genügend gut angenäherte mathematische Funktion darzustellen.

Anstelle der einzelnen thermisch bedingten Fehler kann auch der Temperatur-Fehler (Bild 7.6) angegeben werden, der die größte Änderung im Ausgangssignal bei irgendeinem Meßgrößenwert innerhalb des Bereiches angibt, wenn die Aufnehmertemperatur von Raumtemperatur zu den Grenzen des Betriebstemperaturbereiches hin variiert wird. Anders ausgedrückt gibt der Temperatur-Fehler den größten Fehler des Ausgangssignals bei irgendeiner Temperatur und irgendeinem Meßgrößenwert innerhalb der entsprechenden Bereiche an.

Während die thermischen Nullpunktsverschiebungen und Empfindlichkeitsänderungen sowie der Temperatur-Fehler sich auf stationäre Temperaturverhältnisse beziehen, also darüber aussagen, welche Unterschiede bei gleichen Messun-

7.3 Meßtechnische Eigenschaften der Aufnehmer

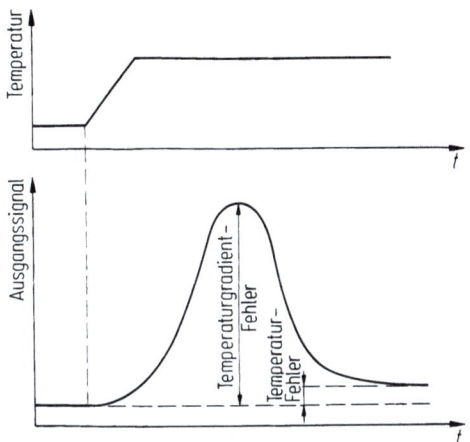

Bild 7.6. Temperatur- und Temperaturgradient-Fehler

gen auf verschiedenen Temperaturen auftreten, beschreibt der Temperaturgradient-Fehler (Bild 7.6) den Einfluß einer raschen Temperaturänderung während einer Messung. Dabei muß angegeben werden, zwischen welchen beiden Temperaturen und wie rasch die Änderung erfolgt.

7.3.1.4 Einflüsse von Beschleunigung, Vibration und Schock auf die Beziehung zwischen Meßgröße und Ausgangssignal

Beschleunigungsfehler (acceleration error): Die größte Differenz, bei irgendeinem Meßgrößenwert innerhalb des spezifizierten Bereiches, zwischen den Ausgangssignalen mit und ohne wirkender spezifizierter konstanter Beschleunigung in Richtung spezifizierter Achsen.

Vibrationsfehler (vibration error): Die größte Änderung im Ausgangssignal bei irgendeinem Meßgrößenwert innerhalb des spezifizierten Bereiches, wenn Vibrationen von spezifizierter Amplitude und spezifiziertem Bereich von Frequenzen entlang spezifizierten Achsen auf den Aufnehmer einwirken.

Obwohl Vibration ihrem Wesen nach auch Beschleunigung ist, muß doch in den meisten Fällen eine Unterscheidung gemacht werden. Ein Aufnehmer kann zum Beispiel eine relativ hohe konstante Beschleunigung aushalten, während Vibrationen viel kleinerer Amplituden bei bestimmten Frequenzen Teile des Aufnehmers in Resonanz bringen und dadurch zerstören können.

Diese Fehler werden in %FSO angegeben, wobei auch die Prüfbedingungen gegeben sein müssen. Sie können auch in Meßgrößeneinheiten pro Beschleunigungseinheit ausgedrückt werden, falls dieser Zusammenhang über den betrachteten Bereich genügend linear ist. Man spricht dann auch von Beschleunigungs- oder Vibrationsempfindlichkeit.

Drift (drift): Eine unerwünschte Änderung im Ausgangssignal über längere Zeit, wobei diese Änderung keine Funktion der Meßgröße ist.

Stabilität (stability): Die Fähigkeit eines Aufnehmers, seine Daten über eine relativ lange Zeitperiode beizubehalten.

Anmerkung: Falls nichts anderes angegeben ist, bedeutet Stabilität die Fähigkeit des Aufnehmers, Ausgangssignale, welche während der ursprünglichen

Kalibrierung bei Raumbedingungen erhalten wurden, während einer angegebenen Zeitperiode zu reproduzieren. Sie wird dann meistens ausgedrückt als „innerhalb ... % des Vollbereichsignals pro Monat (oder Jahr)".

Repetierbarkeit (repeatability): Die Fähigkeit eines Aufnehmers, Ausgangssignale zu reproduzieren, wenn der gleiche Meßgrößenwert mehrmals hintereinander unter den gleichen Bedingungen und in der gleichen Richtung aufgebracht wird.

Anmerkung: Repetierbarkeit wird als die größte Differenz zwischen erhaltenen Ausgangssignalen ausgedrückt; sie wird als „innerhalb ... % des Vollbereichsignals" angegeben. Falls nichts weiteres angegeben ist, wird die Repetierbarkeit aufgrund zweier Kalibrierzyklen bestimmt.

Bei quasistatischen Messungen mit piezoelektrischen Aufnehmern kann dann Drift auftreten, wenn ein Ladungsverstärker verwendet wird (s. Abschnitt 12.5). Da Drift nicht voraussagbar ist, darf die beim Aufnehmer allein oder im Zusammenhang mit Elektrometerverstärkern auftretende exponentielle Entladung nicht als Drift bezeichnet werden.

Die Stabilität piezoelektrischer Aufnehmer hängt weitgehend vom verwendeten piezoelektrischen Material ab, aus dem das Aufnehmerelement gefertigt ist. Während Kristalle wie Quarz und Turmalin naturgemäß eine hervorragende Stabilität aufweisen, kann diese bei den piezoelektrischen Keramiken sehr unterschiedlich sein. Je nach deren Qualität, künstlicher Alterung usw., können sie eine recht hohe Stabilität erreichen oder aber an der Grenze des Brauchbaren liegen. Die Stabilität hängt aber auch von der Aufnehmerkonstruktion ab. Insbesondere bei Druckaufnehmern, deren Membrane bis an oder gar über die Elastizitätsgrenze des Materials beansprucht wird, kann sich die Steifheit wie auch der aktive Durchmesser der Membrane und damit die Empfindlichkeit des Aufnehmers mit der Zeit ändern.

Die Repetierbarkeit piezoelektrischer Aufnehmer ist im allgemeinen sehr gut. Bei Quarzaufnehmern liegt sie sogar wesentlich unter dem üblichen Fehler der Kalibrierung.

7.3.2 Dynamische Eigenschaften

Dynamische Eigenschaften (dynamic characteristics): Diejenigen Eigenschaften eines Aufnehmers, welche sich auf sein Verhalten bezüglich zeitlicher Änderungen der Meßgröße beziehen.

Eigenfrequenz (natural frequency): Die Frequenz freier (nicht erzwungener) Schwingungen des Fühlelementes eines vollständig zusammengebauten Aufnehmers.

Anmerkung 1: Die Eigenfrequenz ist auch definiert als diejenige Frequenz einer sinusförmig wirkenden Meßgröße, gegenüber der das Ausgangssignal des Aufnehmers um 90° nachläuft.

Anmerkung 2: Falls nichts anderes angegeben wird, gilt sie bei Raumtemperatur.

Resonanzfrequenz (resonant frequency): Diejenige Frequenz der Meßgröße, bei welcher der Aufnehmer das Ausgangssignal mit der größten Amplitude abgibt.

7.3 Meßtechnische Eigenschaften der Aufnehmer

Anmerkung 1: Treten bei mehr als einer Frequenz bedeutende Amplitudenspitzen auf, so wird die niedrigste dieser Frequenzen als Resonanzfrequenz bezeichnet.

Anmerkung 2: Eine Amplitudenspitze wird als bedeutend bezeichnet, wenn deren Amplitude mindestens das 1,3-fache der Amplitude derjenigen Frequenz beträgt, auf welche der Frequenzgang bezogen wird.

Überschwingfrequenz (ringing frequency): Die Frequenz der vorübergehenden Schwingungen, die im Ausgangssignal eines Aufnehmers als Folge einer sprunghaften Änderung der Meßgröße auftreten.

Überschwingdauer (ringing period): Das Zeitintervall, in welchem die Amplitude der Schwingungen im Ausgangssignal, erregt durch eine sprunghafte Änderung der Meßgröße, den folgenden statischen Wert des Ausgangssignals überschreitet.

Anmerkung: Falls nichts anderes angegeben wird, betrachtet man die Überschwingdauer als beendet, sobald die Schwingungen im Ausgangssignal den folgenden statischen Wert des Ausgangssignals nicht mehr als um 10% überschreiten.

Frequenzgang (frequency response): Die frequenzabhängige Änderung des Amplitudenverhältnisses Ausgangssignal/Meßgröße (und der Phasenverschiebung zwischen dem Ausgangssignal und der Meßgröße), wenn eine sinusförmig variierende Meßgröße innerhalb eines angegebenen Bereiches von Meßgrößenfrequenzen auf den Aufnehmer wirkt.

Anmerkung 1: Der Frequenzgang wird normalerweise angegeben als „innerhalb ± ... % (oder dB) von ... bis ... Hz".

Anmerkung 2: Der Frequenzgang sollte auf eine Frequenz innerhalb des angegebenen Meßgrößenfrequenzbereiches und auf einen spezifizierten Meßgrößenwert bezogen werden.

Die Begriffe „Eigenfrequenz", „Resonanzfrequenz" und „Überschwingfrequenz" werden immer wieder verwechselt oder falsch angewendet. Es ist jedoch beim Vergleichen und Auswählen von Aufnehmern sehr wichtig, daß man genau weiß, von welcher Frequenz gesprochen wird und was diese bedeutet.

Die Eigenfrequenz (Bild 7.7) wird durch einen kurzen Meßgrößenpuls angeregt, wobei die Pulsdauer wesentlich kürzer als die Periodendauer der Eigenfrequenz sein muß. Da nun gerade die piezoelektrischen Aufnehmer die höchsten Eigenfrequenzen haben, ist deren Bestimmung in der Praxis sehr schwierig, da die benötigten sehr kurzen Pulse der Meßgröße nur sehr schwer — wenn überhaupt — realisiert werden können.

Wird die Messung der Eigenfrequenz richtig durchgeführt, kann daraus auch die Dämpfung bestimmt werden.

Für das Bestimmen der Resonanzfrequenz (Bild 7.8) läßt man Meßgrößen konstanter Amplitude, aber variabler Frequenzen auf den Aufnehmer wirken und zeichnet dann die Amplitude des Ausgangssignals in Funktion der Frequenz auf. Eine vollständige Resonanzfrequenzbestimmung umfaßt auch das Aufzeichnen der Phasenverschiebung zwischen Ausgangssignal und Meßgröße. Aus der Resonanzfrequenzbestimmung läßt sich auch die Resonanzüberhöhung und damit der Gütefaktor bestimmen. Auch hier ist es sehr schwierig, wenn nicht sogar un-

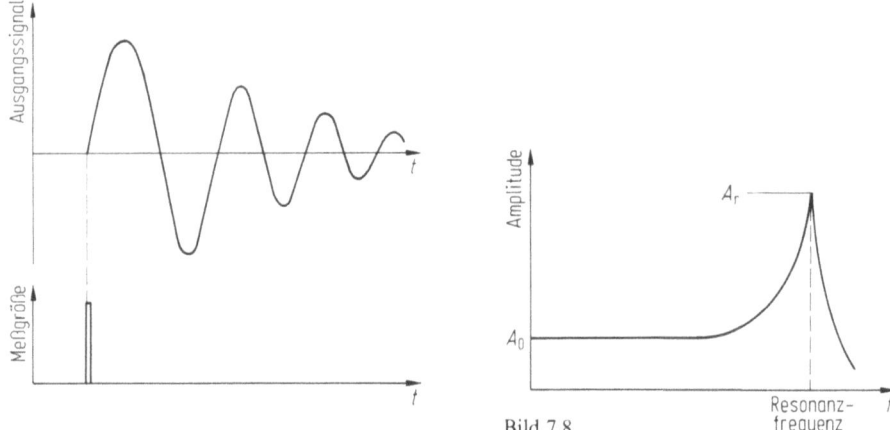

Bild 7.7. Eigenfrequenz. Der zum Anstoßen der Eigenfrequenz verwendete Meßgrößenpuls sollte idealerweise kürzer als ein Zehntel der Periodendauer der Eigenfrequenz sein

Bild 7.8. Resonanzfrequenz. Zur Anregung wirkt eine sich sinusförmig ändernde Meßgröße konstanter Amplitude, jedoch variabler Frequenz, auf den Aufnehmer. Aus dem Amplitudenverhältnis A_r/A_0 ergibt sich die Resonanzüberhöhung

möglich, Meßgrößen konstanter Amplituden bis zu genügend hohen Frequenzen zu erzeugen.

Entsprechendes gilt auch für die Überschwingfrequenz (Bild 7.9), da zu deren Bestimmung eine sprunghafte Änderung von genügend kurzer Anstiegszeit in der Meßgröße erzeugt werden muß. Da das genaue Bestimmen dieser und auch der folgenden dynamischen Größen bei piezoelektrischen Aufnehmern sehr schwierig, manchmal sogar unmöglich ist, müssen oft eher behelfsmäßige Methoden verwendet werden. Es empfiehlt sich daher, immer genaue Angaben über die verwendete Methode zu verlangen, damit die so bestimmten dynamischen Eigenschaften dann meßtechnisch auch richtig berücksichtigt werden können.

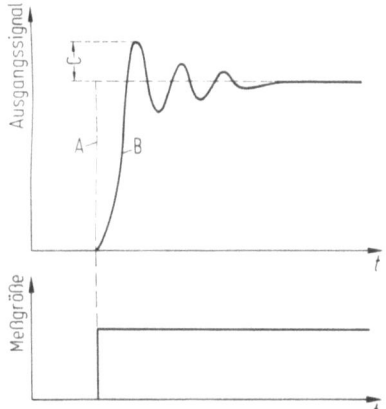

Bild 7.9. Überschwingen infolge einer sprunghaften Änderung der Meßgröße. *A* Ausgangssignal eines idealen Aufnehmers, *B* Ausgangssignal eines wirklichen Aufnehmers, *C* Überschießen

Frequenzangaben sollten ebenfalls Amplituden- und Phasengänge zeigen.

Ansprechzeit (response time): Die Zeit, welche das Ausgangssignal eines Aufnehmers benötigt, um als Folge einer sprunghaften Änderung der Meßgröße auf einen angegebenen Prozentsatz seines Endwertes anzusteigen.

Zeitkonstante (time constant): Die Zeit, welche das Ausgangssignal eines Aufnehmers benötigt, um als Folge einer sprunghaften Änderung der Meßgröße auf 63 % seines Endwertes anzusteigen.

Anstiegszeit (rise time): Die Zeit, welche das Ausgangssignal eines Aufnehmers benötigt, um als Folge einer sprunghaften Änderung der Meßgröße von einem kleinen, spezifizierten Prozentsatz seines Endwertes auf einen großen, spezifizierten Prozentsatz seines Endwertes anzusteigen.

Anmerkung: Falls nichts anderes angegeben ist, werden diese Prozentsätze als 10 % und 90 % des Endwertes angenommen.

Überschießen (overshoot): Der Betrag des Ausgangssignals, um welchen dieses über den nachfolgenden Endwert des Ausgangssignals hinausgeht, wenn sich die Meßgröße sprunghaft ändert.

Die Ansprechzeit, Zeitkonstante und Anstiegszeit beschreiben die Fähigkeit eines Aufnehmers, sprunghaften Änderungen der Meßgröße zu folgen. Auch hier gilt, wie schon bei der Eigenfrequenzbestimmung gesagt, daß es praktisch sehr schwierig, wenn nicht sogar unmöglich ist, sprunghafte Änderungen in der Meßgröße zu erzeugen, die genügend rasch sind. Oft wird behelfsmäßig angenommen, daß die Anstiegszeit etwa einem Viertel der Periodendauer der Eigenfrequenz entspreche, was für die Praxis einigermaßen brauchbar ist. Wiederum ist es sehr wichtig, daß man vom Hersteller genaue Angaben bekommt, wie diese Eigenschaften bestimmt wurden.

Aus den gleichen Gründen ist auch das Bestimmen des Überschießens bei piezoelektrischen Aufnehmern schwierig. Da diese aber naturgemäß eine hohe Eigenfrequenz haben, ist das Überschießen bei den in der Praxis auftretenden sprunghaften Änderungen der Meßgröße so gering, daß es selten störend in Erscheinung tritt.

7.3.3 Elektrische Eigenschaften

Isolationswiderstand (insulation resistance): Der zwischen angegebenen, isolierten Teilen eines Aufnehmers gemessene Widerstand, wenn eine spezifizierte Gleichspannung bei Raumbedingungen (falls nichts anderes angegeben) angelegt wird.

Ausgangsimpedanz (output impedance): Die zwischen den Ausgangsanschlüssen eines Aufnehmers vorhandene Impedanz, welche gegenüber der zugehörigen externen elektrischen Schaltung erscheint.

Piezoelektrische Aufnehmer stellen, elektrisch gesehen, aktive Kondensatoren mit hohem Isolationswiderstand dar. Meistens liegt eine Seite des Kondensators an der Aufnehmermasse, also am Aufnehmergehäuse. Ausnahmen bilden sogenannte masseisolierte Aufnehmer sowie solche mit eingebauter Elektronik. Bei einem Aufnehmer mit einem Aufnehmerelement, das völlig vom Aufnehmergehäuse isoliert ist, wird im strengen Sinne der Definition unter Isolationswiderstand der Widerstand zwischen einer der beiden Elektroden am Aufnehmerelement und dem Aufnehmergehäuse verstanden. Die Ausgangsimpedanz wird hingegen zwischen den beiden Elektroden gemessen und weist einen ohmschen Anteil im Bereich von Teraohm (TΩ) und einen kapazitiven Anteil im Bereich von Pikofarad (pF) auf. Falls eine Elektrode mit dem Aufnehmergehäuse verbunden ist, wird der Isolationswiderstand identisch mit dem ohmschen Anteil der Ausgangsimpedanz. Für die Praxis werden deshalb oft der Isolationswiderstand und die Kapazität des Aufnehmers angegeben.

7.3.4 Einflüsse der Aufnehmermontage

Montagefehler (mounting error): Derjenige Fehler, der von der mechanischen Deformation des Aufnehmers herrührt, welche durch das Montieren des Aufnehmers und das Herstellen aller Anschlüsse für die Meßgröße sowie der elektrischen Anschlüsse verursacht wird.

Dehnungsfehler (strain error): Derjenige Fehler, der durch eine Dehnung in der Fläche, auf welche der Aufnehmer montiert ist, verursacht wird.
Anmerkung 1: Dieser Begriff bezieht sich nicht auf Dehnungsaufnehmer (Dehnmeßstreifen).
Anmerkung 2: Siehe auch Montagefehler.

Durch die Montage des Aufnehmers am Meßobjekt wird dieser immer mehr oder weniger deformiert. Dadurch kann z.B. die Empfindlichkeit verändert werden. Bei Aufnehmern die ein- oder aufgeschraubt werden (z.B. Druck- und Beschleunigungsaufnehmer) gibt man oft das einzuhaltende Anzugsdrehmoment an, welches dem bei der Kalibrierung verwendeten entspricht. Bei Kraftaufnehmern kann eine Ebenheitsangabe für die den Aufnehmer berührenden Flächen nützlich sein.

Das Herstellen der elektrischen Anschlüsse sollte bei einem richtig konstruierten Aufnehmer und bei einem fachgerecht angeschlossenen und verlegten Kabel keine meßbaren Fehler verursachen.

Der Dehnungsfehler ist besonders bei Beschleunigungsaufnehmern zu beachten, da diese oft auf sich während der Messung dehnende Teile (Biegeschwingungen) montiert werden.

7.3.5 Lebensdauer des Aufnehmers

Betriebslebensdauer (operating life): Die spezifizierte minimale Zeitdauer, während welcher die angegebenen Daten über Dauerbetrieb und intermittierenden Betrieb eines Aufnehmers gelten, ohne daß seine Eigenschaften über die spezifizierten Toleranzen hinaus verändert werden.

Wechsellebensdauer (cycling life): Die spezifizierte minimale Anzahl von Belastungen über den vollen Bereich oder einen angegebenen Teilbereich, über die ein Aufnehmer funktionieren wird, ohne daß seine Eigenschaften über die spezifizierten Toleranzen hinaus verändert werden.

Lagerlebensdauer (storage life): Die spezifizierte minimale Zeitdauer, während der ein Aufnehmer den angegebenen Lagerbedingungen ausgesetzt werden kann, ohne daß seine Eigenschaften über die spezifizierten Toleranzen hinaus verändert werden.

7.3 Meßtechnische Eigenschaften der Aufnehmer 145

Angaben über die Lebensdauer sind vor allem bei Aufnehmern notwendig, welche in industriellen Anlagen (Prozeßsteuerung, Überwachung usw.) eingesetzt werden. Die Wechsellebensdauer wird dort von Bedeutung, wo betriebsmäßig eine hohe Zahl periodischer Belastungen auftreten, wie z. B. bei Vibrations-, Dieselmotor- oder Tablettenpressen-Überwachung.

7.3.6 Übersprechen

Dieser Begriff ist im ISA-Standard [15] nicht aufgeführt und wurde von den Autoren speziell im Zusammenhang mit den piezoelektrischen Mehrkomponenten-Kraftaufnehmern wie folgt definiert:

Übersprechen (cross talk): Signal am Ausgang eines Aufnehmers, das durch eine andere als diesem Ausgang zugeordnete und auf den Aufnehmer wirkende Meßgröße verursacht wird.

Anmerkung: Das Übersprechen wird als Verhältnis der diesem Ausgangssignal entsprechenden Meßgröße zur verursachenden Meßgröße dargestellt. Haben beide Meßgrößen dieselbe Dimension, so kann das Übersprechen auch in Prozent angegeben werden.

Beispiel 1: Übersprechen F_x auf F_z von 0,8 % bedeutet, daß unter einer Belastung von z. B. $F_x = 100$ N am F_z-Ausgang des Aufnehmers ein Übersprechsignal auftritt, wie wenn eine echte F_z-Belastung von 0,8 N gewirkt hätte.

Beispiel 2: Übersprechen F_z auf M_z von -3 Nm/kN bedeutet, daß unter einer Belastung von z. B. $F_z = 1$ kN am M_z-Ausgang des Aufnehmers ein Übersprechsignal auftritt, wie wenn ein echtes Moment von -3 Nm gewirkt hätte.

Der im ISA-Standard aufgeführte Begriff der „Querempfindlichkeit (transverse sensitivity)" bezieht sich vor allem auf Beschleunigungsaufnehmer und eignet sich wenig für die in den letzten Jahren entwickelten Mehrkomponenten-Kraft- und Moment-Meßsysteme.

Der oben definierte Begriff „Übersprechen" ist universeller und kann den Begriff „Querempfindlichkeit" völlig ersetzen. Die praktische Bedeutung des Übersprechens wird im Abschnitt 9.5 eingehend beschrieben.

8 Piezoelektrische Aufnehmer

8.1 Einführung

Piezoelektrische Aufnehmer sind dadurch gekennzeichnet, daß ihr Aufnehmerelement aus einem piezoelektrischen Material besteht. Während allgemein bei passiven Aufnehmern zwischen Fühlelement und Aufnehmerelement unterschieden werden kann (z. B. bei Dehnmeßstreifen-Kraftaufnehmern: Biegebalken als Fühlelement, Dehnmeßstreifen als Aufnehmerelement), ist bei piezoelektrischen Aufnehmern das Fühlelement mit dem Aufnehmerelement grundsätzlich identisch. Nur bei piezoelektrischen Beschleunigungsaufnehmern wird gelegentlich die seismische Masse, deren Kraftwirkung gemessen wird, als Fühlelement bezeichnet.

Bei den Kraftaufnehmern wird die Kraft direkt auf das Aufnehmerelement übertragen, dieses wird deformiert und durch die dabei verursachte piezoelektrische Polarisation das Ausgangssignal erzeugt.

Druckaufnehmer besitzen eine Membrane, über die der Druck als Kraft auf das Aufnehmerelement übertragen wird. Bei geeigneter Konstruktion ist die wirksame Fläche der Membrane konstant, so daß die von der Membrane auf das Aufnehmerelement übertragene Kraft direkt proportional zum Druck wird. Die entstehende Kraft wird gleich wie bei Kraftaufnehmern in das Ausgangssignal umgewandelt.

Beschleunigungsaufnehmer sind nichts anderes als Kraftaufnehmer, auf denen eine Masse, die sogenannte seismische Masse, befestigt ist. Infolge der Trägheit dieser Masse übt sie bei Beschleunigung eine Kraft auf den Kraftaufnehmer aus. Da die seismische Masse konstant ist, ist die Kraft gemäß dem zweiten Newtonschen Gesetz auch proportional zur wirkenden Beschleunigung.

Die Meßgrößen „Druck" und „Beschleunigung" werden also auch auf die Meßgröße „Kraft" zurückgeführt, so daß Kraftaufnehmer als das grundlegende Aufnehmersystem bezeichnet werden können. Druck- und Beschleunigungsaufnehmer sind daher nur besondere Bauformen von Kraftaufnehmern. Als weitere Bauform sind auch Dehnungsaufnehmer möglich (s. [N 4, S. 288–290]), die aber nur eine geringe Bedeutung haben.

8.2 Grundsätzliches zur Kraftmessung

Fast alle Aufnehmer für Kräfte besitzen ein elastisches Fühlelement, aus dessen Deformation auf die wirkende Kraft geschlossen werden kann. Bei passiven Aufnehmersystemen (Dehnmeßstreifen, induktive und kapazitive Systeme usw.) muß diese Deformation selbst gemessen werden. Um eine genügend große Empfindlichkeit zu erreichen, muß daher das Fühlelement nachgiebig gewählt werden, damit die entsprechenden Deformationen groß genug werden.

Da bei piezoelektrischen Kraftaufnehmern das Fühlelement identisch mit dem Aufnehmerelement ist, welches unter Krafteinwirkung direkt das elektrische Ausgangssignal abgibt, braucht dessen Deformation selbst nicht direkt gemessen zu werden. Deshalb kann sie um Größenordnungen kleiner gehalten werden als bei passiven Systemen.

Daß Kraftaufnehmer eine möglichst hohe Steifheit aufweisen müssen, um Kräfte mit geringsten Fehlern messen zu können, sei an folgendem Beispiel gezeigt.

Als Kraftaufnehmer stehe eine einfache Federwaage der Länge x zur Verfügung. Unter Krafteinwirkung dehnt sich die Feder, wobei deren Verlängerung Δx ein Maß für die Kraft ist. Der Zusammenhang zwischen Kraft und Verlängerung wird durch die Federkonstante k beschrieben.

Eine Masse m hänge im ersten Fall (Bild 8.1) an einem (ideal gedachten) Seil. Die Seilkraft F_s beträgt daher $F_s = mg$, wobei g die örtliche Fallbeschleunigung bedeutet. Um diese Seilkraft F_s mit der Federwaage zu messen, werde aus dem Seil ein Stück von der Länge x herausgeschnitten und die Federwaage dafür eingesetzt. Unter der Kraft F_s dehnt sich die Feder um Δx, so daß die Masse m nicht mehr am ursprünglichen Ort im Raum hängt, sondern um Δx tiefer. Dies ist die durch die Messung verursachte Störung. Die dadurch bedingten Fehler sind jedoch vernachlässigbar klein (Fallbeschleunigung und Luftdruck, also Auftrieb, sind nur

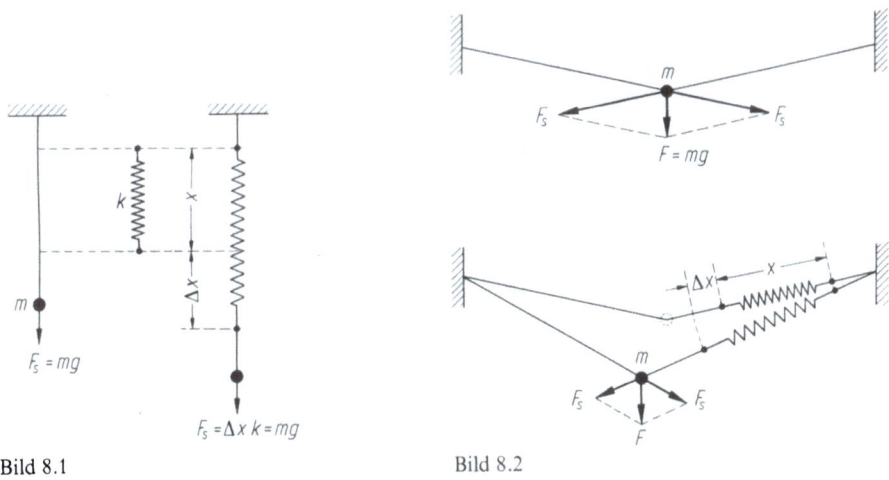

Bild 8.1

Bild 8.2

Bild 8.1. Federwaage als einfacher Kraftaufnehmer

Bild 8.2. Verfälschung einer Kraftmessung durch zu großen Meßweg

geringfügig höhenabhängig). Der relativ große Meßweg Δx, der in der Größenordnung von cm liegt, hat hier also keinen nachteiligen Einfluß. Die gesuchte Kraft beträgt daher $F_s = \Delta x\, k$.

Anders ist die Situation im zweiten Fall (Bild 8.2). Die Masse m hänge nun an einem zwischen zwei starren Befestigungspunkten gespannten Seil. Die Gewichtskraft $F = m g$ läßt sich in die Seilkraftkomponenten F_s zerlegen. Mittels der Federwaage soll nun die Kraft F_s gemessen werden. Wiederum werde ein Seilstück der Länge x herausgeschnitten und dafür die Federwaage als Kraftaufnehmer eingesetzt. Diesmal ist die Deformation Δx des Kraftaufnehmers, also der Meßweg, nicht mehr belanglos. Durch den zu großen Meßweg des gewählten Kraftaufnehmers wird die Geometrie der zu untersuchenden Anordnung dermaßen verändert, daß die effektiv gemessene Kraft von der untersuchten Kraft so stark abweicht, daß durch den daraus entstehenden Meßfehler die Messung praktisch unbrauchbar wird.

Dieses Beispiel zeigt drastisch, wie wichtig schon bei einer statischen Messung die Steifheit eines Kraftaufnehmers in vielen Fällen sein kann. Da die Größenordnung der „Störung" durch die Deformation des Aufnehmers selten so klar wie im obigen Beispiel ist, empfiehlt es sich generell, Aufnehmer mit der größtmöglichen Steifheit zu verwenden.

Ähnliche Überlegungen gelten auch für Druck- und Beschleunigungsaufnehmer. Bei Druckaufnehmern ergibt eine große Steifheit des Aufnehmerelementes eine geringe Volumenänderung und eine hohe Eigenfrequenz, was für das unverfälschte Erfassen von steilen Druckanstiegen wie Stoßwellenfronten eine unerläßliche Voraussetzung ist. Beschleunigungsaufnehmer, deren Aufnehmerelement eine zu geringe Steifheit hat, nehmen Beschleunigungsspitzen wie z.B. bei Schockmessungen verfälscht, d.h. mit großem Überschwingen und großer Phasenverschiebung auf.

Allgemein gilt deshalb die Regel: Je größer die Steifheit eines Aufnehmerelementes, desto geringer die durch die Messung verursachte Störung.

Piezoelektrische Aufnehmer zeichnen sich durch höchste Steifheit aus und sind darin anderen Aufnehmersystemen überlegen.

8.3 Prinzipieller Aufbau der Aufnehmer

Piezoelektrische Aufnehmer sind im wesentlichen alle gleich aufgebaut. Der wichtigste Teil ist das Aufnehmerelement, das gleichzeitig auch die Funktion des Fühlelementes erfüllt und aus einem oder mehreren piezoelektrischen Elementen besteht. Diese werden aus einem piezoelektrischen Material (Quarz, Turmalin, piezoelektrische Keramik usw.) hergestellt. Für den Longitudinal- und Schubeffekt benützt man piezoelektrische Elemente vorwiegend in der Form von kreis- oder kreisringförmigen Platten (Scheiben). Dabei sind bei piezoelektrischen Elementen für den Longitudinaleffekt, und normalerweise auch für den Schubeffekt, die krafteinleitenden Flächen identisch mit den Flächen, auf welchen die piezoelektrischen Polarisationsladungen erscheinen. Bei piezoelektrischen Elementen für den Schubeffekt können allerdings für Spezialzwecke die Polarisationsladungen auch von unbelasteten Flächen abgenommen werden.

8.3 Prinzipieller Aufbau der Aufnehmer

Für den Transversaleffekt werden stabförmige piezoelektrische Elemente benützt. Naturgemäß erscheinen dabei die Polarisationsladungen an bestimmten, parallel zur Kraftwirkungsrichtung liegenden, unbelasteten Seitenflächen, die deshalb mit Elektroden bedeckt werden müssen.

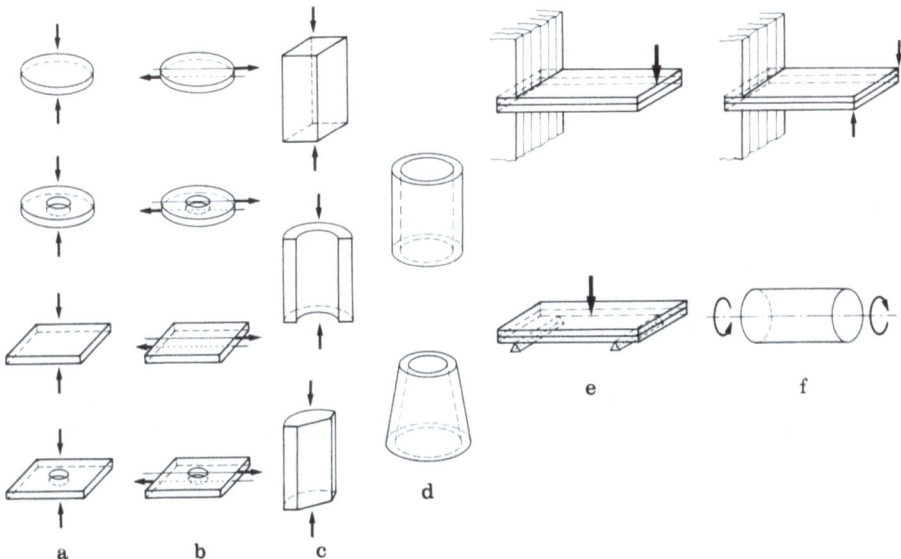

Bild 8.3. Piezoelektrische Aufnehmerelemente.
a Plattenförmige Elemente für den Longitudinaleffekt. **b** Plattenförmige Elemente für den Schubeffekt. **c** Stabförmige Elemente für den Transversaleffekt. **d** Elemente in der Form eines hohlen Zylinders oder abgestumpften Kegels. Solche Elemente können nur aus piezoelektrischen Keramiken hergestellt werden. Sie können entweder radial für den Longitudinaleffekt oder in der Achsenrichtung für den Schubeffekt polarisiert werden. **e** Bimorphe Elemente als Biegebalken (Ausnützung des Transversaleffektes). **f** Torsionsempfindliche Elemente (Ausnützung des Schubeffektes)

Eine Auswahl von piezoelektrischen Elementen zeigt das Bild 8.3. Ein „nacktes" piezoelektrisches Element kann man nicht unmittelbar zu einer Kraftmessung benützen. Grundsätzlich muß sich das piezoelektrische Element zwischen zwei Stempeln befinden, welche die Kraft auf das piezoelektrische Element übertragen und die im einfachsten Fall gleichzeitig zur Ladungsabnahme dienen. Ein Modell eines solchen piezoelektrischen Kraftaufnehmers, bei dem der Longitudinaleffekt benützt wird, ist im Bild 8.4 dargestellt. Das kreisförmige piezoelektrische Element K für den Longitudinaleffekt befindet sich zwischen zwei Stempeln S1 und S2. Der Radius des piezoelektrischen Elementes ist gleich dem Radius der beiden Stempel und wir bezeichnen ihn mit r_K. Die Dicke des piezoelektrischen Elementes sei l_K, die Dicke der Stempel $l_{S1} = l_{S2}$.

Nehmen wir zuerst an, daß unser einfaches Modell durch eine axiale Druckkraft F belastet werde, die normal zur Grundfläche der Stempel und damit auch des piezoelektrischen Elementes wirkt. Die Kraftwirkung sei über den Grundflächen der Stempel gleichmäßig verteilt. Im piezoelektrischen Element entstehe

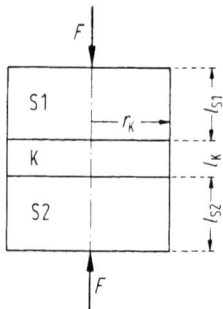

Bild 8.4. Modell eines einfachen Kraftaufnehmers mit einem piezoelektrischen Element für den Longitudinaleffekt

ein homogener Spannungszustand, eine homogene Deformation und aufgrund des direkten piezoelektrischen Effektes eine ebenso homogene elektrische Polarisation. Wir wollen einfachheitshalber zuerst voraussetzen, daß es sich dabei nur um einen einachsigen Spannungszustand in der axialen Richtung handelt. Wir vernachlässigen also die Wechselwirkung zwischen den Stempeln und dem piezoelektrischen Element, die sich aus der unterschiedlichen Querausdehnung der Stempel und des piezoelektrischen Elementes sowie der Durchbiegung des Stempels ergibt und nehmen an, daß von den Stempeln nur die wirkende Normalkraft (bzw. später auch die Schubkraft) auf das piezoelektrische Element übertragen wird. Die Dicke des piezoelektrischen Elementes hat die Richtung der x-Achse. Die einzige Spannungskomponente im piezoelektrischen Element ist

$$T_1 = \frac{F}{\pi r_K^2}. \tag{8.1}$$

Unter der Voraussetzung, daß die Elektroden kurzgeschlossen sind (s. Abschnitt 5.6), ist die elektrische Feldstärke im piezoelektrischen Element $\boldsymbol{E} = 0$ und wir können aus der linearen piezoelektrischen Zustandsgleichung (s. (5.56) und Tabelle 5.1) die elektrische Flußdichte im piezoelektrischen Element berechnen:

$$D_1 = d_{11} T_1 = \frac{d_{11} F}{\pi r_K^2}. \tag{8.2}$$

Die Polarisationsladung Q auf den Elektroden bekommen wir, wenn wir (8.2) mit der Elektrodenfläche multiplizieren. Sie ist in unserem Modell ebenfalls πr_K^2 und somit

$$Q = d_{11} F. \tag{8.3}$$

Die Polarisationsladung, die wir z. B. mit einem Ladungsverstärker messen können, ist der wirkenden Kraft proportional. Der Proportionalitätsfaktor ist der entsprechende piezoelektrische Koeffizient d_{11} des Materials, aus dem das piezoelektrische Element hergestellt ist. Er bestimmt die piezoelektrische Empfindlichkeit der Meßvorrichtung.

Wenn die Kraftbelastung des piezoelektrischen Elementes nicht gleichmäßig ist, bekommen wir die gesamte Polarisationsladung aufgrund der Integration von (8.2) über die gesamte Fläche der Abnahmeelektrode. Auch in diesem Fall ergibt sich (8.3).

8.3 Prinzipieller Aufbau der Aufnehmer

Wenn die gemessene Kraft F nicht normal zur Grundfläche des Stempels und des piezoelektrischen Elementes wirkt, so kann man sie in eine Normalkomponente F_n und eine Tangentialkomponente F_t zerlegen. Die Tangentialkomponente erzeugt eine Schubspannung (auf die untere Grundfläche der Meßvorrichtung muß eine entgegengesetzte Reaktionskraft so wirken, damit sich die Meßvorrichtung nicht bewegt). Wenn eine solche Schubspannung auf das Meßergebnis keinen Einfluß haben soll, muß

$$d_{15} = d_{16} = 0. \tag{8.4}$$

Dies ist z. B. bei einer X-Quarzplatte erfüllt. Mit unserer Meßvorrichtung messen wir dann nur die normale Kraftkomponente F_n.

Die Bedingung (8.4) setzt voraus, daß das piezoelektrische Element genau orientiert ist. Damit meinen wir, daß seine Grundflächen normal zur kristallographischen x-Achse stehen müssen. Ist dies nicht der Fall, entsteht ein Meßfehler, der als Übersprechen (s. Abschnitt 7.3.6) bezeichnet wird. Um das besonders bei Mehrkomponenten-Kraftaufnehmern (s. Kapitel 9) besonders wichtige, geringe Übersprechen zu erreichen, müssen die piezoelektrischen Elemente innerhalb weniger Winkelminuten genau orientiert und bearbeitet sein.

Die grundlegende Annahme unseres sehr stark idealisierten Modells ist, daß unter der Wirkung einer Normalkraft im piezoelektrischen Element nur ein einachsiger Spannungszustand entstehe. Das piezoelektrische Element ist also in unserem Modell in bezug auf seine Querausdehnung vollkommen frei. In Wirklichkeit wird diese Freiheit durch die Wechselwirkung der Oberfläche des piezoelektrischen Elementes mit der Oberfläche des Stempels eingeschränkt. Das Problem der Pressung einer anisotropen piezoelektrischen Platte zwischen isotropen Stempeln (es handelt sich normalerweise um Stahlstempel) ist allgemein ein Problem der dreidimensionalen anisotropen Elastizität. Es scheint bis zum gegenwärtigen Zeitpunkt nicht exakt ganz allgemein gelöst worden zu sein, und deshalb versuchen wir hier nur seine näherungsweise Lösung anzudeuten. Wir treffen dabei folgende Annahmen: a) Die Kontaktflächen bleiben eben. b) Das Verhältnis der Dicke der piezoelektrischen Platte zu ihrem Radius ist so gewählt, daß wir berechtigt sind, die durch die Begrenzung der Platte bedingten Randeffekte zu vernachlässigen. c) Die Reibung in den Kontaktebenen ist unendlich groß, so daß die Verzerrungen der piezoelektrischen Platte und der Stempel in den Berührungsebenen gleichgesetzt werden können. Aus diesen Annahmen folgt, daß sich die piezoelektrische Platte nicht mehr in einem einachsigen Spannungszustand befinden kann.

Zur Spannung T_1 treten in der piezoelektrischen Platte zusätzliche, nicht homogene Spannungen T_2, T_3 und T_4 auf, die die unter Druckbelastung entstehenden Polarisationsladungen beeinflussen. Ihre Wirkung verändert also die effektive piezoelektrische Empfindlichkeit der Platte. Diese Veränderung ist dabei abhängig von den elastischen Eigenschaften des piezoelektrischen Elementes und der Stempel. Wenn die piezoelektrische Platte sehr dünn ist, kann man annehmen, daß ihr die durch die Querausdehnung der Stempel bedingte Verzerrung vollständig aufgeprägt wird.

Die numerische Berechnung der effektiven piezoelektrischen Empfindlichkeit einer piezoelektrischen Platte unter Berücksichtigung ihrer Wechselwirkung mit den krafteinleitenden Stempeln ist verhältnismäßig aufwendig und kann am besten mit einem Computer nach der Methode der finiten Elemente [B13] bewältigt werden.

Sehr einfach ist nur der extrem idealisierte Fall, daß im piezoelektrischen Element zusätzliche Spannungen entstehen, die alle Deformationen mit Ausnahme der Deformation S_1 unterdrücken. Unter der wiederholten Voraussetzung der kurzgeschlossenen Elektroden folgt dann aus den Zustandsgleichungen (s. Abschnitt 5.6 sowie Tabelle 5.1)

$$T_1 = c_{11} S_1 \tag{8.5}$$

und

$$D_1 = e_{11} S_1, \tag{8.6}$$

so daß

$$D_1 = \frac{e_{11}}{c_{11}} T_1 \tag{8.7}$$

und die effektive piezoelektrische Empfindlichkeit durch den Koeffizienten e_{11}/c_{11} bestimmt ist.

Die Wechselwirkung zwischen den Stempeln und der piezoelektrischen Platte hat noch eine wichtige Konsequenz. Jede Temperaturänderung hat eine Temperaturausdehnung der Stempel und des piezoelektrischen Elementes zur Folge. Ihre thermischen Ausdehnungen sind im allgemeinen unterschiedlich und diejenigen der piezoelektrischen Platte noch oft anisotrop. Infolge der Wechselwirkung der aufeinanderliegenden Oberflächen entstehen deshalb in der Plattenebene des piezoelektrischen Elementes Spannungen, die der Temperaturänderung proportional sind und zu zusätzlichen piezoelektrischen Polarisationsladungen führen können. Das elektrische Signal, das dadurch infolge einer Temperaturänderung in einem piezoelektrischen Aufnehmer entsteht, wird gelegentlich auch als ein unechter pyroelektrischer Effekt (Pseudo-Pyroeffekt) bezeichnet.

Zudem ist in piezoelektrischen Aufnehmern für diesen Effekt auch das Material der Elektroden bzw. der Isolationsplatten, die sich zwischen den Stempeln und dem piezoelektrischen Element befinden, verantwortlich. Zusätzlich überlagert sich dabei diesem Effekt noch ein Signal von der durch die Temperaturänderung bedingten Änderung der mechanischen Vorspannung, die wir im Zusammenhang mit der Beschreibung der Konstruktion der Aufnehmer noch ausführlich behandeln werden.

Diesen Effekt kann man durch Wahl von Materialien mit geeigneten Ausdehnungskoeffizienten weitgehend unterdrücken. Ebenso spielt dabei auch die Dicke der Elektroden bzw. Isolations- oder Kompensationsplatten eine wichtige Rolle. Die optimale Lösung verlangt jedoch gleichzeitig eine umfangreiche experimentelle Erfahrung. Global wird dieser Effekt für einen Aufnehmer durch den Temperatur- und den Temperaturgradient-Fehler beschrieben.

Für ein entsprechendes Modell eines Aufnehmers mit einem stabförmigen piezoelektrischen Element für den Transversaleffekt gelten grundsätzlich ähnliche Überlegungen. Wir beschränken uns daher nur auf die Berechnung des Zusammenhanges zwischen der Polarisationsladung und der wirkenden normalen Kraft.

8.3 Prinzipieller Aufbau der Aufnehmer

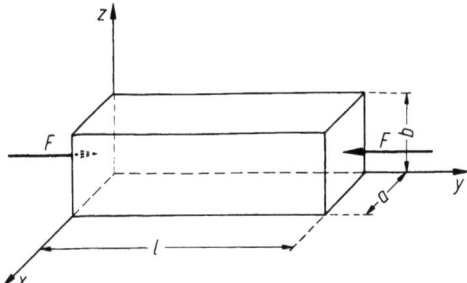

Bild 8.5. Piezoelektrisches Element für den Transversaleffekt

Wir nehmen an, daß der piezoelektrische Stab die Form eines Quaders hat (Bild 8.5). Die Länge l hat die Richtung der kristallographischen y-Achse und die Breite b die Richtung der z-Achse (solche piezoelektrische Elemente werden aus Quarz hergestellt). Die Elektroden stehen normal zur x-Achse und ihre Fläche ist bl. Die krafteinleitenden Flächen sind ab. Die normal zu ihnen wirkende Kraft F erzeugt in der Längsrichtung die mechanische Spannung

$$T_2 = \frac{F}{ab}. \tag{8.8}$$

Wieder unter der Annahme eines nur einachsigen Spannungszustandes bekommen wir aus den Zustandsgleichungen (s. (5.56) und Tabelle 5.1)

$$D_1 = d_{12} T_2 \tag{8.9}$$

und die Polarisationsladungen auf den Elektroden sind

$$Q = D_1 bl = d_{12} \frac{bl}{ab} F = d_{12} \frac{l}{a} F. \tag{8.10}$$

Durch ein günstiges Kantenverhältnis $l/a\,(l > a)$ kann man also beim Transversaleffekt größere Polarisationsladungen erzielen. Durch die mechanische Festigkeit (bei stabförmigen piezoelektrischen Elementen vor allem durch die zulässige Knicklast) wird jedoch der Abmessungsgestaltung eine praktische Grenze gesetzt.

Das Bild 8.4 kann auch unter der Voraussetzung einer festen Verbindung der Stempel mit dem piezoelektrischen Element als ein Modell eines Aufnehmers für die Messung der Schubkräfte dienen. Das piezoelektrische Element muß dabei schubempfindlich sein. Bei einem Quarzelement ist dies z. B. erfüllt, wenn die Grundflächen normal zur y-Achse stehen und wenn die gemessene Kraft auf den Stempel S1 in der Richtung der x-Achse des piezoelektrischen Elementes wirkt.

Die gemessene Kraft F, zusammen mit den Reaktionskräften, welche die Bewegung und Drehung des Modells verhindern, erzeuge im piezoelektrischen Element einen homogenen Spannungszustand

$$T_6 = \frac{F}{\pi r_K^2} \tag{8.11}$$

und dadurch eine Flußdichte

$$D_2 = d_{26} T_6. \tag{8.12}$$

Für die Polarisationsladungen an den Grundflächen, die normal zur y-Achse stehen, bekommen wir somit

$$Q = d_{26}F. \tag{8.13}$$

Wenn auf den Stempel S1 eine beliebig gerichtete Kraft wirkt, so ermöglicht unser Modell die richtige Bestimmung ihrer Schubkomponente in der Richtung der x-Achse des piezoelektrischen Elementes nur dann, wenn $d_{21} = d_{22} = d_{23} = d_{24} = 0$. Diese Bedingung ist bei einer genauen Orientierung der Y-Quarzplatte erfüllt. Eine ungenaue Orientierung führt zu Fehlern, auf die wir bei den Mehrkomponenten-Kraftaufnehmern noch näher hinweisen werden.

Auch bei den schubempfindlichen Aufnehmern darf man die Bedeutung der Wechselwirkung des piezoelektrischen Elementes mit den schubübertragenden Stempeln nicht vergessen. Es handelt sich jedoch um Überlegungen sinngemäß denen, die wir schon früher beim Modell mit dem piezoelektrischen Element für den Longitudinaleffekt angedeutet haben.

8.4 Allgemeine Übersicht über den praktischen Aufbau der Aufnehmer

Die besprochenen, stark idealisierten Modelle der Aufnehmer sind im Grunde genommen für eine praktische Messung unbrauchbar. Man sieht nämlich sofort, daß die ganze Vorrichtung im Bild 8.4 ohne Druckbelastung auseinanderfallen müßte, solange keine feste Verbindung (z.B. durch Zusammenkleben oder Zusammenlöten) der Stempel mit dem piezoelektrischen Element gewährleistet ist. In der Praxis werden deshalb die piezoelektrischen Elemente üblicherweise unter mechanischer Vorspannung eingebaut. Diese soll sie mechanisch festhalten und gleichzeitig einen möglichst guten mechanischen Kontakt der aufeinanderliegenden Flächen sicherstellen und dadurch die unerwünschte Spaltfederung ausschalten.

Zur Abnahme der Polarisationsladungen in einem Aufnehmer dienen Elektroden, die mit einem Stecker verbunden sind. An diesen kann ein Kabel angeschlossen werden, mit dem das elektrische Signal weitergeleitet wird. Das Gehäuse des Aufnehmers (der Aufnehmerkörper) dient zum Schutz vor Umwelteinflüssen.

So kann man zusammenfassend die folgenden wichtigsten Teile eines piezoelektrischen Aufnehmers unterscheiden: Piezoelektrisches Aufnehmerelement, Elektroden, Vorspannelemente (Vorspannvorrichtung), Gehäuse (Aufnehmerkörper) und Stecker. Bei Druckaufnehmern kommt dazu noch die Membrane, welche eigentlich einen Teil des Gehäuses und oft auch der Vorspannvorrichtung bildet, und bei Beschleunigungsaufnehmern natürlich die seismische Masse. Das Grundprinzip des Aufbaus je eines Kraft-, Druck- und Beschleunigungsaufnehmers wird anhand vereinfachter Schnittzeichnungen veranschaulicht.

Das Bild 8.6a zeigt den Schnitt durch einen einfachen Kraftaufnehmer. Das Aufnehmerelement ist eine piezoelektrische Platte (*1*), für den Longitudinaleffekt geschnitten. Die Kraft F wird über die Deckplatte (*2*) auf das Aufnehmerelement übertragen. Die zylindrische Gehäusewand (*3*) der Bodenplatte (*4*) ist mit der Deckplatte verschweißt und hält das Aufnehmerelement unter Vorspannung. Die Elektrode (*5*) sammelt die vom Aufnehmerelement abgegebene elektrische Ladung

8.4 Allgemeine Übersicht über den praktischen Aufbau der Aufnehmer 155

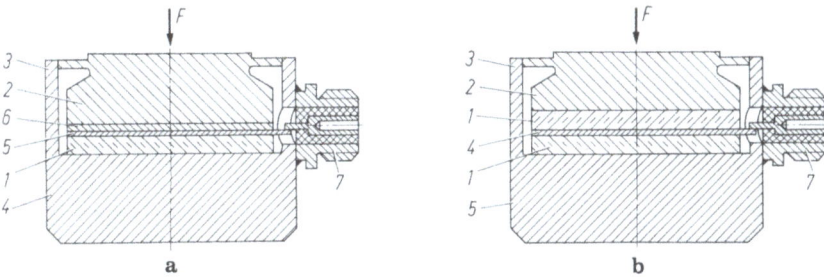

Bild 8.6. Schnitt durch Kraftaufnehmer mit einer **a** oder zwei **b** piezoelektrischen Platten für den Longitudinaleffekt (nach Kistler)

und leitet sie auf den Stecker (7). Zwischen der Elektrode (5) und der Deckplatte (2) befindet sich eine Isolationsschicht (6), welche verhindert, daß das Aufnehmerelement über die Deckplatte und die Gehäusewände kurzgeschlossen wird.

Anstelle dieser Isolationsschicht kann auch eine zweite piezoelektrische Platte so eingelegt werden, daß ihre Polarität derjenigen der ersten Platte entgegengesetzt orientiert ist. Dadurch sind die beiden Platten elektrisch parallel geschaltet und die von ihnen abgegebenen Ladungen werden auf der gemeinsamen Elektrode summiert. Dies verdoppelt die Empfindlichkeit des Aufnehmers und die Isolationsschicht entfällt (Bild 8.6b).

Bild 8.7 zeigt den Aufbau eines Druckaufnehmers mit stabförmigen piezoelektrischen Elementen für den Transversaleffekt. Der Druck p wird durch die Membrane (1) in eine Kraft umgewandelt und über die Frontpartie der Spannhülse (2) und das Übertragungsstück (3) in der Richtung der Längsachse der piezoelektrischen Elemente (4) übertragen, während die elektrische Polarisation in einer Richtung normal zur Längsachse entsteht. Die Elemente (4) sind mittels einer Spannhülse (2) vorgespannt. Die Membrane (1) ist mit dem Aufnehmergehäuse (6) dicht verschweißt. Die abgegebene Ladung erscheint beim Transversaleffekt auf den unbelasteten, zur Polarisation normal stehenden Seitenflächen. Diese sind deshalb metallisiert, um die Ladung über der ganzen Fläche zu sammeln. Eine spiralförmige Federelektrode (5) nimmt die Ladung ab und leitet sie auf den Stecker (7). Das Gehäuse (6) hat eine Dichtfläche (8).

Nebst den Druckaufnehmern mit piezoelektrischen Elementen für den Transversaleffekt werden auch Druckaufnehmer mit piezoelektrischen Elementen für den Longitudinaleffekt gebaut (s. Bild 10.9).

Beschleunigungsaufnehmer (Bild 8.8) haben immer eine Masse (1), deren Trägheitskraft bei Beschleunigung mit dem Aufnehmerelement (3) gemessen wird. Diese Masse wird in Analogie zu Erdbebenmeßgeräten oft auch als seismische Masse bezeichnet. Hier kann diese Masse als Fühlelement (s. Abschnitt 7.2) bezeichnet und damit vom Aufnehmerelement unterschieden werden. Die seismische Masse (1) wird meistens mit einer Spannhülse (2) über ein Paar für den Longitudinaleffekt geschnittener piezoelektrischer Platten (3) auf die Grundplatte (6) vorgespannt. Die Zwischenplatte (4) dient zur Kompensation des thermischen Verhaltens, da die seismischen Massen meist aus Wolframlegierungen (sog. Schwermetall) bestehen, deren thermische Ausdehnung sich wesentlich von der der piezo-

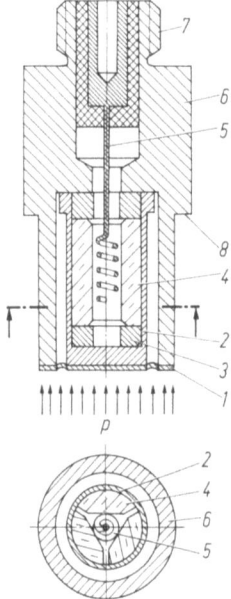

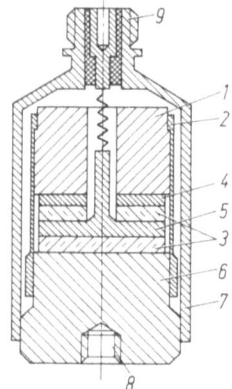

Bild 8.8. Schnitt durch einen Beschleunigungsaufnehmer mit piezoelektrischen Platten für den Longitudinaleffekt (nach Kistler)

Bild 8.7. Schnitt durch einen Druckaufnehmer mit stabförmigen piezoelektrischen Elementen für den Transversaleffekt (nach Kistler)

elektrischen Materialen unterscheidet. Die Grundplatte (6) ist mit dem Gehäuse (7) dicht verschweißt. In der Auflagefläche des Gehäuses befindet sich das Montagegewinde (8). Das Ausgangssignal wird von der Elektrode (5) aufgenommen und auf den Stecker (9) geleitet.

Die hier gegebenen Beispiele dienen als generelle Übersicht. Weitere Ausführungsformen werden in den Kapiteln 9, 10 und 11 beschrieben.

Piezoelektrische Aufnehmer werden heute fast ausschließlich zusammen mit Ladungsverstärkern verwendet. Da diese Verstärker, von wenigen Ausnahmen abgesehen, für eine positive Ladung am Eingang eine negative Ausgangsspannung − und umgekehrt − abgeben, werden die Aufnehmerelemente so in die Aufnehmer eingebaut, daß bei positiver Meßgröße eine negative Ladung entsteht. Mit dem Verstärker zusammen ergibt sich dann für eine positive Meßgröße eine positive Ausgangsspannung. Aus diesem Grund werden die Empfindlichkeiten der Aufnehmer als negative Werte angegeben.

8.5 Bauteile der Aufnehmer

8.5.1 Aufnehmerelemente

Aus der großen Zahl piezoelektrischer Materialien haben sich nur wenige in der Praxis durchgesetzt. Von den Kristallen hat Quarz weitaus die größte Bedeutung erlangt. Daneben werden praktisch nur noch Turmalin und Lithiumniobat in Aufnehmern für den Einsatz bei hohen Temperaturen verwendet, vor allem für Vibrationsmessungen. Rochelle-Salz (auch Seignette-Salz genannt) hat heute keine praktische Bedeutung mehr.

8.5 Bauteile der Aufnehmer

Auf dem Gebiet der künstlich hergestellten piezoelektrischen Keramiken sind von verschiedenen Herstellern eine ganze Reihe von Materialien entwickelt worden, die vorwiegend auf Bariumtitanat, Bleizirkonat, Bleiniobat und Bleimetaniobat aufgebaut sind. Die genaue Zusammensetzung der meisten dieser Keramiken ist nicht bekannt, da sie auf firmeneigenem know-how beruhen und aus kommerziellen Gründen geheimgehalten werden.

8.5.1.1 Quarz

Aufnehmerelemente aus α-Quarz wurden anfänglich durch Verarbeitung von natürlich gewachsenen Quarzkristallen gewonnen. In zunehmendem Maße wurde der natürliche Quarz durch künstlich gezüchteten Quarz ersetzt, der heute auch in solchen Abmessungen erhältlich ist, daß Quarzelemente mit bis über 50 mm Durchmesser daraus geschnitten werden können.

Der künstliche Quarz hat zudem den Vorteil, daß er frei von Fehlstellen, Verzwillingungen, Einschlüssen, Verwachsungen, Brüchen usw. ist. Er hat die Form von prismatischen Barren (Bild 6.5). Zuerst wird eine Referenzfläche angeschliffen, mit Hilfe derer dann mittels polarisiertem Licht und vor allem für größere Genauigkeit mit einem Röntgengoniometer [H8, J6, R1] die Lage der kristallographischen Achsen bestimmt wird.

Der Quarzbarren wird anschließend mit einer speziellen Gattersäge (Bild 8.9) in dünne Scheiben aufgetrennt. Diese Säge besitzt Blätter aus gehärtetem Stahl, die aber keine Zähne aufweisen. Dafür wird eine Ölemulsion mit Zusatz von Korundpulver zugeführt, welches eine Sägewirkung ergibt. Anschließend werden je nach Bedarf aus diesen Scheiben kreis- oder kreisringförmige Platten oder prismatische Stäbchen geschnitten (Bild 8.3).

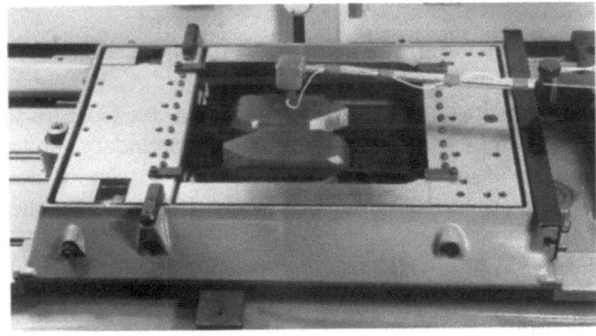

Bild 8.9. Zersägen von Quarzbarren (Werkbild Kistler)

Nachdem die Lage der kristallographischen Achsen überprüft und gegebenenfalls innerhalb die notwendigen Toleranzen gebracht worden ist, folgen verschiedene Polier- und Reinigungsschritte, bis das Element zum Einbau in den Aufnehmer bereit ist. Bei Quarzen für den Transversaleffekt werden zudem noch die ladungsabgebenden Flächen im Vakuum mit einer Metallschicht bedampft, welche als Elektrode wirkt.

8.5.1.2 Turmalin

Turmalin konnte bis jetzt noch nicht in wesentlichen Mengen künstlich gezüchtet werden, weshalb man auf die natürlichen Kristalle angewiesen ist. Turmalin wird ähnlich wie Quarz bearbeitet.

8.5.1.3 Piezoelektrische Keramiken

Während die Eigenschaften der Komponenten der verschiedenen Keramiken bekannt sind (s. Abschnitt 6.5.1), bestehen die meisten der verwendeten Materialen aus einer vom Hersteller geheimgehaltenen Mischung.

Als Beispiele seien angeführt die Piezite Typen P-1, P-4, P-6, P-8, P-10 und P-14 der Firma Endevco, die Materialien MT 8, PZ 23, MT 40 und PZ 45 der Firma Brüel & Kjaer sowie die PZT-Typen (s. Abschnitt 6.5). Man beachte, daß Piezite P-2 (Endevco) und MT 100 bzw. PZ 100 (Brüel & Kjaer) Quarz, Piezite P-15 (Endevco) Lithiumniobat sind.

Für die Herstellung der piezoelektrischen Keramiken werden die Ausgangsmaterialien in Pulverform in den benötigten Mengen gemischt und bei hoher Temperatur gesintert und nachher wieder pulverisiert. Nun werden Bindemittel beigefügt, das entstandene Granulat in die gewünschte Form gepreßt und dann im Ofen unter kontrollierten Bedingungen gebrannt.

Die so entstandenen Elemente werden fein bearbeitet und mit Elektroden versehen, an die wiederum unter eng kontrollierten Bedingungen während einer bestimmten Zeit bei erhöhter Temperatur eine hohe Spannung angelegt wird.

Durch das so entstehende elektrische Feld wird das Material polarisiert und damit piezoelektrisch. Meistens folgen noch verschiedene Temperaturzyklen, durch die das Material gealtert und damit seine Eigenschaften stabilisiert werden.

8.5.2 Elektroden

Elektroden dienen der Abnahme der auf der Oberfläche des Aufnehmerelementes erscheinenden elektrischen Polarisationsladung. Bei den meisten Aufnehmern liegt eine Seite des Aufnehmerelementes elektrisch an der Masse des Gehäuses, welches direkt die Funktion der einen Elektrode übernimmt. Auf der anderen Seite wird als Elektrode meistens eine Folie aus Gold oder aus Edelstahl verwendet. Bei gewissen Beschleunigungsaufnehmern wird diese Elektrode direkt durch die seismische Masse gebildet.

Die Elektroden müssen die ganze ladungsabgebende Fläche des Aufnehmerelementes bedecken, um zu verhindern, daß an unbedeckten Stellen unter Belastung hohe elektrische Spannungen auftreten, die zu Kriechströmen oder gar Überschlägen führen können.

Bei allen Konstruktionen, bei denen die elektrische Ladung auf den mechanisch belasteten Flächen des Aufnehmerelementes erscheint, wird der Kontakt mit der Elektrode durch die immer vorhandene mechanische Vorspannung gewährleistet. Dabei geht es um einen mechanischen und nicht etwa um einen elektrischen Kontakt. Ein solcher ist weder möglich noch nötig, da ja einerseits piezoelektrische Aufnehmerelemente elektrisch isolierend sind und andererseits die Ladungsverschiebung ohne elektrische Influenz erfolgt. Ein guter mechanischer Kontakt ist jedoch notwendig, da Spaltfederung der Steifheit des Aufnehmers abträglich ist sowie die Eigenkapazität des Aufnehmers undefiniert würde.

Bei Aufnehmerelementen, welche die Ladung auf mechanisch unbelasteten Flächen abgeben, werden diese mit aufgedampften Elektroden versehen, welche dann durch angelötete Drähte oder durch Federn kontaktiert werden können.

8.5.3 Isolationsmaterialien

In piezoelektrischen Aufnehmern werden extreme Anforderungen an die Isolationsmaterialien gestellt: Isolationswerte über $10\,\text{T}\Omega$ bei Dicken von unter 1 mm und Flächen der Größenordnung von mm^2 bis cm^2, geringer Abfall der Isolation mit steigender Temperatur und Feuchte, genügende mechanische Druckfestigkeit (mindestens etwa $200\,\text{N/mm}^2$).

In der Praxis haben sich vor allem PTFE (z. B. Teflon) und Kapton durchgesetzt. Beide haben ausgezeichnete Isolationwiderstände, die über $1\,\text{P}\Omega\,\text{m}$ liegen. Kapton hat eine größere mechanische Festigkeit, deshalb wird es vor allem als Isolationsschicht zwischen Elektroden und Gehäuse, d.h. im Kraftfluß des Aufnehmers verwendet. PTFE eignet sich nicht für den Einbau in den Kraftfluß, da es unter steigender Flächenbelastung einerseits zu fließen beginnt und andrerseits einen abnehmenden Reibungskoeffizienten zeigt. Letztere Eigenschaft ist in Aufnehmern unerwünscht, da so die Teile unter Schubbelastung sich gegeneinander verschieben könnten.

PTFE eignet sich jedoch hervorragend für das Isolieren von Steckern und Kabeln.

Daneben gibt es eine Reihe von Vergußmassen, die für Isolationen in Aufnehmern geeignet sind.

Alle Isolationsmaterialien zeigen bei steigender Temperatur eine Abnahme des Isolationswertes. Zudem verschlechtern sich die mechanischen Eigenschaften (Weichwerden, Zerbröckeln). Der Anwendungsbereich von PTFE geht bis etwa 200 bis 250 °C, derjenige von Vergußmassen je nach Art in den Bereich 150 bis 200 °C, während Kapton bis etwa 400 °C verwendbar ist. Für höhere Temperaturen kommen nur keramische Isolationsmaterialien in Frage, welche bis über 600 °C verwendet werden können. Allerdings zeigen auch keramische Materialien einen Abfall des Isolationswertes mit steigender Temperatur. Für die Isolation in Kabeln für hohe Tempeaturen werden auch Aluminium- und Magnesiumoxid sowie mineralische Fasern verwendet.

8.5.4 Vorspannelemente

Eine ideale Vorspannung sollte möglichst elastisch, d.h. gegenüber dem Aufnehmerelement wesentlich weicher sein, damit der Kraftnebenschluß nach Möglichkeit gering und die Vorspannkraft über den Deformationsbereich des Aufnehmerelementes möglichst konstant bleibt. Aus der im Abschnitt 9.6 gezeigten mechanischen Analyse geht hervor, daß Vorspannelemente möglichst lang sein und einen kleinstmöglichen Querschnitt haben sollten. Dies verlangt die Verwendung von hochfesten Stählen, wobei heute ohne weiteres Streckgrenzen von über $1\,\text{kN/mm}^2$ erreicht werden.

Die am häufigsten verwendeten Elemente sind Vorspannhülsen (s. z. B. Bild 8.8) und Vorspannschrauben (s. z. B. Bild 9.18). Manchmal wird auch das Aufnehmergehäuse teilweise oder – seltener – ganz für das Vorspannen des Aufnehmerelementes benützt (s. z. B. Bild 11.8 a).

8.5.5 Aufnehmergehäuse

Das Aufnehmergehäuse hat verschiedene Funktionen zu erfüllen. In erster Linie hat es Schutz gegen Umwelteinflüsse zu bieten. Feuchtigkeit und Schmutz würden sonst den notwendigen hohen Isolationswiderstand herabsetzen und den Aufnehmer unbrauchbar machen. Eine weitere, notwendige Schutzfunktion ist die elektrische Abschirmung, ohne die nicht störspannungsfrei gemessen werden könnte. In gewissen Fällen muß das Gehäuse auch gegen Druck schützen, so z. B. wenn ein Beschleunigungsaufnehmer in einer unter Druck stehenden Flüssigkeit eingesetzt werden soll.

Solche Anforderungen können nur durch ein wasser- und gasdichtes Gehäuse erreicht werden. Deshalb werden die einzelnen Gehäuseteile fast ausschließlich durch Schweißen dicht miteinander verbunden. Das verwendete Gehäusematerial muß zudem genügend korrosionsbeständig sein. Obwohl durch Schweißen ein dichtes Gehäuse erreicht wird, bereitet der Anschlußstecker jedoch Schwierigkeiten. Stecker mit PTFE-Isolation sind nicht absolut dicht (s. Abschnitt 8.5.6). In der Praxis bedeutet dies, daß die Dichtigkeit erst nach Anbringen des Kabels erreicht wird. Meistens wird dann noch die Steckverbindung außen zusätzlich mittels Schrumpfschlauch oder geeigneter Vergußmasse geschützt. Aufnehmer, welche Stecker mit Glasisolation aufweisen, oder solche mit direkt angeschweißten Metallkabeln, bieten absolute Dichtigkeit.

Bei Kraftaufnehmern dienen Teile des Gehäuses der Krafteinleitung und -übertragung von außen auf das Aufnehmerelement. Das Gehäuse dient oft auch direkt zum Vorspannen des Aufnehmerelementes und muß deshalb die dazu notwendigen Elastizitätseigenschaften aufweisen. Krafteinleitungsflächen und -gewinde befinden sich ebenfalls am Gehäuse. Deshalb muß das Gehäusematerial eine genügende Festigkeit haben. Dasselbe gilt für die bei Druckaufnehmern notwendigen Dichtflächen.

8.5.6 Stecker

Piezoelektrische Aufnehmer benötigen normalerweise nur einen einpoligen, koaxialen Stecker. Für Aufnehmer mit elektrisch vom Gehäuse isoliertem Aufnehmerelement (sog. masseisolierte Aufnehmer) werden auch Stecker mit zwei Polen innerhalb der Abschirmung oder „biaxiale", d. h. einpolige, aber mit zwei konzentrischen, voneinander isolierten, Abschirmungen benützt.

Am weitesten verbreitet ist der sogenannte „Microdot"-Stecker, der mit einem 10–32 UNF-Gewinde versehen ist. Eingeführt wurde er ursprünglich von der Firma Microdot, Calif., USA, woher die Bezeichnung auch stammt. Seither haben verschiedene Hersteller ihre eigene Variante dieses Steckers entwickelt, wobei sie im allgemeinen miteinander kompatibel sind.

Bei größeren Aufnehmern werden vorzugsweise TNC- oder BNC-Stecker ver-

8.5 Bauteile der Aufnehmer

wendet, da diese mechanisch wesentlich widerstandsfähiger als die „Microdot"-Stecker sind. TNC-Stecker sind zudem wasserdicht.

An Mehrkomponenten-Aufnehmern müssen mehrere einpolige oder spezielle mehrpolige Stecker verwendet werden.

Als Isolationsmaterial wird meistens PTFE verwendet, da es ausgezeichnete elektrische Eigenschaften aufweist und leicht bearbeitet werden kann. Allerdings sind Stecker mit PTFE-Isolation im allgemeinen nicht dicht, da PTFE nicht mit dem Steckerkörper verklebt werden kann. Wird der PTFE-Isolator eingepreßt, baut sich die dabei entstandene Vorspannung infolge Fließens des PTFE mit der Zeit ab. Deshalb sind solche Stecker immer mit einer dichten Schutzkappe abzuschließen, wenn kein Kabel angeschlossen ist, um zu verhindern, daß der Aufnehmer durch den Stecker Feuchtigkeit „einatmet" (z. B. infolge Temperatur- oder Luftdruckschwankungen).

Da PTFE im Dauerbetrieb nur bis etwa 200 bis 240°C zuverlässig eingesetzt werden kann, verwendet man bei Hochtemperatur-Aufnehmern Stecker mit Keramik- oder Glasisolation. Solche Stecker sind dicht, da das Isolationsmaterial mit dem Steckerkörper und dem Kontaktstift verschmolzen ist. Dafür erreicht man nur Isolationswerte von etwa 1 bis 100 GΩ bei höheren Temperaturen.

Anstelle eines Steckers kann der Aufnehmer auch direkt mit einem integrierten Kabel versehen werden. Dies bietet vor allem bei sehr kleinen Aufnehmern Vorteile, bei denen aus Platzgründen keine Steckverbindung am Aufnehmer vorgesehen werden kann. Integrierte Kabel drängen sich auch bei Aufnehmern für Einsatz unter hohen Temperaturen auf, wobei dann meistens dicht mit dem Aufnehmer verschweißte Metallkabel verwendet werden.

9 Aufnehmer für Kräfte und Momente

9.1 Allgemeines

Die Maßeinheit für Kräfte im SI-System ist das Newton (N). In der Praxis wird für kleine Kräfte auch das Millinewton (mN), für große Kräfte das Kilonewton (kN) oder Meganewton (MN) benützt. Sehr unzweckmäßig ist hingegen die Einheit Dekanewton (daN), weil damit keine weiteren, dezimalen Vorsätze verwendet werden können.

Für Momente benützt man die Einheiten Newtonmeter (Nm) (nicht mN, wegen der Verwechslungsgefahr mit Millinewton), kNm und auch Ncm.

Im Gegensatz zum physikalischen Teil (s. Kapitel 2 bis 6) bezeichnet man in der piezoelektrischen Meßtechnik Kräfte, welche im Aufnehmer Druckspannungen erzeugen, als positiv, Zugkräfte als negativ. Bei Mehrkomponenten-Aufnehmern und -Systemen benützt man meist ein positives (rechtsdrehendes) kartesisches Koordinatensystem. Im folgenden wird hier die Richtung einer axialen Druckkraft als positive z-Achse angenommen. Dieses Koordinatensystem darf nicht mit dem kristallographischen Koordinatensystem der Aufnehmerelemente verwechselt werden.

9.2 Aufnehmer für Kräfte

Die einfachste Bauform ist bereits in Abschnitt 8.4 beschrieben worden (Bild 8.7). Eine daraus abgeleitete, für die praktische Anwendung sehr geeignete Form ist die sogenannte Meßunterlagsscheibe (Bild 9.1). Die ringförmige Grundplatte (*1*) besitzt angedrehte, dünne zylindrische Wände. Zwei Quarzplatten (*3*) werden über die ringförmige Deckplatte (*2*) unter leichter Vorspannung gehalten, da die Deckplatte unter Vorspannung mit den Gehäusewänden verschweißt wird. Das Ausgangssignal wird durch die zwischen den Quarzplatten liegende Elektrode (*4*) aufgenommen und auf den Stecker (*5*) geleitet.

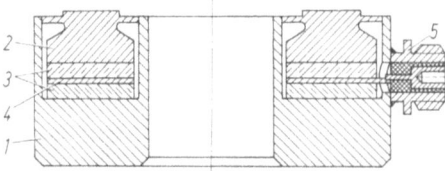

Bild 9.1. Kraftaufnehmer in der Form einer Unterlagsscheibe (Meßunterlagsscheibe, nach Kistler)

9.2 Aufnehmer für Kräfte

Die Quarzplatten für Meßunterlagsscheiben werden für den Longitudinaleffekt, also normal zur kristallographischen x-Achse, geschnitten. Die nominelle Kraftempfindlichkeit beträgt daher pro X-Quarzplatte 2,30 pC N^{-1} (s. Tabelle 6.2). Da die Gehäusewände einen Kraftnebenschluß bilden, und wegen der Wechselwirkung zwischen der Quarzplatte und den krafteinleitenden Flächen, ist die typische Empfindlichkeit einer eingebauten Quarzplatte für den Longitudinaleffekt etwa 2 pC N^{-1}. Da zwei Quarzplatten elektrisch parallelgeschaltet sind, ergibt dies für den Aufnehmer eine typische Empfindlichkeit von 4 pC N^{-1}.

Meßunterlagsscheiben werden mit Meßbereichen von wenigen kN bis über 1 MN gebaut (Bild 9.2). Die Steifheiten dieser Aufnehmer liegen im Bereich von 1 kN µm^{-1} für die kleinen, bis etwa 100 kN µm^{-1} für die großen. Daher stellt der Einbau solcher Aufnehmer besondere Anforderungen, damit eine örtliche Überlastung und Beschädigung vermieden wird. Dies sei an einem einfachen Beispiel erläutert: Es sei die Spannkraft einer Schraube zu messen. Das Naheliegendste ist, eine Meßunterlagsscheibe unter den Schraubenkopf zu legen, um so die Spannkraft der Schraube zu messen.

Bild 9.2. Meßunterlagsscheiben mit Bereichen von 0 ... 7,5 kN bei 10 mm Außendurchmesser bis zu 0 ... 1 MN bei 120 mm Außendurchmesser (Werkbild Kistler)

Während man im Maschinenbau einen Schraubenkopf normalerweise als starres Gebilde betrachten kann, muß man im Zusammenhang mit piezoelektrischen Aufnehmern berücksichtigen, daß sich ein Schraubenkopf unter Belastung deformiert (Bild 9.3a). Die Spannungsverteilung über der Quarzplatte ist daher keines-

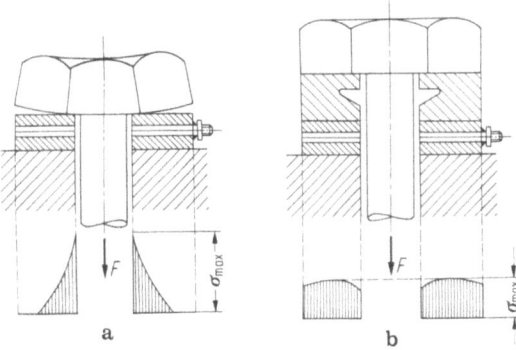

Bild 9.3. Messen der Schraubenkraft mit einer Meßunterlagsscheibe

wegs homogen, sondern weist am Innenrand eine hohe Spitze auf. Solange diese Spitze innerhalb der zulässigen Spannung für die Quarzplatte liegt, wird die Kraft trotz der ungleichmäßigen Spannungsverteilung richtig gemessen [K 4]. Als üblicher Grenzwert gilt in der Praxis $\sigma_{max} \approx 150$ N mm^{-2}. Übersteigt aber die Spannungsspitze diesen Wert wesentlich, so kann es zur Zwillingsbildung (s. Abschnitte 6.2.4 und 6.2.5) oder schließlich zum Bruch des Quarzes kommen. Um dies zu vermeiden, müssen deshalb beim Einbau die auftretenden Deformationen berücksichtigt und durch geeignete konstruktive Maßnahmen unschädlich gemacht werden.

Im Beispiel der Schraubenkraftmessung kann das dadurch erreicht werden, daß ein Stahlring, mit einem Einstich versehen, zwischen Schraubenkopf und Aufnehmer gelegt wird (Bild 9.3b). Somit wird die hohe Belastung am Innenrand der Bohrung unter dem Schraubenkopf nicht direkt auf das Quarzelement übertragen, sondern durch den Einstich im Ring und die zusätzliche Materialdicke bezüglich des Quarzes symmetrisiert und weitgehend homogenisiert. Zudem ist die verbleibende Spannungsspitze nicht mehr am Rande der Quarzplatte, was für die Bruchbildung am kritischsten wäre. Weitere Beispiele für solche Einbaudetails werden im Abschnitt 9.6 gezeigt. Meßunterlagsscheiben werden meist zwischen zwei geschliffenen Stahlplatten eingebaut und mit einem zentralen Vorspannbolzen je nach Bedarf vorgespannt. Sollen nur Druckkräfte gemessen werden, wird die Vorspannung klein gehalten, d.h. nur gerade so groß wie es die mechanischen Gegebenheiten für die Festigkeit der Anordnung erfordern. Sollen auch Zugkräfte gemessen werden, wird die Vorspannung höher gewählt.

Wie schon im Abschnitt 8.5.4 erwähnt, wäre eine ideale Vorspannung unendlich elastisch, d.h. der Kraftnebenschluß wäre Null. Dies kann in der Praxis nur mit „Totgewicht" als Vorspannung erreicht werden. Als Beispiel sei ein Seilankerpunkt betrachtet, auf den durch ein vertikales Seil Zugkräfte nach oben ausgeübt werden

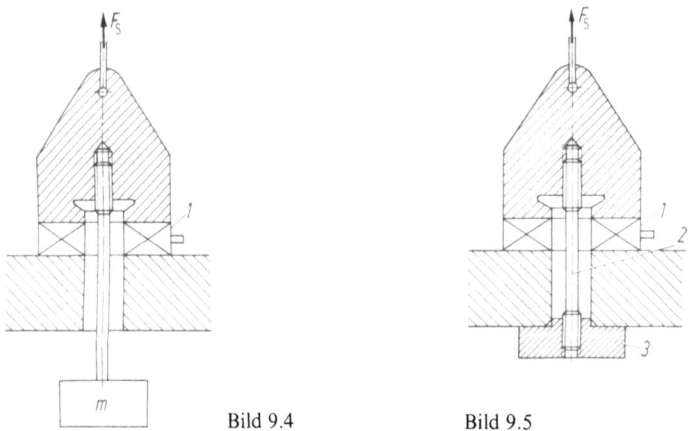

Bild 9.4   Bild 9.5

Bild 9.4. Ideale Vorspannung mit „Totgewicht" am Beispiel eines Seilankerpunktes. F_s Seilkraft, *1* Aufnehmer, *m* Masse als „Totgewicht"

Bild 9.5. Praktisch ausführbare Vorspannung mit Vorspannbolzen für einen Seilankerpunkt. F_s Seilkraft, *1* Aufnehmer, *2* Vorspannbolzen, *3* Vorspannmutter

9.2 Aufnehmer für Kräfte

(Bild 9.4). Eine Meßunterlagsscheibe wird durch das Gewicht der Masse m mit $F_V = mg$ vorgespannt. Da kein mechanischer Nebenschluß vorhanden ist (die Vorspannung wird durch das Schwerefeld der Erde ausgeübt) ist die Empfindlichkeit der Meßunterlagsscheibe für die Zugkräfte F_s die gleiche, wie man sie für Druckkräfte findet, wenn man die Scheibe unter einer hydraulischen Presse auf Druck kalibriert. Solange die Seilkraft F_s Null ist, wirkt auf die Scheibe nur die Vorspannkraft $F_V = mg$.

Wird nun eine Kraft F_s eingeleitet, so wirkt auf die Unterlagsscheibe die Kraft $\Delta F_A = F_s - F_V$ (Bild 9.6a). Da F_V konstant ist und vor der Messung meßtechnisch durch Kurzschließen des Aufnehmers bzw. Rückstellen des Ladungsverstärkers eliminiert wurde, mißt die Scheibe nun wunschgemäß die Kraft F_s, da $\Delta F_A = F_s$ und $\Delta F_V = 0$ sind. Die Messung hört natürlich dann auf, wenn $F_s \geq F_V$ wird. Da die Vorspannung hier unendlich elastisch ist, begänne sich das Gewicht nach oben wegzubewegen, wenn es nicht z.B. durch zusätzliche mechanische Anschläge daran gehindert würde. Es sei nochmals auf die wesentlichen Punkte hingewiesen, daß die Vorspannkraft F_V – ungeachtet der wirkenden Kraft F_s – konstant bleibt, daß die gesamte Kraft F_s durch den Aufnehmer gemessen wird und daß daher auch durch die Vorspannung kein Kraftnebenschluß auftritt.

Eine Vorspannung mittels „Totgewicht" ist jedoch für die meisten praktischen Anwendungen ungeeignet. Die Meßunterlagsscheibe wird deshalb z.B. mit einem Vorspannbolzen auf die Bodenplatte vorgespannt (Bild 9.5). Diese Vorspannung ist nun nicht mehr unendlich elastisch, sondern durch die Federkonstante des verwendeten Bolzens gegeben. Diese bildet zudem einen Kraftnebenschluß, so daß die Empfindlichkeit der eingebauten Meßunterlagsscheibe etwas niedriger ist als vorher. Um diesen Kraftnebenschluß gering zu halten, muß der Vorspannbolzen einen möglichst kleinen Querschnitt haben. Dies kann durch Verwenden eines hochfesten Stahles erreicht werden. Bei geeigneter Dimensionierung kann der Nebenschluß in der Größenordnung von 5 bis 15% gehalten werden. Auf jeden Fall muß die Empfindlichkeit der eingebauten und vorgespannten Meßunterlagsscheibe durch Kalibrieren neu festgestellt werden.

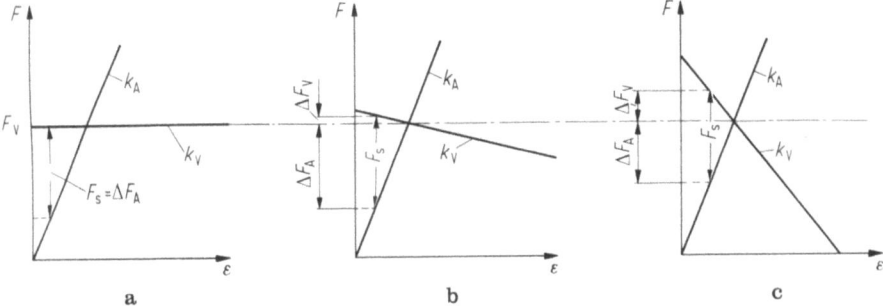

Bild 9.6. Federkennliniendiagramme für **a** ideale Vorspannung mit „Totgewicht", **b** Vorspannung mit dünnem elastischem Vorspannbolzen (gute Lösung) und **c** Vorspannung mit dickem, unelastischem Vorspannbolzen (schlechte Lösung).
F Kraft (positiv als Druckkraft auf den Aufnehmer), ε Deformation, F_s Seilkraft, F_V Vorspannkraft, ΔF_V Vorspannkraftsänderung infolge der Wirkung von F_s, ΔF_A auf den Aufnehmer wirkende Kraft infolge der Wirkung von F_s, k_A Federkonstante des Aufnehmers, k_V Federkonstante der Vorspannung

Der Vorspannbolzen soll aber auch möglichst elastisch sein, d. h. eine kleine Federkonstante aufweisen, damit der Kraftnebenschluß möglichst gering wird und die Vorspannkraft über den Meßweg des Aufnehmers möglichst konstant bleibt. Diese Zusammenhänge lassen sich am besten aus einem Federkennliniendiagramm erkennen (Bild 9.6b).

Dank der hohen Steifheit k_A des piezoelektrischen Aufnehmers ist der Meßweg ε beim Aufbringen der Vorspannkraft F_V entsprechend klein, nämlich $\varepsilon = F_V/k_A$.

Hat der Vorspannbolzen eine wesentlich höhere Elastizität, d. h. ist seine Federkonstante $k_V \ll k_A$, so ist die Änderung ΔF_V über den Meßweg ε so klein ($\Delta F_V = \varepsilon k_V$), daß F_V als praktisch konstant angesehen werden kann. In der Praxis ist ΔF_V meist unter $0,1\, F_V$. Wirkt nun wieder die zu messende Seilkraft F_s, wird diese – da F_V fast konstant ist – wiederum als $\Delta F_A = F_s - \Delta F_V$ von der Meßunterlagsscheibe gemessen. Der Einfluß von ΔF_V tritt zudem nicht als Fehler auf, da er linear ist und bei der Kalibrierung automatisch mitberücksichtigt wurde. Die Grenze für das Messen von F_s ist wieder bei $F_s = F_V$ erreicht, wobei dann die Meßunterlagsscheibe unbelastet wird und der Vorspannbolzen gemäß seiner Federkonstante k_V rasch gedehnt wird. Da Vorspannbolzen häufig bis knapp an die Streckgrenze belastet werden, muß verhindert werden, daß $F_s > F_V$ werden kann.

Mit derart vorgespannten Kraftaufnehmern erreicht man insbesondere gute Linearität von typisch besser als $\pm 0,3\,\%$ FSO und geringste Hysterese.

Nicht empfehlenswert ist es, kurze und dicke Vorspannbolzen zu verwenden. Obwohl so keine hochfesten Stähle nötig wären, hat eine solche Vorspannung große Nachteile. Da nun k_V von der gleichen Größenordnung wie k_A ist (Bild 9.6c), beträgt der Kraftnebenschluß etwa $50\,\%$. Das bedeutet, daß die Empfindlichkeit auf die Hälfte reduziert wird. Die Vorspannkraft $F_V + \Delta F_V$ im Bolzen ändert sich jetzt stark über den Meßweg ε des Aufnehmers und kann den seiner Elastizitätsgrenze entsprechenden Wert, lange bevor $F_s = F_V$ geworden ist, überschreiten. Können solche ungünstigen Vorspannungsverhältnisse nicht vermieden werden, so sind diese Aspekte sorgfältig zu untersuchen.

Meßunterlagsscheiben, bereits zwischen zwei Stahlmuttern vorgespannt, ergeben sogenannte Kraftmeßelemente (Bild 9.7), mit denen sowohl Druck- wie auch Zugkräfte gemessen werden können. Da diese Aufnehmer nach dem Vorspannen kalibriert werden, gilt die so ermittelte Empfindlichkeit auch nach dem Einbau in eine Meßanordnung. Solche Kraftmeßelemente werden mit Bereichen von einigen kN bis über einige 100 kN gebaut.

Meßunterlagsscheiben und Kraftmeßelemente haben dank ihrer großen Steifheit einen weiten Meßfrequenzbereich. Je nach der Masse und den elastischen Eigenschaften des Meßaufbaues sind Eigenfrequenzen von mehreren kHz bis weit über 10 kHz hinaus erreichbar.

Bei Miniaturaufnehmern (Bild 9.8) werden die Quarzplatten direkt durch die Gehäusewände unter Vorspannung gehalten (s. auch Bild 8.7). Diese Vorspannung dient nur zum einwandfreien Zusammenhalten der Quarzscheiben, d. h. vor allem, um die Spaltfederung auszuschalten und nicht, um auch Zugkräfte zu messen. Da diese Aufnehmer deshalb nur für Druckkräfte geeignet sind, können Befestigungsgewinde entfallen.

9.2 Aufnehmer für Kräfte

 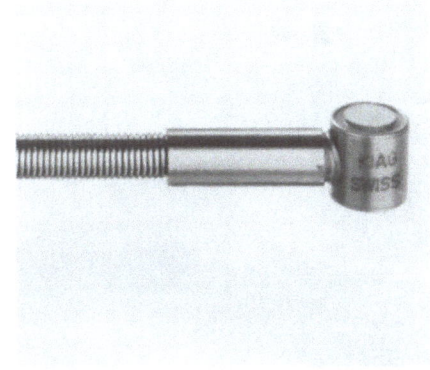

Bild 9.7   Bild 9.8

Bild 9.7. Kraftmeßelement für Druck- und Zugkräfte (Werkbild Kistler)

Bild 9.8. Miniaturkraftaufnehmer mit einem Außendurchmesser von 6 mm (Werkbild Kistler)

Die bisher erwähnten Kraftaufnehmer besitzen alle als Aufnehmerelement zwei für den Longitudinaleffekt geschnittene Quarzplatten, die mechanisch in Serie und elektrisch parallel geschaltet sind. Die nominale Empfindlichkeit beträgt daher immer etwa 4 pC N^{-1} oder etwas weniger, je nach dem vorhandenen Kraftnebenschluß. Da das Eigenrauschen moderner Ladungsverstärker in der Größenordnung von 10 fC liegt, entspricht dies bei vorgenannter Aufnehmerempfindlichkeit einer Kraft von 10 fC/(4 pC N^{-1}) = 2,5 mN.

In der Praxis nimmt man als eindeutig erkennbares kleinstes Signal etwa den dreifachen Wert des Rauschens an, so daß generell für diese Kraftaufnehmer eine Ansprechwelle von etwa 10 mN gilt. Eine niedrigere Ansprechschwelle läßt sich durch eine höhere Aufnehmerempfindlichkeit erreichen.

Dazu stehen im wesentlichen drei Möglichkeiten offen: a) Größere Anzahl von Quarzplatten für den Longitudinaleffekt, b) Quarzelemente für den Transversaleffekt (wo die Empfindlichkeit durch die Formgebung erhöht werden kann), c) Aufnehmerelemente mit stärkerem piezoelektrischem Effekt als demjenigen von Quarz (z. B. aus piezoelektrischen Keramiken).

Die Möglichkeit a zeigt das im Bild 9.9 dargestellte sogenannte Mikromodul. Mehrere Quarzplatten werden so metallisch bedampft, daß beim Aufeinanderstapeln die gebildeten Elektrodenflächen eine elektrische Parallelschaltung aller Quarzplatten bewirken. Der Stapel wird dann über diese metallisierten Flächen durch Erwärmen zu einem Modul verlötet. Dadurch kann die Spaltfederung vermieden werden. Allerdings ist der auf diese Weise erzielte Empfindlichkeitsgewinn gering, da die Empfindlichkeit einer Platte von nominal 2 pC N^{-1} nur entsprechend der Plattenzahl vervielfacht wird. Für den Aufnehmer ergibt sich mit sieben Platten eine Empfindlichkeit von rund 14 pC N^{-1}.

Eine höhere Empfindlichkeit erreicht man gemäß der Möglichkeit b mit dem Transversaleffekt. Der im Bild 9.10 gezeigte Kraftaufnehmer besitzt ein stabförmiges Quarzelement, dessen Längsachse der kristallographischen *y*-Achse entspricht. Da hier die Empfindlichkeit proportional zur Stablänge und umgekehrt

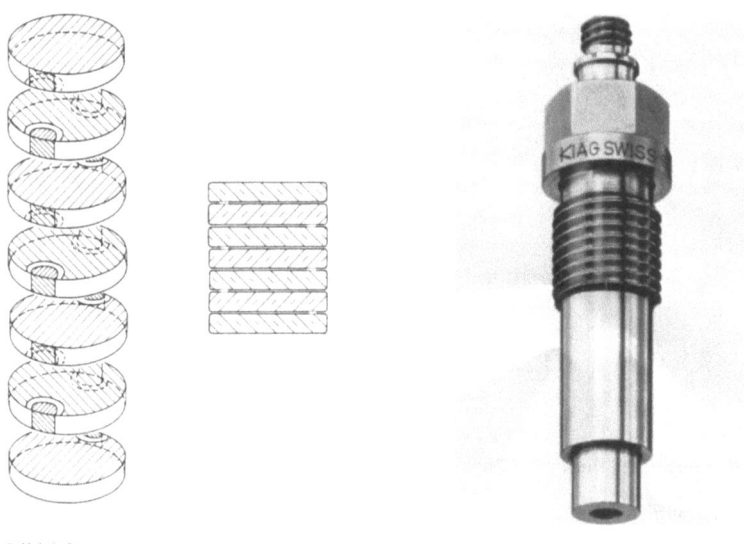

Bild 9.9 Bild 9.10

Bild 9.9. Mikromodul mit sieben Quarzplatten für den Longitudinaleffekt (nach AVL)

Bild 9.10. Kraftaufnehmer hoher Empfindlichkeit mit Quarzelement für den Transversaleffekt (Werkbild Kistler)

proportional zum Stabquerschnitt ist, kann mit einem entsprechend schlanken Stab die Empfindlichkeit von rund 50 pC N^{-1}, also das 25-fache der Empfindlichkeit einer Quarzplatte für den Longitudinaleffekt, erreicht werden.

Obwohl theoretisch durch noch schlankere Stäbe die Empfindlichkeit weiter gesteigert werden könnte, sind praktische Grenzen gesetzt. Mit zunehmender Schlankheit nimmt die zulässige Belastung ab, da dann nicht mehr nur die mechanische Normalspannung im Quarz, sondern auch die kritische Knicklast maßgebend wird. Ferner machen sich bei zunehmender Stablänge die Unterschiede der thermischen Ausdehnungskoeffizienten des Quarzes einerseits und des Aufnehmergehäuses andererseits immer stärker bemerkbar.

Die dritte Möglichkeit c besteht schließlich darin, ein piezoelektrisches Material höherer Empfindlichkeit zu wählen. Dafür kommen vor allem piezoelektrische Keramiken in Frage. Hiermit lassen sich ebenfalls Empfindlichkeiten von etwa 50 pC N^{-1} erreichen. Diese Kraftaufnehmer haben allerdings verschiedene Nachteile gegenüber denen mit Quarz als Aufnehmerelement. Die Linearität liegt bei piezoelektrischen Keramiken nur innerhalb etwa $\pm 3\%$ FSO, während bei Quarz typische Werte von besser als $\pm 0,3\%$ FSO erreicht werden. Keramik zeigt zudem Hysterese im Gegensatz zum praktisch hysteresefreien Quarz. Ferner sind die thermischen Eigenschaften der Kraftaufnehmer mit Keramikelementen ungünstiger als bei denen mit Quarzelementen. Besonders ist zu beachten, daß piezoelektrische Keramiken einen starken Pyroeffekt aufweisen und wegen des inhärenten niedrigeren Isolationswiderstandes nicht statisch kalibriert werden können. Man wird deshalb im einzelnen Anwendungsfall die Vorteile der höheren Empfindlichkeit gegenüber den vorerwähnten Einschränkungen abwägen müssen.

9.3 Mehrkomponenten-Kraftaufnehmer

Mehrkomponenten-Kraftaufnehmer werden vorwiegend mit Aufnehmerelementen aus Quarz gebaut. Der Aufbau ist gleich dem bei Einkomponenten-Kraftaufnehmern, einzig werden entsprechend der Anzahl der zu messenden Komponenten mehr Quarzscheiben eingebaut.

Dreikomponenten-Kraftaufnehmer enthalten ein für den Longitudinaleffekt geschnittenes Quarzplattenpaar für die Normalkomponente und je ein für den Schubeffekt geschnittenes Quarzplattenpaar für die beiden Schubkomponenten (Bild 9.11). Da die Schubkräfte durch Reibung übertragen werden, müssen diese

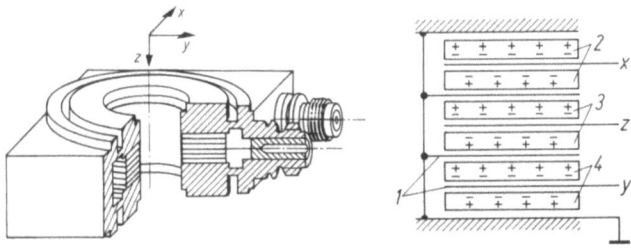

Bild 9.11. Aufbau eines Dreikomponenten-Kraftaufnehmers (nach Kistler). *1* Elektroden; *2* Quarzplatten für den Schubeffekt, messen die *x*-Komponente; *3* Quarzplatten für den Longitudinaleffekt, messen die *z*-Komponente; *4* Quarzplatten für den Schubeffekt, messen die *y*-Komponente

Aufnehmer immer unter genügender mechanischer Vorspannung eingebaut werden (s. Abschnitt 9.6). Bild 9.12 zeigt einen Dreikomponenten-Kraftaufnehmer, mit dem die drei Komponenten einer beliebig angreifenden Kraft gemessen werden können.

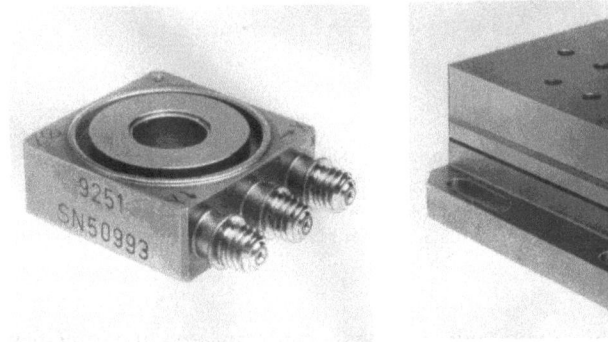

Bild 9.12 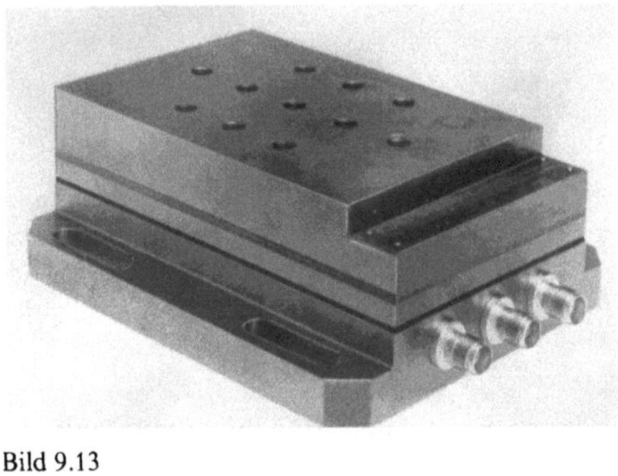   Bild 9.13

Bild 9.12. Dreikomponenten-Kraftaufnehmer (Werkbild Kistler)

Bild 9.13. Dreikomponenten-Dynamometer (Werkbild Kistler)

Mehrkomponenten-Kraftaufnehmer werden meist nicht einzeln, sondern in Gruppen zu drei oder vier Aufnehmern in sogenannte Dynamometer oder Meßplattformen eingebaut. Dabei wird von der Eigenschaft piezoelektrischer Aufnehmer Gebrauch gemacht, daß solche gleicher Empfindlichkeit direkt elektrisch parallel geschaltet werden können und daß das erhaltene Ausgangssignal der algebraischen Summe der einzelnen Kräfte entspricht. Bild 9.13 zeigt ein Dreikomponenten-Dynamometer, das auf vier Dreikomponenten-Aufnehmern aufgebaut ist. Die Ausgänge für die jeweiligen x- bzw. y- bzw. z-Achsen der vier Aufnehmer sind elektrisch parallelgeschaltet. Die Aufnehmer werden so ausgewählt, daß ihre Empfindlichkeiten in den je drei Achsen innerhalb enger Toleranzen gleich sind. Daher wirkt das Dynamometer als ein einziger Dreikomponenten-Kraftaufnehmer, der die drei Komponenten der angreifenden Kraft unabhängig von ihrem Angriffspunkt mißt. Auf das Dynamometer wirkende Drehmomente belasten wohl die Aufnehmer, werden aber dank der Parallelschaltung nicht gemessen.

Diese Momente können jedoch aus den einzelnen Ausgangssignalen der nicht parallelgeschalteten Aufnehmer bestimmt werden. Auf diese Weise entsteht ein Meßsystem, das alle nach der mechanischen Analyse bestimmbaren Größen mißt, d.h. die drei Komponenten der resultierenden Kraft und die drei Komponenten des resultierenden Momentes, bezogen auf die durch die Aufnehmer bestimmten Bezugskoordinaten. Diese Methode wird im Abschnitt 9.7 eingehend besprochen.

9.4 Aufnehmer für Momente

Momente können mit einer im Bild 9.14 gezeigten Anordnung gemessen werden. Quarzscheiben, welche für den Schubeffekt geschnitten sind, werden in einem Kreis so angeordnet, daß die schubempfindliche Achse jeder Quarzscheibe tangential zum Kreis liegt. Dieser Aufnehmer muß wiederum unter hoher Vorspannung eingebaut werden, damit die Schubkräfte durch Reibung übertragen werden

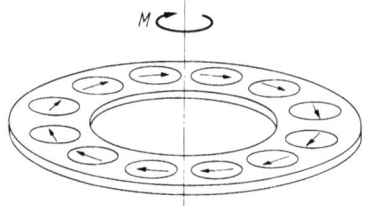

Bild 9.14. Anordnung von Quarzplatten für den Schubeffekt zum Messen eines Momentes. Die einzelnen Quarzplatten werden durch eine hochisolierende Vergußmasse in der richtigen Lage gehalten (nach Kistler)

können. Ein auf den Aufnehmer wirkendes Moment erzeugt in den Quarzscheiben tangentiale Schubspannungen. Da alle Quarzscheiben elektrisch parallelgeschaltet sind, ist das totale Ausgangssignal proportional zum wirkenden Moment.

Obwohl es auch möglich wäre, direkt momentempfindliche Aufnehmerelemente aus Quarz oder anderen piezoelektrischen Materialien anzufertigen (Bild 8.3f), haben sich solche Konstruktionen in der Praxis nicht durchgesetzt. Der Grund liegt vor allem darin, daß das ganze Moment mechanisch durch das Aufnehmerelement übertragen werden müßte, so daß nur kleine Momente gemessen werden könnten. Zudem ist es schwierig, Momente ohne unerwünschte mechanische Verspannungen auf das Aufnehmerelement einzuleiten.

Eine ganz andere Möglichkeit, Momente zu messen, ergibt sich bei Mehrkomponenten-Meßsystemen, die auf drei oder vier Dreikomponenten-Kraftaufnehmern aufgebaut sind (s. Abschnitt 9.7).

9.5 Meßtechnische Besonderheiten von Ein- und Mehrkomponenten-Kraftmeßsystemen

Ideale Kraftaufnehmer sollten nur dann ein Ausgangssignal abgeben, wenn tatsächlich eine Kraftkomponente in der Meßrichtung des Aufnehmers wirkt. Kräfte normal zur Meßrichtung hingegen sollten kein Ausgangssignal erzeugen.

In Wirklichkeit geben Kraftaufnehmer auch ein Ausgangssignal ab, wenn eine Kraft normal zur Meßrichtung wirkt. Das Ausgangssignal ist das gleiche, wie wenn tatsächlich eine Kraft in der Meßrichtung gewirkt hätte. Diese Erscheinung wird als Übersprechen bezeichnet (s. Abschnitt 7.3.6).

In der Praxis wird die Bedeutung des Übersprechens immer noch häufig verkannt, obwohl es auch schon bei einfachen Einkomponenten-Kraftaufnehmern das Meßresultat stark beeinflussen kann.

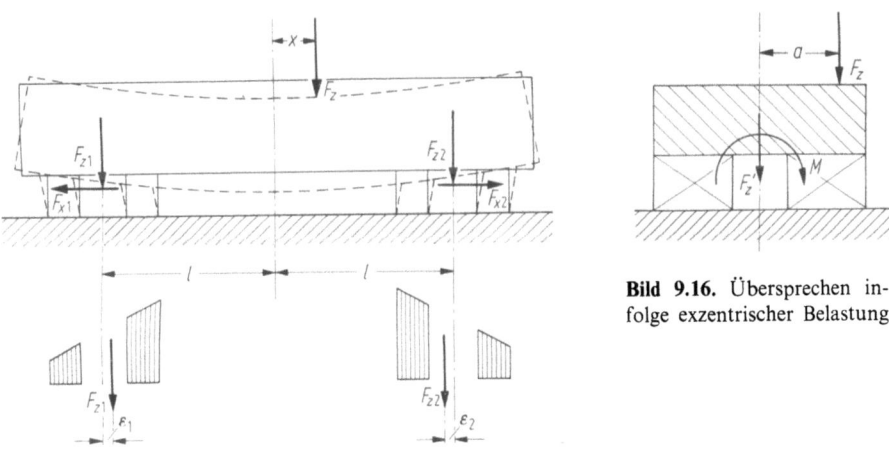

Bild 9.16. Übersprechen infolge exzentrischer Belastung

Bild 9.15. Übersprechen infolge innerer Kräfte und Meßfehler durch Deformationen

Das im Bild 9.15 gezeigte Beispiel möge dies verdeutlichen. Eine Deckplatte sei über zwei Kraftaufnehmer auf die Basisplatte abgestützt und verschraubt. Da die Platte nicht unendlich starr ist, wird sie sich unter der zu messenden Kraft F_z durchbiegen. Dadurch treten als innere Kräfte des Systems die Schubkräfte F_{x1} und

F_{x2} auf, welche die Kraftaufnehmer auf Schub belasten. Der Einfachheit halber werden die auch auftretenden Momente infolge der Durchbiegung ignoriert. Da F_{x1} und F_{x2} normal zur Meßrichtung der Aufnehmer wirken, würden diese bei perfekten Aufnehmern kein Ausgangssignal ergeben.

Nimmt man jedoch für die Aufnehmer ein Übersprechen der Schub- auf die Achsialkraft von 2% an, so wird im Ausgangssignal jedes Aufnehmers 2% von F_{x1} bzw. F_{x2} (deren Vektorsumme aus Gleichgewichtsgründen natürlich Null ist!) zusätzlich zu F_{z1} bzw. F_{z2} mitgemessen. Der so entstehende Meßfehler kann beträchtlich sein, abgesehen davon, daß F_{x1} und F_{x2} keine lineare Funktion von F_z sind.

Ein weiteres Beispiel ist der im Bild 9.16 gezeigte, durch F_z exzentrisch belastete Kraftaufnehmer. Die exzentrische Kraft F_z' kann durch die in der Aufnehmerachse wirkende Kraft F_z'' und das Moment M mit dem Betrag $M = F_z a$ ersetzt werden, d. h. der Aufnehmer wird durch F_z'' und M belastet. Falls der Aufnehmer ein Übersprechen vom Moment M auf seine empfindliche Achse aufweist (hier nicht mehr in Prozent ausdrückbar, sondern in N/Nm), wird dadurch die Messung von F_z verfälscht. Nur wenn F_z zentrisch auf den Aufnehmer wirkt, hat das Übersprechen vom Moment M auf die empfindliche Achse keinen Einfluß, da dann gar kein Moment M auftritt.

Noch kritischer ist das Übersprechen bei Mehrkomponenten-Aufnehmern. Wirkt eine Kraft F genau in der z-Richtung auf den Aufnehmer, werden an dessen x- und y-Ausgängen nur dann keine Ausgangssignale auftreten, wenn der Aufnehmer frei von Übersprechen ist. Tritt jedoch Übersprechen auf, so schließt man aus den Ausgangssignalen des Aufnehmers, daß die Kraft F nicht in der z-Richtung, sondern einer davon abweichenden Richtung wirkt. Infolge des Übersprechens entsteht also ein Fehler in der Richtungsbestimmung des zu messenden Kraftvektors.

Piezoelektrische Kraftaufnehmer mit Quarzelementen erreichen bei sachgemäßer Konstruktion Übersprechwerte, die typisch unter 1% liegen. Die wesentlichste Voraussetzung dafür liegt in der Quarzbearbeitung (s. Abschnitt *8.5.1.1*). Die Flächen der Quarzplatten, über die die Kraft eingeleitet wird, müssen innerhalb enger Toleranzen normal zu den entsprechenden kristallographischen Achsen liegen. Dazu kommen verschiedene Punkte, die beim Einbau von Mehrkomponenten-Kraftaufnehmern zu beachten sind (s. Abschnitt 9.6).

Bei Systemen, in denen mehrere Kraftaufnehmer zwischen eine Boden- und eine Deckplatte eingebaut werden, kann Übersprechen noch in anderer Form auftreten. In der im Bild 9.17 gezeigten Anordnung ist eine Deckplatte über zwei Kraftaufnehmer auf die Bodenplatte abgestützt und verschraubt. Die beiden Aufnehmer sind Einkomponenten-Kraftaufnehmer für die z-Richtung, und es soll nur die z-Komponente der auf die Deckplatte wirkenden Kraft gemessen werden. Dieses System sollte also kein Ausgangssignal geben, wenn nur eine Kraft F_x normal zur z-Richtung wirkt. Die gleiche Belastung wie F_x ergeben die Kraft F_x' und das Moment M, wobei F_x' in der Mittelebene der F_z-empfindlichen Quarzplatten der beiden Aufnehmer liegt.

Die Kraft F_x' teilt sich auf die beiden Aufnehmer in F_{x1}' und F_{x2}' auf. Eine erste Quelle für das Übersprechen ist das inhärente (also durch ungenaue Orientierung der Quarzplatten bedingte) Übersprechen der x- auf die z-Richtung der beiden

Aufnehmer, welches im totalen Ausgangssignal eine nicht vorhandene Kraftkomponente in z-Richtung vortäuscht.

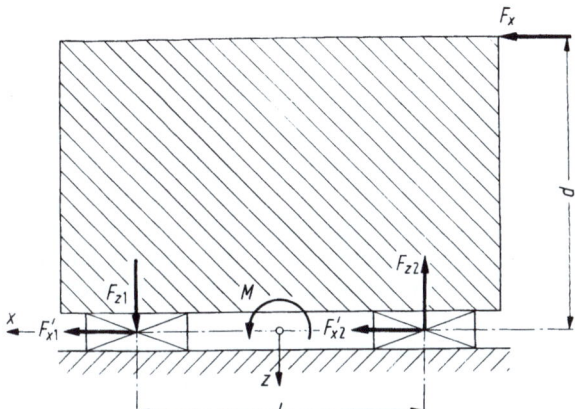

Bild 9.17. Übersprechen infolge unterschiedlicher Empfindlichkeiten eingebauter Aufnehmer

Hinzu kommt aber noch eine zweite Art von Übersprechen. Das Moment M wird als Kräftepaar F_{z1} und F_{z2} gemessen. Falls beide Kraftaufnehmer im eingebauten Zustand die gleiche Empfindlichkeit aufweisen, wird kein Ausgangssignal entstehen. Da aber in der Praxis die Empfindlichkeiten der Aufnehmer leicht streuen (z. B. wegen kleiner Unterschiede im Kraftnebenschluß infolge Fertigungstoleranzen der Wandstärken der Aufnehmergehäuse sowie der Vorspannelemente), entstehen, obwohl F_{z1} und F_{z2} entgegengesetzt gleich sind, nicht auch entgegengesetzt gleiche Ausgangssignale, d. h. die Summe der Ausgangssignale der beiden Aufnehmer ist nicht Null, obwohl $F_{z1} + F_{z2} = 0$ ist. Dies ergibt ein Übersprechen von M auf F_z, das übrigens auch auftritt, wenn nur ein Drehmoment auf die Deckplatte wirkt, ohne die Kraft F_x. Diese Art von Übersprechen kann nur durch sorgfältige Auswahl von Aufnehmern möglichst gleicher Empfindlichkeit und durch enge Toleranzen der Vorspannelemente verkleinert werden. Übersprechen kann auch durch unsachgemäßen Einbau (z. B. durch schiefstehende Vorspannbolzen) verursacht werden (s. Abschnitt 9.6).

Schließlich kann in bestimmten Fällen auch ein elektrisches Übersprechen auftreten. Werden nämlich bei einem Mehrkomponenten-Kraftaufnehmer nicht alle Ausgänge benützt, d. h. an einen Ladungsverstärker angeschlossen, so bauen sich an den nicht angeschlossenen Ausgängen bei entsprechender Belastung des Aufnehmers elektrische Spannungen auf, die ohne weiteres mehrere hundert Volt erreichen können. Da aus konstruktiven Gründen die einzelnen Kanäle innerhalb des Aufnehmers elektrisch nicht immer vollständig gegeneinander abgeschirmt werden können, streuen solche Spannungen in den Meßkanal ein. Dies kann auf einfache Weise verhindert werden, indem auf die Stecker der unbenutzten Kanäle sogenannte Kurzschlußdeckel gesetzt werden, so daß sich keine Spannung aufbauen kann. Im benutzten Meßkanal bleibt die Spannung auch praktisch Null, bedingt durch den angeschlossenen Ladungsverstärker (s. Abschnitt 12.4).

9.6 Einbau von Kraftaufnehmern

Piezoelektrische Kraftaufnehmer zeichnen sich durch extreme Steifheit aus. Diese Eigenschaft fordert aber das Beachten von Details beim Einbau, die bei anderen Arten von Kraftaufnehmern eine viel geringere Rolle spielen. Für einen korrekten Einbau muß vor allem die Bedingung erfüllt sein, daß die mechanischen Spannungen im Aufnehmerelement nirgends den zulässigen Wert überschreiten. Dies würde in vielen Fällen eine aufwendige Spannungsanalyse bedingen, die zudem oft nur näherungsweise möglich wäre. Die folgenden, aus der Praxis gewonnenen Methoden, führen im allgemeinen bereits weitgehend zu einem korrekten Einbau.

Um eine gleichmäßige Belastung des Aufnehmers zu erreichen, müssen einerseits die Deformationen in den krafteinleitenden Teilen und andererseits konstruktive Details zum Abbau von Spannungsspitzen beachtet werden. Über die Deformationen kann man sich am besten ein Bild machen, indem man sich die zu untersuchende Anordnung aus einem sehr elastischen Material (Gummi, Schaumstoff oder ähnliches) vorstellt oder sogar ein Modell daraus anfertigt.

Grundsätzlich sei daran erinnert, daß jede noch so starr erscheinende Struktur sich unter Belastung verformt. Dasselbe gilt für im normalen Maschinenbau als starr geltende Teile, wie dies schon am Beispiel der Schraubenkraftmessung im Abschnitt 9.2 gezeigt wurde. Es müssen also schon Deformationen in der Größenordnung von µm berücksichtigt und deren Einfluß auf die Spannungsverteilung über dem Aufnehmer untersucht werden.

Als zulässige Normalspannung bei Quarzplatten nimmt man bei Temperaturen bis etwa 200 °C etwa $\sigma = 150 \text{ N mm}^{-2}$ an. Dieser Wert ist eher konservativ, was aber den Vorteil hat, daß das Bruchrisiko sehr klein ist, insbesondere wenn die Spannungsanalyse mit einer gewissen Unsicherheit behaftet ist. Überschreitet σ_{max} einen Wert von etwa 300 N mm^{-2}, besteht Gefahr der Riß- oder auch der Zwillingsbildung (s. Abschnitte 6.2.4 und 6.2.5). Zudem soll bei Aufnehmern die Überlast mindestens um einen Faktor 1,2 bis 1,5 höher als die Spanne sein, damit die Gefahr einer Veränderung der meßtechnischen Eigenschaften des Aufnehmers durch ungewolltes Überschreiten der oberen Bereichsgrenze auf ein vernünftiges Maß reduziert wird.

Ein weiteres Beispiel ist der Standardeinbau von Dreikomponenten-Kraftaufnehmern (Bild 9.18). Da diese immer unter Vorspannung eingebaut werden müssen (weil die Schubkräfte durch Reibung übertragen werden), sind die gleichen Überlegungen wie im Abschnitt 9.2 gültig. Durch entsprechende Formgebung (Hinterstiche, reduzierte Aufstandsflächen usw.) werden die durch den Vorspannbolzen erzeugten Normalspannungen gleichmäßig auf den Aufnehmer verteilt.

Die Dreikomponenten-Kraftaufnehmer werden meistens in Gruppen von 2, 3 oder 4 Aufnehmern in sogenannte Dynamometer oder Meßplattformen eingebaut, deren konstruktive Gestaltung ebenfalls unter dem Gesichtspunkt der gleichmäßigen Belastung der Aufnehmer erfolgen muß. Die Boden- und Deckplatten solcher Dynamometer müssen genügend steif ausgebildet sein, damit z. B. bei punktförmiger Krafteinleitung die Aufnehmer nicht durch Spannungen überlastet werden, die infolge Durchbiegens der Deckplatte entstehen. Oft werden auf Dynamometer weitere Teile aufgeschraubt, welche mit der Deckplatte zusammen als strukturelle Einheit wirken. Das gleiche gilt für die Bodenplatte; diese kann umso elastischer, d. h. leichter gestaltet werden, je steifer die Unterlage ist, auf welche das Dynamometer montiert wird. Allerdings gilt dies nur, wenn die Berührungsflächen plan und fein bearbeitet sind und eine genügende Zahl Schraubenverbindungen die beiden Teile so zusammenspannt, daß sie mechanisch als Einheit wirken.

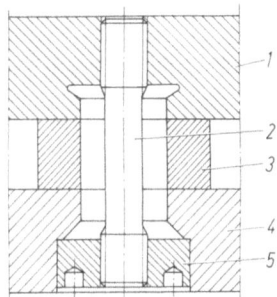

Bild 9.18. Standardeinbau eines Dreikomponenten-Kraftaufnehmers (nach Kistler). *1* Deckplatte, *2* Vorspannbolzen, *3* Aufnehmer, *4* Bodenplatte, *5* Vorspannmutter

Zusammenfassend kann gesagt werden, daß einwandfreie Meßresultate nur dann erwartet werden können, wenn die Aufnehmer fachgerecht eingebaut werden.

9.7 Sechskomponenten-Kraftmessung

Die piezoelektrischen Dreikomponenten-Kraftaufnehmer ermöglichen es, Mehrkomponenten-Meßsysteme so kompakt zu bauen, daß sie für bisher als praktisch unlösbar betrachtete Meßprobleme eingesetzt werden können. Als Beispiele seien Mehrkomponenten-Dynamometer für das Messen der Radkräfte an Automobilen oder auf Reifenprüfständen (Bild 9.19) sowie solche für das Messen der Schnittkräfte in der zerspanenden Bearbeitung (Bild 9.13 und [F4, G3]) erwähnt. Solche Dynamometer bestehen meistens aus drei oder vier Dreikomponenten-Kraftaufnehmern. Im folgenden sei das allgemeine Prinzip der Sechskomponenten-Messung mit einer Anordnung von vier Aufnehmern dargestellt. Analoge Überlegungen ergeben die gleichen Meßmöglichkeiten auch mit drei Aufnehmern.

Vier identische Dreikomponenten-Kraftaufnehmer seien gemäß Bild 9.20 zwischen zwei als unendlich starr betrachtete Stahlplatten unter Vorspannung eingebaut.

Im allgemeinen Fall können auf die Deckplatte eine Kraft F und ein Drehmoment T wirken. Die Kraft F kann in ihre Komponenten F_x, F_y und F_z, das Moment T in T_x, T_y und T_z zerlegt werden.

Bild 9.19. Mehrkomponenten-Dynamometer (Radkraft-Dynamometer, Werkbild Kistler). **a** Vor dem Zusammenbau. **b** Zusammengebaut

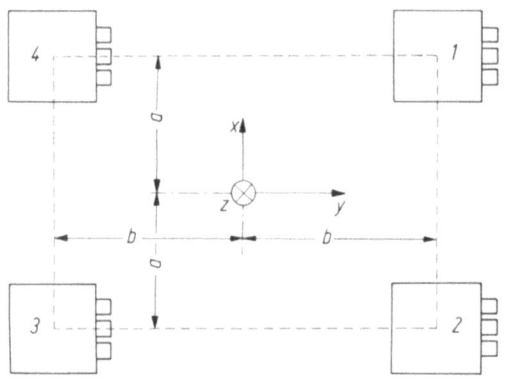

Bild 9.20. Mehrkomponenten-Meßsystem mit vier Dreikomponenten-Kraftaufnehmern

Die vier Aufnehmer bilden ein Meßsystem, das bezüglich des Koordinatensystems (x, y, z) mißt, wobei die xy-Ebene durch die Mittelebene der in z-Richtung empfindlichen Quarzplatten der Aufnehmer gegeben ist. Die z-Achse geht durch den Mittelpunkt des durch die vier Aufnehmer definierten Rechtecks.

Während die Komponenten F_x, F_y und F_z unabhängig vom Angriffspunkt von F gemessen werden, sind die vom System gemessenen Momente auf die drei Koordinatenachsen bezogen. Der Drehmomentvektor T kann so verschoben werden, daß seine Wirkungslinie durch den Koordinatenursprung geht, ohne dabei seine Wirkung auf das Meßsystem zu ändern (Eigenschaft eines Drehmomentes). Im allgemeinen Fall geht jedoch die Wirkungslinie des Kraftvektors F nicht durch den Koordinatenursprung und F erzeugt bezüglich des Ursprungs ein Moment M_F, das vom System zusätzlich zum Drehmoment T mitgemessen wird. Das im folgenden mit M bezeichnete Moment ist also immer als Vektorsumme des wirkenden Drehmomentes T und des bezüglich des Ursprungs durch F verursachten Momentes M_F zu verstehen.

9.7 Sechskomponenten-Kraftmessung

Bezeichnen wir die von den einzelnen Aufnehmern je gemessenen Kraftkomponenten mit $F_{x1}, F_{x2} ..., F_{y1}, F_{y2} ...$ und $F_{z1}, F_{z2} ...$, so finden wir für die drei Komponenten der wirkenden Kraft F folgende Beziehungen:

$$\begin{aligned} F_x &= F_{x1} + F_{x2} + F_{x3} + F_{x4}, \\ F_y &= F_{y1} + F_{y2} + F_{y3} + F_{y4}, \\ F_z &= F_{z1} + F_{z2} + F_{z3} + F_{z4}. \end{aligned} \quad (9.1)$$

Für die Komponenten des Momentes M gilt, mit $2a$ als dem Aufnehmerabstand in x- und $2b$ als demjenigen in y-Richtung, unter Anwendung des Hebelgesetzes

$$\begin{aligned} M_x &= b(F_{z1} + F_{z2} - F_{z3} - F_{z4}), \\ M_y &= a(-F_{z1} + F_{z2} + F_{z3} - F_{z4}), \\ M_z &= b(-F_{x1} - F_{x2} + F_{x3} + F_{x4}) + a(F_{y1} - F_{y2} - F_{y3} + F_{y4}). \end{aligned} \quad (9.2)$$

Werden also die insgesamt zwölf Ausgangssignale der vier Aufnehmer einzeln mittels Ladungsverstärkern in dazu proportionale Spannungen umgewandelt und nachher analog oder digital gemäß obigen Gleichungen verarbeitet, so erhält man alle gemäß der mechanischen Analyse möglichen sechs Komponenten bezüglich des Referenzkoordinatensystems, nämlich F_x, F_y, F_z, M_x, M_y und M_z. Der Betrag des resultierenden Kraftvektors ergibt sich aus

$$F = \sqrt{F_x^2 + F_y^2 + F_z^2} \quad (9.3)$$

und seine Richtung aus den Richtungskosinussen

$$\begin{aligned} \cos\alpha &= \frac{F_x}{F}, \\ \cos\beta &= \frac{F_y}{F}, \\ \cos\gamma &= \frac{F_z}{F}. \end{aligned} \quad (9.4)$$

Über die Lage des Vektors F kann jedoch nichts gesagt werden.

Im allgemeinen erhält man von einem Mehrkomponenten-Kraft- und Momentmeßsystem höchstens die drei Komponenten der Resultierenden aller angreifenden Kräfte, deren Richtung (nicht deren Lage!) im Raum und die drei Komponenten des auf den Nullpunkt des Koordinatensystems bezogenen, resultierenden Momentvektors. Analytisch läßt sich dies auch durch das Betrachten der äußeren, auf das System wirkenden Kräfte und Momente zeigen. Dies kann wiederum an einem Meßsystem entsprechend Bild 9.21 dargestellt werden.

Im Punkt (a_x, a_y, a_z) greife nun vorerst nur der Kraftvektor F als Resultierende aller wirkenden Kräfte an, der für die Berechnung durch seine Komponenten F_x, F_y und F_z ersetzt werden kann.

Für die Bestimmung des resultierenden Momentvektors M (bezüglich des Koordinatenursprungs) gilt für dessen Komponenten

$$\begin{aligned} M_x &= a_y F_z - a_z F_y, \\ M_y &= -a_x F_z + a_z F_x, \\ M_z &= a_x F_y - a_y F_x. \end{aligned} \quad (9.5)$$

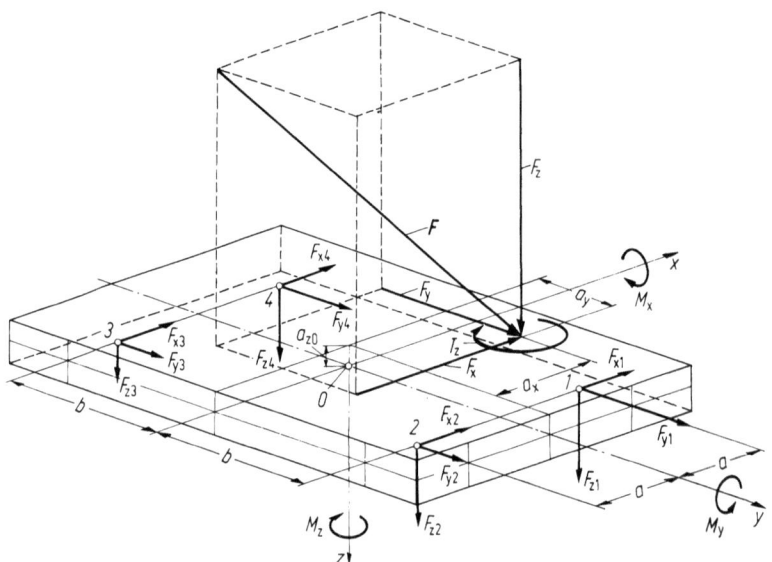

Bild 9.21. Mehrkomponenten-Meßsystem am Beispiel der in Bild 9.22 gezeigten Meßplattform. Beachte: Im Bild hat a_{z_0} einen negativen numerischen Wert, da die positive z-Achse nach unten gerichtet ist

Da F_x, F_y, F_z, M_x, M_y und M_z vom Meßsystem gemessen werden, läßt sich (9.5) zur Bestimmung von a_x, a_y und a_z umschreiben:

$$\begin{aligned} 0\, a_x + F_z a_y - F_y a_z &= M_x, \\ -F_z a_x + 0\, a_y + F_x a_z &= M_y, \\ F_y a_x - F_x a_y + 0\, a_z &= M_z. \end{aligned} \quad (9.6)$$

Die Determinante dieses linearen Gleichungssystems ist Null. Es ist also die Gleichung einer Geraden (nämlich der Wirkungslinie der Resultierenden F) mit a_x, a_y und a_z als Koordinaten eines auf ihr laufenden Punktes. Der Kraftangriffspunkt kann deshalb einfach bestimmt werden, indem der Durchstoßpunkt der Wirkungslinie mit der Arbeitsebene (z. B. Deckplattenoberfläche des Dynamometers) bestimmt wird.

Im allgemeinen Fall wirken jedoch nicht nur Kräfte, sondern auch Drehmomente T auf das Meßsystem. Da Drehmomente im Raum verschoben werden können, ohne ihre Wirkung auf das Meßsystem zu ändern, überlagern sich den gemessenen Momentkomponenten M_x, M_y und M_z die Komponenten T_x, T_y und T_z.

Das Gleichungssystem (9.6) lautet dann

$$\begin{aligned} 0\, a_x + F_z a_y - F_y a_z &= M_x - T_x, \\ -F_z a_x + 0\, a_y + F_x a_z &= M_y - T_y, \\ F_y a_x - F_x a_y + 0\, a_z &= M_z - T_z. \end{aligned} \quad (9.7)$$

Das Meßsystem kann aber nur F_x, F_y, F_z, M_x, M_y und M_z messen (s. (9.1) und (9.2)). Die Komponenten T_x, T_y und T_z des Drehmomentvektors T sind wohl in den Komponenten M_x, M_y und M_z enthalten, aber ihre Größe ist unbekannt. Aus diesem Grunde sind auch die Konstanten in (9.7) unbestimmt. (9.7) bestimmt daher nicht mehr eine einzige Gerade, sondern beschreibt alle Geraden im Raum, die parallel zur Wirkungslinie von F sind. Die Lage von F im Raum kann daher aus den gemessenen sechs Komponenten nicht bestimmt werden. Einzig die Richtung von F ist auch im allgemeinen Fall bekannt.

Die praktische Bedeutung dieser Analyse liegt darin, daß im allgemeinen von einem gemessenen Moment nicht gesagt werden kann, ob es nur von einer bezüglich des Koordinatenursprungs exzentrischen Kraft oder nur von einem Drehmoment oder irgendeiner Kombination der beiden erzeugt wird.

Bei bestimmten Anwendungsfällen ist es aber trotzdem möglich, den Kraftangriffspunkt des resultierenden Kraftvektors zu bestimmen. Dies ist immer dann der Fall, wenn die Meßeinrichtung eine Meßplattform ist, auf deren Oberfläche nur Druckkräfte ausgeübt werden (z. B. darüber gehen, laufen, fahren, rollen usw.). Im üblichen Fall ist die Oberfläche einer solchen Plattform parallel zur xy-Ebene, im Abstand a_{z0} vom Koordinatenursprung. Bild 9.22 zeigt eine solche Meßplattform, die vor allem in der Biomechanik sowie in der Automobiltechnik verwendet wird.

Falls also auf die Oberfläche nur Druckkräfte ($F_z \geq 0$) oder noch genauer ausgedrückt, keine Zugspannungen ausgeübt werden können, folgt daraus, daß keine Drehmomente T_x und T_y wirken können, also

$$T_x = T_y = 0. \tag{9.8}$$

Das Gleichungssystem (9.7) wird zu

$$\begin{aligned} 0\ a_x + F_z a_y - F_y a_z &= M_x, \\ -F_z a_x + 0\ a_y + F_x a_z &= M_y, \\ F_y a_x - F_x a_y + 0\ a_z &= M_z - T_z. \end{aligned} \tag{9.9}$$

a

b

Bild 9.22. Mehrkomponenten-Meßplattform (Werkbild Kistler). **a** Plattform für Anwendungen in der Biomechanik und Automobiltechnik, **b** Grundrahmen mit den vier vorgespannten Dreikomponenten-Kraftaufnehmern Deckplatte demontiert

Da der Abstand a_{z_0} der Oberfläche vom Koordinatenursprung bekannt ist, können aus den beiden ersten Gleichungen direkt die Koordinaten a_x und a_y des Kraftangriffspunktes von $\mathbf{F}$ bestimmt werden, nämlich

$$a_x = \frac{F_x a_{z_0} - M_y}{F_z},$$
$$a_y = \frac{F_y a_{z_0} + M_x}{F_z}. \quad (9.10)$$

Aus der dritten Gleichung ergibt sich das Drehmoment T_z (ein solches kann auf die Plattformoberfläche in der Form eines Reibungskräftepaares wirken) zu

$$T_z = M_z - F_y a_x + F_x a_y. \quad (9.11)$$

Im beschriebenen Spezialfall der Meßplattform ergeben sich also wiederum maximal sechs Größen, die bestimmt werden können, nämlich F_x, F_y, F_z, a_x, a_y und T_z.

Bei allen bisherigen Betrachtungen haben wir vorausgesetzt, daß die Boden- und Deckplatten der Dynamometer und Meßplattformen unendlich starr seien. Darauf beruht auch die Herleitung der Formeln nach dem Hebelgesetz. Da in der Praxis die Platten nur eine endliche Steifheit haben, biegen sich diese unter Belastung durch, was zu Meßfehlern führen kann. Dies kann anhand von Bild 9.15 gezeigt werden.

Wirkt die Kraft F_z im Abstand x von der Mitte der Deckplatte, so kann (unter der Annahme einer unendlich starren Platte) aus den gemessenen Auflagekräften F_{z1} und F_{z2} auf die Lage von F_z geschlossen werden. Der Abstand x ergibt sich zu

$$x = \frac{F_{z1} - F_{z2}}{F_z} l. \quad (9.12)$$

Da die Platte in Wirklichkeit nicht unendlich starr ist, biegt sie sich unter F_z durch und die Spannungsverteilung über den beiden Aufnehmern wird asymmetrisch. Dies bedeutet, daß die vom Aufnehmer gemessene Kraft nicht mehr, wie bisher immer angenommen, in der Aufnehmerachse liegt, sondern um ε_1, bzw. ε_2 gegen die Plattenmitte verschoben ist. Dadurch verändern sich die wirksamen Hebelarme der Kräfte F_{z1} und F_{z2} bezüglich der Plattenmitte, so daß für die Lage von F_z ein anderer Abstand als im idealen Fall bestimmt wird, nämlich

$$x' = \frac{(F_{z1} - F_{z2}) l - F_{z1} \varepsilon_1 + F_{z2} \varepsilon_2}{F_z}. \quad (9.13)$$

Die Lagebestimmung von F_z ist also mit einem Fehler Δx behaftet, wobei

$$\Delta x = x - x' = \frac{F_{z1} \varepsilon_1 - F_{z2} \varepsilon_2}{F_z}. \quad (9.14)$$

Die Abweichung Δx ist nur für $x = 0$, d.h. Kraftangriffspunkt in Plattenmitte, aus Symmetriegründen Null, da $\varepsilon_1 = \varepsilon_2$ und $F_{z1} = F_{z2} = F_z/2$. Ebenso ist $\Delta x = 0$ für $x = l$ bzw. $x = -l$, da in diesen Fällen F_z zentrisch auf den einen Aufnehmer wirkt und diesen symmetrisch belastet, während der andere unbelastet bleibt.

Dadurch wird $\varepsilon_1 = \varepsilon_2 = 0$. Dies stimmt strenggenommen aber auch nur näherungsweise, da sich der belastete Aufnehmer unter zentrischer Belastung deformiert und sich die Platte dadurch an diesem Ende um Δz absenkt, was zu einer Winkeländerung $\tan \alpha = \Delta z / 2l$ führt und dadurch wieder eine asymmetrische Spannungsverteilung über dem belasteten Aufnehmer bewirkt. Dabei wird die vom Aufnehmer gemessene Kraft leicht nach außen verschoben.

Die beschriebenen Fehler lassen sich jedoch meistens durch geeignete, konstruktive Maßnahmen in praktisch zulässigen Grenzen halten. Diese Fehler sind bei großen Aufnehmerabständen und möglichst kleinen Kontaktflächen zwischen Platte und Aufnehmer am geringsten. Selbstverständlich sind die Platten möglichst starr auszubilden.

Praktisch lassen sich diese Fehler zudem durch Kalibrierung teilweise oder ganz eliminieren, indem die Belastung bei der Kalibrierung möglichst identisch der Belastung bei der Messung sein soll.

Diese Beispiele sollen genügen, um auf die Art der besonders zu beachtenden meßtechnischen Aspekte bei Mehrkomponenten-Meßsystemen hinzuweisen. Da über dieses Spezialgebiet wenig Literatur [G4, G5] vorhanden ist, muß auf die Unterlagen der Hersteller von Mehrkomponenten-Aufnehmern verwiesen werden.

9.8 Grundlagen der Kalibrierung von Kraftaufnehmern

Gemäß der im Abschnitt 7.3.1.2 gegebenen Definitionen müssen zum Kalibrieren von Kraftaufnehmern bekannte Kräfte aufgebracht und die entsprechenden Ausgangssignale aufgezeichnet werden.

Die genaueste, aber auch aufwendigste Kraftkalibrierung wird mit genau bekannten Gewichten durchgeführt (sogenannte Totgewichts-Kalibrierung). Da solche Gewichte aufgelegt oder über ein entsprechendes Joch angehängt werden müssen, verlangt diese Methode die statische Meßmöglichkeit. Dies ist nur mit Aufnehmern, welche Aufnehmerelemente aus Quarz besitzen, ohne weiteres möglich.

Die Totgewichts-Kalibrierung wird vielfach nur als Kontrolle in situ angewandt, um einige Kalibrierpunkte zu überprüfen. Dabei ist es zweckmäßig, die Gewichte zur Kalibrierung nicht aufzulegen, sondern abzuheben. Dadurch werden weniger Erschütterungen auf den Aufnehmer übertragen und man erhält eine saubere Kurve des negativen Kalibriersprunges. Für routinemäßige Kalibrierung werden meistens hydraulische Pressen eingesetzt, welche die Kraft über einen Referenzkraftaufnehmer auf den Prüfling einleiten. Als Referenzaufnehmer kommen besonders ausgewählte und geprüfte piezoelektrische Kraftaufnehmer mit Quarz als Aufnehmerelement (z.B. Kraftmeßelemente nach Bild 9.7) oder aber vorzugsweise Präzisions-Kraftaufnehmer nach dem Dehnmeßstreifenprinzip in Frage. Letztere haben den Vorteil, daß sie echt statisch messen können und eine höhere Genauigkeit als piezoelektrische Aufnehmer bieten (Fehler unter 0,1 % FSO).

Der Ladungsverstärker für das Aufzeichnen des Ausgangssignals des Aufnehmers sowie gegebenenfalls das verwendete Aufzeichnungsgerät werden elektrisch kalibriert (s. Abschnitt 12.5.10).

Um einen definierten Kraftangriffspunkt zu haben, wird die Kraft meistens über ein kugelkalottenförmiges Druckstück oder durch eine Stahlkugel über eine Hartmetallplatte und ein Kraftübertragungsstück aus Stahl eingeleitet.

Besondere Probleme stellt das Kalibrieren von Mehrkomponenten-Kraftaufnehmern, insbesondere das genaue Bestimmen der Übersprechwerte. Um ein Übersprechen von 0,1 % mit einem Fehler von weniger als 10 % messen zu können, muß die tatsächliche Wirkungslinie der während der Kalibrierung aufgebrachten Kraft richtungsmäßig innerhalb 0,01 %, d. h. arc tan 0,0001 = 20″ mit der Sollrichtung übereinstimmen. Dies ist äußerst schwierig unter einer hydraulischen Presse zu erreichen, da auch bei Verwendung einer Stahlkugel zwischen zwei Hartmetallplatten allein schon der Reibungswinkel in den Berührungsflächen ein Mehrfaches von 20″ beträgt, abgesehen von den in der Presse auftretenden Deformationen! Einwandfrei läßt sich dieses Problem nur mit Totgewichts-Kalibrierung lösen, da dann die wirkende Kraft infolge der Schwerkraft genau lotrecht wirkt und die Aufnehmeroberfläche ohne weiteres innerhalb der erforderlichen Toleranz waagerecht eingestellt werden kann. In jedem Falle verlangen solche Kalibrierungen Spezialeinrichtungen und entsprechende Erfahrung (Bild 9.23).

Bild 9.23. Dreikomponenten-Kalibriersystem. Kräfte von bis zu je 100 kN in den x- und y-Richtungen sowie bis zu 200 kN in der z-Richtung können einzeln oder kombiniert auf das Prüfobjekt aufgebracht werden (Werkbild Kistler)

Momente werden idealerweise als Kräftepaare, z. B. mittels Seilzügen, oder über Torsionsstäbe eingeleitet. Weniger zweckmäßig sind exzentrisch wirkende Kräfte, da dabei nicht nur ein Moment, sondern gleichzeitig auch eine Kraft auf den Aufnehmer wirkt. Dadurch kann infolge des Übersprechens dieser Kraft auf den momentmessenden Kanal ein Fehler in der Momentempfindlichkeit entstehen.

Während früher Kalibriergrößen wie Empfindlichkeit, Linearität, Hysterese und Übersprechen aus den graphisch aufgezeichneten Kalibrierkurven gewonnen

9.8 Grundlagen der Kalibrierung von Kraftaufnehmern

wurden, verwendet man heute mehr und mehr Rechner, die die gewünschten Größen direkt aus den in digitale Form umgewandelten Ausgangssignalen bestimmen.

Dynamische Kraftkalibrierungen sind nicht nur aufwendig, sondern mit zunehmender Meßfrequenz auch schwieriger durchzuführen. Es hat sich in der Praxis jedoch gezeigt, daß die durch statische Kalibrierung gewonnene Empfindlichkeit piezoelektrischer Kraftaufnehmer auch für dynamische Messungen gültig ist.

Für die meisten Kraftaufnehmer, insbesondere die Meßunterlagsscheiben, ist es wenig sinnvoll, die Eigenfrequenz bestimmen zu wollen. Abgesehen davon, daß diese auf verschiedene Arten und mit entsprechend verschiedenen Resultaten bestimmt werden kann, ist für das dynamische Verhalten der Meßeinrichtung nach dem Einbau des Kraftaufnehmers ausschließlich seine Steifheit zusammen mit den Steifheiten und Massen der übrigen Meßeinrichtung maßgebend. Deshalb können meist die dynamischen Eigenschaften erst nach dem vollständigen Aufbau der Meßanordnung untersucht werden.

10 Druckaufnehmer

10.1 Allgemeines

Unter Druck in einem flüssigen oder gasförmigen Medium versteht man die von diesem Medium auf ein Flächenelement ausgeübte Normalkraft, dividiert durch die Fläche des Elementes. Die SI-Einheit für Druck ist das Pascal, wobei $1\,\text{Pa} = 1\,\text{Nm}^{-2}$.

Für die Praxis eignet sich jedoch das Pascal als Einheit nicht besonders gut, da es einerseits gegenüber den in der Technik vorkommenden Drücken sehr klein ist und andererseits der Atmosphärendruck etwa 10^5 Pa entspricht, und nicht einer Zehnerpotenz mit durch drei teilbarem Exponenten, so daß die dezimalen Vorsätze verwendet werden könnten. Aus diesen Gründen wird als weitere Einheit für Druck das bar verwendet, das als kohärente Einheit im SI-System zugelassen ist: $1\,\text{bar} = 10^5\,\text{Pa} = 10^5\,\text{Nm}^{-2}$.

Ein bar entspricht ziemlich genau dem normalen Atmosphärendruck auf Meereshöhe und ist nur etwa 2% größer als die früher verwendete technische Atmosphäre ($1\,\text{at} = 1\,\text{kp\,cm}^{-2}$). Die Einheit bar kann ihrerseits mit den dezimalen Vorsätzen verwendet werden (z. B. µbar in der Akustik, mbar in der Meteorologie, kbar in der Technik).

Druckaufnehmer sind eine besondere Bauform von Kraftaufnehmern. Sie besitzen fast immer eine Membrane, welche idealerweise eine konstante wirksame Fläche hat. Die von einem flüssigen oder gasförmigen Medium auf diese Membrane ausgeübte Kraft ist somit proportional dem Druck.

Man unterscheidet grundsätzlich zwei Arten von Druckaufnehmern: Absolutdruck- und Differenzdruck-Aufnehmer (Bild 10.1). Absolutdruck p_{abs} bezieht sich immer auf Druck Null, d.h. als Referenzdruck p_{ref} wird Vakuum benützt. Beim Differenzdruck-Aufnehmer wird der Druck nicht bezüglich Vakuum, sondern bezüglich eines Referenzdruckes p_{ref} gemessen, der seinerseits nicht konstant zu

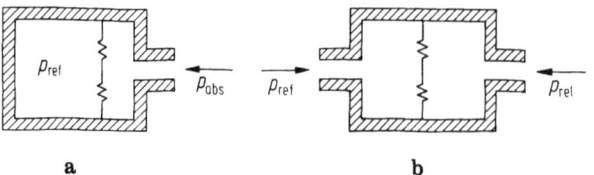

Bild 10.1. Absolutdruck- und Relativdruck-Aufnehmer.
a Absolutdruck-Aufnehmer
b Relativdruck-Aufnehmer

sein braucht. Wird als Referenzdruck der gerade herrschende Umgebungsdruck gewählt, spricht man von einem Relativdruck-Aufnehmer. In allen anderen Fällen, wo die Druckdifferenz zwischen zwei beliebigen Drücken gemessen werden soll, verwendet man Differenzdruck-Aufnehmer.

Absolutdruck-Aufnehmer können zum Beispiel zum Messen des Barometerstandes verwendet werden. Relativdruck-Aufnehmer dienen unter anderem zu Füllstandsmessungen in Behältern, während Differenzdruck-Aufnehmer zum Messen des Druckabfalles bei Blenden, Düsen usw. (Durchflußmessung) eingesetzt werden können.

Bei allen diesen Anwendungsbeispielen wird jedoch vorausgesetzt, daß der verwendete Aufnehmer statisch messen kann. Mit piezoelektrischen Aufnehmern können jedoch keine statischen Drücke gemessen werden. Entweder wird vor der Messung durch Kurzschließen des Aufnehmers bzw. Rückstellen des Ladungsverstärkers der gerade wirkende Druck als Nullpunkt für die folgende, quasistatische Messung festgelegt, oder aber es werden nur die dynamischen, relativen Druckschwankungen gemessen (s. Abschnitt 12.1.4 und [M4]). Deshalb kann bei piezoelektrischen Druckaufnehmern nicht zwischen Absolutdruck- und Relativdruck-Aufnehmern unterschieden werden. Daher spricht man nur von Druckaufnehmern und bezeichnet einzig als Differenzdruck-Aufnehmer solche Bauformen, die zwei Druckanschlüsse besitzen, d. h. für dynamische und quasistatische Differenzdruckmessungen geeignet sind.

Druckaufnehmer werden oft entsprechend ihrem Bereich als Niederdruck-Aufnehmer (bis einige bar), als Druckaufnehmer für allgemeine Anwendungen (bis einige hundert bar) oder als Hochdruck-Aufnehmer (über 1 kbar) bezeichnet. Niederdruck-Aufnehmer, welche im μbar-Gebiet arbeiten, werden auch piezoelektrische Mikrofone genannt.

Druckaufnehmer, welche für Betrieb bei hohen Temperaturen (über 250 °C) ausgelegt sind, werden als Hochtemperatur-Druckaufnehmer bezeichnet.

10.2 Aufbau piezoelektrischer Druckaufnehmer

Die Bilder 8.7 und 10.2 zeigen den typischen Aufbau eines Aufnehmers. Das piezoelektrische Aufnehmerelement, hier bestehend aus stabförmigen Elementen für den Transversaleffekt (4), ist durch eine Vorspannhülse (2) vorgespannt. Die Frontpartie der Spannhülse ist als Druckübertragungstück ausgebildet. Zwischen diesem und dem Aufnehmerelement ist ein Zwischenstück (3) angeordnet, das zur Homogenisierung der Spannungsverteilung auf der Stirnfläche der piezoelektrischen Elemente (4) sowie auch zur Temperaturkompensation dient. Ein entsprechendes Zwischenstück befindet sich auch auf der anderen Seite der Elemente. Die Membrane (1) ist bündig und dicht mit dem Aufnehmergehäuse (6) verschweißt und stützt sich unter leichter Vorspannung auf die Front der Spannhülse (2). Das Aufnehmergehäuse hat eine Dichtschulter (8), bei gewissen Ausführungen auch ein Montagegewinde (s. z. B. Bild 10.7). Rückseitig befindet sich der elektrische Anschluß (7). Da bei den piezoelektrischen Elementen für den Transversaleffekt die Polarisationsladungen an unbelasteten Seitenflächen erscheinen, sind diese (hier die planen Seitenflächen) mit aufgedampften Elektroden versehen, welche die

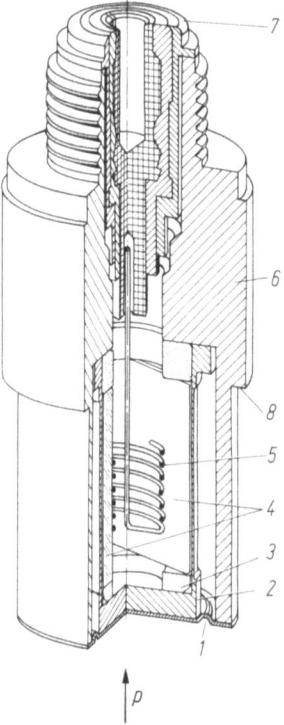

Bild 10.2. Aufbau eines Druckaufnehmers (Werkbild Kistler)

Ladungen über der ganzen Fläche sammeln und durch die spiralförmige Feder (5) kontaktiert sind. Die zylindrischen Gegenflächen brauchen nicht mit aufgedampften Elektroden versehen zu werden, da hier die Ladung kapazitiv durch die an Masse liegende Spannhülse aufgenommen wird.

Der vom Meßmedium auf die Membrane (1) ausgeübte Druck p wird entsprechend der wirksamen Fläche der Membrane als zum Druck proportionale Kraft auf das Aufnehmerelement übertragen.

Der kritische Teil eines Druckaufnehmers ist die Membrane. Sie bestimmt auch meistens die Lebensdauer des Aufnehmers, da sie trotz der sehr kleinen Deformationen infolge ihrer geringen Dicke mechanisch stark beansprucht wird. Die Membrane soll einerseits das Meßmedium am Eindringen in den Aufnehmer hindern (damit auf die meist sehr dünne Vorspannhülse kein radialer Druck wirkt) und einen genügenden Korrosionsschutz bieten, andererseits möglichst weich und ideal elastisch sein, um keine Krümmung der Kalibrierkurve des Aufnehmers zu verursachen. Ferner soll sie die raschen Temperaturänderungen des Mediums nicht nur möglichst ohne Veränderung ihrer elastischen Eigenschaften aushalten, sondern auch darauf thermisch ausgleichend wirken, so daß diese Temperaturänderungen das Aufnehmerelement möglichst geschwächt erreichen. Diese widersprüchlichen Anforderungen haben zu einer großen Zahl verschiedenster Membrankonstruktionen geführt.

Ferner werden bei gewissen Anwendungen besondere Ansprüche an die Korrosionsbeständigkeit und den Temperaturbereich gestellt. Bei höheren Drücken (über 1 kbar) erreicht man rasch den Bereich der Streckgrenzen vieler sonst für Membranen und auch Aufnehmerkörper in Frage kommenden Materialien. Diese Grenze wird auch an der Dichtstelle des Aufnehmers rasch erreicht. Da Aufnehmer fast ausnahmslos von außen in das Meßobjekt eingebaut werden, muß die Dichtfläche bei der Montage spezifisch höher vorgespannt werden, um auch beim höchsten Druck des Mediums noch eine einwandfreie Dichtung zu gewährleisten.

10.3 Niederdruck-Aufnehmer

Niederdruck-Aufnehmer benötigen eine hohe Empfindlichkeit. Diese wird einerseits durch Verwenden von Quarzelementen, welche nach dem Transversaleffekt geschnitten sind, oder Elementen aus piezoelektrischen Keramiken, und andererseits durch eine Membrane mit einer großen wirksamen Fläche erreicht.

Bild 10.3 zeigt einen Niederdruck-Aufnehmer mit einem Bereich von 0 bis 10 bar_{abs} und einer Ansprechschwelle von etwa 10 µbar. Da die Membrane einen großen Durchmesser hat (ca. 30 mm), liegt die Eigenfrequenz nur bei etwa 13 kHz. Während dies für Niederdruckmessungen in der Technik meist ausreicht, benötigt man bei piezoelektrischen Mikrofonen eine noch tiefere Ansprechschwelle sowie einen möglichst weiten Frequenzbereich. Das im Bild 10.4 gezeigte Mikrofon besitzt ein Aufnehmerelement in der Form eines Biegebalkens, der aus zwei Schichten von Blei-Zirkon-Titanat besteht, die nach dem Transversaleffekt arbeiten. Beim Durchbiegen wird das eine Element gestreckt und das andere gestaucht. Da beide Elemente parallelgeschaltet sind, erhält man eine hohe Empfindlichkeit. Die Ansprechschwelle liegt wesentlich unter 1 µbar und der Frequenzgang geht innerhalb $\pm 3\,dB$ von 3 Hz bis 10 kHz.

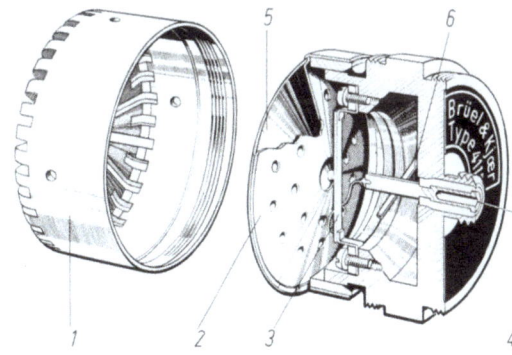

Bild 10.3   Bild 10.4

Bild 10.3. Niederdruck-Aufnehmer mit dem in Bild 9.10 gezeigten, hochempfindlichen Kraftaufnehmer als Aufnehmerelement (Werkbild Kistler)

Bild 10.4. Piezoelektrisches Mikrofon (Werkbild Brüel & Kjaer). *1* Schutzgitter, *2* Dämpfungsplatte, *3* Biegebalken aus piezoelektrischer Keramik, *4* Stecker, *5* Membrane, *6* Kapillarrohr für den Ausgleich langsamer Änderungen des Umgebungsdruckes

10.4 Druckaufnehmer für allgemeine Anwendungen

Solche Aufnehmer mit Bereichen bis einige hundert bar werden in einer großen Zahl verschiedenster Bauformen angeboten. Den meisten gemeinsam ist eine mit dem Aufnehmerkörper bündig verschweißte Membrane. Dadurch kann der Aufnehmer bündig zur Innenwand des zu untersuchenden Druckgefäßes eingebaut und die hohe Eigenfrequenz dieser Aufnehmer (bis über 500 kHz) ausgenützt werden.

Im wesentlichen bestehen zwei Bauformen: Aufnehmer mit Montagegewinde zum direkten Einschrauben in das Meßobjekt (z. B. Bild 10.7) und Aufnehmer ohne Montagegewinde, so daß für den Einbau Nippel und Adapter verwendet werden müssen (z. B. Bild 10.6). Beide Systeme haben Vor- und Nachteile. Für Aufnehmer mit Montagegewinde muß im Meßobjekt eine Bohrung mit Gewinde auf enge Toleranzen angefertigt werden, da sonst das Aufnehmergehäuse beim Anziehen verspannt und dadurch gewisse Aufnehmereigenschaften (z. B. Empfindlichkeit) verändert werden können. Aufnehmer ohne eigenes Montagegewinde können entweder mit Montagenippeln in entsprechende Bohrungen eingesetzt oder aber zuerst in Adapter eingebaut und dann als Ganzes in das Meßobjekt eingeschraubt werden. Bei Montagenippeln muß die Bohrung im Meßobjekt auch mit engen Toleranzen ausgeführt werden, da die Dichtpartie davon abhängig ist. Mit Adaptern hingegen sind die Anforderungen an die Montagebohrung im Meßobjekt geringer, da die engen Toleranzen für den Aufnehmer bereits innerhalb des Adapters berücksichtigt werden. Bei Aufnehmern ohne Montagegewinde kann mit wenigen Grundtypen und entsprechenden Adaptern (Bild 10.5) eine Vielzahl von Einbaubedingungen erfüllt werden. Dafür benötigt man wegen des Adapters oft etwas mehr Platz.

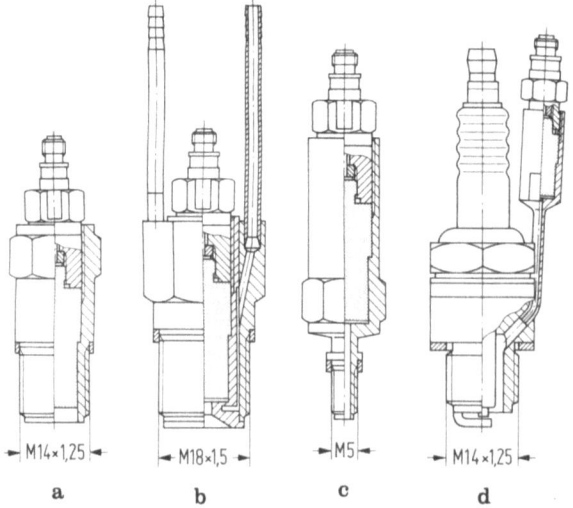

Bild 10.5. Adapter für den Einbau von Druckaufnehmern (Werkbild Kistler).
a Standardadapter für z. B. die in Bild 10.6 gezeigten Aufnehmer. **b** Wassergekühlter Adapter. **c** Sogenannter Nadeladapter. **d** Zündkerzenadapter

10.5 Hochdruck-Aufnehmer

Bild 10.6 zeigt Druckaufnehmer für allgemeine Anwendungen in Standard- und Miniaturausführung. Die Bereiche gehen von 0...100 bar bis 0...1 kbar, die Eigenfrequenzen liegen zwischen 50 und 200 kHz. Die Ansprechschwelle solcher Aufnehmer liegt in der Größenordnung von mbar. Für Druckmessungen bei hohen Temperaturen (über 250 °C) werden entweder normale Druckaufnehmer mit Wasserkühlung (direkt oder über Kühladapter) oder aber solche mit Aufnehmerelementen, die einen erweiterten Betriebstemperaturbereich haben, eingesetzt. Letztere sind im Abschnitt 10.7 beschrieben.

Es läßt sich keine generelle Regel über die höchste Arbeitstemperatur, die mit Wasserkühlung erreicht werden kann, aufstellen. Einerseits hängt die Kühlwirkung von der Durchflußmenge des Kühlwassers ab, anderseits spielen die Temperaturverhältnisse am Einbauort eine große Rolle. Eine Wasserkühlung bringt auch Nachteile. Durch die Wasserströmung können störende Schwingungen erzeugt werden, bei einem Unterbruch in der Kühlung kann der Aufnehmer zerstört werden, und das auftretende Schwitzwasser kann in die Stecker eindringen und den Isolationswiderstand herabsetzen.

10.5 Hochdruck-Aufnehmer

Als Hochdruck-Aufnehmer bezeichnet man solche mit Bereichen über 1 kbar. Die Anwendungsgebiete liegen vor allem in der Ballistik und Hochdruckhydraulik. Im wesentlichen sind Hochdruck-Aufnehmer wie Normaldruck-Aufnehmer aufgebaut.

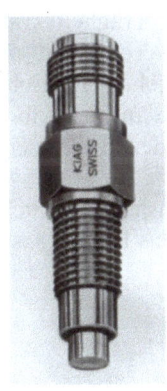

Bild 10.6   Bild 10.7   Bild 10.8

Bild 10.6. Druckaufnehmer für allgemeine Anwendungen ohne Montagegewinde (Werkbild Kistler). **a** Standardausführung mit Membrandurchmesser 9,5 mm. **b** Miniaturausführung mit Membrandurchmesser 5,5 mm

Bild 10.7. Hochdruck-Aufnehmer mit einem Meßbereich von 0...2,5 kbar für das Messen des Druckes in Einspritzpumpen (Werkbild Kistler)

Bild 10.8. Beschleunigungskompensierter Druckaufnehmer nach Bild 10.9, mit einer Eigenfrequenz von etwa 500 kHz. Membrandurchmesser: 5,5 mm, Masse: 1,7 g (Werkbild Kistler)

Besondere Probleme entstehen dadurch, daß infolge der hohen Drücke die mechanischen Spannungen im Aufnehmergehäuse und Aufnehmerelement auch entsprechend hoch werden. Deshalb liegt die obere Grenze der bis jetzt möglichen Meßbereiche bei etwa 10 kbar. Da die Gehäusematerialien bis an die Streckgrenze beansprucht werden, macht sich z. B. die nicht mehr zu vernachlässigende Abhängigkeit des Elastizitätsmoduls von der mechanischen Spannung darin bemerkbar, daß nicht dieselbe hohe Linearität wie bei Normaldruck-Aufnehmern erreicht wird. Da die Aufnehmer mit einem genügend großen Drehmoment eingebaut werden müssen, um auch bei den hohen Drücken eine einwandfreie Dichtung zu erreichen, sind die Dichtpartien besonders kritisch. Gleichzeitig muß verhindert werden, daß durch diese hohen, konzentrierten Spannungen Gehäusedeformationen entstehen, die auf das Aufnehmerelement und dessen Vorspannung übertragen werden und dadurch Änderungen der Aufnehmereigenschaften verursachen.

Bild 10.7 zeigt einen Hochdruck-Aufnehmer, der vor allem für das dauernde Überwachen des Einspritzdruckes bei Dieselmotoren geeignet ist und deshalb eine besonders hohe Wechselfestigkeit aufweist. Ähnlich gebaute Hochdruck-Aufnehmer werden auch für innenballistische Druckmessungen verwendet (Druckverlauf hinter dem Geschoß).

10.6 Druckaufnehmer mit Beschleunigungskompensation

Eine beschleunigte Bewegung eines Druckaufnehmers kann ein Ausgangssignal verursachen, das einen Druck vortäuscht. Dies rührt daher, daß die einzelnen Bestandteile des Druckaufnehmers als seismische Massen wirken. Durch ihre beschleunigte Bewegung entstehen Trägheitskräfte, die auf das piezoelektrische Element wirken. Das dadurch verursachte, unerwünschte Ausgangssignal bezeichnet man als Beschleunigungsfehler. Typische Werte liegen bei einigen mbar/g.

Da dieser Effekt bei Messungen an stark vibrierenden Meßobjekten störend in Erscheinung treten kann, wurden besondere, beschleunigungskompensierte Druckaufnehmer entwickelt.

Einen beschleunigungskompensierten Druckaufnehmer mit X-Quarzplatten für den Longitudinaleffekt zeigt das Bild 10.8, seinen Aufbau das Bild 10.9.

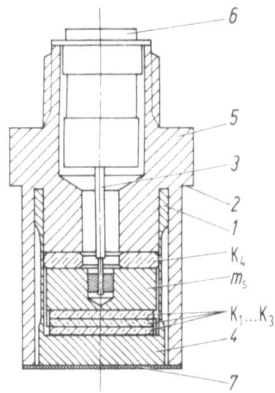

Bild 10.9. Beschleunigungskompensierter Druckaufnehmer (Werkbild Kistler). *1* Spannhülse, *2* Dichtfläche, *3* Verbindung von den Elektroden E_2, E_4 und E_6 zum Stecker (s. Bild 10.10), *4* Druckübertragungsstück, *5* Gehäuse, *6* Stecker, $K_1 \ldots K_4$ X-Quarzplatten, *7* Membrane, m_s seismische Masse

10.6 Druckaufnehmer mit Beschleunigungskompensation

Zur Beschleunigungskompensation dienen zwei piezoelektrische Elemente mit unterschiedlichen resultierenden piezoelektrischen Empfindlichkeiten. Im Bild 10.10 besteht das erste Element aus drei Quarzplatten K_1, K_2, K_3, das zweite Element aus einer Quarzplatte K_4.

Allgemein werden die für Trägheitskräfte verantwortlichen Massen der Aufnehmerteile und die Empfindlichkeiten der beiden piezoelektrischen Elemente so gewählt, daß die Trägheitskräfte in beiden Elementen das gleiche piezoelektrische Signal erzeugen. Da die beiden Elemente gegeneinander gepolt sind, heben sich die beschleunigungsbedingten Signale auf. Der gemessene Druck erzeugt dagegen in beiden piezoelektrischen Elementen ungleiche Signale, deren Differenz das dem Druck proportionale Ausgangssignal ist.

Um die Bestimmung der Bedingungen für die Beschleunigungskompensation zu erläutern, nehmen wir zuerst einfachheitshalber an, daß zur Beschleunigungsempfindlichkeit nur die Massen der Membrane m_M und des Druckübertragungsstückes m_D, sowie die eigentliche Masse für die Beschleunigungskompensation m_S beitragen. Weiter beschränken wir uns nur auf die Beschleunigungskompensation für eine beschleunigte Bewegung in der axialen Richtung. Von der Wirkung der elastischen Nebenschlüsse wollen wir absehen. Die piezoelektrische Empfindlichkeit der Platten K_1, K_2, und K_3 sei durch den piezoelektrischen Koeffizienten d_{11} bestimmt, diejenige der Platte K_4 durch den piezoelektrischen Koeffizienten d_{11}^*.

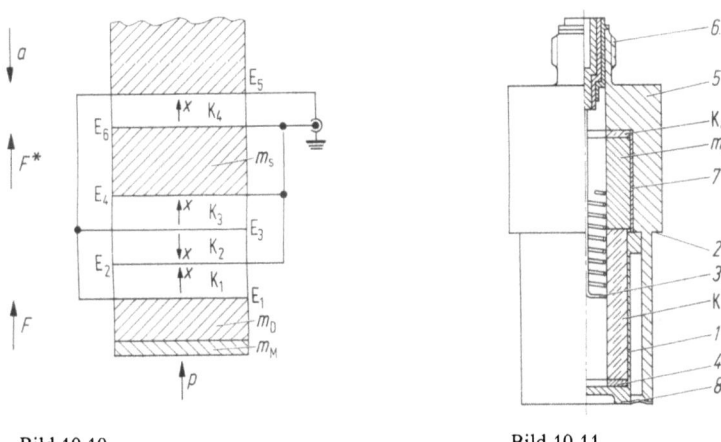

Bild 10.10   Bild 10.11

Bild 10.10. Schematisierter Aufbau des Aufnehmers nach Bild 10.9. $E_1 \ldots E_6$ Elektroden, F Trägheitskraft auf $K_1 \ldots K_3$ infolge einer Beschleunigung a, F^* Trägheitskraft auf K_4 infolge einer Beschleunigung a, $K_1 \ldots K_4$ X-Quarzplatten (die Pfeile geben die Richtung der positiven kristallographischen x-Achsen an), a auf den Aufnehmer wirkende Beschleunigung, m_D Masse des Druckübertragungsstückes, m_M Masse der Membrane, m_s Masse für die Beschleunigungskompensation (seismische Masse), p auf den Aufnehmer wirkender Druck

Bild 10.11. Beschleunigungskompensierter Druckaufnehmer mit Quarzelementen für den Transversaleffekt (Werkbild Kistler). *1* Spannhülse, *2* Dichtfläche, *3* Kontaktfeder zur Verbindung der aufgedampften Elektroden der Quarzelemente für den Transversaleffekt mit der für die X-Quarzplatte als Elektrode wirkenden Masse m_s und mit dem Stecker *6*, *4* Druckübertragungsstück, *5* Gehäuse, *6* Stecker, *7* Isolation, K Quarzelemente für den Transversaleffekt, K_4 Quarzelement für den Longitudinaleffekt, *8* Membrane

Die Orientierung der Platten ist aus dem Bild 10.10 ersichtlich. Die Elektroden E_1, E_3 und E_5 liegen auf der Masse, die Elektroden E_2, E_4 und E_6 sind miteinander verbunden und dienen als Abnahmeelektroden. Bei einer Beschleunigung a wirkt auf das Paket der piezoelektrischen Platten K_1, K_2, K_3 die Trägheitskraft

$$F = (m_M + m_D) a \qquad (10.1)$$

und auf die Kompensationsplatte K_4 die Kraft

$$F^* = (m_M + m_D + m_S) a. \qquad (10.2)$$

Dadurch entsteht an den Elektroden E_2 und E_4 die resultierende piezoelektrische Polarisationsladung

$$Q = 3 d_{11} (m_M + m_D) a \qquad (10.3)$$

und an der Elektrode E_5 die piezoelektrische Polarisationsladung

$$Q^* = - d_{11}^* (m_M + m_D + m_S) a. \qquad (10.4)$$

Für die Beschleunigungskompensation müssen sich die beiden Ladungen aufheben, d.h.

$$Q + Q^* = 3 d_{11} (m_M + m_D) a - d_{11}^* (m_M + m_D + m_S) a = 0. \qquad (10.5)$$

Wenn die Empfindlichkeiten aller piezoelektrischen Elemente gleich sind, also $d_{11}^* = d_{11}$, so folgt

$$3 (m_M + m_D) = m_M + m_D + m_S \qquad (10.6)$$

und

$$m_S = 2 (m_M + m_D). \qquad (10.7)$$

Bei der Druckmessung unterliegen alle Platten der Wirkung derselben Kraft F_D, und die resultierende Polarisationsladung ist

$$Q_D = (3 d_{11} - d_{11}^*) F_D = 2 d_{11} F_D. \qquad (10.8)$$

Die effektive piezoelektrische Druckempfindlichkeit entspricht also einer Anordnung von zwei piezoelektrischen Platten.

Durch eine geeignete Wahl des piezoelektrischen Materials oder des Kristallschnittes kann man auch erreichen, daß $d_{11}^* < d_{11}$ ist. (10.7) lautet dann

$$m_S = \frac{3 d_{11} - d_{11}^*}{d_{11}^*} (m_M + m_D). \qquad (10.9)$$

Im Bild 10.11 ist noch ein beschleunigungskompensierter Druckaufnehmer mit piezoelektrischen Elementen für den Transversaleffekt dargestellt. Die Querschnittsfläche der Elemente ist A_S, die Fläche der Abnahmeelektroden A_E und der wirksame piezoelektrische Koeffizient d_{12}. Zur Beschleunigungskompensation dient eine piezoelektrische Platte für den Longitudinaleffekt, deren Empfindlichkeit der piezoelektrische Koeffizient d_{11} bestimmt. Für m_S bekommt man

$$m_S = \frac{\dfrac{d_{12} A_E}{A_S} - d_{11}}{d_{11}} (m_M + m_D). \qquad (10.10)$$

Wenn wir die Beschleunigungskompensation noch weiter verbessern wollen, müssen wir auch den Beitrag von anderen Bestandteilen des Druckaufnehmers, also auch von piezoelektrischen Platten und Elektroden, zu den Trägheitskräften berücksichtigen.

Die beschriebene Methode zur Beschleunigungskompensation wird auch als elektrische Massenkraftausschaltung bezeichnet (s. [G8, S. 101]). Man hat auch versucht, zu demselben Ergebnis auf einem mechanischen Weg mit federnd aufgehängten piezoelektrischen Elementen zu gelangen (s. [G8, S. 104]), diese Methode hat sich jedoch in der Praxis nicht bewährt.

10.7 Druckaufnehmer für hohe Temperaturen

Piezoelektrische Druckaufnehmer haben normalerweise eine obere Betriebstemperaturgrenze von etwa 200 bis 250 °C. Falls eine Wasserkühlung nicht ausreicht, die Betriebstemperatur unter dieser Temperatur zu halten oder falls eine Wasserkühlung unerwünscht ist, werden besonders gebaute Aufnehmer notwendig. Als Isolationsmaterial kann PTFE über 250 °C nicht mehr benutzt werden, da sein Isolationswert stark abnimmt, es weich wird und sich zersetzt.

Für Temperaturen über 250 °C kommen praktisch nur keramische Isolatoren sowie Kapton in Frage. Ebenso sind piezoelektrische Aufnehmerelemente nicht ohne weiteres bei höheren Temperaturen brauchbar. Piezoelektrische Keramiken zeigen einen starken Abfall des Isolationswiderstandes, während Quarz diesbezüglich günstiger ist. Da piezoelektrische Keramiken wie auch Turmalin einen starken Pyroeffekt zeigen, können sie bei höheren Temperaturen nur bedingt verwendet werden, d.h. praktisch nur für dynamische Messungen mit einer unteren Grenzfrequenz von über etwa 10 Hz. Bei üblichen Elementen aus Quarz (X- bzw. Y-Schnitt) nimmt die Empfindlichkeit oberhalb 250 °C mit steigender Temperatur rasch ab (s. Bild 6.4). Dazu kommt, daß diese Quarzschnitte bei höheren Temperaturen und insbesondere bei gleichzeitig hoher mechanischer Belastung zur Bildung von Zwillingen neigen (s. Abschnitt 6.2.4).

Aus diesen Gründen wurde nach speziellen Quarzschnitten gesucht, die eine geringere Abnahme der Empfindlichkeit mit steigender Temperatur (s. Abschnitt 6.2.6) und gleichzeitig eine größere Widerstandsfähigkeit gegenüber Verzwillingung (s. Abschnitt 6.2.5) aufweisen. Der in Abschnitt 6.2.6 beschriebene XYa 155°-Schnitt erfüllt die vorgenannten Bedingungen und ein ähnlicher Schnitt wird bei dem im Bild 10.12 gezeigten Druckaufnehmer verwendet. Diese können bis zu 350 °C dauernd betrieben werden [M6].

Aufnehmer, die hohen Flammentemperaturen ausgesetzt sind (z.B. in Verbrennungsmotoren, Explosionskammern usw.), können zusätzlich mit einer Doppelmembrane aus Keramik ausgerüstet sein, welche als Hitzeschild und thermischer Puffer wirkt. Auf diese Weise können intermittierende Flammentemperaturen bis über 2500 °C zugelassen werden.

Bei solchen Aufnehmern ist der Temperatur-Fehler und der Temperaturgradient-Fehler von besonderer Bedeutung. Durch geschickte Kombination von Materialien verschiedener Eigenschaften sowie geeignete Formgebung können diese Effekte gering gehalten werden.

Bild 10.12. Hochtemperatur-Druckaufnehmer für Dauerbetrieb bei 350 °C in Verbrennungsmotoren. Die mit Keramik bewehrte Doppelmembrane erträgt intermittierende Flammtemperaturen bis zu 2500 °C (Werkbild Kistler)

10.8 Druckaufnehmer für plastische Massen

Für das Messen des Druckes in der Form einer Kunststoff-Spritzgießmaschine wurde eine spezielle Bauform von Druckaufnehmern entwickelt. Da normale Druckaufnehmer wegen ihrer dünnen Membrane mit plastischen Kunststoffmassen eine ungenügende Lebensdauer zeigen (beim Ablösen des fertig gespritzten Kunststoffteils werden Zugspannungen ausgeübt, die die Membrane überbeanspruchen können) und nach dem Einbau in die Spritzgießform frontseitig nicht nachgearbeitet werden können, um Abdrücke auf der Oberfläche des Kunststoffteils zu vermeiden, werden hier Druckaufnehmer ohne Membrane verwendet.

Das Bild 10.13 zeigt den Aufbau. Der messende Teil ist ein zylindrischer Stahlstempel, der konzentrisch im hohlzylinderförmigen Aufnehmerkörper mit einem Ringspalt von wenigen µm eingebaut ist. Der Stahlstempel überträgt die auf seine Stirnfläche ausgeübte Kraft auf das auf der Gegenseite unter Vorspannung angeordnete Aufnehmerelement.

Da die Kunststoffmasse beim Spritzgießen eine relativ hohe Viskosität aufweist, kann sie nicht in den Ringspalt eindringen, sondern bildet vielmehr eine Art temporärer Membrane. Weil sowohl der Stahlstempel wie auch der Aufnehmerkörper auf der Frontseite massiv sind, können diese ohne weiteres etwas nachgearbeitet werden, um z.B. an eine Krümmung der Forminnenfläche angepaßt zu werden.

Der massive Stahlstempel bringt auch bezüglich Temperaturgradient-Fehler Vorteile, da sich der Stempel, im Gegensatz zu einer Stahlmembrane, bei raschen Temperaturänderungen nicht verwirft und daher keine Veränderung der Vorspannung des Aufnehmerelementes verursacht.

Die Bereiche dieser Aufnehmer gehen bis zu 2 kbar, und für die Kunststoffmasse sind Temperaturen bis 350 °C zulässig. Damit beim maximalen Druck und diesen Temperaturen die Aufnehmereigenschaften stabil bleiben, wird als Aufnehmerelement ein gegen die Zwillingsbildung widerstandsfähiger Quarzschnitt verwendet (s. Abschnitt 6.2.5).

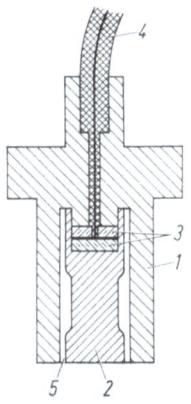 

Bild 10.13   Bild 10.14

Bild 10.13. Druckaufnehmer für plastische Massen (nach Kistler). *1* Körper, *2* zylindrischer Stahlstempel, *3* Aufnehmerelement, *4* Kabel, *5* zylindrischer Spalt von wenigen μm Breite

Bild 10.14. Kolbengewichtsmanometer für das Kalibrieren von Druckaufnehmern bis zu 8 kbar (Werkbild Kistler)

Diese membranlosen Druckaufnehmer dürfen nicht in gasförmigen und flüssigen Meßmedien niedriger Viskosität eingesetzt werden, da diese in den Ringspalt eindringen und durch den seitlichen Druck die Vorspannhülse des Aufnehmerelementes eindrücken würden. Zum Kalibrieren kann entweder auf den Stahlstempel eine Kraft ausgeübt werden, worauf dann über die bekannte Querschnittsfläche des Stempels die Druckempfindlichkeit bestimmt werden kann, oder man bildet mit einem Stück Selbstklebeband eine temporäre Membrane über die Aufnehmerfront, so daß der Aufnehmer mit Öldruck kalibriert werden kann.

10.9 Grundlagen der Kalibrierung von Druckaufnehmern

Druckaufnehmer werden kalibriert, indem sie genau bekannten Drücken ausgesetzt und die entsprechenden Ausgangssignale aufgezeichnet werden.

Die genauesten Drücke lassen sich mit sogenannten Kolbengewichts-Manometern erzeugen (Bild 10.14). Ein eingeschliffener Stahlkolben kann durch Auflegen genau bekannter Gewichte belastet werden. Das von unten auf den Kolben wirkende Öl kann entweder durch einen von Hand betätigten Druckkolben oder durch eine Pumpe unter Druck gesetzt werden. Der Druck wird solange gesteigert, bis sich der mit den Gewichten belastete Kolben zu heben beginnt. Gleichzeitig wird er durch einen Motor langsam um seine Achse rotiert, um Reibungseffekte zwischen dem Kolben und dem Zylinder auszuschalten.

Befindet sich nun der Kolben im Schwebezustand, so beträgt der Druck im Öl $p = F/A$, wobei $F = mg$ und m die gesamte Masse des Kolbens und der aufgelegten Gewichte bedeutet. A bezeichnet die Querschnittsfläche des Kolbens. Da sowohl A, m und g sehr genau bestimmt werden können, lassen sich mit einer solchen Einrichtung Drücke mit weniger als 0,05 % Fehler erzeugen.

Der zu kalibrierende Aufnehmer (es können auch mehrere Aufnehmer gleichzeitig kalibriert werden) wird in die Ölkammer des Gerätes eingebaut und kann nacheinander durch Auflegen verschiedener Gewichte mit den entsprechenden Drücken kalibriert werden. Obwohl diese Methode sehr genau ist, hat sie verschiedene Nachteile. Der Druck kann nur in diskreten Schritten, also nicht stetig verändert werden. Während der Druck leicht von einem kleinen Wert stufenweise auf einen großen Wert erhöht werden kann, ist es wesentlich schwieriger, ihn umgekehrt wieder stufenweise zu reduzieren, ohne daß dabei der Druck nach dem Abheben eines Gewichtes kurz wieder ansteigt. Nach dem Abheben eines Gewichtes muß nämlich der Druck über ein Ablaßventil langsam so reduziert werden, bis der Kolben von seinem oberen Anschlag in die schwebende Stellung kommt, ohne zuerst auf den unteren Anschlag abzusinken. Geschieht dies trotzdem, muß der Druck wieder leicht erhöht werden, um den Schwebezustand zu erreichen. Die exakte Bestimmung der Hysterese eines Druckaufnehmers verlangt jedoch ein ungebrochenes Steigen des Druckes vom unteren auf das obere Bereichsende und umgekehrt ein ungebrochenes Sinken des Druckes auf den Ausgangswert zurück.

Für routinemäßige Kalibrierungen verwendet man deshalb oft sogenannte Referenz-Druckaufnehmer, d. h. Druckaufnehmer, die besonders gute Daten aufweisen und mit dem entsprechenden Aufwand mittels Kolbengewichts-Manometern periodisch gründlich ausgemessen und kontrolliert werden.

Der oder die zu kalibrierenden Aufnehmer werden zusammen mit dem Referenzaufnehmer in die gleiche Druckkammer eingebaut, und der Druck kann dann stetig über den Bereich erhöht und wieder abgesenkt werden, so daß man eine vollständige Kalibrierkurve erhält. Die Fehler einer solchen Kalibrierung können innerhalb weniger Promille gehalten werden, vorausgesetzt, daß die verwendeten Verstärker und Aufzeichnungsgeräte entsprechend elektrisch kalibriert wurden.

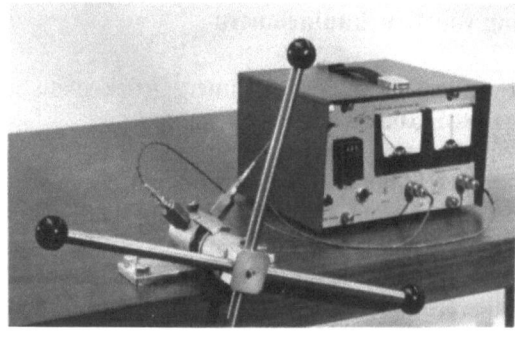

Bild 10.15. Tragbares Hochdruck-Kalibriergerät (Werkbild Kistler)

Bild 10.15 zeigt einen tragbaren Hochdruckgenerator bis zu 5 kbar und ein Kalibriergerät, das direkt die Abweichung des zu prüfenden Aufnehmers vom Referenz-Druckaufnehmer anzeigt.

11 Beschleunigungsaufnehmer

11.1 Allgemeines

Unter Beschleunigung versteht man die Änderung der Geschwindigkeit pro Zeiteinheit. Die SI-Einheit für Beschleunigung ist ms^{-2}. Aus praktischen Gründen wird sehr oft auch die Fallbeschleunigung als Einheit gewählt. Da die Fallbeschleunigung geringfügig von der geographischen Lage abhängt, wird allgemein der Normwert $g_n = 9{,}80665$ ms^{-2} benützt. Beschleunigung wird dann als Vielfaches von g_n oder kurz g ausgedrückt, wobei aber keine dezimalen Vorsätze verwendet werden dürfen (also nicht 5 kg, sondern 5000 g!).

Als Aufnehmerelemente werden für Beschleunigungsaufnehmer vor allem Quarz und piezoelektrische Keramiken verwendet. Für Vibrationsmessungen bei hohen Temperaturen (bis über 600 °C) werden auch Turmalin und Lithiumniobat benützt.

Je nach Anwendungszweck unterscheidet man hochempfindliche Beschleunigungsaufnehmer für geophysikalische und bautechnische Untersuchungen, Beschleunigungsaufnehmer für allgemeine Vibrationsmessungen sowie solche für Schockuntersuchungen.

11.2 Grundlegende Eigenschaften von Beschleunigungsaufnehmern

Die grundlegenden Eigenschaften von Beschleunigungsaufnehmern seien kurz an einem einfachen Modell untersucht. Wir wählen dazu eine Bauform mit zentraler Vorspannung, die Ergebnisse gelten jedoch sinngemäß auch für andere Bauformen. Der prinzipielle Aufbau eines solchen Beschleunigungsaufnehmers ist aus dem Bild 11.1 ersichtlich. Das Aufnehmerelement besteht aus zwei piezoelektrischen Platten für den Longitudinaleffekt (*1*), die gegeneinander orientiert sind. Diese werden durch einen Bolzen (*2*), der als Feder wirkt, zwischen der seismischen Masse (*3*) und der Grundplatte (*4*) vorgespannt. Die Elektrode (*5*) nimmt das Ausgangssignal auf und leitet es zum Stecker (*6*). Das Gehäuse (*7*) schützt vor äußeren Einwirkungen, insbesondere auf die seismische Masse, und trägt auch das Montagegewinde (*8*).

Wird die Grundplatte des Beschleunigungsaufnehmers beschleunigt, so übt die seismische Masse eine der Beschleunigung proportionale Kraft auf die piezoelektrischen Platten aus.

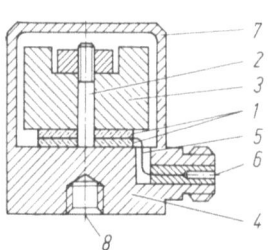
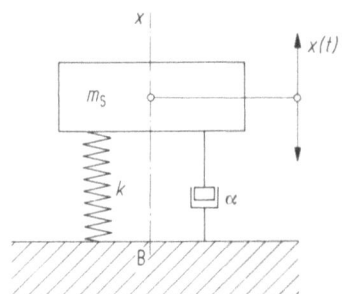

Bild 11.1. Aufbau eines einfachen Beschleunigungsaufnehmers

Bild 11.2. Modell eines Schwingsystems mit einem Freiheitsgrad

Im Grunde genommen handelt es sich dabei um ein Schwingsystem mit einem Freiheitsgrad. Sein sehr einfaches Modell ist im Bild 11.2 dargestellt. Es besteht aus der seismischen Masse m_S, einer Feder, die durch eine Federkonstante k (effektive Steifheit) gekennzeichnet ist, und einem Dämpfer mit einer Dämpfungskonstanten α. Durch die Feder ist die seismische Masse auf der Basis B befestigt. Es wird dabei angenommen, daß das gesamte System nur in einer einzigen Richtung, die wir als x-Richtung bezeichnen, schwingen kann. Das Koordinatensystem sei mit der Basis verbunden und sein Ursprung sei in der Ruhelage des Schwerpunktes der seismischen Masse gewählt. Besitzt das System lineare und zeitinvariante Eigenschaften und wirkt keine äußere Kraft, so gilt für die Bewegung der seismischen Masse folgende Bewegungsgleichung

$$m_S \frac{d^2 x}{dt^2} + \alpha \frac{dx}{dt} + kx = 0. \tag{11.1}$$

Wirkt eine äußere Kraft (Erregungskraft) $F(t)$ auf das System ein, so erweitern wir (11.1) noch um die rechte Seite:

$$m_S \frac{d^2 x}{dt^2} + \alpha \frac{dx}{dt} + kx = F(t). \tag{11.2}$$

Aus der Lösung dieser Gleichung ergibt sich die Elongation $x(t)$ des Schwerpunktes der seismischen Masse, welche durch die Erregung $F(t)$ hervorgerufen wird. Die Geschwindigkeit $v(t)$ oder Beschleunigung $a(t)$ der seismischen Masse können aus den Definitionsgleichungen

$$v = \frac{dx}{dt} \tag{11.3}$$

bzw.

$$a = \frac{d^2 x}{dt^2} \tag{11.4}$$

hergeleitet werden.

Die Zeitabhängigkeit der Kraft $F(t)$ kann grundsätzlich beliebig sein. Bei der Lösung von (11.2) hilft dabei das Superpositionsprinzip. Es besagt, daß die Wir-

11.2 Grundlegende Eigenschaften von Beschleunigungsaufnehmern

kung gleichzeitig überlagerter Vorgänge gleich der Summe der Wirkungen der einzelnen Vorgänge ist.

Wenn wir in (11.1) die Dämpfung vernachlässigen und $\alpha = 0$ setzen, so handelt es sich um eine harmonische Bewegung, und die allgemeine Lösung lautet

$$x = A \sin(\omega_0 t + \varphi), \tag{11.5}$$

wobei

$$\omega_0 = \sqrt{\frac{k}{m_S}} \tag{11.6}$$

die Eigenkreisfrequenz des Systems ist. Sie hängt mit der Periode T_0 und der Eigenfrequenz f_0 durch die bekannten Beziehungen

$$\omega_0 = 2\pi f_0 \tag{11.7}$$

und

$$\omega_0 = \frac{2\pi}{T_0} \tag{11.8}$$

zusammen.

Die zeitunabhängige Amplitude A und die Phasenverschiebung φ bestimmt man aus den Anfangsbedingungen.

Wenn wir die Dämpfung in (11.1) nicht vernachlässigen, so ist die Lösung von der Dämpfung abhängig. Dies ergibt sich aus der Diskussion der entsprechenden charakteristischen Gleichung.

Man definiert die kritische Dämpfung (kritische Dämpfungskonstante) als

$$\alpha_K = 2 m_S \sqrt{\frac{k}{m_S}} = 2 m_S \omega_0 \tag{11.9}$$

und bestimmt den dimensionslosen Dämpfungsgrad (die Dämpfungszahl) ϑ durch das Verhältnis der betrachteten Dämpfung zur kritischen Dämpfung

$$\vartheta = \frac{\alpha}{\alpha_K} = \frac{\alpha}{2 m_S \omega_0}. \tag{11.10}$$

Für den Fall einer kleinen Dämpfung ($\vartheta \ll 1$), der für Beschleunigungsaufnehmer wichtig ist, kann man die allgemeine Lösung von (11.1) in folgender Form schreiben

$$x = A e^{-\frac{\alpha t}{2 m_S}} \sin(\omega t + \varphi) = A e^{-\delta t} \sin(\omega t + \varphi). \tag{11.11}$$

Wenn ein solches Schwingsystem einmal aus seiner Gleichgewichtslage gebracht und dann sich selbst überlassen wird, führt es abklingende Schwingungen (Bild 11.3) mit der Eigenkreisfrequenz

$$\omega_d = \sqrt{\frac{k}{m_S}(1 - \vartheta^2)} = \omega_0 \sqrt{1 - \vartheta^2} \tag{11.12}$$

aus, die kleiner ist als die Eigenkreisfrequenz desselben ungedämpften Schwingsystems ($\omega < \omega_0$). In (11.11) bedeutet δ die Abklingkonstante

$$\delta = \frac{\alpha}{2 m_S}. \tag{11.13}$$

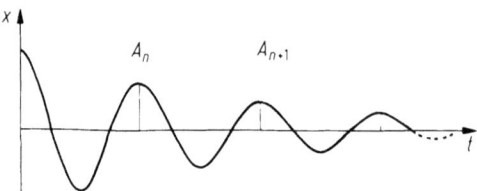
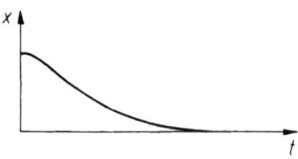

Bild 11.3. Gedämpfte Schwingung

Bild 11.4. Überkritisch gedämpfte Schwingung

Wie sich leicht zeigen läßt, ist das Verhältnis zweier aufeinanderfolgender gleichgerichteter Amplituden A_n und A_{n+1} einer gedämpften Schwingung konstant.

$$\frac{A_n}{A_{n+1}} = e^{\frac{\pi \alpha}{m_S \omega}} = \text{const.} \tag{11.14}$$

Den natürlichen Logarithmus dieses Quotienten nennt man logarithmisches Dekrement Δ

$$\Delta = \ln\left(\frac{A_n}{A_{n+1}}\right) = \frac{\pi \alpha}{m_S \omega} = \frac{2\pi \vartheta}{\sqrt{1-\vartheta^2}}. \tag{11.15}$$

Bei einer kritischen Dämpfung (für $\alpha = \alpha_K \Rightarrow \vartheta = 1$) lautet die allgemeine Lösung von (11.1)

$$x = (A + Bt)\, e^{-\frac{\alpha t}{2m_S}} \tag{11.16}$$

und bei einer noch stärkeren Dämpfung (für $\alpha > \alpha_K \Rightarrow \vartheta > 1$)

$$x = e^{-\frac{\alpha t}{2m_S}} [A\, e^{\omega t} + B\, e^{-\omega t}], \tag{11.17}$$

wobei

$$\omega = \sqrt{\frac{k}{m_S}(\vartheta^2 - 1)}. \tag{11.18}$$

Es entstehen keine Schwingungen und die seismische Masse kehrt aperiodisch in ihre Gleichgewichtslage zurück (Bild 11.4).

Die Lösung von (11.2) hängt von der Zeitabhängigkeit der Erregerkraft $F(t)$ ab. Wenn diese sinusförmig ist

$$F(t) = F_0 \sin \omega t, \tag{11.19}$$

so lautet die aus den Grundlagen der Schwingungslehre bekannte allgemeine Lösung im „eingeschwungenen" Zustand (nach dem Einschwingungsvorgang)

$$x = A \sin(\omega t - \varphi), \tag{11.20}$$

wobei die Amplitude A frequenzabhängig ist, d.h.

$$A = \frac{F_0}{\sqrt{(k - m_S \omega^2)^2 + (\alpha \omega)^2}}, \tag{11.21}$$

11.2 Grundlegende Eigenschaften von Beschleunigungsaufnehmern

und die Phase der Schwingung gegenüber der Phase der Erregung um den Wert φ nacheilt, für den gilt

$$\tan \varphi = \frac{\alpha \omega}{k - m_S \omega^2}. \tag{11.22}$$

Für $\omega = 0$ bekommen wir aus (11.21) für die Amplitude, welche dann der durch die statische Kraft F_0 verursachten Elongation gleich ist,

$$A_0 = \frac{F_0}{k}. \tag{11.23}$$

Unter gleichzeitiger Berücksichtigung von (11.6) können wir nun (11.21) und (11.22) auf dimensionslose Form bringen und schreiben

$$\frac{A}{A_0} = \frac{1}{\sqrt{\left(1 - \frac{\omega^2}{\omega_0^2}\right)^2 + \left(2\vartheta \frac{\omega}{\omega_0}\right)^2}} \tag{11.24}$$

und

$$\tan \varphi = \frac{2\vartheta \frac{\omega}{\omega_0}}{1 - \left(\frac{\omega}{\omega_0}\right)^2}. \tag{11.25}$$

Im Bild 11.5 ist die Abhängigkeit des Amplitudenverhältnisses A/A_0 und des Phasenwinkels φ vom Frequenzverhältnis ω/ω_0 mit dem Dämpfungsgrad ϑ als Parameter dargestellt.

Aus (11.24), die auch als Vergrößerungsfunktion bezeichnet wird, kann man die Kreisfrequenz ω_{max} berechnen, bei der der Höchstwert A/A_0 erreicht wird. Durch Differenzieren und Nullsetzen des Nenners in (11.24) bekommt man

$$\omega_{max} = \omega_0 \sqrt{1 - 2\vartheta^2}. \tag{11.26}$$

Die Höchstwerte der Kurven im Bild 11.5 wandern mit wachsender Dämpfung nach niedrigeren Frequenzen. Für eine kleine Dämpfung sind die Kreisfrequenzen ω_0, ω_d und ω_{max} annähernd gleich. Als Resonanzfrequenz der fremderregten gedämpften Schwingungen bezeichnet man ω_{max}. In ihrer unmittelbaren Nähe kann man den Beschleunigungsaufnehmer nicht verwenden, weil da die Amplitude und Phase stark frequenzabhängig sind.

Es ist aber auch möglich, einen Beschleunigungsaufnehmer in einem Frequenzbereich zu verwenden, der weit über seiner Eigenfrequenz liegt. Man kann dann annehmen, daß die seismische Masse ruht und das Ausgangssignal proportional zur Auslenkung des Meßobjektes ist (Schwingwegaufnehmer, auch Vibrograph genannt). Die piezoelektrischen Aufnehmer eignen sich jedoch wegen ihrer hohen Steifheit wenig für derartige Anwendungen.

Bei unseren bisherigen Überlegungen haben wir stillschweigend angenommen, daß die Basis (der Boden) des Beschleunigungsaufnehmers mit dem Meßobjekt ideal starr verbunden sei und daß das untersuchte Verhalten des Meßobjektes durch den Beschleunigungsaufnehmer nicht beeinflußt werde. In der Praxis ist dies

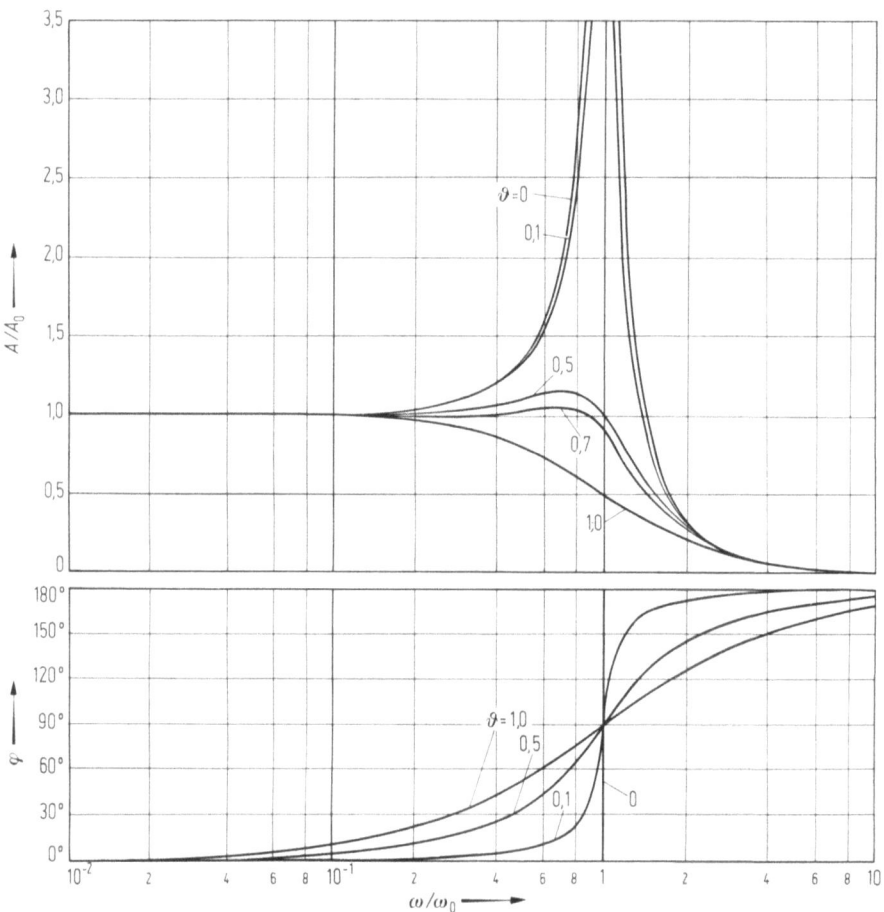

Bild 11.5. Abhängigkeit des Amplitudenverhältnisses A/A_0 und des Phasenwinkels φ vom Frequenzverhältnis ω/ω_0 bei verschiedenen Dämpfungszahlen ϑ

jedoch nicht der Fall. Um die Bedeutung der Verbindung des Beschleunigungsaufnehmers mit dem Meßobjekt untersuchen zu können, ersetzen wir das Modell im Bild 11.2 durch das Modell im Bild 11.6.

Wir nehmen an, daß das Meßobjekt sinusförmig schwingt, so daß

$$x_U = A_U \sin \omega t. \tag{11.27}$$

Für die Massen m_S und m_B gelten die Bewegungsgleichungen

$$m_S \frac{d^2 x_S}{dt^2} + k(x_S - x_B) = 0. \tag{11.28}$$

und

$$m_B \frac{d^2 x_B}{dt^2} + k(x_B - x_S) + k_U(x_B - x_U) = 0. \tag{11.29}$$

11.2 Grundlegende Eigenschaften von Beschleunigungsaufnehmern

Bei der Resonanz wird die Elongation der seismischen Masse gegenüber der Basis $x_S - x_B$ maximal. Wenn wir uns der Resonanzfrequenz von unten nähern, so schwingen alle drei Massen in der gleichen Phase wie das Meßobjekt und es gilt

$$x_S = A_S \sin \omega t \qquad (11.30)$$

und

$$x_B = A_B \sin \omega t. \qquad (11.31)$$

Wir setzen in (11.28) (11.29) ein und bekommen

$$(k - m_S \omega^2) A_S - k A_B = 0$$
$$-k A_S + (k + k_U - m_B \omega^2) A_B = k_U A_U. \qquad (11.32)$$

In der Resonanz müssen $A_S - A_B$ und auch A_S und A_B allein den maximalen Wert erreichen. Dies ist dann der Fall, wenn die Determinante der Koeffizienten bei A_S und A_B auf der linken Seite des Gleichungssystems (11.32) verschwindet (sie steht nämlich im Nenner der Lösung für A_S und A_B). Für ω bekommen wir also eine biquadratische Gleichung

$$\omega^4 - \left[k \left(\frac{1}{m_S} + \frac{1}{m_B} \right) + k_U \frac{1}{m_B} \right] \omega^2 + \frac{k k_U}{m_S m_B} = 0. \qquad (11.33)$$

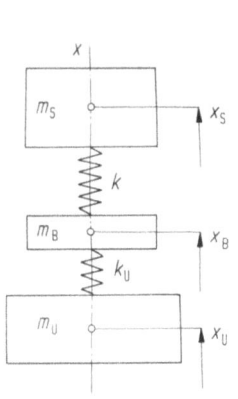

Bild 11.6 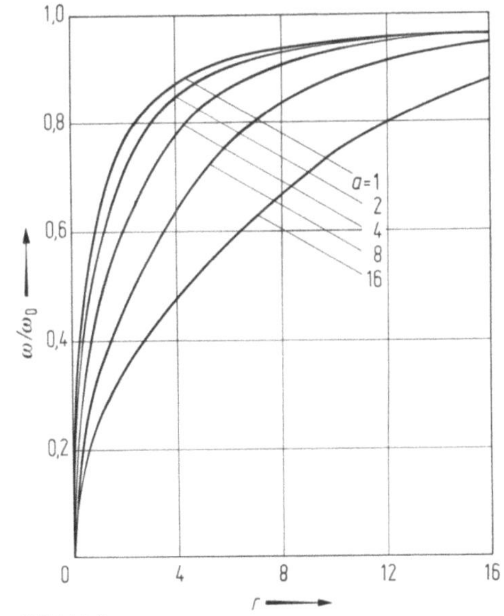   Bild 11.7

Bild 11.6. Modell eines Beschleunigungsaufnehmers und seiner Ankopplung an das Meßobjekt

Bild 11.7. Einfluß der nichtidealen Kopplung zwischen dem Beschleunigungsaufnehmer und dem Meßobjekt

Wir führen die dimensionslosen Parameter

$$a = \frac{m_B}{m_S}, \quad r = \frac{k_U}{k}, \quad \omega_0 = \sqrt{\frac{k}{m_S}} \qquad (11.34)$$

ein und schreiben

$$\left(\frac{\omega^2}{\omega_0^2}\right)^2 - \left(1 + \frac{1}{a} + \frac{r}{a}\right)\frac{\omega^2}{\omega_0^2} + \frac{r}{a} = 0. \qquad (11.35)$$

In der Lösung beschränken wir uns nur auf die für uns interessante tiefere Resonanzfrequenz, für die wir bekommen

$$\frac{\omega^2}{\omega_0^2} = \frac{\left[1 + \frac{1}{a}(1 + r)\right] - \sqrt{\left[1 + \frac{1}{a}(1 + r)\right]^2 - \frac{4r}{a}}}{2}. \qquad (11.36)$$

In dieser Lösung ist selbstverständlich schon der früher untersuchte Idealfall inbegriffen. Wenn die Basis starr mit einer sehr großen (unendlichen) Masse des Meßobjektes verbunden ist, so gehen r und a gegen unendlich ($r \to \infty \wedge a \to \infty$) und wir bekommen als Grenzwert wie in (11.6)

$$\omega = \omega_0 = \sqrt{\frac{k}{m_S}}. \qquad (11.37)$$

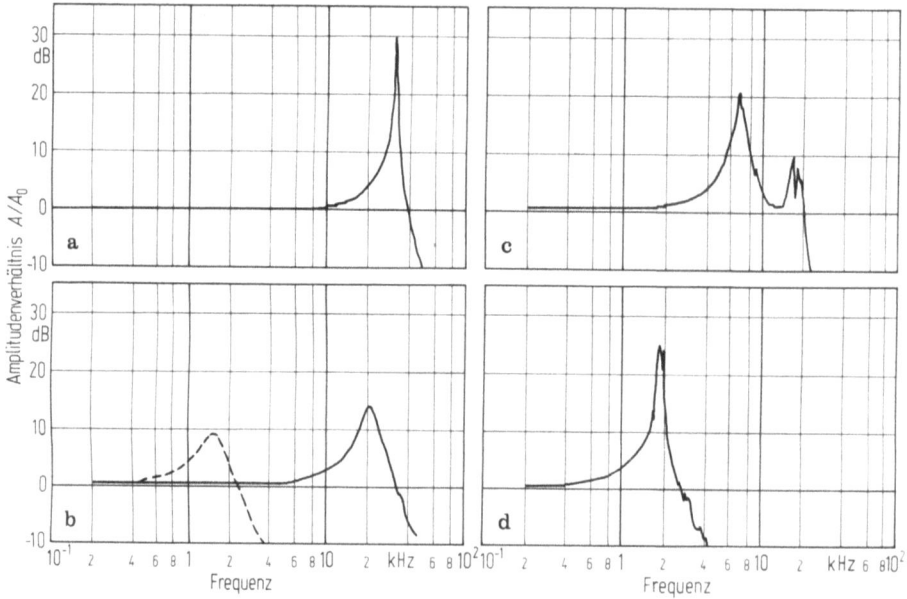

Bild 11.8. Beispiele verschiedener Ankopplungen ein- und desselben Beschleunigungsaufnehmers an das Meßobjekt (nach Brüel & Kjaer). **a** mit Gewindebolzen aus Stahl aufgeschraubt, Kontaktflächen leicht mit Silikon-Fett bestrichen (ähnliche Resultate ergeben sich auch, wenn der Aufnehmer durch eine dünne Schicht Bienenwachs oder mittels Cynanoacrylate-Kleber befestigt wird), **b** mit dünnem (gestrichelte Kurve: mit dickem) doppelseitigen Klebeband befestigt, **c** auf Haftmagnet-Sockel geschraubt und durch Magnet am Meßobjekt festgehalten, **d** auf Taststift aufgeschraubt, der von Hand gegen das Meßobjekt gehalten wurde.

Die einzigen eigenfrequenzbestimmenden Parameter sind m_S und k. Die nicht ideale Kopplung zwischen der Basis und dem Meßobjekt verkleinert die Resonanzfrequenz. Dies ist aus dem Bild 11.7 gut ersichtlich. Es veranschaulicht die Abhängigkeit ω/ω_0 vom Verhältnis der beiden Federkonstanten $r = k_U/k$ und als Parameter ist das Verhältnis der Basismasse zur seismischen Masse $a = m_B/m_S$ gewählt. Bild 11.8 zeigt die Frequenzgangkurven eines Beschleunigungsaufnehmers bei verschiedenen Montagearten.

11.3 Bauformen piezoelektrischer Beschleunigungsaufnehmer

Obwohl eine große Zahl verschiedenster Bauformen entwickelt wurde, lassen sich diese doch im wesentlichen auf wenige Grundformen zurückführen. Grundsätzlich kann das Aufnehmerelement unter Normalkraft- oder Schubkraftbeanspruchung sowie auch unter Biegebeanspruchung eingebaut werden.

Im Bild 11.9 sind die wichtigsten Beispiele mit Aufnehmerelementen unter Normalkraftbeanspruchung zusammengestellt. Im einfachsten Fall wird die seismische Masse direkt über die Gehäusewand auf das Aufnehmerelement gespannt. Obwohl diese Bauart eine hohe Empfindlichkeit und gleichzeitig auch eine hohe Resonanzfrequenz ergibt, hat sie mehrere Nachteile. Da das Gehäuse direkt als Vorspannelement dient, zeigt diese Konstruktion eine starke thermische und akustische Empfindlichkeit. Ebenso hat das Anzugsdrehmoment einen Einfluß auf die Aufnehmereigenschaften.

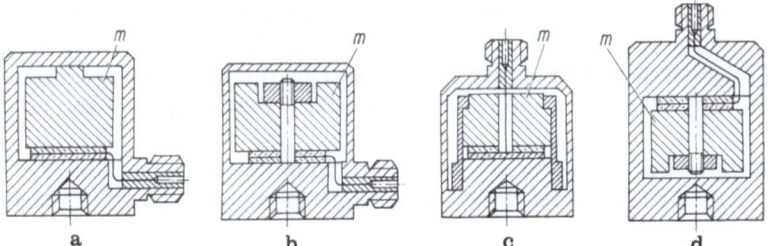

Bild 11.9. Beschleunigungsaufnehmer mit Aufnehmerelementen für den Longitudinaleffekt.
a Vorspannung der seismischen Masse m durch das Aufnehmergehäuse. **b** Vorspannung der seismischen Masse m mittels Vorspannbolzen. **c** Vorspannung der seismischen Masse m mittels Vorspannhülse. **d** Sogenannte hängende Konstruktion, kann sowohl mit Vorspannbolzen als auch mit Vorspannhülse gemäß c ausgeführt werden

Diese Schwierigkeiten können dadurch umgangen werden, daß für die Vorspannung eine spezielle Vorspannhülse verwendet wird, so daß dem äußeren Gehäuse nur noch schützende Funktion zukommt (Bild 11.10). Dadurch steigt aber die Gesamtmasse des Aufnehmers. Anstelle der Spannhülse kann auch ein zentraler Vorspannbolzen verwendet werden.

Alle diese Bauarten weisen eine mehr oder weniger starke Dehnungsempfindlichkeit auf, da Dehnungen des Meßobjektes direkt über die Grundplatte auf das Aufnehmerelement übertragen werden, es sei denn, daß die Grundplatte sehr

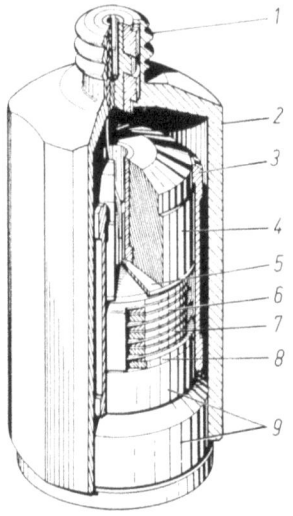

Bild 11.10. Aufbau eines Beschleunigungsaufnehmers mit sieben Quarzplatten für den Longitudinaleffekt (nach Sundstrand). *1* Stecker, *2* Gehäuse, *3* Vorspannhülse, *4* seismische Masse, *5* Isolationsschicht, *6* X-Quarzplatten, *7* Elektroden, *8* Zwischenplatte zur thermischen Kompensation, *9* Grundplatte

massiv ausgebildet wird, was wiederum die Gesamtmasse des Aufnehmers erhöht.

Diesen Nachteil vermeidet die sogenannte hängende Konstruktion, bei der die seismische Masse über das Aufnehmerelement auf die Unterseite des Gehäuseoberteils vorgespannt ist. Dadurch ergibt sich eine ausgezeichnete Isolation von den mechanischen Einflüssen der Montagefläche. Diese Bauart eignet sich auch für Kalibrier-Standardaufnehmer, indem auf der Gehäuseoberseite ein weiteres Montagegewinde angebracht wird, so daß der zu prüfende Beschleunigungsaufnehmer aufgeschraubt werden kann, wodurch eine direkte mechanische Ankopplung erreicht wird (sogenannte „back-to-back" Kalibrierung, s. Abschnitt 11.9).

Aufnehmer mit Elementen unter Schubbeanspruchung sind meist nach Bild 11.11 gebaut. Die seismische Masse umschließt ringförmig das piezoelektrische Element

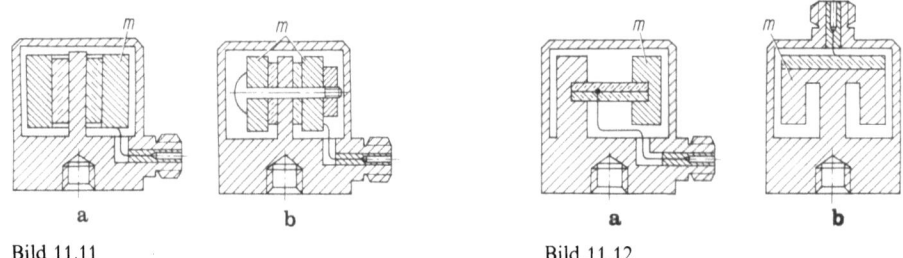

Bild 11.11   Bild 11.12

Bild 11.11. Beschleunigungsaufnehmer mit Aufnehmerelementen für den Schubeffekt.
a Die hohlzylinderförmige seismische Masse *m* dient gleichzeitig zur radialen Vorspannung des Aufnehmerelementes. **b** Die seismische Masse *m* besteht aus zwei Teilen, die durch einen querliegenden Vorspannbolzen gegeneinander gespannt werden

Bild 11.12. Beschleunigungsaufnehmer mit Aufnehmerelement unter Biegebeanspruchung.
a Mit Biegebalken. **b** Mit pilzförmiger seismischer Masse

und spannt dieses radial auf einen zentralen Stehbolzen vor. Dabei kann die seismische Masse auch aus zwei Teilen bestehen, die durch einen radialen Bolzen über je ein schubempfindliches Aufnehmerelement auf die zentrale Halterung vorgespannt sind.

Aufnehmer, deren Aufnehmerelemente auf Biegung beansprucht werden, sind grundsätzlich auch möglich, haben aber keine praktische Bedeutung erlangt (Bild 11.12).

Bei Beschleunigungsaufnehmern kann der Stecker entweder in der Aufnehmerachse und gegenüber der Montagefläche angeordnet sein oder aber seitlich. Der seitliche Stecker hat den Nachteil, daß seine Lage beim Montieren des Aufnehmers durch das Montagegewinde bestimmt wird, d.h. durch die Stellung des Aufnehmers beim Erreichen des vorgeschriebenen Anzugsdrehmomentes, und somit nicht gewählt werden kann. Der axiale Steckerausgang hat diesen Nachteil nicht, benötigt dafür etwas mehr freien Einbauraum in der Höhe.

11.4 Besondere Eigenschaften von Beschleunigungsaufnehmern mit Aufnehmerelementen aus Turmalin oder piezoelektrischen Keramiken

Während bei Kraft- und Druckaufnehmern fast ausschließlich Quarz als Aufnehmerelement benützt wird, haben bei den Beschleunigungsaufnehmern außer Quarz auch Turmalin, Lithiumniobat und vor allem die piezoelektrischen Keramiken eine sehr starke Verbreitung gefunden. Der Grund liegt vor allem darin, daß für viele Beschleunigungsmessungen Aufnehmer geringer Masse und Abmessungen verlangt werden, die aber trotzdem eine möglichst hohe Empfindlichkeit bieten sollen. Eine Miniaturisierung, wie sie im Bild 11.13 gezeigt wird, ist nur mit piezoelektrischer Keramik möglich.

Während Aufnehmer mit Quarz und Turmalin eine hohe Linearität besitzen, die typisch wesentlich innerhalb $\pm 1\%$ FSO liegt, haben Aufnehmer mit piezoelektrischen Keramikelementen eine nichtlineare Abhängigkeit des Ausgangssignals von der Amplitude der Meßgröße und erreichen typische Linearitäten von etwa ± 3 bis $\pm 5\%$ FSO. Die Krümmung der Kennlinie der Keramiken entspricht der bei diesen Aufnehmern üblichen Angabe der Amplitudenlinearität, z.B. Bereich $5000\,g$, die Empfindlichkeit nimmt pro $500\,g$ um ca. 1% zu, d.h. sie ist am oberen Bereichsende ca. 10% größer als am unteren. Deshalb ist es wichtig, daß angegeben wird, bei welcher Beschleunigung die Aufnehmerempfindlichkeit durch Kalibrierung bestimmt wurde. Diese nichtlineare Abhängigkeit der Empfindlichkeit von der Meßgrößenamplitude muß vom meßtechnischen Standpunkt aus daraufhin geprüft werden, ob nicht dadurch in der Auswertung der Meßsignale Fehler verursacht werden.

Bei Aufnehmern mit piezoelektrischen Keramikelementen muß auch mit dem Auftreten einer Hysterese gerechnet werden, da piezoelektrische Keramiken auf ferroelektrischen Materialien basieren (s. Abschnitt 6.5.1). Leider findet man über die Hysterese keine Angaben in den Unterlagen der Aufnehmerhersteller. Da eine Hysterese im Prinzip eine amplitudenabhängige Phasenverschiebung zwischen Ausgangssignal und Meßgröße bedeutet, kann sie bei anspruchsvollen Messungen zu Fehlern führen.

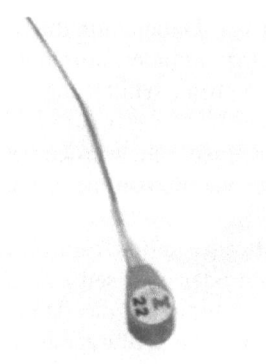 

Bild 11.13   Bild 11.14

Bild 11.13. Mikrominiatur-Beschleunigungsaufnehmer mit einem Aufnehmerelement aus piezoelektrischer Keramik für den Schubeffekt. Das Bild zeigt den Aufnehmer in doppelter Größe (Werkbild Endevco)

Bild 11.14. Beschleunigungsaufnehmer mit drei radial vorgespannten seismischen Massen, die sich über je ein piezoelektrisches Element für den Schubeffekt auf eine dreiecksförmige Basis abstützen. Diese Bauart wird als „Delta Scher" bezeichnet (Werkbild Brüel & Kjaer)

Aufnehmerelemente aus piezoelektrischen Keramiken wie auch aus Turmalin weisen im Gegensatz zu solchen aus Quarz einen mehr oder weniger starken pyroelektrischen Effekt auf. Dies muß immer dann beachtet werden, wenn der Aufnehmer während der Messung raschen und starken Temperaturänderungen ausgesetzt ist. Da die durch den pyroelektrischen Effekt bedingten Ladungen nur auf den Kristallflächen normal zur polaren Achse auftreten, werden mehr und mehr Konstruktionen mit Aufnehmerelementen für den Schubeffekt entwickelt. Da beim Schubeffekt sowohl im Turmalin wie auch in den piezoelektrischen Keramiken die Ladungen auf Flächen parallel zur polaren Achse erscheinen, kann der Einfluß des pyroelektrischen Effektes weitgehend ausgeschaltet werden. Als Beispiele von Konstruktionen sei auf die Bilder 11.14 und 11.11b verwiesen. Letztere ist unter der Bezeichnung „Isoshear" (Endevco) bekannt geworden. Diese Aufnehmer erreichen ähnlich niedrige Werte für den Temperaturgradient-Fehler wie solche mit Quarzelementen.

Es sei hier daran erinnert, daß Aufnehmer mit Quarzelementen einen scheinbaren pyroelektrischen Effekt aufweisen, obwohl Quarz selbst keinen solchen hat. Dies rührt von den unterschiedlichen thermischen Ausdehnungen der verschiedenen, an der Vorspannung beteiligten Materialien her.

Da Aufnehmer mit Elementen aus Turmalin oder piezoelektrischen Keramiken nur Isolationswiderstände in der Größenordnung von etwa 1 bis 100 GΩ erreichen, eignen sie sich wenig für tiefe Meßfrequenzen, d.h. vor allem nicht unter etwa 1 Hz. Dies hängt mit der vom Isolationswiderstand mitabhängigen Zeitkonstante des Meßkreises zusammen (s. Abschnitt 12.1.2). Ferner nehmen die Isolationswiderstände mit steigender Temperatur rasch ab und betragen bei 250 °C noch etwa 10 MΩ bis 1 GΩ und bei 500 °C noch etwa 100 kΩ bis 1 MΩ.

Bei einer Stoßmessung kann es zu einer Nullpunktsverschiebung kommen [B21, B23, P1]. Ihre möglichen Ursachen sind einerseits in der Übersteuerung oder der Nichtlinearität des Verstärkers, andererseits im Aufnehmer selbst zu suchen. Im Aufnehmer können die durch den Stoß bedingten großen Beschleunigungen zu lokalen hohen mechanischen Spannungen und nach dem Impulsende zu einer kleinen Änderung der mechanischen Verspannung der piezoelektrischen Elemente führen. Außerdem kann das Phänomen auch mit Relaxationszeiten der piezoelektrischen Polarisation in gewissen piezoelektrischen Keramiken zusammenhängen.

11.5 Hochempfindliche Beschleunigungsaufnehmer

Eine hohe Empfindlichkeit, d. h. auch eine niedrige Ansprechschwelle, erreicht man einerseits durch Vergrößern der seismischen Masse und andererseits durch Verwenden eines Aufnehmerelementes hoher piezoelektrischer Empfindlichkeit.

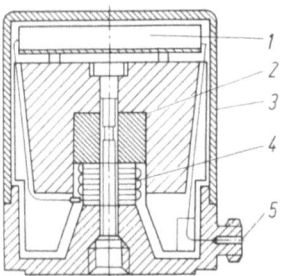

Bild 11.15. Hochempfindlicher Beschleunigungsaufnehmer (Werkbild Brüel & Kjaer).
1 eingebauter Verstärker (bildet gleichzeitig einen Teil der seismischen Masse!). *2* scismische Masse. *3* Gehäuse. *4* piezoelektrische Keramikelemente für den Longitudinaleffekt. *5* Anschlußstecker

Bild 11.15 zeigt eine Ausführung, welche eine Ansprechschwelle von unter $10^{-5} g$ und einen Bereich bis $\pm 1 g$ hat. Als Aufnehmerelement dienen mehrere mechanisch in Serie geschaltete piezokeramische Elemente für den Longitudinaleffekt. Zusammen mit der großen seismischen Masse ergibt sich eine Empfindlichkeit von 10 nC/g. Die Resonanzfrequenz ist wegen der großen seismischen Masse von etwa 500 g entsprechend niedrig, d.h. etwa 2,5 kHz. Dies ist jedoch für geophysikalische und bautechnische Anwendungen weit ausreichend. Ebenso stört hier die große Gesamtmasse von 600 g nicht. Dieser Aufnehmer bietet sowohl einen direkten Ladungsausgang für den Anschluß an einen Ladungsverstärker wie auch einen niederohmigen Spannungsausgang über einen eingebauten Impedanzwandler, der sich besonders dann eignet, wenn lange Kabel notwendig sind.

Grundsätzlich kann die Empfindlichkeit durch Verwenden noch größerer seismischer Massen weiter gesteigert werden. Praktisch wird davon jedoch kaum Gebrauch gemacht, da solche Aufnehmer nicht nur unhandlich, sondern auch schwierig zu kalibrieren wären. Zudem wären solche Aufnehmer sehr empfindlich gegen Stöße (Überlast).

Eine weitere interessante Ausführung eines hochempfindlichen Beschleunigungsaufnehmers stellt das in Bild 11.16 gezeigte Dreikomponenten-Seismometer dar. Ein Dreikomponenten-Kraftaufnehmer (s. Bild 9.12) wird dabei zwischen die seismische Masse und die Grundplatte des Seismometers unter Vorspannung ein-

Bild 11.16. Dreikomponenten-Seismometer (Werkbild Kistler)

gebaut. Dadurch ergibt sich direkt ein Dreikomponenten-Beschleunigungsaufnehmer mit einer einzigen seismischen Masse. Der Meßbereich geht bis $\pm 2\,g$, während die Ansprechschwelle unter 0,001 g liegt. Für jede Achse ist ein Miniaturladungsverstärker eingebaut. Der Frequenzbereich reicht von 0,1 bis 50 Hz.

11.6 Beschleunigungsaufnehmer für allgemeine Anwendungen

Das Hauptanwendungsgebiet piezoelektrischer Beschleunigungsaufnehmer sind Schwingungsmessungen an Maschinen und Strukturen. Die primären Kriterien für die Wahl eines Beschleunigungsaufnehmers sind dabei Bereich, Empfindlichkeit, Masse, Resonanzfrequenz und Betriebstemperaturbereich.

Vom Bereich und vom Betriebstemperaturbereich her gesehen kommt für normale Anwendungen eine große Zahl verschiedener Aufnehmer in Frage, es sei denn, daß Schockmessungen über 20 000 g oder Messungen bei Temperaturen über etwa 250 °C durchgeführt werden sollen.

Bei einem Beschleunigungsaufnehmer hängen die Empfindlichkeit, die Masse und die Resonanzfrequenz weitgehend voneinander ab. Im allgemeinen möchte man vom meßtechnischen Standpunkt aus gleichzeitig eine hohe Empfindlichkeit (tiefe Ansprechschwelle), eine geringe Masse (minimale Zusatzbelastung für das Meßobjekt) sowie eine hohe Resonanzfrequenz (weiter Frequenzbereich) haben.

Bild 11.17 gibt eine Übersicht über die Zusammenhänge zwischen Empfindlichkeit und Masse bzw. Empfindlichkeit und Resonanzfrequenz bei den heute handelsüblichen Beschleunigungsaufnehmern. Die Darstellung schließt auch hochempfindliche Beschleunigungsaufnehmer sowie solche für Schockmessungen ein. Die bei Aufnehmern einerseits mit Quarzelementen und andererseits mit piezoelektrischen Keramikelementen bestehenden Möglichkeiten sind gut erkennbar.

Im allgemeinen kann gesagt werden, daß
bei gegebener Empfindlichkeit die Masse eines Aufnehmers mit Keramikelementen, insbesondere für den Schubeffekt, bis zu 100mal kleiner sein kann als bei Aufnehmern mit Quarzelementen,
bei gegebener Masse die Empfindlichkeit eines Aufnehmers mit Keramikelementen bis zu 100mal höher sein kann als bei Quarzelementen,

11.6 Beschleunigungsaufnehmer für allgemeine Anwendungen 211

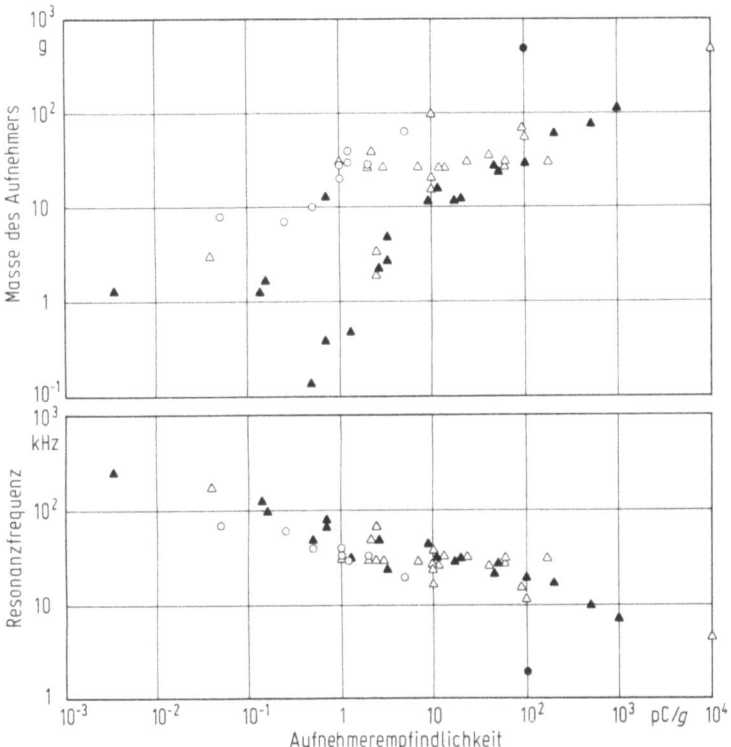

Bild 11.17. Übersicht der Zusammenhänge zwischen Empfindlichkeit und Masse bzw. Empfindlichkeit und Resonanzfrequenz bei Beschleunigungsaufnehmern mit Aufnehmerelementen aus Quarz bzw. piezoelektrischen Keramiken (zusammengestellt nach Angaben von Brüel & Kjaer, Endevco, Kistler und Sundstrand). ○ Quarzelement für den Longitudinaleffekt, ● Quarzelement für den Transversaleffekt, △ piezoelektrisches Keramikelement für den Longitudinaleffekt, ▲ piezoelektrisches Keramikelement für den Schubeffekt

die leichtesten Aufnehmer mit Quarzelementen eine Masse von etwa 7 g haben, während bei Keramikelementen Massen unter 0,2 g möglich sind,

Aufnehmer mit einer Masse unter etwa 2 g bis jetzt nur mit Keramikelementen für den Schubeffekt realisiert worden sind,

resonanzfrequenzmäßig geringere Unterschiede zwischen Aufnehmern mit Quarz- und solchen mit Keramikelementen bestehen, wobei diejenigen mit Quarzelementen bei gegebener Empfindlichkeit immer die niedrigste Resonanzfrequenz haben. Die höchsten Resonanzfrequenzen bei Quarzelementen liegen bei etwa 70 kHz, während mit Keramikelementen bis zu 250 kHz möglich sind. Daraus geht auch hervor, warum gerade bei Beschleunigungsaufnehmern die piezoelektrischen Keramiken trotz der im Abschnitt 11.4 erwähnten Einschränkungen eine große Bedeutung erlangt haben.

Selbstverständlich sind außer den hier betrachteten drei Eigenschaften noch eine ganze Reihe weiterer Kriterien ausschlaggebend, um den zur Lösung eines Meßproblems bestgeeigneten Aufnehmer auswählen zu können. Vor allem sind dies: Meßbereich, Betriebstemperaturbereich, Dehnungsfehler, Temperatur- und Temperaturgradient-Fehler, magnetische Empfindlichkeit, akustische Empfindlichkeit, Strahlungsempfindlichkeit, Übersprechen (auch Querempfindlichkeit genannt), Linearität und Hysterese, Stabilität, maximale Querbeschleunigung usw. Ausführliche Angaben darüber finden sich in [14] sowie in den technischen Unterlagen der Hersteller.

Außer Beschleunigungsaufnehmern, welche direkt an einen Ladungs- oder auch Elektrometerverstärker angeschlossen werden, sind vor allem für Vibrationsmessungen auch Aufnehmer mit eingebautem Impedanzwandler gebaut worden. Das Prinzip der Schaltung ist in Abschnitt 12.3 beschrieben. Solche Aufnehmer haben den Vorteil, daß anstelle eines hochisolierenden und geräuscharmen Kabels ein völlig unkritisches Kabel verwendet werden kann, da das Ausgangssignal niederohmig als Spannungsänderung zur Verfügung steht.

Als Nachteil ist zu erwähnen, daß der Bereich durch den eingebauten Impedanzwandler festgelegt und daher nachträglich nicht mehr nach Bedarf geändert werden kann. Ebenso ist die untere Grenzfrequenz fest gegeben. Wird sie tief gewählt, bedeutet dies eine lange Zeitkonstante und damit die Unannehmlichkeit, daß nach Temperaturgradienten usw. entsprechend lange gewartet werden muß, bis das Ausgangssignal wieder auf Null ist. Eine kürzere Zeitkonstante ist darin günstiger, ergibt aber eine entsprechend höhere untere Grenzfrequenz. Ferner wird der Betriebstemperaturbereich wegen der eingebauten Elektronik auf etwa -40 bis $+120\,°C$ eingeschränkt.

11.7 Beschleunigungsaufnehmer für Schockmessungen

Im Gegensatz zur Vibrationsmessung, die ein periodisches Signal gibt, ist das von einem Schock herrührende Signal ausgesprochen aperiodisch. Es ist durch einen raschen Anstieg und unmittelbares Zurückkommen auf Null charakterisiert. Idealisiert kann ein Schocksignal als eine halbe Sinusschwingung dargestellt werden. Da die Dauer von Schocks im Bereich von wenigen µs bis einige hundert ms liegen kann, müssen Aufnehmer für Schockmessungen einerseits eine möglichst hohe Eigenfrequenz haben, um die bei Schocks auftretenden extrem kurzen Anstiegszeiten unverfälscht wiedergeben zu können, und andererseits auch für tiefe Frequenzen geeignet sein. Entsprechend muß auch der verwendete Verstärker einen genügend weiten Frequenzgang haben.

Während bei Vibrationsmessungen die Meßgrößenamplituden selten einige tausend g überschreiten, benötigt man bei Schockmessungen Bereiche bis zu $100\,000\,g$.

Für Schockmessungen soll der Aufnehmer immer so montiert werden, daß die Schockwelle als Druckspannung auf die Montagefläche des Aufnehmers wirkt. Dadurch wird vermieden, daß die Montageschraube auf Zug beansprucht wird, was zudem auch eine weichere Ankopplung ergäbe und somit die Anstiegszeit der Meßanordnung reduzieren würde.

Unter der Annahme, daß der verwendete Ladungsverstärker eine genügend hohe obere Grenzfrequenz habe, sind für die Wiedergabe von Schockpulsen vor allem die Eigen- und Überschwingfrequenz des Aufnehmers maßgebend. Dies im Gegensatz zur Vibrationsmessung, wo die Resonanzfrequenz die obere Grenzfrequenz bestimmt.

11.7 Beschleunigungsaufnehmer für Schockmessungen

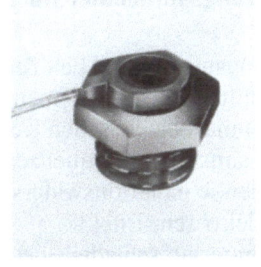

Bild 11.18   Bild 11.19

Bild 11.18. Beschleunigungsaufnehmer für Schockmessungen bis zu 100000 g mit einem Aufnehmerelement aus Quarz für den Longitudinaleffekt (Werkbild Sundstrand)

Bild 11.19. Beschleunigungsaufnehmer für Schockmessungen bis 100000 g mit einem Aufnehmerelement aus piezoelektrischer Keramik für den Schubeffekt (Werkbild Endevco)

Aufnehmer für Schockmessungen sollten nach einer Schockbelastung frei von Nullpunktsverschiebungen sein. Wie schon im Abschnitt 11.4 erwähnt, besteht dieses Problem vor allem bei Aufnehmern mit einem Aufnehmerelement aus piezoelektrischer Keramik. Obwohl Quarz selbst diesen Effekt nicht zeigt, können Nullpunktsverschiebungen auch bei Aufnehmern mit Quarzelementen beobachtet werden. Die Ursache liegt dann meist in einer leichten Veränderung der inneren Spannungen in den vorgespannten Teilen (Quarzplatten, Elektroden usw.) durch die schockartige Beanspruchung. Durch geeignete Konstruktion sowie hohe Bearbeitungsgenauigkeit kann dieser Effekt jedoch in tragbaren Grenzen gehalten werden.

Bild 11.18 zeigt einen Aufnehmer für Schockmessungen mit Quarzelementen für den Longitudinaleffekt und einem Meßbereich von − 20000 bis + 100000 g. Die Resonanzfrequenz liegt bei etwa 70 kHz. Der im Bild 11.19 dargestellte Aufnehmer hat einen Bereich von 0 bis 100000 g und eine Resonanzfrequenz von 250 kHz. Er enthält ein Aufnehmerelement aus piezoelektrischer Keramik für den Schubeffekt. Die Vorteile des Aufnehmers mit Keramikelement sind seine extrem hohe Resonanzfrequenz von 250 kHz und seine geringe Masse von nur 1,3 g. Nachteilig ist die geringe Empfindlichkeit von 0,0035 pC/g, die Linearität von nur etwa ± 5 % FSO (die Empfindlichkeit ist am oberen Bereichsende bei 100000 g etwa 10 % höher als im Teilbereich von 10 % bei 10000 g) und die relativ hohe untere Grenzfrequenz von etwa 5 Hz.

Die Nachteile des Aufnehmers mit Quarzelementen sind die tiefere Resonanzfrequenz von nur 70 kHz und die große Masse von 8 g. Dafür hat er eine höhere Empfindlichkeit von 0,05 pC/g, zeigt die nur mit Quarz (und auch Turmalin) erreichbare hohe Linearität von weit innerhalb ± 1 % FSO und bietet die ebenfalls nur mit Quarz erreichbare tiefe untere Grenzfrequenz entsprechend der quasistatischen Meßmöglichkeit, welche oft bei Schockmessungen ebenfalls notwendig ist [B 21, P 1].

Dieses kurze Beispiel einer Gegenüberstellung soll zeigen, daß je nach den Anforderungen des zu lösenden Meßproblems Aufnehmer mit den am besten geeigneten Eigenschaften sorgfältig ausgewählt werden müssen.

11.8 Beschleunigungsaufnehmer für hohe Temperaturen

Für Beschleunigungsmessungen bei Temperaturen über etwa 250 °C werden sowohl Aufnehmer mit Aufnehmerelementen aus Turmalin und Lithiumniobat wie auch aus speziellen piezoelektrischen Keramiken verwendet (z. B. Bleimetaniobat). Bei Vibrationsmessungen ab Frequenzen über etwa 10 Hz stellt der mit steigender Temperatur abfallende Isolationswiderstand kein zu starkes Hindernis dar, ebensowenig der pyroelektrische Effekt.

Als Isolationsmaterial scheiden bei Temperaturen über 250 °C organische Materialien wie PTFE aus, und es müssen Kermaik, Glas oder Metalloxid verwendet werden. Da sich auch die piezoelektrische Empfindlichkeit bei höheren Temperaturen ändert, müssen solche Aufnehmer in speziellen Kalibriereinrichtungen auf ihrer vorgesehenen Betriebstemperatur kalibriert werden.

Dies gilt z. B. für den im Bild 11.20 gezeigten Aufnehmer, der für die Vibrationsüberwachung an Flugzeugtriebwerken und in Kernkraftanlagen entwickelt wurde und für Dauerbetrieb bei bis zu 700 °C geeignet ist, wobei ein Aufnehmerelement aus Turmalin verwendet wird. Eine Ausführung mit einem Aufnehmerelement aus Lithiumniobat für den Schubeffekt für Betriebstemperaturen bis 760 °C zeigt Bild 11.21.

Bild 11.20   Bild 11.21

Bild 11.20. Beschleunigungsaufnehmer für Vibrationsmessungen bei Temperaturen bis 700 °C mit einem Aufnehmerelement aus Turmalin für den Longitudinaleffekt (Werkbild Vibrometer)

Bild 11.21. Beschleunigungsaufnehmer für Betriebstemperaturen bis zu 760 °C mit einem Aufnehmerelement aus Lithiumniobat für den Schubeffekt. Das mit dem Aufnehmer verschweißte Metallkabel hat eine Magnesiumoxid-Isolation (Werkbild Endevco)

Da der Isolationswiderstand sowohl von Turmalin wie auch von Lithiumniobat bei dieser Temperatur nur noch etwa 50 kΩ beträgt, sind Ladungsverstärker mit besonders angepaßter Eingangsstufe zu verwenden (s. Abschnitt 12.5.8). Als untere Grenzfrequenz werden bei diesen Temperaturen daher nur noch etwa 20 bis 50 Hz erreicht.

Interessanterweise sind bis jetzt keine Beschleunigungsaufnehmer für hohe Temperaturen mit Quarzelementen gebaut worden, obwohl dies durchaus möglich wäre. Quarz verliert nämlich seine piezoelektrischen Eigenschaften beim Übergang von der α- in die β-Phase bei 573 °C nicht, obwohl dies verschiedentlich behauptet wird (s. [G 8, S. 57] und [N 4, S. 259]). Wie in Abschnitt 6.2.8 dargelegt, ist auch β-Quarz piezoelektrisch und könnte deshalb im Temperaturbereich von etwa 600 bis 800 °C verwendet werden.

11.9 Grundlagen der Kalibrierung von Beschleunigungsaufnehmern

Das Kalibrieren von Beschleunigungsaufnehmern, insbesondere von piezoelektrischen, ist schwierig und erfordert einen großen Aufwand. Grundsätzlich besteht das Problem darin, den Aufnehmer einer genau bekannten Beschleunigung auszusetzen. Dies kann entweder eine periodische (meist sinusförmig) variierende Beschleunigung oder aber eine stoßförmige Anregung sein. Konstante Beschleunigung, wie sie z. B. mittels einer Zentrifuge erzeugt werden kann, ist für piezoelektrische Beschleunigungsaufnehmer wenig geeignet wegen der bei solchen mit Quarzelementen eingeschränkten und solchen mit piezokeramischen Elementen nicht vorhandenen statischen Meßmöglichkeit.

Für die Erzeugung sinusförmig variierender Beschleunigungen werden meist elektrodynamische Schwingsysteme (sogenannte Schwingtische, „Shaker" und Vibratoren) verwendet. Während es leicht ist, die Frequenz der Schwingung genau festzustellen, stößt das Messen der Schwingamplitude auf Schwierigkeiten. Bei der sogenannten absoluten Methode versucht man, die Schwingamplitude direkt zu messen. Die früher verwendete Ablesung der Amplitude einer Markierung mittels eines Meßmikroskopes ist heute durch die wesentlich genauere Laser-Interferometrische Methode verdrängt worden. Der Meßfehler läßt sich im Frequenzbereich von etwa 100 bis 800 Hz auf innerhalb ±0,5% halten (s. [B 21, S. 34 ff.]). Da eine solche Meßeinrichtung selten zur Verfügung steht, muß meist auf die am häufigsten verwendete Vergleichsmethode mit einem Standard-Beschleunigungsaufnehmer übergegangen werden.

Bild 11.22 zeigt einen solchen Standardaufnehmer, der nach dem Prinzip der hängenden seismischen Masse (s. Bild 11.9d) aufgebaut ist und auch oben ein Montagegewinde trägt. Dieser Standardaufnehmer wird auf den Schwingtisch montiert und der zu kalibrierende Aufnehmer direkt auf die Kopffläche des Standardaufnehmers. Durch die hängende Konstruktion wird die bestmögliche

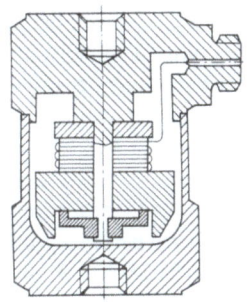 

Bild 11.22. Kalibrierstandard-Beschleunigungsaufnehmer mit Aufnehmerelementen aus Quarz für sogenannte „back-to-back"-Kalibrierung (Werkbild Brüel & Kjaer)

Ankopplung an die Basisfläche des zu prüfenden Aufnehmers erreicht und gleichzeitig sichergestellt, daß die beiden Aufnehmersysteme genau die gleiche Bewegung ausführen. Die Polarität des Ausgangssignals solcher Standardaufnehmer ist meist umgekehrt zur üblichen Polarität (negative elektrische Ladung bei auf die Basisfläche gerichteter, positiver Beschleunigung). Dies erleichtert den Vergleich der beiden Signale erheblich, indem sie nun in Gegenphase sind und der zu kalibrierende Kanal so lange justiert werden kann, bis die Differenz der beiden Signale ein Minimum bzw. im Idealfall Null wird. Bei sorgfältiger Durchführung kann mit dieser Methode ein Meßfehler unter $\pm 2\%$, evtl. sogar innerhalb $\pm 1\%$ erreicht werden.

Mit elektrodynamischen Schwingtischen kann etwa ein Frequenzbereich von 30 bis 10 kHz überstrichen werden. Die Beschleunigungsamplitude erreicht bestenfalls etwa ± 50 bis $\pm 100 g$.

Der Frequenzgang und die Resonanzfrequenz können ebenfalls mittels eines elektrodynamischen Schwingtisches bestimmt werden. Dabei wird der Schwingtisch über einen eingebauten Standardaufnehmer so gesteuert, daß er eine konstante Beschleunigung erzeugt, die frequenzunabhängig ist. Durchläuft man nun den Frequenzbereich, erhält man den Frequenzgang und auch die Resonanzfrequenz, falls die Meßeinrichtung bis zu genügend hohen Frequenzen hin mit konstanter Beschleunigungsamplitude betrieben werden kann. Bild 11.8a zeigt eine typische Frequenzgangkurve, aufgenommen bei einer konstanten Beschleunigungsamplitude von $\pm 1 g$.

Für das Bestimmen weiterer Parameter wie Querempfindlichkeit, Dehnungsempfindlichkeit usw. sei auf [B 23, I 4, P 1] verwiesen.

Eine weitere Methode ist das sogenannte Fallrohr [M 3]. Der auf eine in einem Rohr geführten Fallmasse geschraubte Aufnehmer fällt auf einen Kraftaufnehmer. Da sich die gesamte fallende Masse m durch Wägen leicht bestimmen läßt, kann aus der gemessenen Aufprallkraft F gemäß der Beziehung $a = F/m$ rechnerisch auf die aufgetretene Beschleunigung a geschlossen werden. Damit lassen sich Spitzenbeschleunigungen bis etwa $5000 g$ erreichen, weshalb diese Methode vor allem zum Kalibrieren von Schockbeschleunigungsaufnehmern verwendet wird. Die Schockdauer kann dabei durch geeignete elastische Auflagen auf dem Kraftaufnehmer beeinflußt werden. Wird andererseits ein sehr harter Aufschlag erzeugt (Metall auf Metall), kann durch den dabei entstehenden Körperschall die Eigenfrequenz angeregt und bestimmt werden.

Eine weitere Möglichkeit zum Bestimmen der Eigenfrequenz ist der reziproke piezoelektrische Effekt. Legt man an ein Aufnehmerelement eine Wechselspannung an, expandiert und kontrahiert sich das Element mit der Frequenz der angelegten Spannung. Ändert man die Frequenz der angelegten Wechselspannung, so tritt bei der Eigenfrequenz eine Änderung der elektrischen Impedanz auf, welche meßtechnisch festgestellt werden kann [P 1].

Selbstverständlich ist die so oder auch durch die Schockmethode bestimmte Eigenfrequenz fast immer wesentlich höher als die durch mechanische Anregung mittels eines Vibrators gefundene Resonanzfrequenz. Durch die Schockmethode oder elektrische Anregung wird die Eigenfrequenz bestimmt, d.h. die freie, nicht erzwungene Schwingung des Aufnehmerelementes (s. Abschnitt 7.3.2). Beim Vibrator hingegen ist der Aufnehmer auf dem Schwingtisch montiert und für die Reso-

11.9 Grundlagen der Kalibrierung von Beschleunigungsaufnehmern

nanzfrequenz sind nun nicht mehr nur die Elastizitätseigenschaften des Aufnehmerelementes und seiner Vorspannung, sondern auch die Elastizität des Gehäuses sowie vor allem die Ankopplung des Aufnehmers an den Schwingtisch maßgebend. Deshalb wird oft die Resonanzfrequenz bei Beschleunigungsaufnehmern als „Resonanzfrequenz in montiertem Zustand" („mounted resonant frequency") bezeichnet, wobei wiederum präzisiert werden muß, auf welche Art der Aufnehmer montiert wurde (s. Abschnitt 7.3.4).

Gerade bei Beschleunigungsaufnehmern kann klar zwischen Eigen- und Resonanzfrequenz gemäß den in Abschnitt 7.3.2 gegebenen Definitionen unterschieden werden. Die Eigenfrequenz kann je nach Aufnehmertyp um etwa einen Faktor 1,5 bis 2 höher als die Resonanzfrequenz liegen.

12 Verstärker für piezoelektrische Aufnehmer

12.1 Elektrische Grundlagen

Bei allen piezoelektrischen Aufnehmern entsteht das Ausgangssignal durch Polarisation bzw. Ladungsverschiebung innerhalb des piezoelektrischen Materials (s. Abschnitt 2.1). Daher ist das primäre Ausgangssignal eine elektrische Ladung. Der Aufnehmer ist also eine „Ladungsquelle".

Da ein piezoelektrisches Aufnehmerelement immer einen Kondensator darstellt, wobei das piezoelektrische Material als Dielektrikum wirkt, baut sich bei offenem Aufnehmerausgang eine elektrische Spannung auf. Die Eigenkapazität C_a liegt in der Größenordnung von wenigen bis zu einigen hundert pF.

Gibt nun unter Einwirkung einer Meßgröße der Aufnehmer die Ladung Q ab, so erscheint am Aufnehmerausgang die Spannung $U = Q/C_a$. Wird z. B. ein Kraftaufnehmer mit einer Eigenkapazität $C_a = 100$ pF und einer Empfindlichkeit von 4 pCN^{-1} durch eine Kraft von 10 kN belastet, so erscheint am offenen Aufnehmerausgang die Spannung $U = [(4\text{ pC N}^{-1})\,10\text{ kN}]/100\text{ pF} = 400$ V.

Bei größeren Aufnehmern können dabei ohne weiteres Spannungen von einigen kV auftreten, sofern nicht vorher ein Überschlag über die meist sehr kurzen Isolationsstrecken (Größenordnung unter 1 mm) erfolgt.

12.1.1 Elektrische Ladung

Die SI-Einheit für elektrische Ladung ist das Coulomb (1 C = 1 As). Elektrische Ladung kann mit einem Goldblattelektroskop oder einem Stoßgalvanometer direkt und ohne zusätzliche Hilfsenergie gemessen werden. Für praktische Anwendungen eignen sich diese aus dem Physikunterricht bekannten Methoden jedoch nicht, da sie zu wenig empfindlich sind.

12.1.2 Entladung eines Kondensators, Zeitkonstante, Isolationswiderstand

Elektrische Ladung wird meist auf Kondensatoren gespeichert, wobei die nach der Beziehung $U = Q/C$ entstehende Spannung meßtechnisch einfacher weiterverarbeitet werden kann.

Ein durch eine Ladung Q auf die Spannung U geladener Kondensator würde diese Spannung unendlich lang halten, wenn er einen unendlich hohen Isolationswiderstand hätte. Da unendliche Isolationswiderstände nicht realisierbar sind,

12.1 Elektrische Grundlagen

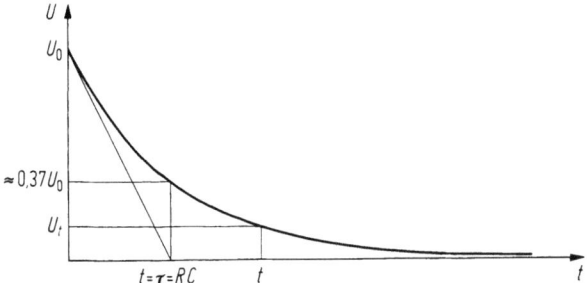

Bild 12.1. Entladungskurve eines Kondensators mit endlich großem Isolationswiderstand

bleibt die Spannung U nicht konstant, sondern sinkt gegen Null ab. Der Grund dafür ist der über den endlichen Isolationswiderstand R fließende Entladestrom $I = U/R$. Da während der Entladung die Spannung U stetig abnimmt, verkleinert sich auch fortwährend der Entladestrom. Die zeitliche Abnahme der Spannung des Kondensators wird durch eine Exponentialfunktion beschrieben (Bild 12.1), wobei gilt

$$U(t) = U_0 e^{-\frac{t}{\tau}}. \tag{12.1}$$

Flösse immer der anfängliche Entladestrom $I_0 = U_0/R$, wäre die Entladung nach $t = \tau = RC$ beendet. Wie man leicht zeigen kann, entspräche eine solche Entladung der Anfangstangente der Entladekurve. Dabei wird τ als die Zeitkonstante des Kondensators bezeichnet. In Wirklichkeit dauert die Entladung unendlich lange, da sich die Entladungskurve der Nullinie asymptotisch nähert.

Die Spannung ist nach $t = \tau$ gemäß (12.1) auf

$$U_\tau = U_0 e^{-1} \approx 0{,}37 \, U_0 \tag{12.2}$$

abgesunken.

Die Zeitkonstante τ hat eine große praktische Bedeutung. Durch sie ist die Anfangstangente der Entladekurve gegeben, welche im Bereich $0 < t < 0{,}1 \, \tau$ für praktische Zwecke eine genügend gute Näherung der Kurve darstellt. Da für Meßzwecke Fehler von höchstens einigen Prozenten annehmbar sind, kann aus der Anfangstangente leicht die dabei mögliche Meßdauer berechnet werden: Der zulässige Fehler wird nach dem entsprechenden prozentualen Teil der Zeitkonstante überschritten. Soll z. B. der Meßfehler infolge Ladungsverlust 2% nicht überschreiten, darf nicht länger als $0{,}02 \, \tau$ gemessen werden. Bei einer verlangten Meßzeit von z. B. 100 s muß τ daher mindestens 5 ks betragen.

Um große Zeitkonstanten zu erreichen, müssen möglichst hohe Isolationswiderstände angestrebt werden. Während üblicherweise in der Elektrotechnik Widerstandswerte über etwa 100 MΩ bereits als genügende oder sogar gute Isolation gelten, sind in der piezoelektrischen Meßtechnik Werte von über 10 TΩ notwendig, um genügend tiefe untere Grenzfrequenzen und insbesondere auch quasistatische Meßmöglichkeiten zu erreichen. Einzig für dynamische Messungen sowie bei Aufnehmern mit Aufnehmerelementen aus piezoelektrischen Keramiken oder Turmalin genügen Isolationswiderstände in der Größenordnung von GΩ.

Die Isolationswiderstände der piezoelektrischen Materialien sind im Kapitel 6 erwähnt. In Tabelle 12.1 sind die Isolationswiderstände der wichtigsten Isolations-

Tabelle 12.1. Typische Isolationswiderstände von Komponenten, die in Elektrometer- und Ladungsverstärkern Anwendung finden, sowie von Kabeln und Steckern. Die Werte gelten für die angegebenen Isolationsmaterialien in trockenem und sauberem Zustand.

Material	Anwendung	Isolationswiderstand in TΩ bei 20 °C
PTFE	Kabel, Stützpunkte, Stecker	> 1000
Keramik, silikonisiert	Schalter, Stützpunkte	> 100
Diallylphtalat	Schalter, Stützpunkte, Stecker	> 100
Glas hochisolierend und silikonisiert	Reed-Relais	> 1000
Glas normal	-- (zum Vergleich)	> 1
Magnesium-, Silizium-, Beryllium-Oxid	Kabel für hohe Temperaturen	> 10
Glas – Epoxy	Trägerplatten für gedruckte Schaltungen	> 1
Plexiglas	Rotoren für Stufenschalter	> 1

materialien und Komponenten, die in Verstärkern und Kabeln Anwendung finden, gegeben.

Die zweite Größe, von der die Zeitkonstante abhängig ist, ist die Kapazität des Meßkreises. Die Kapazität eines Aufnehmers ist weitgehend durch seine Konstruktion gegeben und kann wenig beeinflußt werden. Das gleiche gilt für die Kapazität der Kabel. Die Kapazität des Meßkreises kann ohne weiteres durch Parallelschalten eines geeigneten hochisolierenden Kondensators vergrößert werden, wodurch sich die Zeitkonstante verlängern läßt. Allerdings wird dadurch die für eine bestimmte Ladung Q zur Verfügung stehende Spannung verkleinert. Von dieser Möglichkeit macht der Elektrometerverstärker (s. Abschnitt 12.2) direkt und der Ladungsverstärker (s. Abschnitt 12.4) indirekt Gebrauch. Dabei ist jedoch zu beachten, daß einer solchen Verkleinerung der Spannung Grenzen gesetzt sind. Jeder Meßkreis hat einen bestimmten Störpegel (Eigenrauschen, Brumm, usw.), der durch die verwendeten Komponenten fest gegeben ist. Wird daher die Meßspannung zu stark reduziert, verschlechtert sich das Verhältnis Nutz- zu Störsignal.

12.1.3 Untere Grenzfrequenz eines *RC*-Gliedes

Die Zeitkonstante des Meßkreises bestimmt auch dessen untere Grenzfrequenz. Nur mit einer unendlichen Zeitkonstante könnte echt statisch, also mit einer unteren Grenzfrequenz gleich Null, gemessen werden. Da die Voraussetzung dazu — unendlich große Isolationswiderstände — nicht erfüllbar ist, ist eine echt statische Messung mit dem piezoelektrischen System unmöglich.

Für eine sinusförmige Meßgröße ergibt sich die untere Grenzfrequenz zu

$$f_u = \frac{1}{2\pi\tau}. \tag{12.3}$$

Diese Grenzfrequenz ist dadurch gekennzeichnet, daß die Amplitude eines sinusförmigen Signals auf $1/\sqrt{2}$ abgeschwächt wird. Diese Reduktion der Amplitude um ca. 30 % entspricht einer Dämpfung von −3 dB. Es sei hier an die Definition

12.1 Elektrische Grundlagen

des Dezibels errinnert: $1\,\text{dB} = 20 \log U_1/U_2$. Bei der Grenzfrequenz ist jedoch nicht nur die Amplitude um $-3\,\text{dB}$ verringert, sondern zwischen Eingangs- und Ausgangssignal besteht auch eine Phasenverschiebung von 45° (Bild 12.2).

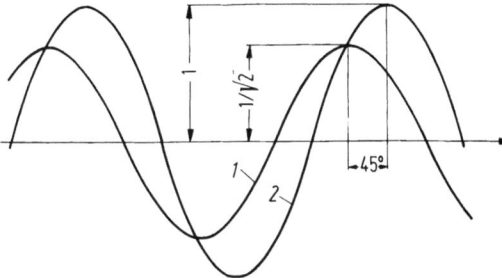

Bild 12.2. Amplitudenfehler und Phasenverschiebung der wiedergegebenen Kurve (*1*) bei der Grenzfrequenz eines einfachen *RC*-Hochpasses anstelle des Meßwertverlaufes (*2*)

Für das Messen der hier betrachteten Meßgrößen Kraft, Druck und Beschleunigung sind jedoch Amplitudenverkleinerungen von 30 % und Phasenverschiebungen von 45° nicht mehr akzeptabel. Deshalb muß die tiefste, noch zu messende Frequenz der Meßgröße je nach zulässigem Fehler um einen gewissen Faktor höher als die untere Grenzfrequenz des Systems liegen. Bild 12.3 zeigt den Amplitudenfehler und die Phasenverschiebung in Funktion des Verhältnisses der Meßfrequenz, wobei ein einfaches *RC*-Verhalten vorausgesetzt ist (Abfall $-6\,\text{dB}$/Oktave unterhalb der Grenzfrequenz).

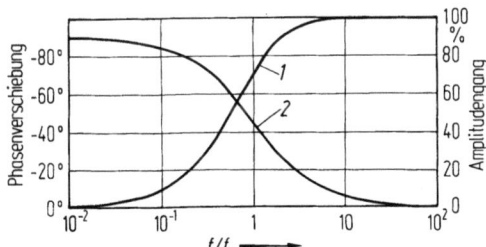

Bild 12.3. Amplitudengang (*1*) und Phasenverschiebung (*2*) eines einfachen *RC*-Hochpasses in Funktion des Verhältnisses der Meßfrequenz zur Grenzfrequenz (ohne Berücksichtigung der grundsätzlich vorhandenen Phasen-Invertierung beim Ladungsverstärker)

Da die Meßgrößen selten rein sinusförmig verlaufen, muß die tiefste im Signal enthaltene Frequenz (z. B. die tiefste Frequenz in der Fourier-Analyse des Signals) den obigen Betrachtungen zugrundegelegt werden.

In den meisten Fällen sind im Meßsystem mehrere Zeitkonstanten wirksam, z. B. beim Ladungsverstärker die Zeitkonstante eingebauter Filter und die Zeitkonstante des Gegenkopplungskreises im Verstärker. Für die Messung ist dann die höchste der beteiligten unteren Grenzfrequenzen maßgebend. Liegen mehrere solche Grenzfrequenzen zudem nahe beieinander, bewirken sie zusammen einen stärkeren Amplitudenabfall als der bisher betrachtete einfache *RC*-Kreis.

12.1.4 Meßnullpunkt

Eine weitere besondere Eigenschaft piezoelektrischer Meßsysteme ist die Möglichkeit, den Meßnullpunkt beliebig wählen zu können. Noch richtiger wäre zu sagen, daß bei piezoelektrischen Systemen gar kein Nullpunkt inhärent definiert ist, sondern willkürlich vor jeder Messung erst festgelegt werden muß. Einzig beim unbelasteten (also auch nicht vorgespannten) piezoelektrischen Aufnehmerelement könnte man von einem „inhärenten" Nullpunkt sprechen. Da aber Aufnehmerelemente immer unter Vorspannung eingebaut werden, hat dieser Nullpunkt praktisch keine Bedeutung.

Das Prinzip der Nullpunktswahl bzw. -festlegung kann einfach am Beispiel eines Kraftaufnehmers erläutert werden. Der Aufnehmer werde durch eine konstante Kraft, z. B. Auflegen eines Gewichtes, belastet. Die infolge der Polarisationsladung am Aufnehmerausgang auftretende Spannung wird wegen der Entladung über dem nicht unendlich großen Isolationswiderstand nach genügend langer Zeit wieder Null sein. Wirken dann weitere Kräfte auf den Aufnehmer, werden diese direkt gemessen, d. h. die durch das vorher aufgelegte Gewicht erzeugte Belastung ist für diese weiteren Messungen meßtechnisch eliminiert.

Anstatt das Ende der Entladung abzuwarten, kann der Aufnehmer nach oder sogar schon vor dem Auflegen des Gewichtes elektrisch kurzgeschlossen werden, womit der Meßnullpunkt nun dem Belastungszustand des Aufnehmers nach dem Auflegen des Gewichtes entspricht. Nachdem der Meßnullpunkt so festgelegt ist, können neue wirkende Kräfte nicht nur unabhängig von der derart elektrisch eliminierten Vorlast gemessen werden, sondern in Verbindung mit Elektrometer- oder Ladungsverstärkern können diese neuen Kräfte mit einem beliebigen Maßstab gemessen werden. Dadurch wird es möglich, z. B. nach Aufbringen einer Kraft von 100 kN elektrisch den Nullpunkt neu festzusetzen und nun Kraftänderungen von z. B. wenigen N mit entsprechend gewählten Bereichen am Verstärker einwandfrei zu messen.

Von dieser Möglichkeit wird insbesondere auch bei den Mehrkomponenten-Kraftaufnehmern Gebrauch gemacht, da diese immer unter hoher Vorspannung eingebaut werden. Da der Meßnullpunkt nach dem Vorspannen neu festgelegt werden kann, hat diese Vorspannung auch keinen Einfluß auf die Messung. Diese Art der Nullpunktswahl bezeichnet man als „Erstellen des Ausgangszustandes", „Rückstellen des Verstärkers" (englisch: „reset") oder „Tarierung".

Obwohl piezoelektrisch nicht über lange Zeit statisch gemessen werden kann, ist es doch möglich, dank der oben beschriebenen Eigenschaft, z. B. nach beliebig langer Zeit, eine ursprünglich aufgebrachte Vorspannung wieder zu messen, indem nämlich nach dem Festlegen des Nullpunktes die Vorspannung gelöst wird, so daß sie nun als negative Kraft gemessen wird.

12.2 Der ideale Elektrometerverstärker

Der Elektrometerverstärker ist ein Verstärker, der am Eingang einen extrem hohen Isolationswiderstand besitzt. Dadurch wird der Eingangskreis nicht belastet, und die entstehende Eingangsspannung bleibt erhalten. Die Verstärkung ist meistens 1,

12.2 Der ideale Elektrometerverstärker

d. h. es entsteht keine Spannungsveränderung. Elektrisch gesehen ist der Elektrometerverstärker somit ein Impedanzwandler. Die am Aufnehmer über dessen hohem Isolationswiderstand auftretende Spannung wird durch den Elektrometerverstärker in eine gleiche Spannung, jedoch über einem sehr kleinen Widerstand, umgewandelt, so daß diese mit den üblichen Instrumenten gemessen werden kann.

Bild 12.4 zeigt eine Meßkette mit einem Elektrometerverstärker. Die Spannung am Eingang des Elektrometerverstärkers wird einerseits durch die vom Aufnehmer abgegebene Ladung und andererseits durch die gesamte, im Eingangskreis vorhandene Kapazität bestimmt. Um dem Eingangskreis möglichst wenig Ladung zu entziehen, sollte der Verstärker idealerweise einen Eingangswiderstand aufweisen, der um einige Größenordnungen größer als der Isolationswiderstand von Aufnehmer und Kabel ist. Während früher für die Eingangsstufe aus diesem Grunde spezielle Elektrometerröhren verwendet wurden, stehen heute Feldeffekt-Transistoren (J-FET oder MOS-FET) zur Verfügung.

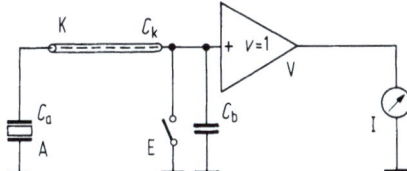

Bild 12.4. Meßkette mit Elektrometerverstärker. A Aufnehmer, K Kabel, V Verstärker, E Erdungsschalter, I Instrument (z. B. Voltmeter)

Zum Anpassen des Meßbereiches an die jeweilige Meßaufgabe verfügt der Verstärker meist über einen oder mehrere sogenannte Bereichskondensatoren, welche parallel zum Aufnehmer in den Eingangskreis eingeschaltet werden können. Damit stehen nicht nur verschiedene Meßbereiche zur Verfügung, sondern die im Eingangskreis auftretende Spannung kann innerhalb des durch den Verstärker gegebenen Höchstwertes gehalten werden. Die im Eingangskreis wirksame Kapazität setzt sich aus der Aufnehmerkapazität C_a, der Kabelkapazität C_k und der eingeschalteten Bereichskapazität C_b zusammen. Die im Eingangskreis entstehende Spannung ist

$$U_e = \frac{Q}{C_a + C_k + C_b}. \tag{12.4}$$

Je nach der größten zu messenden Ladung Q wird C_b so gewählt, daß U_e innerhalb des Aussteuerbereiches des Verstärkers liegt. Sowohl bei Elektrometerröhren wie auch Feldeffekt-Transistoren sind dies meist, je nach Typ, ± 1 bis ± 10 V.

Der Elektrometerverstärker besitzt einen sogenannten „Erdungsschalter", mit dem der Verstärkereingang einschließlich des Aufnehmers kurzgeschlossen werden kann. Damit läßt sich der Nullpunkt der Meßkette festlegen (s. Abschnitt 12.1.4). Zudem ist bei geschlossenem Schalter der Verstärker gegen allfällige Spannungsspitzen geschützt, wie sie z. B. beim Anschließen eines statisch geladenen Kabels entstehen können.

12.3 Der reale Elektrometerverstärker

Die Ausgangsspannung des Verstärkers hängt von dessen Verstärkung v ab. Für die Ausgangsspannung ergibt sich

$$U_a = v U_e = v \frac{Q}{C_a + C_k + C_b}. \qquad (12.5)$$

Die Verstärkung ist meist 1, so daß $U_a = U_e$ wird.

Aus (12.5) geht nun hervor, daß die Ausgangsspannung des Verstärkers außer vom gewählten Bereichskondensator C_b auch wesentlich von der Aufnehmerkapazität C_a und der Kabelkapazität C_k abhängt. Während C_a in der Größenordnung von einigen zehn bis einigen hundert pF liegt und für einen bestimmten Aufnehmertyp relativ konstant ist, hängt die Kabelkapazität C_k direkt von der Kabellänge ab und beträgt typisch etwa $70\,\mathrm{pF\,m^{-1}}$.

Um den Übertragungsfaktor von der meßgrößenproportionalen Ladung Q auf die Ausgangsspannung U_a des Verstärkers zu bestimmen, ist es notwendig, entweder C_a und C_k genau zu messen und rechnerisch in (12.5) einzuführen oder aber die zusammengestellte Meßkette als Ganzes zu kalibrieren. Nach jedem Kabel- und auch Aufnehmerwechsel muß also neu gerechnet oder kalibriert werden! Eine weitere Unannehmlichkeit liegt darin, daß die Ausgangsspannung nicht proportional der Kapazität des Bereichskondensators ist. Es ergeben sich in jedem Fall ungerade Beziehungen zwischen Meßgröße und Ausgangsspannung, was das Auswerten der Meßresultate außerordentlich erschwert. Dies kann durch eine zweite, nachgeschaltete Verstärkerstufe, deren Verstärkung einstellbar ist, behoben werden. Diese Einstellung gilt jedoch jeweils nur für den kalibrierten Aufbau und den dabei eingeschalteten Bereichskondensator.

Die gesamte Kapazität im Eingangskreis bestimmt, zusammen mit dem gesamten Isolationswiderstand, die Zeitkonstante der Meßkette. Der Isolationswiderstand R setzt sich dabei aus R_a des Aufnehmers, R_k des Kabels und R_e des Verstärkers zusammen. Die Meßkette verhält sich daher genau wie ein Aufnehmer mit offenem Ausgang.

Eine Meßkette mit Elektrometerverstärker wird also immer auf Null bzw. auf den durch den Gitterstrom der Elektrometerröhre bestimmten Nullpunkt zurückgehen, wenn sie sich selbst überlassen wird. Die dabei wirksame Zeitkonstante kann für bestimmte Anwendungen dadurch verkürzt werden, indem parallel zum Verstärkereingang ein Ableitwiderstand geschaltet wird. Dadurch erhöht sich auch entsprechend die untere Grenzfrequenz (s. Abschnitt 12.1.3). Zum raschen Erstellen des Ausgangszustandes oder auch zum Tarieren, d. h. zum direkten Festlegen des Meßnullpunktes, kann mittels eines Erdungsschalters der Eingang direkt kurzgeschlossen werden (s. Bild 12.4 und Abschnitt 12.1.4).

Andererseits muß für das Messen langsamer Vorgänge eine möglichst große Zeitkonstante angestrebt werden. Dies bedeutet nach Abschnitt 12.1.2, daß der Isolationswiderstand im Eingangskreis möglichst hoch sein muß. Während bei Aufnehmern mit Aufnehmerelementen aus Quarz und am Eingang der Elektrometerverstärker ohne weiteres Isolationswiderstände von über $10\,\mathrm{T\Omega}$ aufrechterhalten werden können, ist dies bei Kabeln und Steckern nur bedingt möglich. Obwohl neue und saubere Kabel und Stecker mit PTFE-Isolation typische Isolationswiderstände von über 100 TΩ aufweisen, fallen diese nach längerem Gebrauch auf etwa 10 TΩ, bei unsorgfältiger Behandlung und dementsprechender Verschmutzung jedoch leicht in die Größenordnung von GΩ ab. Bei so schlechten Isolationswiderständen ist es schwierig oder gar unmöglich, mittels Elektrometerverstärkern kleine Ladungen über längere Zeit zu messen.

Dies hat in der Anfangszeit der piezoelektrischen Meßtechnik zur Auffassung geführt, daß man prinzipiell piezoelektrisch keine langsam verlaufenden oder quasistatischen Vorgänge messen könne und daß die Kabelisolation sehr große Schwierigkeiten für den Anwender bedeute.

Dieses früher sicher zutreffende Argument wird leider auch heute noch oft unbesehen auf die Ladungsverstärker-Meßtechnik übertragen, was dabei aber zu einem unsachlichen Vorurteil gegenüber der piezoelektrischen Meßtechnik führt. In den Abschnitten 12.4 und 12.5.5 wird gezeigt, daß beim Ladungsverstärker-Prinzip die Isolation wie auch die Kapazität im Eingangskreis einen wesentlich geringeren Einfluß haben und daß deshalb quasistatische Messungen heute einwandfrei und problemlos durchgeführt werden können.

Eine weitere Schwierigkeit ergab sich bei den Elektrometerverstärkern mit Elektrometerröhren am Eingang daraus, daß diese Röhren (meist Pentoden) wohl für möglichst hohen Isolationswiderstand und geringsten Gitterstrom gebaut waren, dabei aber eine schlechte Linearität aufwiesen. Aus allen diesen Gründen ist der Elektrometerverstärker heute fast völlig durch den Ladungsverstärker verdrängt worden.

Allein bei Aufnehmern mit eingebautem Verstärker wird das Elektrometerprinzip manchmal noch angewendet, da dort die Eingangskapazität völlig innerhalb des Aufnehmers liegt und damit ein für allemal bestimmt und konstant ist. Auch die Eingangsisolation bietet dort keine Schwierigkeiten, da der Aufnehmer mit der Elektronik zusammen hermetisch dicht verschlossen werden kann. Zudem werden solche Aufnehmer meist nur für dynamische Messungen, vorab Vibrationen, gebaut und benötigen deshalb keine lange Zeitkonstante, d.h. sie enthalten einen entsprechenden Ableitwiderstand, der eine kurze Zeitkonstante ergibt. Ein Erdungsschalter für das Nullsetzen ist bei dynamischen Messungen nicht notwendig, er wäre praktisch auch kaum realisierbar.

Sobald der Verstärker in den Aufnehmer eingebaut wird, ergibt sich eine Einschränkung des Betriebstemperaturbereiches, da die Elektronik nur etwa im Bereich von -40 bis $120\,°C$ betriebsfähig bleibt. Dies ist mit ein Grund, warum Aufnehmer mit eingebautem Verstärker nur eine geringe Bedeutung erlangt haben.

12.4 Der ideale Ladungsverstärker

Der Ladungsverstärker hat wesentlich zur breiten Anwendung der piezoelektrischen Meßtechnik beigetragen, da er die dem Elektrometerverstärker anhaftenden Mängel eliminierte.

Das Prinzip des Ladungsverstärkers wurde von W. P. Kistler 1950 erstmals beschrieben [K 4]. Im wesentlichen besteht ein Ladungsverstärker aus einem Gleichstromverstärker mit möglichst hoher innerer Spannungsverstärkung, wobei die Polarität der Ausgangsspannung derjenigen der Eingangsspannung entgegengesetzt ist, und einem möglichst hohen Eingangswiderstand. Dieser Verstärker wird mit einem hochisolierenden Kondensator kapazitiv gegengekoppelt, wodurch die Eingangsimpedanz praktisch auf Null gebracht wird, der hohe Isolationswiderstand am Eingang jedoch erhalten bleibt.

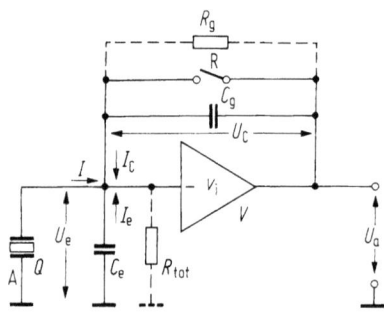

Bild 12.5. Meßkette mit Ladungsverstärker. A Aufnehmer, V Verstärker, R_{tot} Isolation am Eingang, R Rückstellschalter, C_e Kapazität am Eingang

Die Funktionsweise läßt sich anhand Bild 12.5 wie folgt erklären: Zwischen der Eingangsspannung U_e und der Ausgangsspannung U_a gilt die Beziehung

$$U_a = -v_i U_e, \qquad (12.6)$$

wobei v_i die innere Verstärkung bezeichnet. Die Spannungsdifferenz U_C über der Gegenkopplungskapazität C_g beträgt

$$U_C = U_a - U_e = U_a - \frac{U_a}{-v_i} = \left(1 + \frac{1}{v_i}\right) U_a. \qquad (12.7)$$

Am Verstärkereingang ist die Summe aller Ströme gemäß dem Kirchhoffschen Gesetz Null. Da ein idealer Verstärker angenommen wird, ist dieser frei von Leckströmen, d.h. in den Verstärkereingang fließt kein Strom. Deshalb gilt

$$I + I_C + I_e = 0, \qquad (12.8)$$

wobei

$$I = \frac{dQ}{dt}, \qquad (12.9)$$

$$I_C = C_g \frac{dU_C}{dt} = \left(1 + \frac{1}{v_i}\right) C_g \frac{dU_a}{dt} \qquad (12.10)$$

und

$$I_e = C_e \frac{dU_e}{dt} = \frac{1}{v_i} C_e \frac{dU_a}{dt}. \qquad (12.11)$$

Mit C_e wird die gesamte Kapazität im Eingangskreis, d.h. des Aufnehmers, des Kabels und des Verstärkereinganges bezeichnet. Daraus folgt

$$\frac{dQ}{dt} = -\left(1 + \frac{1}{v_i}\right) C_g \frac{dU_a}{dt} - \frac{1}{v_i} C_e \frac{dU_a}{dt}. \qquad (12.12)$$

12.4 Der ideale Ladungsverstärker

Durch Integrieren und unter Vernachlässigung des konstanten Gliedes (dies entspricht der Erstellung des Ausgangszustandes, s. Abschnitt 12.1.4) ergibt sich für die Ausgangsspannung

$$U_a = - \frac{Q}{\left(1 + \frac{1}{v_i}\right) C_g + \frac{1}{v_i} C_e} . \tag{12.13}$$

Da die innere Verstärkung v_i im Idealfall unendlich ist, vereinfacht sich (12.13) zu

$$U_a = - \frac{Q}{C_g} . \tag{12.14}$$

Daraus folgt, daß die Ausgangsspannung U_a des Verstärkers der vom Aufnehmer abgegebenen Ladung Q direkt proportional ist, da C_g für eine bestimmte Messung konstant ist. Die Eingangskapazität, d.h. Aufnehmer- und Kabelkapazität, hat keinen Einfluß auf das Meßresultat. Da die vom Aufnehmer abgegebene Ladung auch der Meßgröße proportional ist, bedeutet dies, daß die Ausgangsspannung des Ladungsverstärkers direkt der Meßgröße proportional ist.

Im idealen Fall der unendlich großen inneren Verstärkung v_i bleibt die Eingangsspannung $U_e = - U_a/v_i = 0$. Deshalb lädt sich die Aufnehmer- und Kabelkapazität auch nicht auf und bleibt deshalb ohne Einfluß. Da die Eingangsspannung Null ist, kann auch kein Strom über einen endlichen Isolationswiderstand R_{tot} im Eingangskreis fließen. Damit spielt im Idealfall auch der Isolationswiderstand von Aufnehmer und Kabel keine Rolle. Am Verstärkereingang sind also nur noch der Ladestrom des Gegenkopplungskondensators und der durch die Polarisationsladung im Aufnehmer verursachte Strom wirksam. Gemäß dem Kirchhoffschen Gesetz sind diese beiden Ströme einander in jedem Zeitpunkt entgegengesetzt gleich. Daher sind auch die Ladung des Gegenkopplungskondensators und die vom Aufnehmer abgegebene einander gleich. Es sieht also so aus, als flösse die vom Aufnehmer abgegebene Ladung direkt auf den Gegenkopplungskondensator. Da die Eingangsspannung im Idealfall Null ist, folgt auch $U_a = U_C$.

Für das Entladen des Gegenkopplungskondensators und damit das Rückstellen des Verstärkers kann parallel zum ersteren ein Schalter angeordnet werden, womit der Meßnullpunkt (s. Abschnitt 12.1.4) festgelegt werden kann. Mit Widerständen, die parallel zum Gegenkopplungskondensator geschaltet werden, lassen sich entsprechende, kürzere Zeitkonstanten (s. Abschnitte 12.1.2 und *12.5.5.1*) erreichen.

Aus diesen Zusammenhängen gehen folgende Vorteile des idealen Ladungsverstärkers hervor:

Über der Aufnehmer- und Kabelkapazität entsteht keine Spannung, so daß der Isolationswiderstand im Eingangskreis unkritisch ist.

Die Eingangskapazität (Aufnehmer und Kabel) hat keinen Einfluß auf die Ausgangsspannung.

Die Ausgangsspannung ist direkt proportional zur vom Aufnehmer abgegebenen Ladung, somit auch proportional zur Meßgröße.

Die Ausgangsspannung ist umgekehrt proportional zur Gegenkopplungskapazität, so daß durch Einschalten entsprechender Kapazitätswerte auf einfache Weise beliebig gestufte Meßbereiche erreicht werden können (die Gegenkopplungskondensatoren werden deshalb oft auch Bereichskondensatoren genannt).

Diese Eigenschaften sind auch beim realen Ladungsverstärker weitgehend vorhanden.

12.5 Der reale Ladungsverstärker

Beim realen Ladungsverstärker sind aus praktischen Gründen verschiedene in 12.4 als ideal angenommene Eigenschaften nur näherungsweise erreichbar. Als innere Verstärkung ist nur etwa 50 000 bis 100 000 erreichbar; als Isolationswiderstand sind sowohl am Verstärkereingang wie auch für die Bereichskondensatoren nur etwa 100 TΩ möglich; und es gibt keine Eingangstransistoren, welche absolut keinen Leckstrom aufweisen. Die Auswirkung dieser „Unvollkommenheiten" auf das Verhalten realer Ladungsverstärker wird in den folgenden Abschnitten eingehender beschrieben. Gleichzeitig wird auf die meßtechnischen Besonderheiten eingegangen [S 12].

An Ladungsverstärker für Meßzwecke werden, je nach Anwendung, verschiedene Ansprüche gestellt. Grundsätzlich soll der Verstärker auf einfache Weise auf die individuelle Empfindlichkeit des anzuschließenden Aufnehmers abgestimmt werden können, über geeignet gestufte kalibrierte Meßbereiche verfügen, einen genügend weiten Frequenzbereich aufweisen, die Möglichkeit bieten, den Frequenzbereich dem Meßproblem anzupassen, linear sein, stabil sein und geringes Eigenrauschen aufweisen.

12.5.1 Empfindlichkeitseinstellung, Maßstab und Meßbereich

Für jeden piezoelektrischen Aufnehmer wird durch Kalibrierung eine Empfindlichkeit bestimmt. Normalerweise wird diese in Pikocoulomb pro mechanische Einheit (M. U., mechanical unit) angegeben (z. B. pCN^{-1}, $pCbar^{-1}$, pCg^{-1}). Seltener und auch weniger zweckmäßig ist die Angabe in Millivolt pro mechanische Einheit, weil dabei immer anzugeben ist, bei welcher Gesamtkapazität (Aufnehmer und Kabel) diese Spannungsempfindlichkeit bestimmt wurde. Deshalb soll die Ladungsempfindlichkeit benutzt werden, da Ladung (und nicht Spannung) das primäre Ausgangssignal ist. Die Spannungsempfindlichkeit kann daraus nach dem Messen der vorhandenen Aufnehmer- und Kabelkapazität jederzeit leicht bestimmt werden; es genügt die gegebene Empfindlichkeit in pC/M. U. durch die gemessene Kapazität in pF zu dividieren, um die Empfindlichkeit in V/M. U. zu erhalten. Dabei sind eventuell zugeschaltete Bereichskondensatoren in Elektrometerverstärkern zu berücksichtigen.

Die Empfindlichkeit der Aufnehmer ist im allgemeinen keine ganze Zahl, sondern irgend ein Wert (z. B. 3,87 pCN^{-1}, 11,8 $pCbar^{-1}$ usw.). Verfügt der Ladungsverstärker nur über eine feste Empfindlichkeit (z. B. 1 VpC^{-1}), so erhält man am Verstärkerausgang auch keinen ganzzahligen Wert in V/M. U., was natürlich die Auswertung erschwert. Deshalb verfügen fast alle Ladungsverstärker über eine Empfindlichkeitseinstellung. Im einfachsten Fall kann dies ein einstellbarer Gegenkopplungskondensator oder ein Trimmpotentiometer sein, mit dem der Verstärkungsfaktor (meist des Spannungsverstärkers, der dem eigentlichen Ladungsverstärker nachgeschaltet ist) auf den dem Aufnehmer entsprechenden Wert ein-

12.5 Der reale Ladungsverstärker

gestellt werden kann. Dies genügt vor allem bei Anlagen, die einmal eingestellt werden und dann im Dauerbetrieb laufen (z. B. industrielle Meßanlagen).

Für labormäßige Meßaufgaben sind Verstärker zweckmäßig, an denen der Wert der Aufnehmerempfindlichkeit direkt als Zahlenwert eingestellt werden kann. Solche Verstärker haben z. B. 10-Gang-Präzisionspotentiometer mit Skala oder dekadische Wählschalter, an denen der Empfindlichkeitswert direkt eingestellt werden kann. Eine weitere einfache Möglichkeit, den Verstärker an die Aufnehmerempfindlichkeit anzupassen, ist die Verwendung eines speziellen Steckers, bei dessen Aufstecken der Verstärker automatisch auf den richtigen Empfindlichkeitswert eingestellt wird. Dazu muß aber für jeden Aufnehmer ein individuell abgeglichener Stecker vorhanden sein.

Aus der Aufnehmerempfindlichkeit E_a und der Verstärkerempfindlichkeit E_v ergibt sich die Gesamtempfindlichkeit $E_{tot} = E_a E_v$. Als Beispiel seien die Werte $E_a = 7{,}68\ \text{pCN}^{-1}$ und $E_v = 0{,}01302\ \text{VpC}^{-1}$ angenommen. Die Gesamtempfindlichkeit ergibt sich somit zu $E_{tot} = (7{,}68\ \text{pCN}^{-1})(0{,}01302\ \text{VpC}^{-1}) = 0{,}1\ \text{VN}^{-1}$.

Obwohl dies eine übliche Darstellungsweise ist, hat sie den Nachteil, daß beim Bestimmen des Auswertemaßstabes der an den Verstärker angeschlossenen Registrier- und Anzeigegeräte gerechnet werden muß. Wird z. B. ein Schreiber mit einer Empfindlichkeit von $1\ \text{Vcm}^{-1}$ angeschlossen, so ergibt sich der Auswertemaßstab im obigen Beispiel zu $(1\ \text{Vvm}^{-1})/(0{,}1\ \text{VN}^{-1}) = 10\ \text{Ncm}^{-1}$, d. h. man muß dividieren. Einfacher und eleganter ist es, den Kehrwert anzugeben, d. h. wieviele mechanische Einheiten pro Volt Verstärkerausgangsspannung gemessen werden. Im vorigen Beispiel beträgt dann der Maßstab $1/(0{,}1\ \text{NV}^{-1}) = 10\ \text{NV}^{-1}$. Für das Registriergerät ergibt sich dann $(10\ \text{NV}^{-1})(1\ \text{Vcm}^{-1}) = 10\ \text{Ncm}^{-1}$.

Diese Darstellungsweise hat den offensichtlichen Vorteil, daß der am Verstärker gewählte Maßstab „M.U./V" direkt zum Registriermaßstab wird, wenn das Registriergerät auf $1\ \text{Vcm}^{-1}$ oder $1\ \text{V/div}$ eingestellt wird.

Der Maßstab allein sagt jedoch noch nichts über den Meßbereich aus. Dieser ist durch den Ausgangsspannungsbereich des Verstärkers gegeben, der meist -10 bis $+10\ \text{V}$ beträgt. Damit ergibt sich mit dem Maßstab von $10\ \text{NV}^{-1}$ vom obigen Beispiel ein Meßbereich von $-100\ \text{N}$ bis $+100\ \text{N}$.

Da meist mehr als ein Meßbereich erwünscht ist, können am Ladungsverstärker verschiedene Bereiche bzw. Maßstäbe gewählt werden. Dies wird durch Einschalten verschieden großer Gegenkopplungskondensatoren erreicht.

Die einfachste Stufung der Bereiche ist eine dekadische, die aber den Nachteil hat, daß sie ziemlich grob ist, da zwei benachbarte Bereiche um den Faktor 10 verschieden sind (Bild 12.6).

Am weitaus gebräuchlichsten ist die Abstufung 1, 2, 5, 10, 20, ... Ein Beispiel dazu ist der in Bild 12.7 gezeigte Verstärker. Damit ergeben sich auch einfache und zweckmäßige Auswertemaßstäbe, insbesondere bei einer Registrieramplitude von 10 cm oder 10 div. In der Schwingungstechnik wird oft auch die Reihe 1, 3, 10, 30, ... verwendet. Dies hat dann Vorteile, wenn in dB gerechnet wird, da 10 dB ein Spannungsverhältnis von $\sqrt{10} = 3{,}16$ bedeuten. Somit entspricht die Stufung 1, 3, 10, 30, ... ziemlich genau 10-dB-Schritten. Oder aber es werden direkt 10-dB-Stufen verwendet.

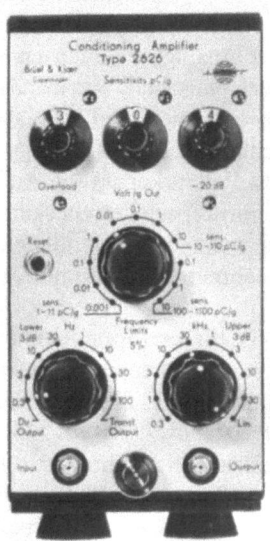
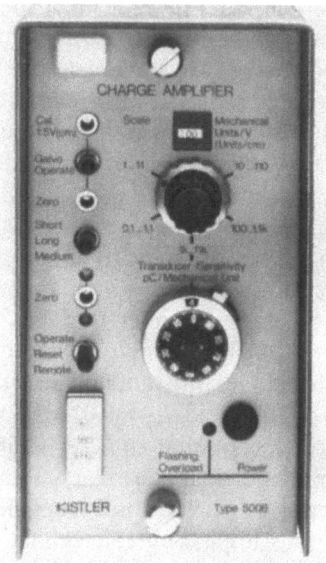

Bild 12.6   Bild 12.7

Bild 12.6. Ladungsverstärker mit dekadischer Bereichsabstufung (Werkbild Brüel & Kjaer)

Bild 12.7. Ladungsverstärker mit 1-2-5-Stufung der Bereiche und direkter Anzeige des gewählten Maßstabes (Werkbild Kistler)

12.5.2 Untere Grenzfrequenz des Ladungsverstärkers

Ladungsverstärker unterscheiden sich primär durch ihre untere Grenzfrequenz: Entweder können sie nur für dynamische Messungen, also für Frequenzen von einigen Hertz und darüber, oder aber auch für quasistatische Messungen verwendet werden.

Die untere Grenzfrequenz hängt im wesentlichen von der Zeitkonstante des Verstärkers ab. Diese ist durch den Wert des Gegenkopplungskondensators und des parallel dazu liegenden Widerstandes bestimmt. Die längste Zeitkonstante und somit die tiefstmögliche untere Grenzfrequenz ergibt sich dann, wenn der Parallelwiderstand nur aus dem Isolationswiderstand des Gegenkopplungskondensators besteht. Da in dieser Betriebsart jeder Ladungsverstärker nach einer gewissen Zeit in die Begrenzung geht, muß ein Rückstellschalter parallel zum Kondensator vorgesehen werden. Rechnerisch ergeben sich dafür Werte bis über 100 ks. Damit sind auch statische Messungen über eine begrenzte Zeit möglich. Allerdings sind dabei noch andere Effekte im Eingangskreis zu berücksichtigen, welche die Möglichkeiten der quasistatischen Messungen mitbestimmen (s. Abschnitt 12.5.5).

Für dynamische Messungen wählt man die Zeitkonstante so lang, daß die tiefsten noch zu messenden Frequenzen in der Amplitude nicht unzulässig abgeschwächt werden. Dazu wird ein Widerstand R_g parallel zum Gegenkopplungskondensator C_g geschaltet, wodurch ein einfaches RC-Hochpaßfilter mit 6 dB/Oktave Steilheit entsteht. Die Zeitkonstante τ berechnet sich zu

$$\tau = R_g C_g \qquad (12.15)$$

12.5 Der reale Ladungsverstärker

und daraus ergibt sich die untere Grenzfrequenz f_u für -3 dB Abfall zu

$$f_u = \frac{1}{2\pi\tau} = \frac{1}{2\pi R_g C_g}. \qquad (12.16)$$

Je nach dem zulässigen Amplituden- oder Phasenfehler muß die untere Grenzfrequenz f_u gemäß den in Abschnitt 12.1.3 gezeigten Zusammenhängen entsprechend niedriger sein als die tiefste Meßfrequenz.

Allerdings kann die untere Grenzfrequenz nicht allein nach diesen Kriterien beliebig tief gewählt werden, da eine weitere Bedingung erfüllt sein muß, nämlich, daß die Eigenschaften des Verstärkereinganges (Leckströme, Offsetspannung usw.) sowie des anzuschließenden Aufnehmers die erwünschte lange Zeitkonstante des Gegenkopplungskreises überhaupt erlauben. Ist diese Bedingung nicht erfüllt, ginge der Verstärker mehr oder weniger rasch in die Begrenzung. Dies kann nur dadurch verhindert werden, daß für R_g ein bestimmter Wert nicht überschritten wird. Dieser hängt vor allem von der Art des anzuschließenden Aufnehmers ab und beträgt z. B. für Aufnehmer mit Quarzelementen 100 GΩ, für solche mit piezoelektrischen Keramikelementen etwa 1 GΩ.

Aus diesen Gründen haben viele der handelsüblichen Ladungsverstärker drei umschaltbare Werte für R_g, nämlich 1 GΩ, 100 GΩ und ∞, d. h. etwa 100 TΩ, die meist als „Short", „Medium" und „Long" bezeichnet werden (Bild 12.7). Somit kann in jedem Fall die längstmögliche Zeitkonstante und damit der kleinste Fehler erreicht werden.

Einwandfreie Messungen können nur durchgeführt werden, wenn die vorstehenden Bedingungen erfüllt sind. Da die untere Grenzfrequenz in dieser Anordnung nur durch einen Festwiderstand und den Bereichskondensator gebildet wird, ändert sie sich beim Wechseln des Bereichskondensators. Dies ist vor allem bei Vibrationsmessungen unangenehm, weshalb auch Ladungsverstärker gebaut worden sind, bei denen Gegenkopplungswiderstände automatisch beim Bereichsumschalten so zugeschaltet werden, daß die resultierende Zeitkonstante – und somit die untere Grenzfrequenz – unabhängig vom gewählten Bereich wird. Nachteilig wirkt sich dabei jedoch aus, daß Widerstände im Bereich über 10 GΩ nicht innerhalb enger Toleranzen erhältlich und haltbar sind.

Es ist aber auch möglich, speziell für anspruchsvollere Messungen, wo es auch auf den Phasengang ankommt, nach der Ladungsverstärkerstufe ein separates Hochpaßfilter einzubauen, das dann nicht nur genauer, sondern nötigenfalls auch mit größerer Steilheit als 6 dB/Oktave ausgelegt werden kann. Selbstverständlich muß dabei die untere Grenzfrequenz eines solchen Filters über der durch den Gegenkopplungskreis und die Eingangskreiseigenschaften gegebenen Grenzfrequenz liegen (Bild 12.6).

12.5.3 Rückstellung und Nullpunktswahl beim Ladungsverstärker

Wird ein Ladungsverstärker mit langer Zeitkonstante (d. h. mit sehr großem oder gar keinem Parallelwiderstand zum Gegenkopplungskondensator) betrieben, ist es notwendig, den Kondensator kurzschließen zu können. Nur auf diese Weise kann der Verstärker auf Null gebracht werden. Dieses Kurzschließen des Kondensators, auch Rückstellen (reset) des Verstärkers genannt, kann mit einem hochisolierenden Schalter oder Relais (meist Reed-Relais) oder auch mit einem J-Feldeffekt-Transistor gemacht werden (s. Abschnitt 12.1.4). Bei mittlerer oder kurzer Zeitkonstante, also $R_g = 100\,\text{G}\Omega$ bzw. $1\,\text{G}\Omega$, oder allgemein bei Ladungsverstärkern nur für dynamische Messungen ist ein solcher Rückstellschalter grundsätzlich nicht notwendig, da solche Verstärker von selbst rasch auf Null zurückgehen (s. Abschnitt 12.1.2).

12.5.4 Obere Grenzfrequenz

Die obere Grenzfrequenz einer Meßkette wird durch denjenigen Teil bestimmt, welcher bei steigender Frequenz zuerst Amplitudenfehler und Phasenverschiebungen verursacht. Grundsätzlich kann dies der Aufnehmer, das Kabel oder der Verstärker sein. In den meisten Fällen bestimmt der Aufnehmer die obere Grenzfrequenz des Meßsystems. Die Eigen- und Resonanzfrequenzen piezoelektrischer Aufnehmer liegen im Bereich von etwa 1 bis über 500 kHz, wobei die meisten zwischen 50 und 200 kHz sind. Diese Werte werden oft durch den Einbau des Aufnehmers in das Meßobjekt reduziert. Solange die Meßfrequenzen unterhalb etwa 20 % der Eigen- oder Resonanzfrequenz des montierten Aufnehmers sind, treten keine wesentlichen Amplitudenfehler und Phasenverschiebungen auf (Bild 11.5).

Kabel haben kaum je einen Einfluß auf die Messung. Ausnahmen sind sehr große Kabellängen (über etwa 50 m), sehr kleine Meßbereiche des Ladungsverstärkers, ältere Ladungsverstärker, deren innere Verstärkung noch verhältnismäßig klein ist, und Meßfrequenzen über etwa 100 kHz.

Der Zusammenhang zwischen innerer Verstärkung v_i, der Gegenkopplungskapazität C_g und der Kabelkapazität C_k wird in den Abschnitten 12.4 und 12.5.6 dargestellt. Die innere Verstärkung ist frequenzabhängig, d.h. sie nimmt mit steigender Frequenz ab. Deshalb hat die Kabelkapazität bei steigender Frequenz einen nicht mehr vernachlässigbaren Einfluß, in dem sie eine frequenzabhängige Verringerung der Signalamplitude, ähnlich wie ein Tiefpaßfilter, bewirkt. Dieser sollte in vollständigen Daten des Ladungsverstärkerherstellers hinreichend angegeben werden.

Bei Frequenzen ab etwa 100 kHz macht sich auch die Hochfrequenz-Impedanz des Kabels bemerkbar. Es genügt dann nicht mehr, nur dessen Kapazität in Rechnung zu stellen. Für ein optimales Übertragungsverhalten müßten eigentlich Aufnehmer und Verstärker der Kabelimpedanz angepaßt sein, was aber wiederum frequenzgangmäßige Nachteile bei sehr großen Gegenkopplungskapazitäten hätte. Praktisch wird deshalb selten eine solche HF-Anpassung ausgeführt, es sei denn bei Messungen im MHz-Bereich (z. B. Schockwellenmessungen).

Verstärkerseitig besteht kaum eine Einschränkung des Frequenzganges. Mit modernen Operationsverstärkern in geeigneter Schaltung lassen sich obere Grenzfrequenzen von über 500 kHz erreichen, was praktisch für alle Anwendungen außer Spezialfällen — wie z. B. Schockwellen-Messungen — genügt.

Eine Einschränkung ergibt sich nur bei einem sehr kleinen Verhältnis von Gegenkopplungskapazität zu Kabelkapazität, sowie bei sehr großen Gegenkopplungskapazitäten. Bei letzteren muß der Verstärker relativ große Ströme liefern (bis zu einigen 100 mA). Allerdings ist dieser Fall selten, da kaum sehr große mechanische Größen auch mit sehr hohen Frequenzen auftreten. Soll andererseits

12.5 Der reale Ladungsverstärker

der Frequenzgang nach oben aus meßtechnischen Gründen begrenzt werden, läßt sich dies leicht durch zuschaltbare oder steckbare Tiefpaßfilter bewerkstelligen.

12.5.5 Quasistatisches Messen, Stabilität und Drift

Mit piezoelektrischen Meßsystemen sind auch einwandfrei quasistatische Messungen möglich. Begrenzt wird diese Möglichkeit des statischen Messens einerseits durch die Zeitkonstante im Gegenkopplungskreis, andererseits aber auch durch das global als Drift bezeichnete Abwandern des Ausgangs-Bezugspunktes beim Ladungsverstärker.

Dieses Abwandern kann durch die folgenden Einflüsse verursacht werden:
Zeitkonstante des Gegenkopplungskreises,
dielektrische Nachwirkung im Gegenkopplungskondensator,
Leckströme im Verstärkereingang (MOS-FET, J-FET oder Varaktordiode),
mangelnde Nullpunktsstabilität,
Leckströme über die Isolationswiderstände im Eingangskreis, infolge vorhandener Offsetspannung,
Ausgangsspannung bei schlechter Isolation im Eingangskreis und kurzer Zeitkonstante des Ladungsverstärkers,
„Operate"-Sprung,
Ladungsausgleich nach Manipulationen am Meßkreis und
Teildefekte des MOS-FET am Verstärkereingang.

12.5.5.1 Zeitkonstante des Gegenkopplungskreises

Über dem Gegenkopplungskondensator C_g liegt die Ausgangsspannung des Verstärkers. Infolge des nur endlich großen Isolationswiderstandes R_g fließt ein Leckstrom, der den Kondensator exponentiell entlädt (s. Abschnitt 12.1.2).

Die Zeitkonstante τ hängt von der Größe der Kapazität des Kondensators und dem darin verwendeten Dielektrikum ab. In Ladungsverstärkern werden als Gegenkopplungskondensatoren meist solche mit Polystyren als Dielektrikum verwendet, wobei etwa die in Tabelle 12.2 aufgeführten Daten erreicht werden. Bei Kondensatoren mit Kapazitäten unter etwa 1 nF muß auch die dielektrische Nachwirkung beachtet werden, da sie dort unter Umständen einen größeren Meßfehler bewirkt.

Tabelle 12.2. Zeitkonstanten von Gegenkopplungskondensatoren

C_g in nF	0,01 ... 1	2	5	10	20 ...
R_g in TΩ	> 100	> 50	> 20	> 10	> 5 ...
τ in ks	1 ... 100	alle > 100			

12.5.5.2 Dielektrische Nachwirkung im Gegenkopplungskondensator

Bei einem aufgeladenen Kondensator verbleibt die Ladung nicht ideal auf den Elektroden. Ein gewisser Anteil von freien Elektronen (bzw. „Löchern") diffundiert in das Dielektrikum hinein. Infolge des hohen Isolationswiderstandes des Dielektrikums geht dieses Diffundieren langsam vor sich. Dieser Effekt wirkt sich nach außen so aus, als ob sich die Kondensatorkapazität vergrößere, d. h. die Spannung nimmt ab. Nach der Entladung des Kondensators erscheint der Vorgang in umgekehrter Richtung, d. h. der Kondensator gibt noch einige Zeit Ladung ab, bis alle freien Ladungen wieder ausgeglichen sind.

Diese scheinbare, zusätzliche Kapazität ΔC ergibt gemäß Bild 12.8 mit dem Isolationswiderstand R_g zusammen die Zeitkonstante $\tau_{\Delta C}$, mit der die dielektrische Nachwirkung vor sich geht. Diese Zeitkonstante kann einige Sekunden bis einige Minuten betragen und die dielektrische Nachwirkung ist somit vor allem beim quasistatischen Messen kleiner Meßgrößen störend. Die scheinbare Zusatzkapazität ΔC fällt vor allem bei kleinen Gegenkopplungskapazitäten stärker ins Gewicht, wie aus der Tabelle 12.3 hervorgeht.

Tabelle 12.3. Dielektrische Nachwirkung und deren Zeitkonstante

C_g	ΔC in % C_g	R_g in TΩ	$\tau \Delta C$ in s
100 nF	< 0,5	1	< 500
1 nF	< 0,5	100	< 500
100 pF	0,5 ... 2	100	50 ... 200
10 pF	5 ... 10	100	50 ... 100

Die Kondensatorhersteller geben im allgemeinen niedrigere Werte für die dielektrische Nachwirkung an. Der Grund ist darin zu sehen, daß leider die üblichen Prüfnormen eine viel zu niederohmige Meßanordnung vorsehen, so daß die wirklich vorhandene Nachwirkung gar nicht gemessen wird.

12.5.5.3 Eingangsleckstrom

Über die Sperrschichten der Halbleiter in den Ladungsverstärker-Eingangsstufen fließen Leckströme auf den Eingang. Solche können aber auch zusätzlich über Isolationsstrecken fließen. Diese Leckströme sind meist stark temperaturabhängig und werden bei steigender Temperatur überproportional größer. Die Leckströme durch die Sperrschichten verdoppeln sich etwa pro 8 °C Temperaturanstieg.

Für Bauelemente hoher Qualität gelten etwa die in Tabelle 12.4 angegebenen Grenzen für die Leckströme. Diese Werte werden nur unter optimalen Bedingungen erreicht und können in der Praxis leicht um einen Faktor zehn größer sein.

Tabelle 12.4. Leckströme verschiedener Ladungsverstärker-Eingangsstufen

Eingangsstufe mit	Leckstrom in fA bei	
	20 °C	50 °C
Varaktordioden	< 3	< 30
MOS-FET	< 10	< 10
J-FET	< 100	< 1000

12.5 Der reale Ladungsverstärker

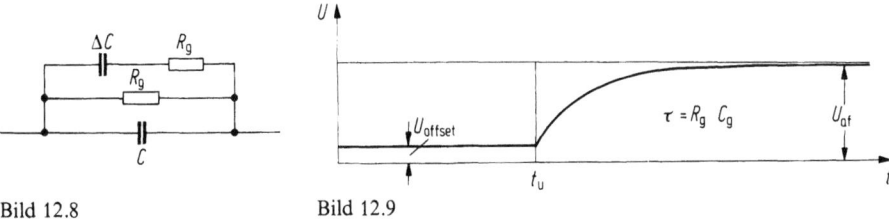

Bild 12.8   Bild 12.9

Bild 12.8. Ersatzschema zur dielektrischen Nachwirkung

Bild 12.9. Ausgangsspannung bei schlechter Eingangsisolation und kurzer Zeitkonstante vor und nach dem Umschaltzeitpunkt t_u

Durch die Eingangsleckströme wird eine Drift der Ausgangsspannung verursacht, welche bei konstanter Temperatur ebenfalls konstant ist, d.h. durch den totalen Leckstrom I_l am Eingang fließt die mit der Zeit t linear wachsende Ladung $Q = I_l t$ auf den Gegenkopplungskondensator.

12.5.5.4 Nullpunktsstabilität

Bei einem idealen Ladungsverstärker sollten Eingangs- und Ausgangsspannung genau Null sein und bleiben, wenn die Rückstelleinrichtung (reset) betätigt wird. Infolge Temperaturschwankungen, Alterung, Veränderungen der Sperrschichten in der Eingangsstufe, z.B. nach einer leichten, spannungsmäßigen Überlastung ohne Totaldefekt usw., ergeben sich mit der Zeit Nullpunktsverschiebungen. Bei vielen Verstärkern, vor allem solchen, welche für quasistatische Messungen vorgesehen sind, kann der Nullpunkt nach Bedarf nachjustiert werden. In Verstärkern für ausschließlich dynamische Messungen wird oft durch eine kapazitive Kopplung der Gleichspannungsanteil eliminiert, so daß sich dort keine Eingangs- oder Ausgangsfehlerspannungen oder deren zeitliche Schwankungen bemerkbar machen. Die Auswirkung auf das Meßergebnis wird in Abschnitt *12.5.5.5* erklärt.

Die Größenordnung solcher Schwankungen liegt z.B. bei Ladungsverstärkern mit MOS-FET-Differenzeingang etwa innerhalb ± 5 mV über einige Tage. Sollte sich plötzlich eine größere Abweichung bemerkbar machen, allenfalls zugleich mit einem vergrößerten Eingangsleckstrom, bedeutet dies, daß der MOS-FET durch eine leichte spannungsmäßige Überlastung „angeschlagen", aber nicht total defekt wurde. Um dies zu vermeiden, sind die vom Hersteller angegebenen Vorsichtsmaßnahmen (Kurzschließen der Kabel vor dem Anschließen an den Verstärker usw.) unbedingt zu beachten.

Bei Ladungsverstärkern mit J-FET- oder Varaktordioden-Eingang sind die Nullpunktsänderungen geringer, d.h. nur etwa ± 1 mV über einige Tage. Ebenso sind hier „Teildefekte" infolge leichter Spannungsüberlastung viel weniger kritisch und kaum zu befürchten. Dafür haben J-FET-Eingänge höhere Leckströme, Varaktordioden-Eingänge eine tiefere, obere Grenzfrequenz.

12.5.5.5 Leckströme über die Isolationswiderstände im Eingangskreis infolge Offsetspannungen

Im Idealfall (s. Abschnitt 12.4) wäre die Eingangsspannung eines Ladungsverstärkers Null, d.h. auch über dem Aufnehmer und dem Kabel läge keine Spannung.

Somit könnte selbst bei schlechtem, also niedrigem Isolationswiderstand des Aufnehmers und Kabels kein Strom fließen. Der reale Ladungsverstärker hat jedoch immer eine gewisse Differenz-(Offset-)Spannung an seinem Eingang, so daß bei niedrigem Isolationswiderstand infolge dieser Offsetspannung ein konstanter Leckstrom fließt. Diese Offsetspannung, die sowohl positiv wie auch negativ sein kann, liegt bei modernen Ladungsverstärkern mit MOS-FET-Differenzeingang innerhalb etwa ± 20 mV. Dadurch wird ein lineares Wegdriften des Meßwertes verursacht. Bei einem gesamten Isolationswiderstand im Eingangskreis von nur z. B. 100 GΩ (relativ schlechter Wert) und einer Offsetspannung von z. B. −10 mV ergibt sich ein Driftstrom $I_d = -10\,\mathrm{mV}/100\,\mathrm{G\Omega} = -100\,\mathrm{fA}$, was gemäß der Beziehung $I = Q/t$ auch einer Ladungsdrift von $-100\,\mathrm{fC\,s^{-1}}$ entspricht.

Um mit möglichst geringer Drift messen zu können, muß eine allfällige Offsetspannung am Verstärkereingang zum Verschwinden gebracht werden. Dies ist bei Verstärkern mit Nullpunktseinstellung auf folgende Weise möglich: Der Verstärker wird auf die für die Messung notwendigen Parameter (Aufnehmerempfindlichkeit, Meßbereich) eingestellt und auf die kürzeste vorhandene Zeitkonstante geschaltet. Dann wird der Eingang kurzgeschlossen, was bewirkt, daß der Verstärker sofort in die Begrenzung geht. Durch Verstellen des Nullpunktes kann der „Kippunkt" gefunden werden, bei dem der Verstärker von der einen in die entgegengesetzte Begrenzung „umkippt". Wird derart fein abgeglichen, daß die Ausgangsspannung ungefähr Null ist, hat man die optimale Einstellung für geringste Drift gefunden.

Obwohl der so eingestellte Zustand wegen der beschränkten Nullpunktsstabilität des Verstärkers nicht sehr lange erhalten bleibt, kann doch auch mit relativ schlechtem Isolationswiderstand dadurch länger quasistatisch gemessen werden. Da häufig vor weiteren Messungen der obige Abgleich wiederholt werden muß, kommt er praktisch nur für anspruchsvolle Messungen im Labor in Frage.

12.5.5.6 Ausgangsspannung bei schlechter Eingangsisolation und kurzer Zeitkonstante

Im Gegensatz zu dem im Abschnitt 12.5.5.5 beschriebenen Fall wird bei kurzer Zeitkonstante parallel zum Gegenkopplungskondensator ein Widerstand R_g zugeschaltet, der um einige Größenordnungen kleiner als der Isolationswiderstand des Kondensators ist.

Infolge der Offsetspannung fließt wiederum ein Leckstrom über die Isolationswiderstände im Eingangskreis. Dadurch wird C_g aufgeladen, jedoch nur solange, bis über R_g ein entgegengesetzt gleicher Strom fließt. Nach genügend langer Zeit stellt sich ein Gleichgewichtszustand ein, und es ergibt sich eine Fehlerspannung U_{af} am Ausgang von

$$U_{af} = U_{offset}\left(1 + \frac{R_g}{R_{tot}}\right). \tag{12.17}$$

Diese Spannung nähert sich, nachdem der Verstärker auf „Messen" („operate") geschaltet wurde, asymptotisch dem Wert U_{af} mit der Zeitkonstante $\tau = R_g C_g$ (Bild 12.9).

12.5.5.7 „Operate"-Sprung

Der Gegenkopplungskondensator kann bei vielen Verstärkern durch einen parallel dazu liegenden Schalter kurzgeschlossen, also entladen werden (s. Abschnitte 12.1.4 und 12.5.3). Dadurch wird der Nullpunkt für eine nachfolgende Messung festgelegt. Obwohl beim Öffnen dieses Schalters (Schalten auf „Operate") die Spannung über dem Gegenkopplungskondensator Null ist, beobachtet man im Moment des auf „Operate"-Schaltens einen kleinen Spannungssprung am Verstärkerausgang.

Dieser Spannungssprung, in der Praxis oft als „Operate"-Sprung bezeichnet, wird durch das Eigenrauschen des Verstärkers verursacht. Jeder Verstärker hat ein gewisses Eigenrauschen, d.h. sein Nullpunkt schwankt stochastisch mit ein breites Spektrum überdeckenden Frequenzen um einen Mittelwert. Mit großer Wahrscheinlichkeit ist also die momentane Lage des Nullpunktes nicht genau auf Null, wenn auf „Operate" geschaltet wird. Daher bleibt auch die Ausgangsspannung nicht auf Null, sondern „springt" auf den dem Momentanwert der Rauschspannung beim Schalten entsprechenden Wert.

Dieser Spannungssprung ist jedesmal anders und in der Größe nicht voraussagbar, außer daß er für einen gegebenen Verstärker in gewissen Grenzen bleibt (entsprechend den Spitzenwerten der Rauschspannung). Deshalb werden für Ladungsverstärker möglichst rauscharme Verstärker gewählt.

Eine weitere Ursache für den „Operate"-Sprung kann auch im „Operate"-Schalter selbst liegen. Dieser Schalter muß mindestens eingangsseitig sehr hochisolierend sein. Durch Reibung (z.B. beim Bewegen des Schalters) auftretende Ladungen bleiben dank dieser hohen Isolation unter Umständen sehr lange erhalten und bilden ein elektrostatisches Feld. Werden die Schalterkontakte in diesem Feld bewegt, wird dadurch eine Ladungsverschiebung verursacht, die vom Verstärker gleich wie ein wirkliches Meßsignal registriert wird.

Im Gegensatz zum durch das Rauschen verursachten „Operate"-Sprung ist er hier bei jedem Schaltvorgang etwa gleich und kann auch sowohl positiv wie negativ sein. Bei Wahl geeigneter Schalter kann dieser „Operate"-Sprung wesentlich unter dem einem Signal von 1 pC entsprechenden Wert gehalten werden.

Die beiden erwähnten Arten von „Operate"-Sprüngen sind in Bild 12.10 dargestellt.

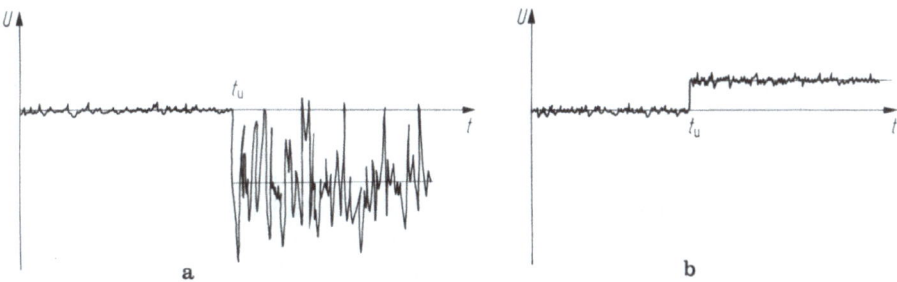

Bild 12.10. „Operate"-Sprünge, hervorgerufen durch das Verstärker-Eingangsrauschen **a** und durch Bewegen des Schalterkontaktes in einem elektrostatischen Feld **b**. Diese entstehen im Zeitpunkt t_u des Umschaltens

12.5.5.8 Ladungsausgleich nach Manipulationen am Meßkreis

Werden hochisolierende Teile gerieben oder mechanisch beansprucht (z. B. durch Biegen oder Dehnen), können dadurch elektrostatische Ladungsverschiebungen erzeugt werden. Diese gleichen sich nachher nur langsam wieder aus, wobei Ausgleichs-Zeitkonstanten bis zu mehreren Tagen beobachtet werden können. Solche Aufladungen können unter anderem entstehen, wenn hochisolierende Kabel bewegt, Stecker ein- oder ausgesteckt, Bereichs- und Zeitkonstanten-Umschalter in Ladungsverstärkern betätigt werden. Dadurch wird eine Drift ähnlich derjenigen infolge Eingangsleckstrom verursacht. Diese kann ohne weiteres während Stunden ein Mehrfaches als die dem Verstärker allein inhärente Drift betragen.

Für sehr kritische, quasistatische Messungen soll deshalb der ganze Meßaufbau, nachdem sein grundsätzliches Funktionieren durch einen Probelauf festgestellt wurde, für einige Zeit (z. B. über Nacht) in Ruhe gelassen werden, damit sich diese Aufladungen wieder ausgleichen können. Müssen Messungen mit verschiedenen Empfindlichkeiten ausgeführt werden, empfiehlt es sich, den Aufbau vor der Wartezeit für die empfindlichste Messung vollständig vorzubereiten. Wenn nach dem Durchführen dieser Messungen dann auf einen weniger empfindlichen Bereich geschaltet wird, wirkt sich die dabei eventuell entstehende Aufladung weniger stark aus und es kann ohne weitere Wartezeit gemessen werden.

11.5.5.9 „Teildefekte" des MOS-FET am Verstärkereingang

Wie in Abschnitt 12.5.9 näher gezeigt wird, kann durch Überspannung im Eingangskreis der MOS-FET einen „Teildefekt" erleiden, d.h. seine Daten werden mehr oder weniger verändert, ohne seinen gänzlichen Ausfall zu verursachen. Dies zeigt sich im anschließenden Betrieb als anormal große Nullpunktsverschiebung wie auch in einem vergrößerten Eingangsleckstrom, die wiederum Drift verursachen.

12.5.6 Kabeleinfluß

Bei hoher Kabelkapazität C_k und niedriger innerer Verstärkung v_i im Verstärker wird die Signalamplitude um den Abschwächungsfaktor

$$k = \frac{1}{1 + \dfrac{1}{v_i}\left(1 + \dfrac{C_k}{C_g}\right)} \qquad (12.18)$$

verkleinert.

Mit einem Kabel von 100 m Länge und einer Kapazität von 70 pF/m ergibt sich eine Eingangskapazität $C_k = 7$ nF. Wird ein kleiner Gegenkopplungskondensator C_g von z. B. 10 pF eingeschaltet und beträgt die innere Verstärkung eines Verstärkers älterer Bauart $v_i \approx 1000$, so ergibt sich ein Abschwächungsfaktor von $k = 0{,}588$, d.h. die Signalamplitude würde praktisch halbiert. Setzt man dagegen für $v_i \approx 100000$ entsprechend modernen Verstärkern ein, so beträgt die Abschwächung nur noch $k = 0{,}993$. Zudem ist dies ein extremes Beispiel bezüglich Kabellänge und kleinem Bereichskondensator.

Weit mehr als die Abschwächung der Signalamplitude wird bei großer Kabellänge das Eingangsrauschen stören, da die heute gebräuchlichen MOS-FET-Eingangsstufen bis etwa 200 µV$_{ss}$ Eigenrauschen aufweisen. Dieses Rauschen wird ungefähr um den Faktor C_k/C_g verstärkt, d.h. im obigen Beispiel ist $C_k/C_g = 700$ und damit das Rauschen am Verstärkerausgang bereits etwa 140 mV$_{ss}$.

Der Einfluß des Kabels auf die obere Grenzfrequenz wurde in Abschnitt 12.5.4 beschrieben.

12.5.7 Eigenschaften der heute gebräuchlichen Eingangsstufen

Für die Eingangsstufe eines Ladungsverstärkers kommen im wesentlichen Elektrometerröhren, Varaktordioden-Verstärker, MOS-type-Feldeffekt-Transistoren (MOS-FET), und Junction-type-Feldeffekt-Transistoren (J-FET) sowie einige andere, jedoch unbedeutende Arten von Eingangsstufen in Frage.

Für quasistatische Messungen eignen sich vor allem die ersten drei Elemente wegen des geringen Leckstromes. Allerdings werden Elektrometerröhren heute praktisch nicht mehr verwendet, da sie groß und gegen Stöße sehr empfindlich sind. Auch weisen sie Mikrofonie auf.

Da J-FET einen größeren Leckstrom aufweisen, der zudem stark temperaturabhängig ist, eignen sie sich nur bedingt für quasistatische, hingegen gut für dynamische Anwendungen. Beim J-FET verdoppelt sich der Leckstrom je 8 °C Temperaturerhöhung. Ein sehr guter J-FET hat bei 22 °C einen etwa 10mal größeren Fehlerstrom als ein MOS-FET. Bei 50 °C ist der Fehlerstrom des J-FET bereits 100mal größer!

Varaktordioden-Verstärker sind bezüglich Eingangsdaten am günstigsten, haben jedoch den Nachteil, daß mit ihnen keine hohen Frequenzen verarbeitet werden können (wegen des Zerhackerprinzips) und sie zudem sehr teuer sind.

MOS-FET-Eingangsstufen sind trotz der noch vorhandenen Nullpunktsstabilitätsprobleme und der Durchschlagsgefahr bei zu hohen Eingangsspannungen am besten geeignet für Verstärker mit weitem Frequenzbereich, d.h. von quasistatisch bis über 100 kHz hinaus.

Die Eigenschaften der heute hauptsächlich verwendeten Eingangsstufen sind in Tabelle 12.5 zusammengefaßt.

Tabelle 12.5. Vergleich der Eingangsstufen mit J-FET und MOS-FET

Anwendung	J-FET	MOS-FET
dynamisch	gut	gut
quasistatisch	nur bei großen Bereichen	gut
Gefährdung durch Überspannung	gering	groß
Nullpunktsstabilität	gut	genügend
Fehlersignal nach Übersteuerung	ja	nein
Leckstrom bei erhöhter Temperatur	groß	gering
Empfindlichkeit auf radioaktive Strahlung	gering	groß

12.5.8 Kapazitive Kopplung für Messungen bei hohen Temperaturen

Bei hohen Temperaturen geben piezoelektrische Aufnehmer auch im stationären Zustand eine gewisse elektrische Spannung ab. Diese kann thermoelektrischer (meist weniger als etwa 10 mV) oder aber galvanischer Natur (bis etwa 500 mV) sein [M 6]. Gleichzeitig nimmt der Isolationswiderstand sowohl der Aufnehmer wie auch der Kabel oberhalb 200 °C rasch ab.

Diese Spannung verursacht in Verbindung mit dem verringerten Isolationswiderstand einen Leckstrom, der eine starke Drift im Ladungsverstärker verursacht, falls nicht ein entsprechender Parallelwiderstand zum Gegenkopplungskondensator geschaltet wird. Dies bedeutet aber eine sehr kurze Zeitkonstante und damit eine relativ hohe, untere Grenzfrequenz.

Es ist jedoch möglich, durch kapazitive Kopplung diese vorgenannte Spannung vom Verstärker fernzuhalten (Bild 12.11), so daß kein Leckstrom fließt. Auf diese Weise wird es möglich, auch bei hohen Temperaturen bis zu relativ tiefen Frequenzen zu messen. Allerdings wird durch solche Kopplungskondensatoren das Frequenzverhalten bei der unteren Grenzfrequenz erheblich verändert, so daß jeder Fall durch entsprechende elektrische Messungen oder Berechnungen sorgfältig auf seine wirklichen Eigenschaften untersucht werden muß.

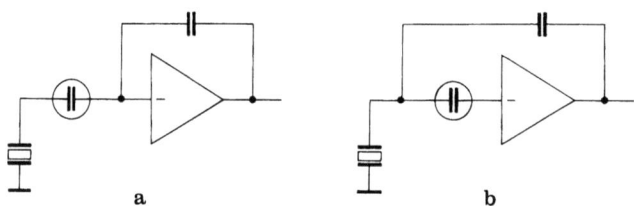

Bild 12.11. Kapazitive Kopplung beim Ladungsverstärker am Eingang **a** oder innerhalb der Gegenkopplung **b**

12.5.9 Schutz des MOS-FET-Eingangs vor Überspannung

Die MOS-FET sind empfindlich auf Überspannungen. Bei Spannungen über etwa 100 V wird der MOS-FET meist durch einen Durchschlag zerstört. Während Spannungen von weniger als etwa 50 V ohne Beschädigung ertragen werden, bewirken solche im Bereich von etwa 50 bis 100 V sogenannte Teildefekte, d. h. der MOS-FET wird mehr oder weniger „angeschlagen", was sich in einer plötzlich größeren Nullpunktsablage wie auch in einem größeren Leckstrom äußert.

Obwohl im normalen Betrieb durch das Ladungsverstärker-Prinzip die Spannung am Eingang auf Null bleibt, können in gewissen Fällen am Eingang größere Spannungen auftreten. Am häufigsten ist das im Moment des Anschließens der Aufnehmer und Kabel an den Verstärker der Fall. Kabel können durch Bewegung elektrostatisch geladen werden, Aufnehmer können z. B. durch eine schon wirkende Meßgröße bereits eine Ladung und damit, bei noch offenem Ausgang, eine elektrostatische Spannung aufweisen. Oft wird auch übersehen, daß viele Isolationsmeßgeräte eine hohe Meßspannung (über 50 V) haben. Wurde an Aufnehmern und Kabeln vor dem Anschließen an den Verstärker solchermaßen die Isolation gemessen, bleibt die Meßspannung noch über längere Zeit bestehen und kann beim Anschließen den MOS-FET beschädigen.

12.5 Der reale Ladungsverstärker

Bis heute wurde noch keine Möglichkeit gefunden, den MOS-FET ohne gleichzeitige Nachteile zu schützen. Es ist zu beachten, daß — im Gegensatz zum Elektrometerverstärker — auch der geschlossene Rückstellschalter (reset) den MOS-FET nicht in jedem Fall schützt. Deshalb ergibt sich als einzig sichere Methode das konsequente elektrische Kurzschließen von Aufnehmer und Kabel unmittelbar vor dem Anschließen. Zusätzlich ist es vorteilhaft, dabei den Verstärker auf einen großen Meßbereich (großer Gegenkopplungskondensator) zu schalten.

Eine Beschädigung durch Überspannung ist aber unter gewissen Umständen auch im Betrieb möglich, nämlich dann, wenn bei kleinem Meßbereich (kleiner Gegenkopplungskondensator) vom Aufnehmer sehr große Ladungen abgegeben werden. Da die Ausgangsspannung des Verstärkers limitiert ist, kann dieser bei einem kleinen Gegenkopplungskondensator nur eine beschränkte Ladung zur Kompensation der vom Aufnehmer abgegebenen Ladung erzeugen. Die Eingangsspannung kann dann nicht mehr auf Null gehalten werden und gefährliche Überspannungen sind möglich.

Dieses Problem kann sich auch bei gewissen Vibrationsmessungen stellen. Sollen nämlich niederfrequente Vibrationen kleiner Amplitude gemessen werden und wird der Beschleunigungsaufnehmer gleichzeitig durch Körperschallphänomene in der Eigenfrequenz angeregt, so können die durch die Schwingungen in der Eigenfrequenz erzeugten Ladungen ebenfalls zu Überspannungen führen. In solchen Fällen ist es oft möglich, durch geeignete Eingangsfilter den Frequenzgang bereits vor dem Verstärkereingang so zu beschränken, daß die großen Ladungen entsprechend der Eigenfrequenz herausgefiltert werden und damit die niederfrequenten Signale kleiner Amplitude trotzdem einwandfrei gemessen werden können.

12.5.10 Kalibrierung von Ladungsverstärkern

Der Fehler für die Umsetzung der zu messenden Ladung in die dazu proportionale Ausgangsspannung wird beim Ladungsverstärker im wesentlichen nur durch den Fehler des Gegenkopplungskondensators bestimmt. Selbstverständlich kommen dazu der Verstärkungsfehler der meist nachgeschalteten Spannungsverstärkerstufe sowie deren Linearität. Diese beiden letzteren Fehler können jedoch bei entsprechender Sorgfalt um eine Größenordnung kleiner als der Fehler des Gegenkopplungskondensators gehalten werden. Bei Kondensatoren, die entsprechend ausgewählt und gealtert wurden, bleibt im allgemeinen der Fehler für Werte über 50 pF innerhalb $\pm 1\%$, während er für kleinere Werte auf etwa $\pm 3\%$ steigt.

Ein Ladungsverstärker kann naturgemäß nur durch Anlegen einer genau bekannten Ladung und Messen der entsprechenden Ausgangsspannung kalibriert werden. Dazu kann auf zwei Arten vorgegangen werden: Entweder wird diese Ladung durch einen angeschlossenen Aufnehmer, der mit einer genau bekannten Meßgröße beaufschlagt wird, erzeugt; oder aber es wird direkt eine elektrische Ladung erzeugt, indem eine genaue Spannung über einen hochisolierenden Kondensator, dessen Kapazität ebenfalls genau bekannt ist, an den Verstärkereingang gelegt wird.

Die erste Kalibrierungsart wird meist als „in-situ"-Kalibrierung bezeichnet, da sie an einer komplett installierten und zusammengeschalteten Meßkette vorgenommen wird. Meist wird dabei auch das Anzeige- oder Aufzeichnungsgerät in die Kalibrierung mit einbezogen, so daß man auch von einer „über-alles"-Kalibrierung spricht. Vom Ladungsverstärker aus gesehen unterscheidet sich diese Art der Kalibrierung prinzipiell nicht von der nachstehend beschriebenen elektrischen Kalibrierung und es sind analog dieselben Einzelheiten zu beachten.

Für die elektrische Erzeugung einer Ladung werden eine Spannungsquelle und ein Kondensator in Serie geschaltet. Gemäß der Beziehung $Q = UC$ erhält man eine elektrische Ladung, deren Fehler durch den Fehler der Spannungsmessung und denjenigen der Kapazitätsmessung gegeben ist. Auch hier ist es wiederum der Fehler der Kapazitätsmessung des Kondensators, welcher ausschlaggebend ist, da die elektrische Spannung U leicht um Größenordnungen genauer gemessen werden kann. Bild 12.12 zeigt die übliche Anordnung, wobei mittels eines Schalters die eine Kondensatorplatte wahlweise auf Masse oder auf die an der Spannungsquelle eingestellte Spannung U geschaltet werden kann. Der Kondensator C muß hochisolierend sein, da sein Isolationswiderstand R_{is} zwischen Masse bzw. dem niedrigen Innenwiderstand der Spannungsquelle und dem Ladungsverstärkereingang liegt. Nach Anlegen der Spannung U kann der Ladungsverstärker so eingestellt werden, daß sich zwischen der eingegebenen Ladung Q und der Ausgangsspannung des Ladungsverstärkers der gewünschte Übertragungsmaßstab ergibt.

Obwohl diese Kalibrierung sehr einfach erscheint, sind verschiedene Effekte zu beachten, um Kalibrierfehler zu vermeiden. Für eine quasistatische Kalibrierung wird eine konstante Gleichspannung verwendet. Wird gemäß Bild 12.12 der Schalter von Masse auf die Spannungsquelle geschaltet, entsteht ein idealer Ladungssprung (Bild 12.13). Diese Ladung bleibt natürlich solange konstant wie die Spannungsquelle angeschaltet bleibt.

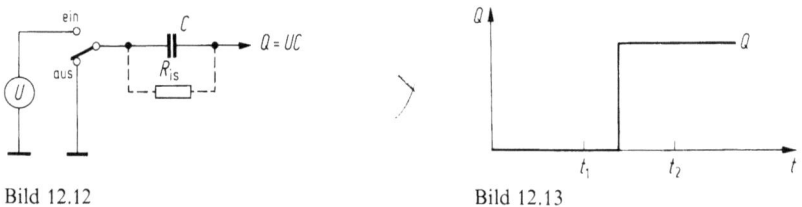

Bild 12.12   Bild 12.13

Bild 12.12. Prinzipschaltung zur Erzeugung eines Ladungssprunges

Bild 12.13. Idealer Ladungssprung

Mißt man im Zeitpunkt t_1, unmittelbar vor dem Ladungssprung und wieder im Zeitpunkt t_2, unmittelbar nach dem Ladungssprung, die Ausgangsspannung des Ladungsverstärkers, so entspricht die gemessene Spannungsdifferenz der eingegebenen Ladung. Während des endlichen Zeitintervalls $t_2 - t_1$ hat sich am Verstärkerausgang infolge Drift (s. Abschnitt 12.5.5) eine gewisse Fehlerspannung aufgebaut, die direkt als Fehler in die Kalibrierung eingeht. Da dieser Fehler der Länge des Zeitintervalls proportional ist, kann er durch rasches Durchführen der Messung kleingehalten werden. Die Drift des Verstärkers wird zusätzlich dadurch vergrößert, daß über den Isolationswiderstand R_{is} des Kalibrierkondensators ein

Strom $I = U/R_{is}$ fließt, der sich dem Fehlerstrom am Verstärkereingang überlagert.

Falls die Anstiegszeit des Ladungssprunges so kurz ist, daß die obere Grenzfrequenz des Verstärkers (oder auch der angeschlossenen, mitzukalibrierenden Geräte) für eine unverfälschte Wiedergabe zu tief liegt, kann ein beträchtliches Überschwingen oder sogar eine kurzzeitige Übersteuerung auftreten, die Fehler verursachen. Die Anstiegszeit des Kalibrators muß also entsprechend langsam gewählt werden, was aber das Zeitintervall $t_2 - t_1$ wieder vergrößert. Man kann leicht erkennen, daß die quasistatische Kalibrierung bei relativ schlechtem Isolationswiderstand sowie bei kleinen Bereichskondensatoren Schwierigkeiten bereitet. Dies gilt vor allem für Ladungsverstärker, die ausschließlich für Vibrationsmessungen ausgelegt, d.h. nur für dynamische Messungen geeignet sind.

Auch in diesen Fällen kann jedoch einwandfrei kalibriert werden, indem nicht eine Gleich- sondern eine Wechselspannungsquelle benutzt wird. Dabei ist die Frequenz so zu wählen, daß sie in demjenigen Frequenzbereich des Verstärkers liegt, in dem weder die untere noch die obere Grenzfrequenz und auch allfällige Filter keinen Einfluß auf den Amplituden- und Phasengang haben.

Verschiedene Hersteller bieten auch Ladungskalibriergeräte mit automatischer Ablaufsteuerung an, wodurch bei quasistatischem Kalibrieren die höchstmögliche Genauigkeit erreicht werden kann.

12.6 Kabel und Stecker

Da im Eingangskreis ein hoher Isolationswiderstand notwendig ist, müssen auch besondere Kabel zwischen Aufnehmer und Verstärker verwendet werden. Diese sollten folgenden Anforderungen genügen: Koaxial ausgeführt sein und hohe Isolation, geringe Mikrofonie (d.h. keine Reibungselektrizität), kleine Kapazität, hohen Abschirmfaktor und weiten Temperaturbereich (entsprechend demjenigen des verwendeten Aufnehmers) besitzen.

Der Isolationswiderstand sollte für quasistatische Messungen über $100\,T\Omega$ betragen. Dies wird ohne weiteres mit PTFE (Teflon) als Isolationsmaterial erreicht. Auch nach längerem Gebrauch ist bei sachgemäßer Handhabung und Pflege die Isolation über $10\,T\Omega$ haltbar. Dazu sind vor allem die Stecker peinlich sauberzuhalten, was sich durch konsequentes Abdecken der Stecker mit Schutzdeckeln erreichen läßt. Zum Reinigen verschmutzter Stecker eignen sich Freon oder Reinbenzin, sowie ein sauberer Pinsel oder fusselfreie Papiertücher. Vor dem Wiederanschließen soll gewartet werden, bis das Reinigungsmittel völlig verdunstet ist.

Bei gewissen Anwendungen, vor allem bei Vibrationsmessungen, kann nicht immer vermieden werden, daß das Kabel bewegt wird. In gewöhnlichen Kabeln entstehen durch Reibung zwischen dem Isoliermaterial und dem Innenleiter bzw. der Abschirmung elektrische Ladungen (triboelektrischer Effekt). Es ist dabei durchaus möglich, daß ein solches, ungeeignetes Kabel ein größeres Ladungssignal als der angeschlossene Aufnehmer abgibt, was natürlich die Messung völlig verfälscht. Deshalb sind ausschließlich geräuscharme Kabel zu verwenden. Früher benutzte man Kabel, deren Abschirmung mit Öl getränkt war. Dies ergab eine gute mechanische Dämpfung und verhinderte weitgehend das Entstehen störender

Ladungen. Da aber das Öl mit der Zeit austrocknete, manchmal auch ausfloß, werden ölgefüllte Kabel kaum mehr verwendet. Heute erreicht man die gleichen Eigenschaften mit einem graphitierten Mantel um die Isolation herum. Zudem zeigen dünne Kabel eine geringere Mikrofonie, weshalb solche, vor allem bei stark bewegten Meßobjekten, vorzuziehen sind.

Literaturverzeichnis

A 1 Agrawal, D.K.; Perry, C.H.: Proceedings of the Second International Conference on Light Scattering in Solids (Hrsg. M. Balkanski). Paris: Flammarion Sciences 1971. S. 401
A 2 Aizu, K.: Phys. Rev. B 2 (1970) 754
A 3 Aizu, K.: J. Phys. Soc. Japan 32 (1972), 1287 und 34 (1973) 121
A 4 Anderson, P.W.: Fizika dielektrikov (Hrsg. G.I. Skanavi). Moskau: Izd. AN SSR 1960, S. 290
A 5 Arnold, H.: Displazive Phasenumwandlung, Gitterdynamik und Röntgenbeugung. Diss. Fak. f. Bergb. u. Hüttenwes. TH Aachen 1976
B 1 Bauer, A.; Bühling, D.; Gesemann, H.J.; Helke, G.; Schreckenbach, W.: Technologie und Anwendungen von Ferroelektrika. Leipzig: Akad. Verlagsges. 1976
B 2 Baumgartner, H.: Helv. Phys. Acta 24 (1951) 326
B 3 Bechmann, R.: Phys. Rev. 110 (1953) 1060
B 4 Bechmann, R.; Ballato, A.D.; Lukaszek, T.J.: Proc. IRE 50 (1962) 1812
B 5 Bechmann, R.; Hearmon, R.F.S.: Elastische, piezoelektrische, piezooptische und elektrooptische Konstanten von Kristallen. Landolt-Börnstein, Neue Serie (Hrsg. K.H. Hellwege), Bd. III/1. Berlin, Heidelberg, New York: Springer 1966
B 6 Bechmann, R.; Hearmon, R.F.S.; Kurtz, S.K.: Elastische, piezoelektrische, piezooptische, elektrooptische Konstanten und nichtlineare dielektrische Suszeptibilitäten von Kristallen. Landolt-Börnstein, Neue Serie (Hrsg. K.H. Hellwege), Bd. III/2. Berlin, Heidelberg, New York: Springer 1969
B 7 Becker, E.; Bürger, W.: Kontinuumsmechanik. Stuttgart: Teubner 1975
B 8 Becker, R.; Sauter, F.: Theorie der Elektrizität. Stuttgart: Teubner 1973
B 9 Becquerel, A.C.: Bull. soc. philomath. Paris, ser. 3, 7 (1820) 149; Ann. Chimie et Phys. 36 (1827) 265
B 10 Bergmann, L.: Der Ultraschall und seine Anwendung in Wissenschaft und Technik. Stuttgart: Hirzel 1954
B 11 Berlincourt, D.: Piezoelectric Crystals and Ceramics. Ultrasonic Transducer Materials (Hrsg. O.E. Mattiat). New York: Plenum Press 1971
B 12 Berlincourt, D.A.; Curran, D.R.; Jaffe, H.: Piezoelectric and Piezomagnetic Materials. Physical Acoustics (Hrsg. W.P. Mason), Bd. IA. New York, London: Academic Press 1964
B 13 Bertagnolli, E.: Untersuchung der sekundären Zwillingsbildung in α-Quarz. Diss. Naturwiss. Fak. Univ. Innsbruck 1979
B 14 Bertagnolli, E.; Kittinger, E.; Tichý, J.: Sekundäre Zwillingsbildung in X-Quarzplatten. Jahrestagung Oesterr. Phys. Ges. Leoben 1977
B 15 Bertagnolli, E.; Kittinger, E.; Tichý, J.: Le Journal de Physique – Lettres 39 (1978) 295
B 16 Blinc, R.; Žekš, B.: Soft Modes in Ferroelectrics and Antiferroelectrics. Amsterdam, Oxford: North-Holland 1974
B 17 Bohatý, L.: Quadratische elektrostriktive Effekte in Kristallen. Diss. Math.-Naturwiss. Fak. Univ. Köln 1975
B 18 Born, M.; Huang, K.: Dynamical Theory of Crystal Lattices. Oxford: Clarendon Press 1954
B 19 Březina, B.; Glogar, P.: Ferroelektrika. Praha: Academia 1973
B 20 Bridgman, P.W.: J. Appl. Phys. 12 (1941) 461
B 21 Broch, J.T.: Die Anwendung der B & K Meßsysteme für Messungen von mechanischen Schwingungen und Stößen. Naerum: Brüel & Kjaer 1970

B 22 Brown, W. F.: Dielectrics. Handbuch der Physik (Hrsg. S. Flügge), Bd. XVII Dielektrika. Berlin, Göttingen, Heidelberg: Springer 1956
B 23 Brüel & Kjaer: Piezoelectric Accelerometers and Vibration Preamplifiers (Firmenschrift). Naerum: Brüel & Kjaer 1976
B 24 Brugger, K.: Phys. Rev. 133 (1964) A 1611
B 25 Brüning, D. M. von: Experimenteller Nachweis des elektrokalorischen Effektes in Turmalin zwischen 9 und 24 Kelvin. Diss. Phil. Fak. II Univ. Zürich 1969
B 26 Buerger, M. J.: Contemporary Crystallography. New York: Mc Graw-Hill 1970
B 27 Burfoot, J. C.: Ferroelectrics – an Introduction to the Physical Principles. London: Van Nostrand 1967
B 28 Burkard, H.: Elektrostriktion dotierter Alkalihalogenide. Diss. ETH Zürich Nr. 5583 (1975)
B 29 Burzlaff, H.; Zimmermann, H.: Kristallographie. Grundlagen und Anwendungen (Hrsg. G. Thiele), Bd. I Symmetrielehre. Stuttgart: Thieme 1977
B 30 Busch, G.: Helv. Phys. Acta 11 (1938) 269
B 31 Busch, G.; Scherrer, P.: Naturwiss. 23 (1935) 737
C 1 Cady, W. G.: Phys. Rev. 17 (1921) 531; 19 (1922) 1; Proc. I.R.E. 10 (1922) 83
C 2 Cady, W. G.: Piezoelectricity (An Introduction to the Theory and Applications of Electromechanical Phenomena in Crystals). New York: Dover 1964
C 3 Calderara, R.: Schweiz. Patentschr. 536561, Kistler Patent, Bern 1971
C 4 Calderara, R.; Baumgartner, H.; Tichý, J.; Sonderegger, H.: Schweiz. Patentschr. 536489, Kistler Patent, Bern 1971
C 5 Carl, K.: Eine Untersuchung von Polarisation, Domänenausrichtungsgrad und des Maximums der piezoelektrischen Aktivität an der morphotropen Phasengrenze von keramischen $PbTiO_3$-$PbZrO_3$-Mischkristallen. Diss. Fak. Elektrotechn. Univ. Karlsruhe 1972
C 6 Clay, J.; Karper, J.: Physica 4 (1937) 311
C 7 Cochran, W.: Phys. Rev. Lett. 3 (1959) 521; Advanc. Phys. 9 (1960) 387; 10 (1961) 401; 18 (1969) 157
C 8 Cochran, W.; Cowley, R. A.: Phonons in Perfect Solids. Handbuch der Physik (Hrsg. S. Flügge), Bd. XXV/2a. Berlin, Heidelberg, New York: Springer 1967
C 9 Cook, R. K.; Weissler, P. G.: Phys. Rev. 80 (1950) 712
C 10 Cowley, R. A.: Structural Phase Transitions. Proceedings of the International Conference on Lattice Dynamics (Hrsg. M. Balkanski). Paris: Flammarion Sciences 1977, S. 625
C 11 Curie, J.; Curie, P.: C. R. Acad. Sci. 91 (1880) 294; Bull. soc. min. de France 3 (1880) 90
D 1 Dadŏurek, K.; Hájiček, P.; Tichý, J.; Zelenka, J.: Proceedings of the International Meeting on Ferroelectricity Prag 1966. Bd. I, S. 422
D 2 Den Hartog, J. P.: Mechanical Vibrations. New York: Mc Graw-Hill 1956
D 3 Dolino, G.; Bachheimer, J. P.; Vallade, M.: Appl. Phys. Lett. 22 (1973) 623
D 4 Donnay, G.; Barton, R.: Absolute Orientation of the Tourmaline Crystal Structure. Carnegie Inst. Washington Yearbook 65 (1967) 299
D 5 Donnay, G.; Buerger, M. J.: Acta Crystallogr. 3 (1950) 379
E 1 Ehrenfest, P.: Proc. Acad. Sci. Amsterdam 36 (1933) 153
E 2 Epprecht, W.: Schweiz. Min. Petr. Mitt. 33 (1953) 481
E 3 Eringen, A. C.: Int. J. Eng. Sci. 1 (1963) 127
E 4 Eringen, A. C.: Mechanics of Continua. New York: Wiley & Sons 1967
F 1 Falk, G.; Ruppel, W.: Energie und Entropie. Berlin, Heidelberg, New York: Springer 1976
F 2 Fatuzzo, E.; Merz, W. J.: Ferroelectricity. Amsterdam: North-Holland 1967
F 3 Feldtkeller, E.: Dielektrische und magnetische Materialeigenschaften. Mannheim: Bibliogr. Inst. 1974
F 4 Fischer, H.; Matthias, E.: Piezo-Elektrischer 3-Komponenten Schnittkraftmesser für statische und dynamische Messungen. Ber. Werkzeugmasch.-Lab. ETH Zürich, für CIRP, 1968
F 5 Forsbergh, P. W., Jr.: Piezoelectricity, Electrostriction and Ferroelectricity. Handbuch der Physik (Hrsg. S. Flügge), Bd. XVII. Berlin, Göttingen, Heidelberg: Springer 1956
G 1 Gagnepain, J. J.; Besson, R.: Nonlinear Effects in Piezoelectric Quartz Crystals. Physical Acoustics, Bd. 11 (Hrsg. W. P. Mason). New York: Academic Press 1975. S. 245
G 2 Galitzin, B.: Proc. Roy. Soc. (London) 95 (1919) 492
G 3 Gautschi, G. H.: Proc. 12th Int. Machine Tool Design and Research Conf., Manchester 1971. London: Macmillan Press 1972

G 4 Gautschi, G. H.: Technica 21 (1972) 1871
G 5 Gautschi, G. H.: Piezoelectric Multicomponent Force Transducers and Measuring Systems. London: Transducer' 78 Conf. 1978
G 6 Gmelins Handbuch der anorganischen Chemie. (Hrsg. Gmelin-Institut), Silicium Teil B, System Nummer 15, 8. Auflage. Weinheim: Verlag Chemie 1959
G 7 Gohlke, W.: Mechanisch-Elektrische Meßtechnik. München: Hanser 1955
G 8 Gohlke, W.: Einführung in die piezoelektrische Meßtechnik, 2. Auflage. Leipzig: Akad. Verlagsges. 1959
G 9 Gonzalo, J. A.: Phys. Rev. 144 (1966) 662
G 10 Graham, R. A.: Phys. Rev. B 6 (1972) 4779; J. Phys. Chem. Solids 35 (1974) 355
G 11 Grave, H. F.: Elektrische Messung nichtelektrischer Größen. Leipzig: Akad. Verlagsges. 1962
G 12 Grindlay, J.: Phys. Rev. 149 (1966) 673
G 13 Grindlay, J.: An Introduction to the Phenomenological Theory of Ferroelectricity. Oxford: Pergamon Press 1970
H 1 Hájíček, P.: Czech. J. Phys. B 17 (1967) 613; B 17 (1967) 969; B 18 (1968) 1008; B 19 (1969) 26; Physics Letters 25A (1967) 36
H 2 Hájíček, P.; Tichý, J.: Czech. J. Phys. A 17 (1967) 231
H 3 Hankel, W. G.: Abh. Sächs. 12 (1881) 457; Ber. Sächs. 33 (1881) 52
H 4 Haüy, R. J.: Mémoires du Musée d'Histoire naturell III (1817)
H 5 Hayakawa, R.; Wada, Y.: Piezoelectricity and Related Properties of Polymer Films. Adv. Polym. Sci. 11 (1973) 1
H 6 Hearmon, R. F. S.: Acta Crystallogr. 10 (1957) 121
H 7 Heckmann, G.: Ergeb. exakt. Naturwiss. 4 (1925) 100
H 8 Heising, R. A.: Quartz Crystals for Electrical Circuits. Toronto, New York, London: Van Nostrand 1946
H 9 Hellwege, K. H.: Einführung in die Festkörperphysik. Berlin, Heidelberg, New York: Springer 1976
H 10 Hermann, C.: Z. Krist. 69 (1928) 257
H 11 Hruška, K.: Czech. J. Phys. B 11 (1961) 150; B 12 (1962) 338; B 13 (1963) 307; B 14 (1964) 309
H 12 Hruška, K.: IEEE Trans. on Sonics and Ultrasonics SU-18 (1971) 1; SU-24 (1977) 54
H 13 Hruška, K.; Kazda, V.: Czech. J. Phys. B 18 (1968) 500
H 14 Hruška, K.; Khogali, A.: Czech. J. Phys. B 19 (1969) 1092; IEEE Trans. on Sonics and Ultrasonics SU-18 (1971) 171
I 1 Inoue, N.; Iida, A.; Kohra, K.: J. Phys. Soc. Japan 37 (1974) 742
I 2 IRE Standards on Piezoelectric Crystals. Proc. IRE 37 (1949) 1378; 46 (1958) 764
I 3 IRE Standards on Piezoelectric Crystals. Proc. IRE 49 (1961) 1161
I 4 ISA – Recommended Practice RP 37.2. Specifications and Tests for Piezoelectric Acceleration Transducers. Pittsburgh: Instrum. Soc. Amer. 1964
I 5 ISA-Standard S 37.1 Electrical Transducer Nomenclature and Terminology. Pittsburgh: Instrum. Soc. Amer. 1969
J 1 Jaffe, B.; Cook, Jr., W. R.; Jaffe, H.: Piezoelectric Ceramics. London: Academic Press 1971
J 2 Jagodzinski, H.: Kristallographie. Handbuch der Physik (Hrsg. S. Flügge), Bd. VII/1. Berlin, Göttingen, Heidelberg: Springer 1955
J 3 Jona, F.; Shirane, G.: Ferroelectric Crystals. Oxford: Pergamon Press 1962
J 4 Joshi, M. S.; Kotru, P. N.: Jap. J. Appl. Phys. 7 (1968) 700
J 5 Joshi, M. S.; Vag, A. S.: Soviet Physics Crystallography 12 (1968) 573
J 6 Jost, K.-H.: Röntgenbeugung an Kristallen. Berlin: Akademie-Verlag 1975
K 1 Känzig, W.: Ferroelectrics and Antiferroelectrics. New York: Academic Press 1957
K 2 Karcher, J. C.: Phys. Rev. 18 (1921) 107; Jour. Franklin Inst. 194 (1922) 815; Sci. Pap. Bur. St. 18 (1922) 257
K 3 Kelvin, Lord: On the Piezoelectric Property of Quartz. Phil. Mag. 36 (1893) 331, 342, 384, 453
K 4 Kenner, H.: Experimental Mechanics 15 (1975) 102
K 5 Keys, D. A.: Phil. Mag. 42 (1921) 473
K 6 Kinigadner, A.; Kittinger, E.; Seil, K.; Tichý, J.: Die elektromechanischen Nichtlinearitäten von Quarzkristallen. Jahrestagung Oesterr. Phys. Ges. Linz 1976
K 7 Kistler, W. P.: Meßverstärker zur Messung elektrischer Ladung. Schweiz. Patentsch. 267 431, Bern 1950

K 8   Kittel, Ch.: Einführung in die Festkörperphysik. München: Oldenbourg; Frankfurt/Main: Wiley & Sons 1973
K 9   Klassen-Neklyudova, M.V.: Mechanical Twinning of Crystals (Englische Übersetzung aus dem Russischen). New York: Consultants Bureau 1964
K 10 Kolodieva, S.V.; Firsova, M.M.: Soviet Physics-Crystallography 13 (1969) 540
L 1   Landau, L.D.; Lifschitz, E.M.: Lehrbuch der theoretischen Physik, Bd. VIII. Elektrodynamik der Kontinua. Berlin: Akademie-Verlag 1974
L 2   Landolt-Börnstein, Neue Serie (Hrsg. K.H. Hellwege), Bd. III/11. Elastische, piezoelektrische, pyroelektrische, piezooptische, elektrooptische Konstanten und nichtlineare dielektrische Suszeptibilitäten von Kristallen. Neubearbeitung und Erweiterung der Bände III/1 und III/2. Berlin, Heidelberg, New York: Springer 1979
L 3   Langevin, A.: Utilisation de l'effet piézoélectrique. Paris: Press Univers. de France 1942
L 4   Leibfried, G.: Gittertheorie der mechanischen und thermischen Eigenschaften der Kristalle. Handbuch der Physik (Hrsg. S. Flügge), Bd. VII/1. Berlin, Göttingen, Heidelberg: Springer 1955
L 5   Leipholz, H.: Festigkeitslehre für den Konstrukteur. Berlin, Heidelberg, New York: Springer 1969
L 6   Liebertz, J.: Angew. Chemie 85 (1973) 326
L 7   Lippmann, M.G.: Ann. Chimie et Phys. 24 (1881) 145
L 8   Ludwig, W.: Festkörperphysik. Frankfurt/Main: Akad. Verlagsges. 1970
M 1   Machatschki, F.: Z. Krist. 70 (1929) 211; 71 (1929) 45; 76 (1931) 475
M 2   Martin, H.J.: Die Ferroelektrika. Leipzig: Akad. Verlagsges. 1964
M 3   Martini, K.H.: Motortechn. Z. 25 (1964) 282
M 4   Martini, K.H.: Ölhydraulik und Pneumatik 15 (1971) 16
M 5   Martini, K.H.: Messen + Prüfen 7 (1971) 5 und 7 (1971) 50
M 6   Martini, K.H.: New Range of High-Temperature Quartz Pressure Transducers. London: Transducer' 77 Conference 1977
M 7   Mason, W.P.: Electromechanical Transducers and Wave Filters. New York: Van Nostrand 1942
M 8   Mason, W.P.: Piezoelectric Crystals and their Application to Ultrasonics. Toronto, New York, London: Van Nostrand 1950
M 9   Mason, W.P.: Physical Acoustics and the Properties of Solids. Princeton: Van Nostrand 1958
M 10 Mason, W.P. (Hrsg.): Physical Acoustics. New York, London: Academic Press (seit 1964)
M 11 Mauguin, Ch.: Z. Krist. 76 (1931) 542
M 12 Mayer, G.: Recherches expérimentales sur une transformation du quartz. Diss. Univ. Paris 1959
M 13 McLaren, A.C.; Phakey, P.P.: Phys. Stat. Solid. 31 (1969) 723
M 14 McSkimin, H.J.; Andreatch, P.; Thurston, R.N.: J. Appl. Phys. 36 (1965) 1624
M 15 Mitsui, T. et al.: Ferro- und Antiferroelektrische Substanzen. Landolt-Börnstein, Neue Serie (Hrsg. K.H. Hellwege), Bd. III/3. Berlin, Heidelberg, New York: Springer 1969
M 16 Mitsui, T.; Marutake, M.; Sawaguchi, E. et al.: Ferro- und Antiferroelektrische Substanzen. Landolt-Börnstein, Neue Serie (Hrsg. K.H. Hellwege), Bd. III/9. Berlin, Heidelberg, New York: Springer 1975
M 17 Mitsui, T.; Tatsuzaki, I.; Nakamura, E.: An Introduction to the Physics of Ferroelectrics. New York, London, Paris: Gordon & Breach 1976
M 18 Müser, H.E.: Grundlagen und Anwendungen der Ferroelektrizität. Opladen: Westdeutscher Verlag 1976
M 19 Musgrave, M.J.P.: Crystal Acoustics. San Francisco: Holden-Day 1970
N 1   Nachtikal, F.: Nachr. Gött. 109 (1899) 111
N 2   Nakamura, T.: Single Oscillator Model of the „Soft Mode" Lattice Vibration in the Perovskite-type Ferroelectrics. Technical Report of ISSP A 186. Tokyo: Inst. Solid State Phys. 1966
N 3   Nassau, K.; Levinstein, H.J.; Loiacono, G.M.: Appl. Phys. Lett. 6 (1965) 228; J. Phys. Chem. Solids 27 (1966) 983
N 4   Neubert, H.K.P.: Instrument Transducers, 2nd. ed. Oxford: Clarendon Press 1975
N 5   Newnham, R.E.: Am. Mineralogist 69 (1974) 906
N 6   Newnham, R.E.: Structure-Property Relations. Berlin, Heidelberg, New York: Springer 1975
N 7   Newnham, R.E.; Cross, L.E.: Mat. Res. Bull. 9 (1974) 927; 9 (1974) 1021

N 8 Norton, H. N.: Handbook of Transducers for Electronic Measuring Systems. Englewood Cliffs: Prentice-Hall 1969
N 9 Nye, J. F.: Physical Properties of Crystals. 5th. ed. Oxford: Clarendon Press 1969
P 1 Pennington, D.: Piezoelectric Accelerometer Manual (Firmenschrift). Pasadena: Endevco 1965
P 2 Perry, C. H.: Dielectric Properties and Optical Phonons in Para- and Ferroelectric Perovskite. Far-Infrared Spectroscopy (Hrsg. K. D. Möller, W. G. Rothschild). New York: Wiley & Sons 1971
P 3 Petržilka, V.; Slavík, J. B.; Šolc, I.; Taraba, O.; Tichý, J.; Zelenka, J.: Piezoelektrizität und ihre technische Anwendung (Tschechisch). Prag: Academia 1960
P 4 Petzelt, J.; Fousek, J.: Czech. J. Phys. A 26 (1976) 337
P 5 Pflier, P. M.; Jahn, H.; Jentsch, G.: Elektrische Meßgeräte und Meßverfahren, 4. Auflage. Berlin, Heidelberg, New York: Springer 1978
P 6 Pierce, G. W.: Proc. AAAS 59 (1923) 81
P 7 Piezoelectricity (Selected Engineering Reports). London: Her Majesty's Stat. Off. 1957
P 8 Pockels, F.: Lehrbuch der Kristalloptik. Leipzig, Berlin: Teubner 1906
P 9 Profos, P.: Handbuch der industriellen Meßtechnik. Essen: Vulkan-Verlag 1974
R 1 Raaz, F.: Röntgenkristallographie. Berlin: de Gruyter & Co. 1975
R 2 Raman, C. V.; Nedungadi, T. M. K.: Nature 145 (1940) 147
R 3 Randeraat, J. van; Setterington, R. E. (Hrsg.): Piezoelectric Ceramics, 2nd. ed. London: Mullard 1974
R 4 Riecke, E.; Voigt, W.: Wied. Ann. 45 (1892) 523
R 5 Roberts, H. C.: Mechanical Measurements by Electrical Methods. Pittsburgh: Instrument Publ. 1946
R 6 Rohrbach, Chr.: Handbuch für elektrisches Messen mechanischer Größen. Düsseldorf: VDI-Verlag 1967
S 1 Sachse, H.: Ferroelektrika. Berlin, Göttingen, Heidelberg: Springer 1956
S 2 Schrödinger, E.: Sitzungsber. Akad. Wiss. Wien, Math.-naturw. Klasse, 121 (1912) 1937
S 3 Scheibe, A.: Piezoelektrizität des Quarzes. Dresden, Leipzig: Steinkopf 1938
S 4 Schmidt, G.: Phys. Stat. Sol. 3 (1963) 1281
S 5 Scott, J. F.: Rev. Mod. Phys. 46 (1974) 83
S 6 Seil, K.: Elektroelastische Eigenschaften von ADP und Turmalin. Diss. Naturwiss. Fak. Univ. Innsbruck 1978
S 7 Selbstein, U.: Applications industrielles des mesures électroniques. Paris: Dunod 1950
S 8 Sheludew, I. S.: Elektrische Kristalle. Berlin: Akademie-Verlag 1975
S 9 Shubnikov, A. V.: Piezoelectric Textures. Moskau: Izd. Akad. Nauk SSSR 1946
S 10 Shubnikov, A. V.; Zheludev, I. S.; Konstantinova, V. P.; Silvestrova, I. M.: Issledovanie p'ezoelektriceskih texstur. Moskau: Izd. Akad. Nauk SSSR 1956
S 11 Silverman, B. D.: Phonons, Electrons and Protons in Ferroelectric Materials. Magnetic Resonance and Radiofrequency Spectroscopy. Proc. 15th. Colloque AMPER, Grenoble 1968. Amsterdam: North-Holland 1969
S 12 Spescha, G.; Volle, E.: Messen + Prüfen (1967), Heft 2/3/4
T 1 Teichmann, H.: Physikalische Anwendungen der Vektor- und Tensorrechnung. Mannheim: Bibliogr. Inst. 1973
T 2 Thomas, L. A.; Rycroft, J. L.: Nature 157 (1946) 406
T 3 Thomas, L. A.; Wooster, W. A.: Proc. Roy. Soc. (London) A 208 (1951) 43
T 4 Thomson, J. J.: Engineer. 107 (1919) 543
T 5 Thurston, R. N.: J. Appl. Phys. 37 (1966) 1
T 6 Thurston, R. N.: Wawe Propagation in Fluids and Normal Solids. Physical Acoustics, Bd. 1A (Hrsg. W. P. Mason). New York: Academic Press 1964
T 7 Thurston, R. N.: Wawes in Solids. Handbuch der Physik (Hrsg. S. Flügge), Bd. VIa/4. Berlin, Heidelberg, New York: Springer 1974
T 8 Thurston, R. N.; Brugger, K.: Phys. Rev. 133 (1964) A1604
T 9 Thurston, R. N.; McSkimin, H. J.; Andreatch, O., Jr.: J. Appl. Phys. 37 (1966) 267
T 10 Tisza, L.: On the General Theory of Phase Transitions. Phase Transformations in Solids (Hrsg.: Smoluchowski, Meyer, Weyl). New York: Wiley & Sons 1951
T 11 Toupin, R. A.: Rational Mech. Anal. 5 (1956) 849

T 12 Truesdell, C.; Toupin, R. A.: The Classical Field Theories. Handbuch der Physik (Hrsg. S. Flügge), Bd. III/1. Berlin, Göttingen, Heidelberg: Springer 1960
T 13 Truesdell, C.; Noll, W.: Die nichtlinearen Feldtheorien der Mechanik. Handbuch der Physik (Hrsg. S. Flügge), Bd. III/3. Berlin, Göttingen, Heidelberg: Springer 1965
T 14 Tschapek, M.; Santamaria, K.; Natale, I.: Electrochimica Acta 14 (1969) 889
V 1 Valasek, J.: Phys. Rev. 15 (1920) 537; 17 (1921) 475; 19 (1922) 478; 20 (1922) 639; 24 (1924) 560
V 2 Valasek, J.: Ferroelectrics 2 (1971) 239
V 3 VDE/VDI 2600 Blatt 1–6. Düsseldorf: VDI-Verlag GmbH 1971/1973
V 4 Voigt, W.: Lehrbuch der Kristallphysik. Leipzig, Berlin: Teubner 1910
W 1 White, D. L.: J. Acoust. Soc. Am. 31 (1959) 311
W 2 Wong, H. C.; Grindlay, J.: Advanc. Phys. 23 (1974) 261
W 3 Wood, H. O.: Bull. Seismol. Soc. Am. 11 (1921) 15
W 4 Wooster, W. A.: Tensors and Group Theory for the Physical Properties of Crystals. Oxford: Clarendon Press 1973
W 5 Wooster, W. A.; Wooster, N.: Nature 157 (1946) 405
W 6 Wooster, W. A.; Wooster, N.; Ryecroft, I. L.; Thomas, L. A.: J. Inst. Elec. Engs. 94 (Pt. III) (1947) 926
Z 1 Zelenka, J.; Lee, P. C.: IEEE Trans. on Sonics and Ultrasonics SU-18 (1971) 79

Namen- und Sachverzeichnis

Abklingkonstante 199
Abschirmung, elektrische 160
Adapter 188f.
Aizu, K. 93, 109
Amplitudenfehler 201,f., 221f., 231f.
Anderson, P.W. 86
Andreatch, O., Jr. 116
Ansprechschwelle 131f.
–, Beschleunigungsaufnehmer 209f.
–, Druckaufnehmer 187, 189
–, Kraftaufnehmer 167
Ansprechzeit 143
Anstiegszeit 143
Antiferroelektrika 78, 91f.
Antiferroelektrizität 78, 91f.
Ätzfiguren 102, 109f.
Auflösung 132f.
Aufnehmer 129f.
–, meßtechnische Eigenschaften 130f.
–, –, dynamische 140
–, –, statische 130
–, piezoelektrischer 2, 146f.
–, –, Aufbau 148f., 154f.
–, –, Bauteile 156f.
–, – für Beschleunigung s. Beschleunigungsaufnehmer
–, – für Druck s. Druckaufnehmer
–, – für hydrostatischen Druck 77
–, – für Kräfte s. Kraftaufnehmer
–, – für Momente 170f.
–, –, masseisolierter 160
–, –, Mehrkomponenten- 169f.
–, – mit eingebautem Verstärker 212, 225
–, –, Modell 149f.
–, –, – für Longitudinaleffekt 149f.
–, –,– für Schubeffekt 153f.
–, –, – für Transversaleffekt 152f.
Aufnehmerelement s.a. Element 129, 146, 156f.
–, piezoelektrisches 148f., 154f.
Aufnehmergehäuse 160
Aufnehmersystem
–, aktives 2, 129
–, passives 2, 129

Ausdehnungskoffizient 58, 61
Ausdehnungsmodul 58
Ausgangsimpedanz des Aufnehmers 143f.
Ausgangssignal 129f.
– bei Meßgröße Null 136

Bariumnitrit 76
Bariumtitanat 78, 85, 123
Basis
–, kontravariante 19f.
– des Koordinatensystems 16
–, kovariante 19f.
– der Kristallstruktur 8f.
Basisvektoren 16f.
–, kontravariante 18f.
–, kovariante 18f.
Becquerel, A.C. 5
Bereich 130f.
Bereichskondensator 223f., 231
Berndt, G. 104
Berstdruck 130f.
Beschleunigung 197
–, Fall- 197
Beschleunigungsaufnehmer 146, 155f., 197f.
–, Ankopplung 202f.
–, Bauformen 205f.
–, –, Biegeelement 207
–, –, Longitudinaleffekt 205f.
–, –, Schubeffekt 206f.
– für allgemeine Anwendungen 210f.
– für hohe Temperaturen 214f.
– für Schockmessungen 212
–, hochempfindlicher 209f.
– mit hängender seismischer Masse 206, 215f.
Beschleunigungsfehler 139f., 190
Beschleunigungskompensation 191f.
Betriebslebensdauer 144f.
Betriebstemperaturbereich 135f.
Bewegungsgleichung, Lorentzsche 87
Bleimetaniobat 214
Bleizirkonattitanat 123f.
Born, M. 7
Brain, K.R. 127

Bravais-Gitter 11 f.
Bridgman, P. W. 104
Brillouin-Zone 86 f.
Busch, G. 78

Cady, W. G. 6, 103, 117, 119
Clausius-Mossotti-Gesetz 89
Cochran, W. 86
Cook, R. K. 116
Cristobalit 102
Curie, J. 5
Curie, P. 5
Curie-Temperatur 79 f.
–, Keramik 124 f.
–, Lithiumniobat 118 f.
–, Lithiumtantalat 118 f.
Curie-Weiß-Gesetz 79 f., 90
Curie-Weiß-Konstante 79
Curie-Weiß-Temperatur 79

Dämpfung 141
–, kritische 199 f.
Dämpfungsgrad 199 f.
Debye, P. 7
Deformation 4 f., 36, 40, 44 f.
–, Energie der 52
–, homogene 52
–, infinitesimale 40, 52
–, plastische 45
–, Thermodynamik der 50 f.
Deformationsenergie 52
Deformationsenergiedichte 53
Deformationsgradient 36, 45
Deformationskoordinaten 40
Deformationstensor 40
–, Cauchyscher 38
–, Eulerscher 38
–, Greenscher 38
–, infinitesimaler 40, 45 f.
–, Lagrangescher 38 f., 95
Deformationszustand 50
Dehnungsaufnehmer 146
Dehnungsfehler 144
Dekrement, logarithmisches 200
Dielektrikum
–, anisotropes 27
–, elastisches 54 f.
–, –, innere Energie 55
Dielektrizitätskonstante s. Permittivität
Dielektrizitätszahl s. Permittivitätszahl
Dispersionszweig 86
–, akustischer 86
–, optischer 86 f.
Domänen 78 f., 93
–, Bildung 78
–, ferroelektrische 78 f.
–, Umorientierung 92 f.

Drehachse 10 f.
Drehspiegelachse 10 f.
Drehsymmetrie 10 f.
Drehung des Koordinatensystems 27 f.
Dreikomponenten-Kraftaufnehmer 169 f.
Dreikomponenten-Seismometer 209 f.
Drift 139 f., 233, 236, 242
Druck 184
Druckaufnehmer 146, 155 f., 184.
–, Absolut- 184
–, Aufbau 185 f.
–, Differenz- 184
– für allgemeine Anwendungen 185, 188 f.
– für allseitigen Druck 121
– für plastische Massen 194 f.
–, Hoch- 185, 189 f.
–, Hochtemperatur- 185, 193 f.
–, membranlose 194 f.
–, Miniatur- 189
– mit Beschleunigungskompensation 190 f.
–, Nieder- 185, 187 f.
–, Relativ- 185
Dynamometer 170 f.

Effekt
–, elektroelastischer 98 f.
–, elektrokalorischer 74, 120
–, elektrooptischer 95 f.
–, –, erzwungener 97
–, –, quadratischer 97
–, –, spontaner 97
–, piezoelektrischer 4 f.
–, –, Arten 70 f.
–, –, direkter 4 f., 60 f.
–, –, hydrostatischer 77, 121 f.
–, –, Kristallsymmetrie 71 f.
–, –, „Nichtlinearität" 98
–, –, reziproker 4 f., 60 f., 96
–, –, Theorie 7
–, –, –, atomare 7
–, –, –, thermodynamische 7
–, pseudopyroelektrischer s. sekundärer
–, pyroelektrischer 63, 74 f., 120, 137, 193, 208
–, –, falscher
–, –, –, erster Art s. sekundärer
–, –, –, zweiter Art s. tertiärer
–, –, primärer 74 f.
–, –, sekundärer 74 f.
–, –, Temperaturabhängigkeit 76
–, –, tertiärer 76
–, –, thermodynamische Beschreibung 74 f.
–, –, wahrer s. primärer
–, thermoelastischer 63
Effekte
–, nichtlineare 7, 94 f.
–, quadratische 94
Ehrenfest, P. 82

Namen- und Sachverzeichnis

Eigenfrequenz 140f.
– der Aufnehmer 100, 148, 199, 216f.
– der linearen Kette 89
Eigenkreisfrequenz 199
Eingangsleckstrom 234
Eingangsstufen 239
Einsteinsche Summationsregel 16
Elastizitätsfläche 50
Elastizitätskoeffizienten 46f., 58, 60
– dritter Ordnung 95f., 99
–, elektrische Feldabhängigkeit 96
–, Keramik 124f.
–, Lithiumniobat 118f.
–, Lithiumtantalat 118f.
–, α-Quarz 105
–, Symmetrie 46
–, Transformationsgleichungen 49
–, Turmalin 118f.
Elastizitätskonstanten 45f.
– dritter Ordnung 99
–, Transformationsgleichungen 48f.
Elastizitätsmoduln 45f., 58
– dritter Ordnung 99
–, –, α-Quarz 116
–, Keramik 124f.
–, Lithiumniobat 118f.
–, Lithiumtantalat 118f.
–, α-Quarz 105
–, Symmetrie 45
–, Transformationsgleichungen 49
–, Turmalin 118f.
Elektret 122
Elektrode 158f.
–, aufgedampfte 185
Elektrometerverstärker
–, idealer 222f.
–, realer 224f.
Elektrostriktion 96f.
–, α-Quarz 115
Elektrostriktionskoeffizienten 95f.
–, α-Quarz 115
Element s.a. Aufnehmerelement
–, piezoelektrisches 45
–, –, effektive Empfindlichkeit 151f.
–, – für Longitudinaleffekt 148f.
–, – für Schubeffekt 148f., 153f.
–, – für Transversaleffekt 149, 152f.
Elementarzelle 8f.
–, primitive 9
Empfindlichkeit 131f.
–, piezoelektrische 100f., 150
–, –, Spannungsabhängigkeit 101
–, –, Temperaturabhängigkeit 101
–, –, Temperaturkoeffizient 138
Empfindlichkeitsänderung 136f.
–, thermische 136f.
Endpunkte 134f.

Endpunktslinie 134f.
Energie, freie 52, 56, 65f.
–, innere 51f.
–, – des elastischen Dielektrikums 55f.
–, –, Dichte 51f., 55f.
Energieform 53
Enthalpie 56
–, elastische 56
–, elektrische 56
Entladestrom 219
Entropie 52
Entropiedichte 52f.
Entzwillingung 113
Erdungsschalter 223, 225
Eringen, A.C. 7

Federkennlinie 166
Ferrielektrizität 92
Ferrobielastika 93, 109
Ferrobielektrika 93
Ferrobimagnetika 93
Ferroelastika 93
Ferroelastoelektrika 93, 109
Ferroelektrika 77f., 93
Ferroelektrizität 77f.
–, mikrophysikalisches Modell 86f.
–, thermodynamische Theorie 80f.
Ferroika 92f.
–, primäre 92f.
–, sekundäre 92f.
Ferromagnetika 78, 93
Ferromagnetoelastika 93
Ferromagnetoelektrika 93
Flammentemperaturen 193
Fourier-Raum 26
Frequenzgang 141f.
FSO (Full scale output) s. Vollbereichssignal
Fühlelement 129, 146, 155
Fundamentalform, Gibbssche 53

Galitzin, B. 7
Gerade, beste 133f.
–, – mit Zwangsnullpunkt 133f.
Gesetz, Hookesches 44f.
–, –, Nichtlinearität 95
Gibbssches Potential s. Potential
Gitter, reziprokes 22f.
Gitterkonstante 11
–, α-Quarz 101
–, Turmalin 117
Gitterpunktgruppe 10
Gitterschwingungen 86f.
Gleichgewichtsbedingungen 42f.
Gleichgewichtszustand, thermodynamischer 51f.
Gleitungen 40
Goldman, I.M. 78
Graham, R.A. 98

Grenzfrequenz
–, untere 230 f.
–, obere 232 f.
Grindlay, J. 7
Groth, P. v. 14

Hájíček, P. 7, 95
Hankel, W.G. 5
Hauptachsenform 44
Hauptachsensystem 31 f., 44
Hauptachsentransformation 31
Haupteffekte 59, 63
Hauptspannungen 44
Hearmon, R.F.S. 49
Heckmann, G. 62
Heckmann-Diagramm 62 f.
Heising, R.A. 107
Helmholtz-Energie 52
Hermann, C. 10
Hermann-Mauguin-Symbole 10
Hochquarz 102
Hookesches Gesetz s. Gesetz
Hruška, K. 98
Hydrothermalsynthese 106 f.
Hysterese 131 f., 207
Hystereseschleife
–, antiferroelektrische 92
–, doppelte 92
–, ferroelektrische 77, 79

Idealkristall 8 f.
Impermeabilitätstensor 64
Impermittivität 58, 98
Impermittivitätstensor 64
Indexellipsoid 98
Inversion 10
IRE Standards on Piezoelectric Crystals 1949 27
ISA-Standard 128
Isolationsmaterialien 159, 219 f.
Isolationswiderstand 100 f., 143 f., 208, 214, 218 f., 224 f.

Kabel 232, 243 f.
–, integriertes 161
Kabeleinfluß 238 f.
Kabelkapazität 223 f., 227, 232
Kalibrierkurve 131 f.
Kalibrierung 131 f.
–, back-to-back 206, 215 f.
– von Beschleunigungsaufnehmern 215 f.
– von Druckaufnehmern 195 f.
– von Kraftaufnehmern 181 f.
– von Ladungsverstärkern 241 f.
Kalibrierzyklus 131 f.
Kaliumdihydrogenorthophosphat 78 f.
Kaliumniobat 85
Karcher, J.C. 7

Kazda, V. 98
Kelvin, Lord 7
Keramik, piezoelektrische 122 f., 157 f., 168, 207 f., 214 f.
Kerreffekt, elektrooptischer 97
Kette, eindimensionale 86 f.
Keys, D.A. 7
Khogali, A. 98
Kistler, W.P. 225
Klassen, ferroische 93
Koeffizient
–, elastischer s. Elastizitätskoeffizient
–, elektroelastischer 95 f., 98
–, –, α-Quarz 115 f.
–, elektrooptischer 95 f.
–, piezoelektrischer 58, 60 f., 150 f.
–, –, elektrische Feldabhängigkeit 95 f.
–, –, hydrostatischer 77
–, –, Keramik 124 f.
–, –, Lithiumniobat 118 f.
–, –, Lithiumtantalat 118 f.
–, –, mechanische Spannungsabhängigkeit 95 f.
–, –, α-Quarz 105
–, –, β-Quarz 116
–, –, Temperaturabhängigkeit 114 f.
–, –, Transformationsgleichungen 72 f.
–, –, Turmalin 118 f.
–, pyroelektrischer 58, 61, 74 f.
–, –, Temperaturabhängigkeit 76
–, –, Turmalin 120
Koerzitivfeld 79
Kolbengewichtsmanometer 195 f.
Konfiguration
–, aktuelle 34 f.
–, Referenz- 34 f.
Konstante
–, elastische s. Elastizitätskonstante
–, elektrooptische 98
–, piezoelektrische 5, 67 f.
–, –, Deformationsabhängigkeit 98
–, –, Spannungsabhängigkeit 98
–, –, Temperaturabhängigkeit 114 f.
–, –, Transformationsgleichungen 73
–, piezooptische 98
–, –, α-Quarz 115 f.
Kontinuum 33
Koordinaten 16 f.
–, Eulersche 35 f.
–, kontravariante 18 f., 21 f.
–, kovariante 18 f., 21 f.
–, Lagrangesche 35 f.
–, materielle 35 f.
–, Ortskoordinaten 35 f.
–, räumliche 35 f.
Koordinatenachsen, kartesische 27
Koordinatensystem
–, kartesisches 19 f., 26 f.

Koordinatensystem, linkshändiges 17
–, rechtshändiges 17
Koordinatentransformation 27f., 49
Kopplung, kapazitive 239f.
Kopplungseffekte 63
Kraft 162
Kraftaufnehmer 146, 154f., 162f.
–, Einbau 174f.
–, Mehrkomponenten- 169f.
Kraftmessung 147f., 163
–, Mehrkomponenten- 171f.
–, Sechskomponenten- 175f.
Kraftnebenschluß 165f.
Kristallachse 8, 11f.
Kristalle
–, polare 71
–, polar-neutrale 71
Kristallklasse 13
–, polare 74, 77
–, polar-neutrale 74, 76
Kristallphysik 8f.
Kristallschnitt, Orientierung 103
Kristallstruktur 8f.
Kristallsymmetrie 13f., 79
Kristallsystem 11f., 14, 26f.
Kronecker-Symbol 17
Kurtschatow, J.W. 77

Ladung, elektrische 218
Ladungssprung 242f.
Ladungsverstärker
–, idealer 225
–, Empfindlichkeitseinstellung 228f.
–, realer 228
Lagerlebensdauer 144f.
Landausche Theorie 80
Langevin, A. 5
Lebensdauer des Aufnehmers 144f.
Leckstrom 226, 228, 234f.
Legendre-Transformation 59
Linearisierung
–, geometrische 40
–, kinematische 40
Linearität 132f., 207
–, Endpunktslinearität 134f.
–, unabhängige 133f.
–, – mit Zwangsnullpunkt 133f.
Linksquarz 13, 102f.
Linné, C. 5
Lippmann, M.G. 5
Lissauer, W. 120
Lithiumniobat 118f., 156, 207f., 214
Lithiumsulfat 75f., 121
Lithiumtantalat 118f.
Longitudinaleffekt 70f.
Lyddane-Sachs-Teller-Relation 90

Mason, W.P. 117, 118, 119
Massenkraftausschaltung 193
Masse, seismische 190f., 197f., 205f.
Materialien, piezoelektrische 100f.
Materialkonstanten 14f., 57f., 59f., 63f., 67f.
–, dritter Ordnung 94f.
–, nichtlineare 95f.
Matrixindizes 46f., 72f.
Mauguin, Ch. 10
McSkimin, H.J. 116
Mediumstemperatur 135f.
Mediumstemperaturbereich 135f.
Mehrkomponenten-Kraftaufnehmer 100, 169f.
–, Übersprechen 145
Mehrkomponenten-Meßsystem 175f.
Membrane 185f.
Messen 1
–, dynamisches 230f.
–, quasistatisches 3, 219, 225, 230, 233f.
Meßgröße 129
Meßnullpunkt 222
Meßplattform 170f.
Meßunterlagsscheibe 162f.
Meßweg 100, 148
Metrik-Koeffizienten 20f., 26
Microdot-Stecker 160
Mikrofon, piezoelektrisches 187
Mikromodul 167f.
Millersche Indizes 22f.
Miniaturaufnehmer 166f., 189, 207f.
Mischkeramik 123f.
Modul
–, elastischer s. Elastizitätsmodul
–, elektroelastischer 99
–, piezoelektrischer 58, 69f.
–, –, Deformationsabhängigkeit 98f.
–, –, Keramik 124f.
–, –, Lithiumniobat 118f.
–, –, Lithiumtantalat 118f.
–, –, α-Quarz 105
–, –, Temperaturabhängigkeit 105
–, –, Transformationsgleichungen 73
–, –, Turmalin 118f.
–, pyroelektrischer 58
–, Youngscher 49f.
Montagefehler 144
Montagegewinde 185f., 197, 207
Montagenippel 188

Nachrichtentechnik 6
Nachwirkung, dielektrische 233f.
Natriumnitrit 91
Neumannsches Prinzip 55
Newnham, R.E. 93, 109
Nichtlinearitäten, geometrische 55
Normalspannung 44, 49f.
Nullpunktstabilität 235

Nullpunktsverschiebung 136 f.
–, bei Stoßmessungen 208 f., 213
–, thermische 136 f.
Nullpunktswahl 222, 231

Ogawa, T. 78
Orientierungszustand, Stabilität 93 f.
Orthogonalitätsrelation 29

Permeabilitätstensor 64
Permittivität 27 f., 54, 58, 60, 64
–, Feldabhängigkeit 95 f.
–, Keramik 124 f.
–, Lithiumniobat 118 f.
–, Lithiumtantalat 118 f.
–, mechanische Spannungsabhängigkeit 95, 97
–, α-Quarz 105
–, Temperaturabhängigkeit 79 f.
–, Turmalin 118 f.
Permittivitätstensor 54
Permittivitätszahl 54
Phase
–, ferroelektrische 79 f.
–, parelektrische 79 f.
Phasenübergang 75, 79 f., 90
–, ferroelektrischer 79 f.
–, – erster Art 80, 83 f.
–, – zweiter Art 80 f.
–, α-β-Quarz 102, 116
– vom Ordnungs-Unordnungstyp 91
– vom Verschiebungstyp 91
Phasenumwandlung s. Phasenübergang
Phasenverschiebung 201 f., 221 f., 231 f.
Phononenzweig s. Dispersionszweig
Pierce, G. W. 6
Piezoelektrizität 4 f.
–, Anwendungen 5 f.
– dünner Schichten 127
–, Entdeckung 5
Planck, M. 1
Pockels, F. 96
Poissonsche Zahl 49 f.
Polarelektrizität 5
Polarisation
–, elektrische 4 f., 54 f.
–, –, remanente 79
–, –, Richtungsänderung 77 f., 92 f.
–, –, spontane 74 f., 79, 123
Polymere 127
Potential
–, Gibbssches 56, 59 f., 65 f., 93 f., 108 f., 112 f.
–, –, elastisches 56, 80
–, –, elektrisches 56
–, thermodynamisches 52, 56
–, –, Legendre-Transformation 59
Pseudo-Pyroeffekt 137, 152, 208
Pyroeffekt s. Effekt

Pyroelektrika 75, 77
Pyroelektrizität s. Effekt

Quarz 5 f., 101 f.
α-Quarz 76, 98 f., 101 f.
–, Elastizitätsfläche 50
–, enantiomorphe Formen 102
–, Gitterkonstanten 101
–, Koordinatensystem 102 f.
–, mechanische Festigkeit 104
–, natürlicher 157
–, nichtlineare Eigenschaften 115 f.
–, physikalische Eigenschaften 104 f.
–, synthetischer 106 f., 157
β-Quarz 102, 116, 214
Quarzbarren 157
Querdehnungszahl 49
Querempfindlichkeit 145

Raman, C. V. 102
Raumgruppe 13
Rechtsquarz 13, 102 f.
Referenzkonfiguration 34
Reibungselektrizität 5
Repetierbarkeit 140
Resonanzfrequenz 140 f., 201 f., 216 f.
–, Bestimmung der 141
Richtung
–, polare 71
–, –, kompensierte 71
–, –, singulär- 72
Riecke, E. 118
Rochellesalz s. Seignettesalz
Röntgenorientierung 157
Rückstellen des Verstärkers 222, 231

Scherrer, P. 78
Scherungen 40, 47
Schönflies-Symbole 10, 14
Schrödinger, E. 7
Schubeffekt 71
Schubmodul 49
Schubnikow, A. W. 122
Schubspannung 44
Schwingtisch 215 f.
Schwingung, „weiche" 86, 90, 102
Schwingwegaufnehmer 201
Seignetteelektrizität 77
Seignettesalz 77, 80, 121, 156
„soft mode" s. Schwingung
Solomon, L. A. 78
Spanne 130 f.
Spannungskoeffizient, thermoelastischer 58
Spannungsmodul, thermoelastischer 58
Spannungstensor 42 f.
–, Cauchyscher 42 f.
–, thermodynamischer 95

Spannungsvektor 41 f.
Spannungszustand 40 f.
Stabilität
– piezoelektrischer Aufnehmer 139 f.
–, thermodynamische 93 f.
Steifheit 147 f.
Suszeptibilität, elektrische 81
–, –, Temperaturabhängigkeit 81 f.
Suszeptibilitätstensor 54 f.
Symmetrieklasse 13 f.
–, piezoelektrische 14
–, pyroelektrische 14
Symmetrieoperationen 9 f.
Symmetriezentrum 4 f., 13 f.

Temperatur, kritische 79
Temperatur-Fehler 136 f., 193
Temperaturgradient-Fehler 136 f., 193 f.
Temperaturhysterese 85
Tensoren 15
–, antisymmetrische 30 f.
–, symmetrische 30 f.
–, Transformationsgleichungen 27 f.
Tensorindizes 46 f., 72 f.
Texturen, piezoelektrische 122
Thomson, J.J. 7
Thurston, R.N. 116
Tiefquarz 101
Tisza, L. 82
Totgewicht 164 f.
Totgewichts-Kalibrierung 181 f.
Toupin, R.A. 7
Transformation, orthogonale 26
Translationsgitter 8 f.
–, Symmetrieeigenschaften 9 f.
Translationsvektor 8 f.
Transversaleffekt 71
Tridymit 102
Triglyzinsulfat 80, 83
Turmalin 5, 7, 75, 77, 117 f., 158, 207 f., 214

Übergangstemperatur 79 f.
Überlast 130 f.
Überschießen 143
Überschwingdauer 141 f.
Überschwing-Frequenz 141 f.
Übersprechen 145, 151, 171 f., 182
–, elektrisches 173 f.
Ultraschalltechnik 6
Umgebungstemperatur 135 f.

Valasek, J. 77
VDE/VDI-Norm 128
Vektorsystem
–, kontragredientes 20
–, linkshändiges 20
–, rechtshändiges 20
–, reziprokes 20

Verformungstensor 36
Verschiebungsgradient 36 f.
Verschiebungsvektor 36
Verstärker 218 f.
Verzerrungstensor, Greenscher 38
Verzerrungszustand 33 f.
Verzwillingung, sekundäre 108 f.
Vetivitätstensor 64
Vibrationsfehler 139 f.
Vibrograph 201
Voigt, W. 7, 103, 118
Vollbereichssignal 134 f.
Vorspannelemente 159 f.
Vorspannhülse 160, 185, 205
Vorspannschraube 160
Vorspannung, ideale 164 f.
– der seismischen Masse 205 f.
– mit Vorspannbolzen 165, 205

Wärmekapazität, spezifische 60, 82 f.
Wasserkühlung 189, 193
Wechsellebensdauer 144 f.
Weissler, P.G. 116
White, D.L. 116
Wood, H.O. 7
Wul, B.M. 78

Youngscher Modul s. Modul

Zeitkonstante
–, Aufnehmer 143
–, Verstärker 218 f., 230 f., 233 f.
Zentrosymmetrie 10
Zustand s.a. Phase
–, elektrisch freier 61, 68 f.
–, elektrisch geklemmter 61, 69 f.
–, mechanisch freier 61, 69, 74 f.
–, mechanisch geklemmter 61, 69 f., 115
Zustandsgleichung 14 f., 45, 56 f., 61, 65, 68, 74 f.
–, nichtlineare Effekte 95
Zustandsgröße
–, additive 51
–, extensive 51 f.
–, intensive 52 f.
–, konjugierte 57
Zwillinge
–, brasilianische 107
–, Dauphiné 107 f.
–, elektrische 107 f.
–, japanische 107 f.
–, optische 107
–, stabile 111 f.
–, Umorientierung 93 f., 111
–, Zurückbildung 109 f.
Zwillingsbildung 101, 107 f., 164, 174, 193 f.
–, sekundäre 108 f., 112 f.
–, –, Unterdrückung 112 f.

H. Kronmüller, F. Barakat
Prozeßmeßtechnik
1. Elektrisches Messen nichtelektrischer Größen

Hochschultext
1974. 143 Abbildungen. VII, 203 Seiten
DM 24,–
ISBN 3-540-06545-8

Inhaltsübersicht: Weg- und Winkelmessung. – Kraftmessung. – Druck- und Niveaumessung. – Durchflußmessung. – Temperaturmessung. – Zeitmessung. – Geschwindigkeits- und Drehzahlmessung. – Messung radioaktiver Strahlung.

Aus den Besprechungen:
„… Der aus seiner Industrietätigkeit bekannte Fachmann Kronmüller hat jetzt als Hochschullehrer seine Erfahrungen auf diesem Gebiet in einer methodischen Übersicht über die elementaren Meßmethoden, Meßfühler und -schaltungen wiedergegeben… Hervorzuheben sind die informativen Abbildungen, teils zum Deutlichmachen der Zusammenhänge, teils zur übersichtlichen Darstellung der Meßgeräte.
Das Buch ist nicht nur Studierenden an Hochschulen und Fachhochschulen als leicht verständliches und übersichtliches Lehrbuch zu empfehlen, sondern auch dem Ingenieur in der Praxis, der wertvolle Anregungen zur Auswahl der Meßmethoden und zum Abschätzen der erreichbaren Empfindlichkeit und Meßunsicherheit der Meßanordnung daraus gewinnen kann. …"
Elektrotechnische Zeitschrift

P. M. Pflier, H. Jahn, G. Jentsch
Elektrische Meßgeräte und Meßverfahren

4., völlig neubearbeitete Auflage von G. Jentsch

1978. 392 Abbildungen, 13 Tabellen. VIII, 433 Seiten
Gebunden DM 128,–
ISBN 3-540-08601-3

Inhaltsübersicht:
Meßtechnische Begriffe. – Direkt wirkende elektrische Meßwerke. – Meßeinrichtungen und Meßverfahren. – Normen un und Regeln für elektrische Meßgeräte.

Das Buch vermittelt Studenten und Praktikern einen umfassenden Überblick über die Eigenschaften, Schaltungen und Anwendungen von Meßgeräten zur elektrischen Messung elektrischer und nichtelektrischer Größen. Im einzelnen werden die Funktionsglieder der Meßkette zum Aufnehmen, Anpassen, Verstärken, Verarbeiten und Ausgeben von Meßgrößen von der herkömmlichen analogen Meßtechnik bis zur digitalen automatischen Meßwertverarbeitung behandelt.
Für die Neuauflage wurde die Darstellung der klassischen Meßgeräte und -verfahren systematisch überarbeitet und aktualisiert. Die Abschnitte über elektrische Meßverstärker und die digitale Meßtechnik sind unter Berücksichtigung der heutigen Halbleitertechnik wesentlich erweitert worden.

Preisänderungen vorbehalten

Springer-Verlag Berlin Heidelberg NewYork

A. M. Ašner

Stoßspannungs-Meßtechnik

1974. 101 Abbildungen. VII, 115 Seiten
Gebunden DM 58,–
ISBN 3-540-06353-6

Aus den Besprechungen:
„... Die Art der Darstellung, unterstützt durch reichliches Bildmaterial, ermöglicht eine rasche und gute Information über die behandelten Spezialgebiete. Ein umfangreiches Literaturverzeichnis gibt weitere Hinweise.
Ein empfehlenswertes Buch für Ingenieure und Studierende, die sich über das behandelte Spezialgebiet informieren wollen."
E. u. M. Elektrotechnik und Maschinenbau

L. Borucki, J. Dittmann

Digitale Meßtechnik

Eine Einführung

2., neubearbeitete Auflage 1971. 242 Abbildungen, 32 Tabellen. VII, 252 Seiten
Gebunden DM 62,–
ISBN 3-540-05058-2

Aus den Besprechungen:
„... Das Buch ist sehr klar aufgebaut, flüssig geschrieben, setzt die Grundlagen weitgehend selbst und ist somit auch für Nicht-Elektroniker sehr empfehlenswert. Sehr wertvoll sind auch die jedem Kapitel beigefügten, auf neuestem Stand befindlichen Literaturhinweise und der (mathematische) Anhang. Es ist ein Buch, das dem Lernenden umfassendes Wissen vermittelt und auch als Übersichts- und Nachschlagewerk für den Spezialisten dienlich ist."
etz-b Elektrotechnische Zeitschrift – Ausgabe b

C. Brinkmann

Die Isolierstoffe der Elektrotechnik

1975. 213 Abbildungen. VIII, 437 Seiten
Gebunden DM 148,–
ISBN 3-540-07105-9

Aus den Besprechungen:
„... Im vorliegenden Buch werden sämtliche, derzeit zur Verfügung stehenden Isolierstoffe behandelt. Einen besonders breiten Raum mit mehr als der Hälfte der Buchseiten nimmt die Beschreibung der Kunstsoffe ein. Es werden aber auch eingangs grundlegende Ausführungen über Isolierstoffkunde gebracht.
Im Hinblick auf Ausführung und Inhalt ein empfehlenswertes Buch, das dem Praktiker und dem Studierenden rasch zu Informationen verhilft, die sonst aus Einzelveröffentlichungen zusammengeholt werden müßten.
Hinweise auf Literaturstellen geben 288 Aufsatzangaben und 35 Buchtitel. Ein Sachverzeichnis erleichtert das Auffinden."
Elin-Zeitschrift

Elektrokeramik

Werkstoffe – Herstellung – Prüfung – Anwendungen

Mit Unterstützung der Keramischen und der Elektroindustrie herausgegeben von A. Hecht
Bearbeitet von E. Albers-Schönberg, A. Hecht, W. Rath, K. Schaudinn, W. Schlegel, W. Soyck

2., neubearbeitete und erweiterte Auflage 1976. 197 Abbildungen. VII, 334 Seiten
Gebunden DM 138,–
ISBN 3-540-07276-4

Aus den Besprechungen:
„... Die großen Vorteile, aus einer Hand über Rohstoffe, Herstellung, Eigenschaften, Anwendung und Prüfung informiert zu werden, mit Tabellen zu all diesen Gesichtspunkten, unter Angabe von Normen und Vorschriften, macht auch diese Auflage zu einem Standardwerk, das Firmen der Elektrokeramik- und Elektroindustrie, Studenten, Lehrern und Forschern, wie auch Bibliotheken ... nur empfohlen werden kann."
Berichte der Dt. Keramischen Gesellschaft

Springer-Verlag
Berlin
Heidelberg
New York

Preisänderungen vorbehalten

MIX
Papier aus verantwortungsvollen Quellen
Paper from responsible sources
FSC® C105338

If you have any concerns about our products,
you can contact us on
ProductSafety@springernature.com

In case Publisher is established outside the EU,
the EU authorized representative is:
Springer Nature Customer Service Center GmbH
Europaplatz 3, 69115 Heidelberg, Germany

Printed by Libri Plureos GmbH
in Hamburg, Germany